Persönlichkeitsschutz
in der Informationsgesellschaft

Europäische Hochschulschriften

Publications Universitaires Européennes
European University Studies

Reihe II
Rechtswissenschaft

Série II   Series II
Droit
Law

Bd./Vol. 2635

PETER LANG

Frankfurt am Main · Berlin · Bern · New York · Paris · Wien

Endress Wanckel

Persönlichkeitsschutz in der Informationsgesellschaft

Zugleich ein Beitrag zum Entwicklungsstand des allgemeinen Persönlichkeitsrechts

PETER LANG
Europäischer Verlag der Wissenschaften

Die Deutsche Bibliothek - CIP-Einheitsaufnahme

Wanckel, Endress:

Persönlichkeitsschutz in der Informationsgesellschaft : zugleich
ein Beitrag zum Entwicklungsstand des allgemeinen
Persönlichkeitsrechts / Endress Wanckel. - Frankfurt am Main ;
Berlin ; Bern ; New York ; Paris ; Wien : Lang, 1999
    (Europäische Hochschulschriften : Reihe 2, Rechts-
wissenschaft ; Bd. 2635)
    Zugl.: Hamburg, Univ., Diss., 1998
    ISBN 3-631-34789-8

D 18
ISBN 3-631-34789-8
© Peter Lang GmbH
Europäischer Verlag der Wissenschaften
Frankfurt am Main 1999
Alle Rechte vorbehalten.

5

Inhaltsverzeichnis

Abkürzungsverzeichnis

a. E.	am Ende
a.a.O.	am angegebenen Ort
a.f.	alte Fassung
ABl.	Amtsblatt der EG
Abs.	Absatz
AfP	Archiv für Presserecht (Zeitschrift)
AG	Aktiengesellschaft
AGB	Allgemeine Geschäftsbedingungen
AK-GG	Alternativkommentar zum Grundgesetz
AOL	American Online (Online-Dienst)
APR	Allgemeines Persönlichkeitsrecht
Art.	Artikel
Bay	Bayern
Bd.	Band
BDSG	Bundesdatenschutzgesetz
BfD	Bundesbeauftragter für den Datenschutz
BGB	Bürgerliches Gesetzbuch
BGBl.	Bundesgesetzblatt
BGH	Bundesgerichtshof
BGHZ	Amtliche Sammlung des Bundesgerichtshofes in Zivilsachen
Bln	Berlin
BMBF	Bundesministerium für Bildung und Forschung
BMI	Bundesminister des Inneren
BMWi	Bundesministerium für Wirtschaft
BR	Bundesrat
Brem	Bremen
BT	Bundestag
Btx	Bildschirmtext
Btx-StV	Bildschirmtext-Staatsvertrag
BVerfG	Bundesverfassungsgericht
BVerfGE	Amtliche Sammlung der Entscheidungen des BVerfG
BVerfGG	Bundesverfassungsgerichtsgesetz
BW	Baden-Württemberg
BW.GBl.	Baden-Württembergische Gesetzesblätter
BZRG	Bundeszentralregistergesetz
bzw.	beziehungsweise
CD-i	Compact Disc – Interactiv
CD-ROM	Compact-Disc – Read Only Memory (Speichermedium)
CR	Computer & Recht (Zeitschrift)

d. h.	das heißt
DAB	Digital Audio Broadcast (Digitaler Hörfunk)
DB	Der Betrieb (Zeitschrift)
ders.	derselbe
dies.	diesselben
DIW	Deutsches Institut für Wirtschaft
DMMV	Deutscher Multimedia-Verband
DSB	Datenschutzberater (Zeitschrift)
Dsb	Datenschutzbeauftragter
DtZ	Deutsch-deutsche Rechtszeitschrift (Zeitschrift)
DuD	Datenschutz und Datensicherheit (Zeitschrift)
EG	Europäische Gemeinschaften
endg.	endgültig
epd	Evangelischer Pressedienst (Medieninformationsdienst)
etc.	et cetera
EU	Europäische Union
EWG	Europäische Wirtschaftsgemeinschaft
f.	folgende Seite
FAZ	Frankfurter Allgemeine Zeitung
ff.	folgende Seiten
Fn.	Fußnote
FS	Festschrift
FSM	Freiwillige Selbstkontrolle Multimedia
GASP	Bestimmungen über die gemeinsame Außen- und Sicherheitspolitik
gem.	gemäß
GG	Grundgesetz
ggf.	gegebenenfalls
GGK	Grundgesetzkommentar
GjS	Gesetz über die Verbreitung jugendgefährdender Schriften
GRUR	Gewerblicher Rechtsschutz und Urheberrecht (Zeitschrift)
GRUR Int.	wie oben, Internationaler Teil
GSM	Global System for Mobile Communications (Mobilfunk-Standard)
GVBl.	Gesetz- und Verwaltungsblatt
HA	Hamburger Abendblatt (Zeitung)
h. M.	herrschende Meinung
Hans. OLG	Hanseatisches Oberlandesgericht
HbdSt	Handbuch des Staatsrechts
HDTV	High Definition Television (hochauflösender Fernsehstandard)
Hmb	Hamburg
HmbDSB	Hamburger Datenschutzbeauftragter
HmbPresseG	Hamburger Presse Gesetz

HOT	Home order television (Homeshopping-Anbieter)
hrsg.	herausgegeben (von)
Hrsg.	Herausgeber
ISB	Informationelles Selbstbestimmungsrecht
i.S.d.	im Sinne des
i.V.m.	in Verbindung mit
IM	Informeller Mitarbeiter des Staatssicherheitsdienstes der DDR
Inc.	Incorporation
insb.	insbesondere
ISDN	Integrated Services Digital Network (digitaler Telefonstandard)
ISPO	Information Society Project Office der EU in Brüssel
IUKDG	Informations- und Kommunikationsdienstegesetz
Jh.	Jahrhundert
JurPC	(Zeitschrift)
JuS	Juristische Schulung (Zeitschrift)
JZ	Juristenzeitung (Zeitschrift)
KOM	amtliches Dokument der Kommission der EU
KUG	Gesetz betreffend das Urheberrecht an Werken der bildenden Künste ur der Photographie (Kunsturhebergesetz)
KuR	Kommunikation und Recht (Zeitschrift)
LfD	Landesbeauftragter für den Datenschutz
LG	Landgericht
LPG	Landespressegesetz
Ls.	Leitsatz
LT	Landtag
lt.	laut
m.w.N.	mit weiteren Nachweisen
MB	Megabyte
MdB	Mitglied des Bundestages
MDStV	Mediendienste-Staatsvertrag
MfS	Ministerium für Staatssicherheit
MMR	Multimedia und Recht (Zeitschrift)
MSN	Microsoft Network (Online Dienst)
MTS	Multimedia-Teleschool
n.n.	ohne Autorenangabe
NJW	Neue Juristische Wochenschrift
NJW-CoR	Neue Juristische Wochenschrift – Computerreport
o.g.	oben genannt
OLG	Oberlandesgericht
OWiG	Ordnungswidrigkeitengesetz
p.	page

PC	Personalcomputer
PIN	Personal identification number
RDV	Recht der Datenverarbeitung (Zeitschrift)
RfStV	Rundfunkstaatsvertrag
RG	Reichsgericht
RGZ	Amtliche Sammlung des Reichsgerichts in Zivilsachen
Rn.	Randnummer
RuF	Rundfunk und Fernsehen (Zeitschrift)
Rspr.	Rechtsprechung
S.	Seite
s.o.	siehe oben
SH	Schleswig Holstein
SigG	Gesetz zur digitalen Signatur
sog.	sogenannt
st. Rspr.	ständige Rechtsprechung
StGB	Strafgesetzbuch
StPO	Strafprozeßordnung
TAB	Büro für Technologiefolgenabschätzung beim Deutschen Bundestag
TB	Tätigkeitsbericht (der Datenschutzbeauftragten)
TCP/IP	Übertragungsprotokoll im Internet
TDDSG	Telediensteunternehmendatenschutzgesetz
TDSV	Telekommunikationsdatenschutzverordnung
u.ä.	und ähnliches
u.a.	und andere / unter anderem
UrhG	Urhebergesetz
usw.	und so weiter
v.	vom
vgl.	vergleiche
VHS	Video-Standard
vs.	versus
VuM	Verwaltung und Management (Zeitschrift)
www	world wide web
z.B.	zum Beispiel
ZDF	Zweites Deutsches Fernsehen
Zif.	Ziffer
zit.	zitiert
ZPO	Zivilprozeßordnung
ZRP	Zeitschrift für Rechtspolitik
ZUM	Zeitschrift für Urheber- und Medienrecht

1. Kapitel: Einleitung

§ 1 Einführung in die Problemstellung

"Die Datenverarbeitungssysteme stehen im Dienste des Menschen; sie haben, ungeachtet der Staatsangehörigkeit oder des Wohnortes der natürlichen Personen, deren Grundrechte und -freiheiten und insbesondere deren Privatsphäre zu achten und zum wirtschaftlichen und sozialen Fortschritt, zur Entwicklung des Handels sowie zum Wohlergehen der Menschen beizutragen" [1]. Dieses kurze Zitat aus den Erwägungsgründen zur allgemeinen Datenschutzrichtlinie der EU läßt bereits die gegensätzlichen Interessen erkennen, die bei der rechtlichen Ausgestaltung der Informationsgesellschaft in Einklang zu bringen sind. Zweifelsohne bieten die modernen Datenverarbeitungssysteme vielfältige Anwendungs- und Entwicklungsmöglichkeiten, die dem wirtschaftlichen und sozialen Fortschritt dienen können. Gleichzeitig bringen sie aber Gefahren für verfassungsrechtliche Schutzgüter mit sich. Dies gilt insbesondere für die Gewährleistungen des allgemeinen Persönlichkeitsrechts (Art. 2 Abs. 1 i.V.m. Art.1 Abs. 1 GG).

Datenverarbeitungssysteme sind aus unserem gesellschaftlichen und wirtschaftlichen Leben nicht mehr wegzudenken. Sie dienen dem Menschen in vielerlei Hinsicht. Jeder, der bereits einmal einen elektronischen Brief an einen Partner auf einem anderen Kontinent geschickt oder sich von seinem häuslichen Computer über das Internet Informationen beschafft hat, wird die Möglichkeiten der weltweiten Informations- und Kommunikationsnetze zu schätzen wissen.

Andererseits kann nicht verkannt werden, daß sich mit der fortschreitenden Nutzung moderner Informations- und Kommunikationstechnologien für immer weitere Lebensbereiche potentiell die Vision von der "totalen Verdatung der Menschen" realisiert. Die zahlreichen Warnungen der Datenschutzbeauftragten dürften nicht unbemerkt geblieben sein [2]. *Simitis* hat das Wechselspiel von Nutzen und Gefahren der Datenverarbeitung auf eine griffige Kurzformel gebracht: "Just

---

[1] 2. Erwägungsgrund der Richtlinie 95/46/EG des Europäischen Parlaments und des Rates vom 24.10.1995 zum Schutz natürlicher Personen bei der Verarbeitung personenbezogener Daten und zum freien Datenverkehr, ABl. L 281/31 vom 23.11.95

[2] vgl. z.B. Jacob, RDV 96, 1; ders., VuM 95, 334; Schaar, CR 96, 170; Leuze, VuM 95, 338; Jahresbericht 1995 Dsb Bln, S. 55 ff.; 16. TB LfD BW, S. 42 ff.; 14. TB Hamb Dsb, S. 31 ff; 18.TB LfD SH, S. 114 ff.; 18. Jahresbericht LfD Brem, S. 9 ff.

jene Vorzüge, die für eine Automatisierung sprechen, verschärfen um ein Vielfaches die Verletzlichkeit des Einzelnen, ja der Gesellschaft überhaupt"[3].

Die öffentliche und rechtswissenschaftliche Diskussion über die Auswirkungen der neuen Informations- und Kommunikationstechnologien auf das allgemeine Persönlichkeitsrecht hat in erster Linie den Aspekt des Datenschutzes aufgegriffen. Übereinstimmend wird festgestellt, daß die Datennetze der Informationsgesellschaft in verstärktem Maße Anforderungen an den Schutz des Rechts auf informationelle Selbstbestimmung stellen. Trotz dieses Grundkonsenses gibt es unterschiedliche Antworten auf die Frage, ob und in welcher Form es legislativer Maßnahmen bedarf. Das Inkrafttreten des Informations- und Kommunikationsdienstegesetzes (IuKDG) und des Mediendienstestaatsvertrags (MDStV) am 1.9.1997, in welchen jeweils bereichsspezifische Datenschutzbestimmungen und weitere Normen mit persönlichkeitsrechtlichem Bezug enthalten sind, hat diese Diskussion nicht beendet.

Das grundrechtlich verankerte allgemeine Persönlichkeitsrecht wird jedoch unter den Bedingungen der Informationsgesellschaft nicht nur in seiner Ausprägung als "Grundrecht auf Datenschutz"[4] tangiert. Auch alle anderen Verletzungsmöglichkeiten des allgemeinen Persönlichkeitsrechts können über die Datennetze leichter, schneller und mit höherem Wirkungsgrad realisiert werden. Hierbei ist vor allem an den Bereich der Persönlichkeitsrechtsverletzungen durch die Medien in Form von Falschberichterstattungen, Indiskretionen und Ehrverletzungen zu denken. Da sich die herkömmlichen Medien in zunehmendem Maße der Computernetze als (ergänzenden) Verbreitungsweg bedienen, finden verletzende Inhalte auf diese Weise weltweite Verbreitung und können von den Empfängern zeitlich individuell zur Kenntnis genommen werden. Hinzu kommt, daß dem Einzelnen zukünftig ein Medium zur Verfügung steht, um sich in bislang nicht erreichbarer Form an die Allgemeinheit zu wenden.

Gegenstand dieser Arbeit ist der Versuch, die Wesensmerkmale der Informationsgesellschaft in ihren für den Persönlichkeitsschutz relevanten Zügen zu erfassen, die Gefährdungspotentiale herauszuarbeiten und diese den anerkannten Gewährleistungen des allgemeinen Persönlichkeitsrechts aus Art. 2 Abs. 1 i.V.m. Art. 1 Abs. 1 GG gegenüberzustellen. Es soll also untersucht werden, welche Ausprägungen des allgemeinen Persönlichkeitsrechts bei den Veränderungen der Kommunikation und der Medien in der Informationsgesellschaft berührt werden

---

[3] vgl. Simitis, in: Simitis/Dammann/Geiger/Mallmann, § 1, Rn. 6

[4] Diese Bezeichnung verwendet das BVerfG in der Quellensteuer-Entscheidung, BVerfGE 84, 239 (280)

und welche Anforderungen an den Persönlichkeitsschutz in der Informationsgesellschaft zu stellen sind.

Dabei ist die Betrachtung nicht auf die datenschutzrechtlichen Aspekte beschränkt. Vielmehr findet das Recht auf informationelle Selbstbestimmung nur als eine - wenngleich auch besonders bedeutende - Ausprägung des Schutzes der Persönlichkeit Berücksichtigung. Daneben wird auch der medienrechtliche Persönlichkeitsschutz hinsichtlich des massenkommunikativen Charakters neuer Informationsdienste (z.b. Online-Dienste) und der technischen Weiterentwicklungen der etablierten Medien (z.b. digitales Fernsehen und digitaler Hörfunk) einbezogen. Auch die neuen Formen der Individualkommunikation bleiben bei der Bestandsaufnahme nicht ausgeklammert, da sich die Nutzungsmöglichkeiten digitaler Datennetze gerade durch eine enge Verbindung der bislang technisch und inhaltlich getrennten Bereiche der Individualkommunikation und der Massenmedien auszeichnen [5]. Nach dem Ergebnis dieser Bestandsaufnahme wird sich die Frage beantworten lassen, ob die von der Verfassung gewährten Güter des Persönlichkeitsschutzes durch neue Ausprägungen des allgemeinen Persönlichkeitsrechts geschützt werden müssen. Hierbei kommt es maßgeblich darauf an, ob der Schutz aus Art. 2 Abs. 1 i.V.m. Art. 1 Abs. 1 GG flexibel genug ist, um den neuen Gefahrenpotentialen wirkungsvoll entgegenzutreten und der Judikative einen ausreichenden Spielraum läßt, die verfassungsrechtlichen Vorgaben in sachgerechte Einzelfallentscheidungen umzusetzen. Bei der Behandlung dieses Themas sind mehrere Besonderheiten zu berücksichtigen. Zum einen lassen die technisch-tatsächlichen Entwicklungen, die die Informationsgesellschaft kennzeichnen, kaum einen Lebensbereich menschlicher Existenz unberührt. Entsprechend vielfältig sind die zu behandelnden Sachverhalte, woraus sich im Interesse einer bündig gefaßten Darstellung die Notwendigkeit ergibt, die Beschränkung auf die jeweils wesentlichen Grundzüge zu suchen. Dieser Zwang entsteht auch aus dem Umstand, daß die Realisierung der Informationsgesellschaft maßgeblich vom Stand der Technik beeinflußt wird, der sich zügig fortentwickelt. Es muß akzeptiert werden, daß es sich um eine dynamische Materie handelt, die keiner abschließenden Fixierung zugänglich ist, ohne die Untersuchung der Gefahr der inhaltlichen Überholung durch die technische und tatsächliche Entwicklung auszusetzen.

Probleme bereitet schließlich auch die mit dem Thema verbundene Terminologie, die bereits zutreffend als "babylonisches Sprachgewirr" bezeichnet wurde [6]. Das Wort des Jahres 1995 "Multimedia" ist nur ein Beispiel für die Unschärfe der

---

[5] vgl. für viele Ladeur, ZUM 97, 372 (374 f.)

[6] vgl. Knothe, AfP 97, 494; zur Begrifflichkeit vgl. auch Bullinger/Mestmäcker, S. 15 f.

Begriffe, die mittlerweile auch in die juristische Literatur Eingang gefunden haben. Ob nun über die "Datenautobahn", das Recht im "Cyberspace" oder eben über die Informationsgesellschaft gesprochen und geschrieben wird: jeweils ist festzuhalten, daß bisher keine klaren Beschreibungen für diese viel benutzten Wortschöpfungen gefunden werden konnten. Eine juristische Beurteilung setzt aber abschließend geklärte Sachverhalte und gefestigte Definitionen voraus.

Hinzu kommen technische Begriffe wie z.b. Internet, Mailboxen und ISDN, die zwar grundsätzlich einer allgemeinverbindlichen Erklärung zugänglich sind, aber durch die kontinuierliche Fortentwicklung ihrer technischen Konfiguration in ihren tatsächlichen Auswirkungen ständig neu bewertet werden müssen.

Ein weiteres Problem ist im Wesen des allgemeinen Persönlichkeitsrechts begründet, dessen grundrechtlicher Gehalt nicht abschließend beschrieben werden kann. Da es neben der Menschenwürde aus dem Element der allgemeinen Handlungsfreiheit besteht, ist sein Anwendungsbereich so vielfältig wie die menschliche Existenz. Das BVerfG hat mehrfach betont, daß es sich um ein dynamisches Grundrecht handelt, dessen Ausprägungen jeweils anhand des zu entscheidenden Falles herausgearbeitet werden [7]. Der Schutzbereich des allgemeinen Persönlichkeitsrechts ist somit in den einschlägigen Judikaten - hierbei sind auch die zahlreichen Entscheidungen des BGH zu berücksichtigen - nur exemplarisch beschrieben. Dabei liegt es in der Natur der Sache, daß den höchstrichterlich entschiedenen Fallkonstellationen keine rechtswissenschaftliche Auswahl vorangegangen ist, sondern es bekanntlich von Zufälligkeiten abhängt, ob den Gerichten die Möglichkeit gegeben wird, die Reichweite des Persönlichkeitsschutzes hinsichtlich bestimmter Sachverhalte zu beurteilen. Trotz dieser Grundbedingungen kann die vorliegende Untersuchung auf einen gefestigten Bestand an Ausprägungen des allgemeinen Persönlichkeitsrechts zurückgreifen, deren Anwendbarkeit auf neue Gefährdungslagen in der Informationsgesellschaft geprüft werden kann. Es ist offenkundig, daß gerade der Aspekt des Datenschutzes von großer Bedeutung ist. Auch dieser findet seine verfassungsrechtliche Verankerung in der Judikatur des BVerfG: Im Volkszählungsurteil aus dem Jahre 1983 wurde das Recht auf informationelle Selbstbestimmung ausdrücklich als Reaktion auf die Gefährdungen der Persönlichkeit durch die Möglichkeiten der modernen Datenverarbeitung entwickelt [8]. Die Einordnung in das Gefüge der anerkannten Ausprägungen des Persönlichkeitsschutzes bzw. in die Fallgruppen von Persönlichkeitsrechtsverletzungen bereitet aber bis zum heutigen Tage Schwierigkeiten. Die Gewährleistung der Selbstbestimmung über den Umgang

---

[7] vgl. BVerfGE 72, 155 (170) - Minderjährigenbeschluß; BVerfGE 54, 148 (153 f.) - Eppler

[8] vgl. BVerfGE 65,1 (43) - Volkszählungsurteil

mit Informationen über die eigene Person - dies meint der Begriff "Datenschutz" [9] - betrifft grundsätzlich jedes personenbezogene Datum [10] ohne dessen inhaltliche Bewertung. Die anderen anerkannten Fallgruppen des Persönlichkeitsschutzes nehmen demgegenüber stets eine Art der Bewertung der Daten vor, bevor die Frage des Schutzes beantwortet werden kann, z.b. die Zuordnung des mitgeteilten Sachverhaltes zur Privat-, Intim- und Geheimsphäre beim Schutz gegen Indiskretionen oder die Bewertung als wahr oder unwahr beim Schutz gegen die Verfälschung des Persönlichkeitsbildes durch die Verbreitung unwahrer Tatsachenbehauptungen. Insofern bestehen erhebliche Unterschiede zwischen dem datenschutzrechtlichen Persönlichkeitsschutz und dem medienrechtlichen Persönlichkeitsschutz.

Diese Diskrepanz wird angesichts der Datenverarbeitung in der Informationsgesellschaft besonders relevant, da jede Persönlichkeitsrechtsverletzung, die über Datenverarbeitungssysteme realisiert wird, zugleich die informationelle Selbstbestimmung und andere Ausprägungen des allgemeinen Persönlichkeitsrechts (z.B. den Schutz der Privatsphäre) berühren. Es stellt sich dabei die grundlegende Frage, ob die Verarbeitung personenbezogener Daten in den Netzen der Informationsgesellschaft schon immer dann eine Rechtsverletzung darstellt, wenn Daten ohne Einwilligung und außerhalb der aus Gründen des Gemeinwohls eingeräumten Ausnahmetatbestände benutzt, gespeichert, übermittelt oder in sonstiger Weise verarbeitet werden oder ob weitere "verletzende" Merkmale hinzutreten müssen.

Damit ist die Frage nach der Konzeption des Datenschutzes in der Informationsgesellschaft angesprochen. Die Umsetzung des verfassungsrechtlich verankerten Rechts auf informationelle Selbstbestimmung ist durch die Datenschutzgesetze des Bundes und der Länder sowie die bereichsspezifischen Datenschutzvorschriften erfolgt. Diese Vorschriften gehen im Einklang mit den Vorgaben des BVerfG im Volkszählungsurteil vom Grundsatz des "Verbots mit Erlaubnisvorbehalt" aus. Jede Verarbeitung personenbezogener Daten muß von ihrem Verarbeitungszweck her legitimiert werden. Gleichzeitig sehen die Gesetze eine Trennung der Vorschriften über den öffentlichen Bereich mit engeren Vorgaben und der Vorschriften über den nicht-öffentlichen Bereich mit sehr weit gefaßten Erlaubnistatbeständen vor. Presse und Rundfunk sind aufgrund des "Medienprivilegs" (vgl. z.B. § 41 BDSG) vom Rechtfertigungszwang der Verarbeitung personenbezogener Daten freigestellt.

---

[9] vgl. Schmitt Glaeser, HbdSt, § 129 Rn. 76 ff.

[10] Nach der Legaldefinition des § 3 Abs. 1 BDSG sind personenbezogene Daten Einzelangaben über persönliche oder sachliche Verhältnisse einer bestimmten oder bestimmbaren Person.

Mit der technischen Entwicklung stellt sich die Frage, ob diese Umsetzung der verfassungsrechtlichen Vorgaben noch den Anforderungen des allgemeinen Persönlichkeitsrechts entspricht, insbesondere, ob die verstärkte Nutzung der Informationstechniken im nicht-staatlichen Bereich eine Ausweitung des Geltungsbereiches der Datenschutzvorschriften notwendig macht. Ebenso kann die Frage aufgeworfen werden, ob die wachsende Benutzung der Datenverarbeitungstechnologien durch die Medien eine Einschränkung oder Anpassung des weitgefaßten "Medienprivilegs" erfordert.

Die Technik der Datenverarbeitung hat in den vergangenen 25 Jahren eine rasante Entwicklung genommen, die von immer größeren Rechner- und Speicherkapazitäten bei sinkenden Preisen, immer einfacherer Bedienung und nicht zuletzt von der weltweiten Vernetzung geprägt ist [11]. Diese Entwicklung kann in drei Phasen gegliedert werden. Zu Beginn der Benutzung der Computertechnik für zivile Zwecke wurde diese vor allem in Großrechenzentren betrieben. Da Großrechner sehr teuer waren und viel Platz beanspruchten, war die Nutzung der Datenverarbeitung weitgehend dem Staat und großen Wirtschaftsunternehmen vorbehalten. Die Datenverarbeitung fand zentral an einem Ort durch besonders geschultes Personal statt. Die Überwachung der Datenverarbeitung war ebenso wie die Durchsetzung der rechtlichen Bestimmungen leicht möglich. Auf dieser Prämisse beruhte die Konzeption der ersten Datenschutzgesetze, die sich bis heute an der zentralen Datenverarbeitung orientieren.

Mit der Einführung leistungsfähiger Arbeitsplatzcomputer, die heute gewöhnlich als Personal Computer (PC) bezeichnet werden, begann Anfang der 80er Jahre eine Strukturveränderung hin zur dezentralen Datenverarbeitung, also die zweite Phase der Entwicklung. Die Rechner- und Speicherleistung steht seither direkt am Arbeitsplatz des Nutzers zur Verfügung. Damit haben die Computer auch in den privaten Bereich Einzug gehalten. Praxistaugliche Rechner- und Speicherleistungen zu günstigen Preisen und die einfache Bedienung durch weltweit einheitliche Standardprogramme haben dazu geführt, daß in Deutschland Ende 1995 bereits 15 Millionen dezentrale PC betrieben wurden, davon ca. 7 Mio. in privaten Haushalten [12]. Weltweit soll es rund 250 Mio. PC geben [13], die jeweils Möglichkeiten der Datenverarbeitung eröffnen, mit denen sich vor 20 Jahren selbst die Großrechenanlagen noch schwer taten.

---

[11] vgl. Neske, NJW-CoR 96, 364

[12] vgl. BT-Drucksache 13/4000, S. 21 (Bericht Info 2000)

[13] vgl. Rede des Bundeswirtschaftsministers Rexrodt anläßlich des "Forums Info 2000" am 24.10.96 in Bonn, abrufbar im Internet unter http://www.bmwi-info2000.de

Die dritte Phase der Datenverarbeitung seit Beginn der 90er Jahre ist vor allem durch die Vernetzung dieser dezentralen Rechner geprägt. Nachdem zunächst nur örtlich begrenzte Netze z.b. innerhalb einzelner Büros aufgebaut wurden (sogenannte local area networks), bei denen die Benutzer einen ständig aktuellen Zugriff auf zentral gespeicherte Daten haben, findet die Vernetzung inzwischen unter Nutzung des Sprachtelefonleitungsnetzes und anderer Verbindungswege weltweit statt. Rund 38 Mio. Telefonanschlüsse bei ca. 35 Mio. Haushalten in der Bundesrepublik Deutschland, also statistisch mehr als ein Anschluß pro Haushalt, stellen die Infrastruktur für die Datenkommunikation von PC zu PC dar. Sowohl bei den lokalen Netzen als auch bei der weltweiten Vernetzung werden die Vorzüge der unabhängigen eigenen Rechnerleistung vor Ort mit den Vorzügen eines gemeinsamen Informationspools verbunden. Die Vernetzung dezentraler Rechnereinheiten ist ein wesentliches Merkmal der Informationsgesellschaft, deren Leitbild der unbegrenzte weltweite Informationszugriff ist. Das "Netz der Netze" Internet zeigt eindrucksvoll die globale Dimension der Vernetzung und die daraus resultierenden Möglichkeiten.

Der eingangs zitierte Erwägungsgrund zur allgemeinen Datenschutzrichtlinie weist bereits daraufhin, daß die Entwicklung der Datenverarbeitungstechnik stets mit Hoffnung auf die Lösung ökonomischer Probleme verbunden ist. Fast schon formelhaft wird im Zusammenhang mit der Informationsgesellschaft auf ein großes wirtschaftliches Wachstumspotential verwiesen [14]. Wie im Verlauf dieser Arbeit näher dargelegt werden wird, ist das Thema Informationsgesellschaft auf europäischer wie bundespolitischer Ebene in den letzten Jahren immer unter dem Aspekt der Bewältigung der Arbeitslosigkeit und der Förderung des wirtschaftlichen Aufschwungs behandelt worden. Das Bedürfnis, diese grundlegenden Probleme der Allgemeinheit zu lösen, könnte dazu führen, daß gleichzeitig entstehende Gefahren für das allgemeine Persönlichkeitsrecht nicht hinreichend berücksichtigt werden.

Im Bereich der etablierten Massenmedien wirken sich in letzter Zeit zunehmend wirtschaftliche Interessen auf den Umgang mit den Persönlichkeitsrechten Dritter aus. Wer die deutsche und europäische Medienlandschaft beobachtet, kann feststellen, daß durch eine steigende Rücksichtslosigkeit der Medien Verletzungen des allgemeinen Persönlichkeitsrechts auftreten, welche es in dieser Quantität und Qualität vormals nicht gegeben hat [15]. Die Methode, durch gezielte Persönlich-

---

[14] vgl. für viele: Jaeger, NJW 95, 3273

[15] vgl. Hoffmann-Riem u.a., "Weizsäcker-Bericht", S. 11, 15; Prinz, NJW 96, 953; ders., NJW 95, 817; Herzog, Ansprache beim Medientreff in Berlin am 29.5.96, Journalist 7/96, S. 55 (61 f.); Glotz, Rede auf den XIX. Stendener Medientagen am 23.4.94, Journalist 6/94, S. 51 (52); Steffen, ZRP 94, 196; Leutheusser-Schnarrenberger, FS Engelschall, S. 13 (14); Harmgarth, S. 13; dies

keitsrechtsverletzungen Auflagen oder Einschaltquoten (Marktanteile) in die Höhe zu treiben und damit auf Kosten der Persönlichkeit anderer Gewinne zu erzielen, scheint zum Programm geworden zu sein [16]. Dies zeigt auch die deutliche Vermehrung presserechtlicher Verfahren vor den Gerichten [17]. Diese Tendenz hat ihre Ursache in der immer größer werdenden Bedeutung der Medien als Wirtschaftsmarkt und dem damit einhergehenden steigenden Konkurrenzdruck zwischen den Anbietern. Es erscheint möglich, daß sich diese Entwicklung unter den Gegebenheiten der Informationsgesellschaft durch das Zusammenwachsen der Datenverarbeitung mit den Inhalten der Massenmedien fortsetzt, da es durch neue Übertragungswege weiteren Anbietern möglich wird, am lukrativen Medienmarkt teilzunehmen und damit ein weiterer Anstieg des Konkurrenzdrucks erwartet werden kann. Die technische Entwicklung führt ferner dazu, daß die Auswirkungen von Persönlichkeitsrechtsverletzungen hinsichtlich ihrer Reichweite eine neue Qualität erreichen. Schon 1988 wurde bemerkt, daß der "Rundfunk ohne Grenzen" für die Verletzung von Persönlichkeitsrechten eine neue Dimension geschaffen hat [18]. Diese Feststellung gilt ohne Zweifel unter den Bedingungen der Informationsgesellschaft hinsichtlich der grenzenlosen Verbreitung verletzender Inhalte in Datennetzen entsprechend, da verletzende Inhalte weltweite Verbreitung finden können und auch der wiederholte und zeitunabhängige Abruf möglich wird. Die Rechtsprechung hat den Persönlichkeitsschutz stetig weiterentwickelt und ihn an die jeweils sich wandelnden Gefährdungen der Persönlichkeit durch die Entwicklung der modernen Technik angepaßt [19]. Gerade das Volkszählungsurteil stellt eine solche Reaktion dar. Das BVerfG kam zu der Überzeugung, daß die vom allgemeinen Persönlichkeitsrecht gewährleistete Befugnis des Einzelnen grundsätzlich selbst zu entscheiden, wann und innerhalb welcher Grenzen persönliche Lebenssachverhalte offenbart werden, unter den Bedingungen der automatischen Datenverarbeitung in einem besonderen Maße des Schutzes bedürfe [20]. Es definierte aus diesem Grund das Recht auf informationelle Selbstbestimmung als Ausprägung des Persönlichkeitsrechts. Eine weitere Reaktion der Rechtsprechung war z.B. - bezogen auf die steigende Anzahl vorsätzlicher

---

wird auch aus journalistischer Sicht bestätigt, vgl. z.B. Augstein, Spiegel-Special 1/95, S. 3; Kilz, Spiegel-Special 1/95, S. 12 (14 f.); Haller, FS Engelschall, S. 233 f.; für die Schweiz: Minelli, ZUM 96, 73 (75)

[16] vgl. Hübner, S. 10; Ein eindrucksvolles Beispiel enthält der Tatbestand der Entscheidung BGH NJW 95, 861 f. - Caroline von Monaco I.

[17] vgl. die Zahlen bei Prinz NJW 95, 817, dort Fn. 12

[18] vgl. Hübner, S. 11

[19] vgl. Vogelgesang, S. 41; Helle, S. 7; kritisch Gottwald, S. 133 ff.

[20] vgl. BVerfGE 65,1 (42)

Persönlichkeitsrechtsverletzungen durch die Medien - unlängst die Betonung des präventiven Charakters des zivilrechtlichen Anspruchs auf Geldentschädigung ("Schmerzensgeld"), der unmittelbar aus dem Schutzauftrag aus Art. 1 und Art. 2 GG abgeleitet wurde [21].

Es ist die Aufgabe dieser Arbeit zu prüfen, ob sich aus den gegenwärtig erkennbaren Änderungen der Lebensbedingungen in der Informationsgesellschaft das Bedürfnis weiterer spezifischer Ausprägungen des allgemeinen Persönlichkeitsrechts ergibt oder ob der bis heute erreichte Standard des Persönlichkeitsschutzes nach derzeitigem Erkenntnisvermögen ausreicht.

§ 2 Gang der Untersuchung

Die Weite des Themas bedarf in mehrfacher Hinsicht der Eingrenzung. Die nachfolgende Untersuchung behandelt nur die Gewährleistungsebene des Grundrechts aus Art. 2 Abs. 1 i.V.m. Art. 1 Abs. 1 GG. Hierbei bleiben die besonderen Persönlichkeitsrechte und ihre einfachgesetzlichen Ausprägungen, insbesondere das Recht am eigenen Bild, das Recht am gesprochenen Wort und der Schutz des geschriebenen Wortes [22], von der Betrachtung weitgehend ausgeschlossen. Vielmehr soll anhand einer Bestandsaufnahme der anerkannten Ausprägung des allgemeinen Persönlichkeitsrechts und ihrer Gegenüberstellung mit den Gefährdungspotentialen für den Schutz der Persönlichkeit in der Informationsgesellschaft der verfassungsrechtliche Handlungsbedarf erforscht werden. Dabei orientiert sich die Darstellung maßgeblich an der Rechtsprechung des BVerfG. Die Entscheidungen des BGH sind hierbei ergänzend heranzuziehen, da der zivilrechtlichen Rechtsprechung im Persönlichkeitsschutz eine prägende Bedeutung zukommt. Der BGH hat durch Grundsatzentscheidungen wichtige Teilaspekte dieses Rechtsgebietes beschieden.

Angesichts der verfassungsrechtlichen Zielsetzung dieser Betrachtung bleibt es anderen Arbeiten vorbehalten, den Regelungsbedarf auf der Ebene einfacher Gesetze näher zu durchleuchten. Gleichwohl wird auf die einfachgesetzliche Ebene einzugehen sein, wenn dargelegt wird, welche Lösungsansätze für die Bewältigung der Problembereiche bereits gefunden worden sind. In diesem Zusammenhang werden insbesondere das Informations- und Kommunikationsdienstegesetz des Bundes sowie der Mediendienstestaatsvertrag der Länder

---

[21] vgl. BGH NJW 95, 861 (864 f.) - Caroline von Monaco I; vgl. zur aktuellen Diskussion um Funktion und Höhe der Geldentschädigung Prinz, NJW 96, 953; Steffen, NJW 97, 10

[22] vgl. zur Terminologie Helle, S. 37 ff.

dargestellt und in die Gesamtbewertung des persönlichkeitsrechtlichen status quo einbezogen.

Im Einzelnen stellt sich der Gang der Untersuchung wie folgt dar:

Zunächst wird versucht, die wesentlichen Strukturmerkmale der Informationsgesellschaft herauszuarbeiten (Kapitel 2). Dabei wird auf die Aktivitäten zur Entwicklung der Informationsgesellschaft der Europäischen Union, der Bundesregierung und anderer politischer Kräfte einzugehen sein (§ 1). Ferner werden die technischen Grundlagen der Informationsgesellschaft erläutert, soweit sie zum Verständnis notwendig sind. Hierbei werden schlagwortartige Begriffe wie Digitalisierung, Datenautobahn und Multimedia aufgenommen. Als Beispiel für die Verknüpfung und Integration der Netze wird das weltumspannende Computernetz Internet erläutert werden (§ 2). Sodann werden die Programm- und Diensteangebote im digitalen Kommunikations- und Mediensystem dargestellt. Hierbei wird auf die Entwicklung im Bereich des digitalen Fernsehens und der Online-Dienste eingegangen. Es wird sich zeigen, daß sich die Auswirkungen der neuen Informations- und Kommunikationstechnologien auf nahezu jeden Lebensbereich erstrecken (§ 3). Das dritte Kapitel beschreibt den grundrechtlichen Gehalt des allgemeinen Persönlichkeitsrechts und dessen Zielbestimmung. Hierbei wird auf die Entwicklung dieses Grundrechts durch die Rechtsprechung des BGH und des BVerfG eingegangen, woran sich eine Darstellung der anerkannten Fallgruppen anschließt. Durch die konkrete Bezugnahme auf wichtige höchstrichterliche Einzelfallentscheidungen wird zudem verdeutlicht werden, daß das allgemeine Persönlichkeitsrecht bereits zahlreiche fallspezifische Ausprägungen erfahren hat und die Gerichte angesichts seiner Entwicklungsoffenheit in die Lage versetzt, auf besondere Fallgestaltungen adäquat zu reagieren.

Auf der Basis der in Kapitel 3 getroffenen Feststellungen über Zielrichtung und Inhalte des allgemeinen Persönlichkeitsrechts werden in Kapitel 4 sodann die erkennbaren Gefährdungspotentiale in der Informationsgesellschaft zusammenfassend dargestellt und an den bekannten Ausprägungen des Persönlichkeitsrechts gemessen. Hierbei muß im Interesse einer kompakten Darstellung der vielfältigen und in stetiger Fortentwicklung befindlichen Materie hinsichtlich der technischen Details zum Teil verallgemeinert werden. Auf Einzelheiten wird aber exemplarisch eingegangen, wenn dies zum Verständnis der Problematik erforderlich erscheint. Anschließend werden die in der Diskussion befindlichen Lösungsansätze zusammengefaßt. Hierbei werden unter anderem die europäischen Vorgaben zum Datenschutz durch die Datenschutzrichtlinien der EU dargestellt, deren Umsetzung die Entwicklung der deutschen Datenschutzvorschriften maßgeblich beeinflussen wird. Neben der Darstellung der Lösungsansätze zum Persönlichkeitsschutz in der Informationsgesellschaft seitens der Datenschutzbeauftragten, der Arbeitsgruppen und der rechtswissenschaftlichen Literatur liegt ein weiterer Schwerpunkt des 4. Kapitels in der kritischen Auswertung der

"Multimediagesetze" von Bund und Ländern hinsichtlich ihrer Auswirkungen auf den Schutz der Persönlichkeit. Mit diesen Feststellungen wendet sich die Untersuchung im fünften Kapitel der Frage zu, welche Anforderungen an das staatliche Handeln zum Schutz des allgemeinen Persönlichkeitsrechts zu stellen sind. Hierbei wird sich ergeben, daß den Staat eine Verpflichtung trifft, das allgemeine Persönlichkeitsrecht adäquat zu schützen, da dieses Ausdruck der Menschenwürde ist und alles staatliche Handeln der Gewährleistung der Menschenwürde zu dienen hat (vgl. Art.1 GG). Insoweit trifft den Staat die Verpflichtung, auch unter den Gegebenheiten der Informationsgesellschaft die freie Selbstbestimmung des Bürgers über seine Person zu gewährleisten. Hieraus werden einige konkrete verfassungsrechtliche Vorgaben an die Gesetzgeber abzuleiten sein, an denen die erkennbaren Lösungsansätze gemessen werden können. Am Ende der Arbeit werden mehrere Thesen über die verfassungsrechtlichen Anforderungen an den Persönlichkeitsschutz in der Informationsgesellschaft aufgestellt.

2. Kapitel: Die Veränderungen der Rahmenbedingungen des Persönlichkeitsschutzes in der Informationsgesellschaft

In diesem Kapitel wird der Versuch unternommen, die zukünftige Entwicklung der gesellschaftlichen und technologischen Strukturen in der Informationsgesellschaft zu beschreiben. Hierbei wäre es verfehlt, auf der Basis der gegenwärtig realisierten, erwarteten oder angekündigten Erscheinungsformen der neuen Informations- und Kommunikationstechniken eine exakte Prognose zu erstellen. Ein solcher Versuch müßte angesichts der ständig fortschreitenden technischen Entwicklung zwingend scheitern. Ebenso wäre es jedoch unbefriedigend, sich auf eine Analyse der heutigen Sachlage zu beschränken, da die Betrachtung in diesem Fall angesichts der Dynamik der Materie auf einer von der Entwicklung schnell überholten Tatsachengrundlage vorgenommen würde. Es ist daher zu versuchen, anhand der heute erkennbaren technischen Grundlagen und anhand der bekannten oder zu erwartenden Anwendungen dieser Technologien die wesentlichen Strukturmerkmale der Informationsgesellschaft herauszuarbeiten. Ausgangspunkt muß hierbei die Feststellung sein, daß die Frage nach der Zukunft in der Informationsgesellschaft in erster Linie von der technischen Entwicklung abhängig ist. Es wird aber auch entscheidend sein, auf welche Akzeptanz technische Neuerungen bei den Bürgern stoßen. Hiermit sind die wesentlichen Unsicherheitsfaktoren einer Vorschau benannt. Ferner erscheint es naheliegend, daß die nahe Zukunft technische Innovationen mit sich bringt, die heute selbst von den einschlägigen Experten nicht vorhergesehen werden und deren interdisziplinäre Erörterung heute noch nicht einmal ansatzweise begonnen hat.

Zunächst wird auf den Begriff und die Entwicklung der Informationsgesellschaft eingegangen (§ 1). Dieser Abschnitt wird einen ersten Eindruck verschaffen, welche politischen und wirtschaftlichen Interessen hinter den Initiativen zur Informationsgesellschaft stehen, in welchen Lebensbereichen sich gesellschaftliche Veränderungen ergeben werden und welche Zielrichtung in dieser Entwicklung verfolgt wird. Anschließend werden die technischen Grundlagen der neuen Informations- und Kommunikationstechniken dargelegt, um dem Leser die Möglichkeit zu geben, eigene Überlegungen über die Zukunft in der Informationsgesellschaft anzustellen (§ 2). Hierbei beschränkt sich die Darstellung bewußt auf die notwendigen Grundlagen, um die Arbeit nicht mit technischen Einzelheiten zu überladen und sie auch in dieser Hinsicht nicht der Gefahr auszusetzen, von der technischen Entwicklung überholt zu werden. In § 3 wird sodann dargestellt, welche neuen Programm- und Diensteangebote gegenwärtig realisiert werden.

Damit werden konkrete Beispiele für die Erscheinungsformen der Informationsgesellschaft aufgezeigt. Gleichzeitig wird eine Vielzahl von Begriffen aufgenommen, die in der öffentlichen Diskussion oftmals ohne zureichende inhaltliche
Bestimmung Gebrauch finden [23]. Zum Schluß dieses Kapitels werden in § 4 die
gesellschaftlichen, politischen und technischen Grundlagen zusammengefaßt.
Diese zusammenfassende Beschreibung ist die gedankliche Grundlage für die
nachfolgenden Kapitel. Sie definiert, was im weiteren Verlauf der Untersuchung
unter dem Schlagwort der Informationsgesellschaft verstanden werden soll.

§ 1 Die Entwicklung der Informationsgesellschaft

Der Begriff der Informationsgesellschaft ist kein originär rechtswissenschaftlicher
Terminus. Das Wort ist vielmehr durch seine soziologischen und ökonomischen
Bezüge geprägt. Es bezeichnet generell die Veränderungen des wirtschaftlichen
und sozialen Lebens durch neue Informations- und Kommunikationstechnologien.
In der Terminologie der Bundesregierung steht der Begriff Informationsgesell-
schaft für eine Wirtschafts- und Gesellschaftsform, in der der produktive Umgang
mit der Ressource "Information" und die wissensintensive Produktion eine
herausragende Rolle spielen. Die Informationsgesellschaft werde in besonderer
Weise Entwicklungen und Veränderungen in den Bereichen Technik, Wirtschaft,
Arbeitswelt und Umwelt bewirken [24]. In sprachlicher Hinsicht wurde die Bezeichnung aus dem US-amerikanischen Schlagwort "information society" abgeleitet.
Seit der Antrittsrede des Vizepräsidenten der USA, Al Gore, wird dort der
Aufbau des "electronic superhighway" als eines der höchsten nationalen Ziele
propagiert, um den USA eine Vorreiterstellung zu sichern. Der Leitgedanke ist
dort, den weltweiten Informationsaustausch mit Hilfe der neuen Technik zu
perfektionieren. Jede Information soll jederzeit global erhältlich sein [25]. Hierbei
zeichnet sich ab, daß die Aktivitäten in den USA auf die Realisierung des
technisch Machbaren fixiert sind, während in der europäischen Diskussion bereits
frühzeitig erwogen wurde, daß der Übergang in die Informationsgesellschaft
maßgeblich von der Akzeptanz der neuen Techniken in der Bevölkerung abhängig
ist.

---

[23] Dies wird in der juristischen Literatur ausdrücklich kritisiert, vgl. z.B. Mayer, NJW 96, 1782
(1784); Ory, AfP 96, 105; Schardt, GRUR 96, 827; Knothe, AfP 97, 494

[24] vgl. BT-Drucksache 13/4000 (Bericht Info 2000), S. 15

[25] vgl. Gore, Financial Times vom 19.9.1994, S. 22

I. Die Aktivitäten der EU und der G 7

Im europäischen Raum ist der Begriff spätestens im Jahre 1993 fester Bestandteil der politischen und wissenschaftlichen Diskussion geworden [26]. Dies wird insbesondere durch die Aktivitäten der Kommission der Europäischen Gemeinschaften in Brüssel dokumentiert. In ihrem Weißbuch zu den Herausforderungen der Gegenwart und zu den Wegen ins 21. Jahrhundert [27], mit welchem eine Reflektionsgrundlage für den gemeinsamen Weg der Mitgliedstaaten aus der Arbeitslosigkeit geschaffen werden sollte, wird die Entwicklung der Informationsgesellschaft als einer der wichtigsten Wachstumsbereiche der Zukunft benannt. Die zukünftige Gesellschaft werde durch die neuen Technologien geprägt sein. Besonders die Erschließung neuer Dienstleistungsmärkte stünde bei dieser Entwicklung im Mittelpunkt. Der Anbruch des "multimedialen Zeitalters" käme dem Umbruch gleich, den wir mit der ersten industriellen Revolution erlebt haben [28]. Informationstechnologien würden zukünftig die Grundlage aller Industriezweige sein und die Wirtschaft auf allen Stufen beeinflussen. Informationsmanagement, -qualität und Übertragungsgeschwindigkeiten seien mitentscheidend für die Wettbewerbsfähigkeit. Die Konkurrenz in der Wirtschaft werde größer, da der gesteigerte Informationsfluß jede Wirtschaftstätigkeit feststellbar und bewertbar mache [29]. Allein diese kurze Zusammenfassung der Aussagen des Weißbuches zur Informationsgesellschaft zeigt bereits, daß dieses Thema von der Kommission primär aus wirtschaftspolitischer Sicht behandelt wird. Die entstehende Informationsgesellschaft wird als Chance betrachtet, die wirtschaftlichen Probleme der Mitgliedstaaten zu bewältigen. Die Information wird als verkäufliche Ware betrachtet[30], die durch die neuen Informations- und Kommunikationstechniken veredelt werden kann und deshalb an Bedeutung gewinnt.

Bereits in dieser ersten Phase der politischen Durchdringung des Themas wurden aber auch die gesellschaftlichen Folgen in Betracht gezogen, wozu auch die Auswirkungen auf den Persönlichkeitsschutz gezählt wurden. Es wurde angeraten, einen rechtlichen und ordnungspolitischen Rahmen zu schaffen, der die Daten-

---

[26] Zum europäischen Rechtsrahmen für die Informationsgesellschaft vgl. die nachfolgenden Ausführungen, sowie ergänzend Tettenborn, MMR 98, 18 m.w.N.

[27] Weißbuch "Wachstum, Wettbewerbsfähigkeit, Beschäftigung" , KOM (93) 700 endg. v. 5.12.93, im folgenden: "Weißbuch"

[28] vgl. Weißbuch, S. 14, 25

[29] vgl. Weißbuch, S. 101 ff.

[30] vgl. die Broschüre "Die Informationsgesellschaft", Hrsg. Europäische Kommission, Brüssel, 1996, S. 24 f.

schutzinteressen des Einzelnen wahre und seine Privatsphäre sichere [31]. Zur Feststellung, welche Maßnahmen zur Schaffung des "gemeinsamen Informationsraumes" und seines politischen und rechtlichen Rahmens ergriffen werden müssen, wurde eine besondere Arbeitsgruppe eingerichtet. Diese "Task Force Europäische Informationsinfrastruktur", welche später unter der Bezeichnung "Bangemann-Gruppe" [32] bekannt wurde, sollte anhand von Leitlinien des Europäischen Rates Prioritäten bestimmen und Einzelheiten der zu treffenden Maßnahmen festlegen.

Im Mai 1994 legte die Task Force einen Bericht vor, in welchem die Mitglieder der Gruppe ihre Einschätzung der tatsächlichen Entwicklung niederlegten und Empfehlungen an den Europäischen Rat richteten [33]. Sie schlug zehn Initiativen zur experimentellen Anwendung neuer Techniken vor, die als Demonstrationsobjekte die Thematik an die Bürger vermitteln sollen und den Anbietern als Test für die Anpassung ihrer Dienstleistungen an die Anforderungen der Verbraucher dienen können. Als Erprobungsfelder wurden ausgewählt:

1. Telearbeit [34]

2. Fernlernen [35]

3. Netzwerk für Schulen und Forschungszentren [36]

4. Telematikdienste für kleine und mittlere Unternehmen [37]

5. Straßenmanagement [38]

---

[31] vgl. Weißbuch, S. 106, 108

[32] Der deutsche EU-Kommissar Martin Bangemann war das führende Mitglied dieser zwanzigköpfigen Arbeitsgruppe.

[33] Europa und die globale Informationsgesellschaft - Empfehlungen für den Europäischen Rat, Brüssel, 26. Mai 1994 (im folgenden: "Bangemann - Bericht")

[34] d.h. dezentrale Bürostrukturen mit PC-Arbeitsplätzen; geplant sind 20.000 Pilot-Arbeitsplätze in 20 europäischen Städten

[35] Pilotprojekte von Unternehmen, öffentlichen Verwaltungen, Berufsverbänden und Schulen zur lebenslangen Aus- und Weiterbildung

[36] Förderung der Kooperation durch Hochgeschwindigkeitsverbindungen über neue Kommunikationsnetze, z.B. zum Austausch von Labordaten und Zugang zu digitalisierten Bibliotheken

[37] d.h. Netzverbindungen zwischen Unternehmen, Behörden, Verbänden, Kunden und Lieferanten

6. Flugsicherung [39]

7. Netze für das Gesundheitswesen [40]

8. Elektronische Ausschreibungen [41]

9. Transeuropäisches Netz öffentlicher Verwaltungen [42]

10. Informationsstraßen für Städte [43].

Die Expertengruppe sah die hauptsächliche Veränderung des zukünftigen Zusammenlebens darin, daß der technische Fortschritt die Möglichkeit biete, Informationen jeder Art - mündliche, schriftliche oder visuelle - unabhängig von Entfernung, Zeit und Menge zu verarbeiten, zu speichern, wiederaufzufinden und weiterzuleiten [44]. Das Wesensmerkmal der Informationsgesellschaft sei die Kombination aus Kommunikationssystemen und fortgeschrittenen Informationstechnologien. Die durch Entfernung und Zeit auferlegten Beschränkungen im Umgang und in der Verfügbarkeit der Informationen könnten durch die Telefon-, Satelliten- und Kabelnetze sowie mit Hilfe der verbundenen Anwendungen und Dienstleistungen ("Grunddienste") beseitigt werden. Das diensteintegrierende digitale Fernmeldenetz ISDN, das einheitliche Mobiltelefonnetz im GSM-Standard [45] und die gegenwärtig verfügbaren Satelliten wurden als wichtige vorhandene Bausteine der Informationsgesellschaft benannt [46]. Die Mitglieder der Bangemann-Gruppe hatten erkannt, daß die planerische Gestaltung der Informationsgesellschaft eine Reaktion auf die faktischen Verhältnisse in der technischen

---

[38] Fahrstreckeninformationen und Fuhrparkmanagement durch Pilotprojekte in 10 Großstädten

[39] Bis zum Jahr 2000 soll ein einheitliches europäisches System zum Austausch von Flugdaten und Sprechfunkkommunikation geschaffen werden.

[40] Verknüpfung bestehender nationaler Netze zwischen niedergelassenen Ärzten, Krankenhäusern, Rehabilitationseinrichtungen und Krankenkassen zur Effektivierung des Informationsaustausches, z.B. in Form von Fernanalysen und Ferndiagnosen

[41] d.h. elektronische Abwicklung des öffentlichen Auftragswesens mit der Möglichkeit zügiger europaweiter Ausschreibungsverfahren

[42] z.B. zum Austausch von Zoll- und Steuerdaten, Statistiken und Sozialversicherungsdaten

[43] Erprobung örtlicher Datennetze in fünf Großstädten zur integrierten Abwicklung zahlreicher Alltagsgeschäfte, z.B. Homebanking, Warenbestellung und Unterhaltungsangebote

[44] vgl. Bangemann-Bericht, S. 4

[45] GSM = Global System for Mobile Communications

[46] vgl. Bangemann-Bericht, S. 21

Entwicklung sein muß und somit wesentlich durch die Vorgaben der Investitionsentscheidungen der wirtschaftlichen Kräfte bestimmt werden würde. Gleichzeitig erkannte die Gruppe, daß der Übergang in das Informationszeitalter nicht allein den ökonomischen Kräften überlassen werden kann, sondern daß es trotz des allgemeinen Willens einer Deregulierung und der Bemühungen um die Liberalisierung der Telekommunikation eines ordnungspolitischen Rahmens bedarf, der Risiken minimiert und so die Akzeptanz der neuen Technik in der Bevölkerung steigert [47]. Die Gruppe empfahl deshalb u.a., einen gemeinsamen Rechtsrahmen für den Schutz der Privatsphäre und der Sicherheit von Informationen zu schaffen. Der Schutz der Privatsphäre wurde hierbei als ein "sehr wichtiger und sensibler Bereich" angesehen. Die Anforderungen an den Datenschutz würden in dem Maße zunehmen, wie das Potential der neuen Technologien genutzt werde, detaillierte Informationen über Privatpersonen in Form von Daten, Sprache und Bildern auch grenzüberschreitend zu gewinnen und zu manipulieren. Ohne die rechtliche Sicherheit eines EU-weiten Ansatzes würde der Vertrauensmangel auf Seiten des Verbrauchers einer raschen Entwicklung der Informationsgesellschaft im Wege stehen. Diesem Hemmnis solle durch die rasche Verabschiedung eines Richtlinienvorschlags der Kommission über allgemeine Prinzipien des Datenschutzes in den Mitgliedstaaten begegnet werden [48].

Die Kommission hat die Empfehlungen des Bangemann-Berichts aufgenommen und in einen Aktionsplan umgesetzt [49]. In der Einleitung dieses Aktionsplanes wird die im Weißbuch formulierte Vision der "digitalen Revolution" aufgegriffen, wonach der Übergang in die Informationsgesellschaft einen mit der industriellen Revolution vergleichbaren Strukturwandel auslösen wird. Dieser Prozeß sei nicht aufzuhalten und werde letztlich zu einer auf Wissen gestützten Volkswirtschaft führen [50]. Auch hier zeigt sich somit deutlich, daß die Diskussion um die Informationsgesellschaft auf der europäischen Ebene von einem ökonomischen Ansatz geprägt ist. Von politischer Seite wurde diese Entwicklung aus wirtschaftspolitischen Gründen unterstützt. Die grundsätzliche Strategie zur Realisierung der Informationsgesellschaft basiert auf einer Aufgabenteilung zwischen Staat und Privatwirtschaft. Während der Aufbau und die Finanzierung der Informationsinfrastruktur die Sache privater Investoren sei, müßten die Mitgliedstaaten die

---

[47] vgl. Bangemann-Bericht, S. 6

[48] vgl. Bangemann-Bericht, S. 18

[49] Europas Weg in die Informationsgesellschaft - Ein Aktionsplan, KOM (94) 347 endg. v. 19.7.94 (im folgenden: "Aktionsplan")

[50] vgl. Aktionsplan, S. 3

ordnungspolitischen und rechtlichen Rahmenbedingungen schaffen [51]. Ein Punkt der im Aktionsplan aufgeführten ordnungspolitischen und rechtlichen Rahmenbedingungen ist - entsprechend den Empfehlungen der Bangemann-Gruppe - der Schutz der Privatsphäre. Hierzu wurde erneut die Forderung nach der raschen Verabschiedung einer EU-einheitlichen Datenschutzrichtlinie und ggf. weiterer bereichsspezifischer Datenschutzvorschriften erhoben [52]. Die Umsetzung der Zielvorgaben des Aktionsplanes wurde im Jahre 1995 durch eine Vielzahl von Maßnahmen vorangetrieben [53]. Auf einzelne Aktivitäten, die den hier relevanten Aspekt des Persönlichkeitsschutzes betreffen, wird an späterer Stelle näher einzugehen sein [54].

Das Thema Informationsgesellschaft wurde auch auf der "G 7"-Ministerkonferenz [55] im Februar 1995 in Brüssel behandelt. Ziel der Konferenz war es, die beim Aufbau und der Nutzung globaler Informationsstrukturen entstehenden Probleme zu erkennen, Wege zu deren Beseitigung aufzuzeigen sowie einen Impuls für weitere Initiativen auf dem Gebiet der Informationsgesellschaft zu geben. Damit sollte dem Anliegen aller G 7-Staaten entsprochen werden, die Chancen der Informations- und Kommunikationstechnik für Wachstum und Beschäftigung zu nutzen und einen Beitrag zur Lösung struktureller Probleme ihrer Volkswirtschaften zu leisten [56].

Die in den Schlußfolgerungen festgehaltene Vereinbarung der G 7-Staaten und der Europäischen Kommission formuliert den Entschluß, auf der Grundlage von acht Grundprinzipien zusammenzuarbeiten, um ein gemeinsames Zukunftsbild von der globalen Informationsgesellschaft zu verwirklichen. Als Grundprinzipien werden benannt:

- Förderung eines dynamischen Wettbewerbs,

---

[51] vgl. Aktionsplan, S. 3 f.

[52] vgl. Aktionsplan, S. 9 f.

[53] Diese Maßnahmen betrafen insbesondere die Bereiche Liberalisierung der Netze, sowie deren Normung und der Herstellung eines technischen Verbundes (Interoperabilität). Insoweit sei auf die Zusammenfassungen von Schmittmann/de Vries, AfP 96, 36 und AfP 96, 360 sowie auf die authentische Übersicht des Information Society Project Office (ISPO) in Brüssel verwiesen: Rolling Action Plan, Hrsg. ISPO, Brüssel (Internet-Adresse: http://www.ispo.cec.be), vgl. auch Tettenborn, MMR 98, 18.

[54] siehe hierzu unten in Kapitel 4, § 2 I.

[55] Minister der sieben führenden Industrienationen der Welt: USA, Kanada, Japan, Deutschland, Frankreich, Italien, Großbritannien

[56] vgl. BT-Drucksache 13/4000 (Bericht Info 2000), S. 158

- Förderung von Privatinvestitionen,

- Festlegung eines anpassungsfähigen ordnungsrechtlichen Rahmens,

- Sicherstellung des offenen Netzzugangs, bei gleichzeitiger

- Sicherung eines universellen Dienstangebots und -zugangs,

- Förderung der Chancengleichheit aller Bürger,

- Förderung der Programmvielfalt einschließlich der kulturellen und sprachlichen Vielfalt und Anerkennung der Notwendigkeit einer weltweiten Zusammenarbeit unter besonderer Berücksichtigung der Entwicklungsländer [57].

Die Ministerrunde legte 11 internationale Projekte fest (sog. "G 7-Pilotprojekte"), bei denen in internationaler Zusammenarbeit das Potential der Informationsgesellschaft aufgezeigt werden soll. Die Pilotprojekte sollen - ebenso wie die von der Bangemann-Gruppe vorgeschlagenen Projekte - einen Eindruck von der Anwendungs- und Erscheinungsvielfalt geben und den Bürgern der Mitgliedsstaaten die Informationsgesellschaft auf diese Weise näherbringen. So soll z.B. ein multimediales Verzeichnis nationaler Projekte, Studien und Ausschreibungen zur Informationsgesellschaft erstellt werden (sog. Globalverzeichnis, "global inventory"). Damit soll der Informationsaustausch auf transnationaler Ebene erleichtert werden, um die Bildung von Allianzen zur Entwicklung von Anwendungen der Informationsgesellschaft zu fördern [58]. Andere geplante Projekte betreffen elektronische Bibliotheken, Museen und Galerien. In einer Kombination von Bild, Text und Ton sollen Abbildungen der Kulturgüter aus der ganzen Welt digital abgespeichert werden. Hierdurch soll es möglich werden, den unkörperlichen Zugang der Bürger zu diesen Kulturgütern zu erleichtern. Auch der weltweite Bibliotheksbestand soll verbessert genutzt werden können. Durch die Abrufbarkeit in elektronischen Systemen können örtliche Barrieren überwunden werden. Zusätzlich soll ein Angebot von Fernstudiengängen neue Möglichkeiten der Aus- und Fortbildung schaffen. Auf dem Gebiet der Gesundheitsfürsorge soll das weltweite Wissen über Krankheitsverläufe, Symptome und Behandlungsmethoden in elektronischen Informationssystemen zusammengeführt werden, um mehr

---

[57] vgl. BT-Drucksache 13/4000 (Bericht Info 2000), S. 159

[58] Der deutsche Beitrag zu dieser Datensammlung ist jederzeit aktuell im Internet-Angebot des Bundesministeriums für Wirtschaft (BMWi) abrufbar: http://www.bmwi-info2000.de; hier sind auch zahlreiche weitere Dokumente zur "Initiative Informationsgesellschaft" zu finden.

Effizienz bei der Erforschung und Behandlung von Krankheiten zu erreichen. Elektronische Systeme sollen nach dem Willen der G 7 auch die Kommunikation zwischen der Verwaltung und dem Bürger vereinfachen. Gedacht wird hier an die Bereitstellung von öffentlichen Diensten durch Computernetze ("Verwaltung online"). Im wirtschaftlichen Bereich soll der globale Markt für kleine und mittlere Unternehmen geöffnet werden, indem Standortnachteile und die vergleichsweise geringen finanziellen Mittel für die Öffentlichkeitsarbeit durch eine globale Präsentation in elektronischen Netzen und verbesserte Zugriffe auf weltweite Informationen ausgeglichen werden. Z.B. könne im ländlichen Bereich in der Informationsgesellschaft eine Informations- und Kommunikationsanbindung gewährleistet sein, die derjenigen in den Metropolen entspricht, wodurch eine gesteigerte Mitwirkung am Handel auch außerhalb des nationalen Marktes ermöglicht werde. Gemeinwohlorientierte Projekte der G 7 sollen als Informationssysteme zum Umwelt- und Naturmanagement, zum Katastrophenmanagement und zur Sicherheit und Umweltfreundlichkeit des Seeverkehrs realisiert werden. Als langfristiges Resultat dieser Aktivitäten soll eine virtuelle Daten- und Informationsbibliothek an weltweit verteilten Standorten mit Zugriffsmöglichkeiten über elektronische Netze zur Verfügung stehen [59].

Die Realisierung der Pilotprojekte hat auch in Deutschland bereits begonnen. Nach dem Willen der Bundesregierung soll Deutschland an allen G 7-Projekten mitwirken, wobei sie diese nur "politisch begleiten und im Rahmen ihrer Möglichkeiten unterstützen" will [60]. Mit Stand Juli 1996 waren im Informationsdienst des BMWi bereits 48 deutsche Projekte zur Informationsgesellschaft verzeichnet. Hierunter finden sich mehrere lokale Versuchsprojekte, z.B. neue Angebotsformen im Digitalfernsehen und Behördennetze [61]. Allerdings ist im Vergleich dieser Projekte mit den Aktivitäten großer Wirtschaftsunternehmen, insbesondere im Bereich des digitalen Fernsehens, eine Diskrepanz zwischen dem Inhalt und Entwicklungsstand der Pilotprojekte und den kommerziellen Angebo-

---

[59] Ergänzende, aktualisierte Informationen über die G 7-Pilotprojekte sind dem Internet - Angebot des BMWi (http://www.bmwi-info2000.de) sowie dem Angebot der Europäischen Kommission unter der Internet-Adresse http://www.ispo.cec/g7/g7 main.html zu entnehmen.

[60] vgl. BT-Drucksache 13/4000 (Bericht Info 2000), S. 160

[61] nähere Informationen zu allen deutschen Projekten sind dem Internet-Angebot des BMWi zu entnehmen (http://www.bmwi-info2000.de)

ten festzustellen. Zuweilen hat es den Anschein, als ob die Realität die Pilotprojekte schon überholt hat [62].

Die europäische Kommission begleitet die Entwicklung der Informationsgesellschaft mit kontinuierlichen Aktivitäten. Ende 1997 hat sie mit Vorlage des "Grünbuches zur Konvergenz der Branchen Telekommunikation, Medien und Informationstechnologie und ihren ordnungspolitischen Auswirkungen" vom 4.12.97 [63] eine öffentliche Konsultationsphase bis Mitte 1998 eingeleitet, mit deren Hilfe der Regulierungsbedarf hinsichtlich der technischen Entwicklungen im Bereiche der Individual- und Massenkommunikationsmittel erforscht werden soll. Das Grünbuch, in welchem u.a. der Entwicklungsstand der technischen Infrastrukturen der neuen Informations- und Kommunikationsdienste dargestellt wird, soll die Grundlage für eine europäische Diskussion über die Informationstechnologien und ihre rechtliche Einordnung sein. Hierin wird erneut zum Ausdruck gebracht, daß es vorrangig darum gehe, "eine offene und wettbewerbsfreundliche Marktstruktur" zu entwickeln [64]. Gleichwohl wirft es u.a. die Frage auf, inwieweit Maßnahmen notwendig seien, um die "Interessen der Verbraucher" - auch hinsichtlich des Schutzes der Privatsphäre und der Verantwortung für die Inhalte der neuen Dienste - zu gewährleisten [65]. Als "Zielbestimmung" wird hierzu vorgegeben, daß die Benutzer der neuen Dienste vom "ausreichenden Schutz ihrer Privatsphäre" überzeugt werden müßten und "Vertrauen in die Sicherheit der Übermittlung von Informationen über die Netze" geschaffen werden müsse [66]. Nach Abschluß der öffentlichen Anhörung und deren Auswertung in Form eines Berichts soll bis Ende 1998 ein "Aktionsplan" zur Konvergenz der Medien erstellt werden, der konkrete Maßnahmen zur ordnungspolitischen Gestaltung der "konvergenten Dienste" [67] in der Informationsgesellschaft enthält [68].

---

[62] Zu nennen ist hier beispielhaft das digitale Fernsehen, das seit Ende Juli 1996 unter dem Namen DF 1 am Markt angeboten wird, während die lokalen Pilotprojekte zum digitalen Fernsehen nahezu ohne Beachtung durch die Öffentlichkeit stattfinden.

[63] KOM (97) 623, veröffentlicht u.a. in epd medien (Dokumentation) 97/97 v. 10.12.97, S. 2 ff. (nachfolgend Grünbuch Konvergenz, zit. nach epd)

[64] vgl. Grünbuch Konvergenz, epd medien 97/97, S. 3

[65] vgl. a.a.O., S. 14

[66] vgl. a.a.O., S. 16

[67] vgl. a.a.O., S. 5

[68] vgl. a.a.O., S. 22

II. Die Tätigkeit der Bundesregierung

Auf der bundespolitischen Ebene wird der Themenkomplex Informationsgesellschaft bereits seit längerer Zeit behandelt. Schon im Jahre 1983 legte die Enquete - Kommission "Neue Informations- und Kommunikationstechniken" des Deutschen Bundestags einen Zwischenbericht über die technischen, wirtschaftlichen, gesellschaftlichen und rechtlichen Aspekte dieser neuen Techniken vor [69]. Behandelt wurden vor allem die Entwicklung im Bereich der Rundfunkübertragung (insbesondere Bildschirmtext, Kabelnetze und Satellitenübertragung), die Entwicklung der breitbandigen Koaxialnetze hin zur Rückkanaltechnik und zum Punkt-zu-Punkt-Verkehr (Videokonferenzen und Bildtelefon), sowie die Weiterentwicklung des schmalbandigen Sprachtelefonnetzes zum digitalen ISDN [70]. Auf der Basis des damaligen technischen Entwicklungsstandes erörterte die Enquete-Kommission auch Fragen des Persönlichkeits- und Datenschutzes. Schon zu diesem Zeitpunkt wurde erkannt, daß bei der Nutzung der neuen Kommunikations- und Informationsdienste in bisher nicht üblichem Maße personenbezogene Daten anfallen, deren Erhebung, Speicherung, Verarbeitung und sonstige Nutzung außerhalb des zur Abwicklung dieser Dienste erforderlichen Rahmens schutzwürdige Belange der Betroffenen verletzen kann. Die in diesem Zusammenhang aufgeworfenen datenschutzrechtlichen Probleme des Umgangs mit den neuen Diensten, insbesondere dem Bildschirmtext, ähnelten in ihren Grundzügen stark den Bedenken, welche heute hinsichtlich der Nutzung der Online-Dienste erhoben werden [71]. Es wäre aufgrund dieser Erkenntnislage durchaus möglich gewesen, schon zu diesem Zeitpunkt die politischen Weichen für einen den zukünftigen Anforderungen entsprechenden Persönlichkeitsschutz zu stellen [72]. Diese Chance konnte im Jahre 1983 nicht genutzt werden, da aufgrund des vorzeitigen Endes der Arbeit der Enquete-Kommission die Beratungen der Unterkommission Recht nicht abgeschlossen werden konnten und kein Abschlußdokument verabschiedet wurde [73].

---

[69] BT-Drucksache 9/2442 vom 28.3.83; ein Abschlußbericht wurde wegen des vorzeitigen Endes der Legislaturperiode nicht erstellt.

[70] vgl. BT-Drucksache 9/2442, S. 14 ff.

[71] vgl. a.a.O., S. 191 ff.

[72] Dies gilt insbesondere deshalb, weil die Mitglieder der Enquete-Kommission übereinstimmend der - rückblickend betrachtet zweifelhaften - Auffassung waren, daß die Entwicklung und Anwendung der neuen Technologien zu diesem Zeitpunkt politisch steuerbar gewesen sei, vgl. a.a.O.

[73] vgl. BT-Drucksache 9/2442, S. 9

Die Politik der Bundesregierung ist in der Folgezeit bis heute von dem Bestreben geprägt, an der wirtschaftlichen Wertschöpfung der Informationsgesellschaft zu partizipieren [74]. In einer Rede aus dem Jahre 1987 des damaligen Bundesministers für Wirtschaft Bangemann auf einer internationalen Konferenz über Strategien für die Welt - Informationsgesellschaft der neunziger Jahre heißt es:

"Informationen werden mehr und mehr zu einem Wirtschaftsgut, das international gehandelt wird. (...) Die Politik muß zur Kenntnis nehmen, daß keine Volkswirtschaft es sich mehr leisten kann, sich von internationalen Informationsströmen abzukoppeln. Informationen müssen aus Wettbewerbsgründen so kostengünstig und so schnell wie möglich transportiert werden können - als Sprache, als Bild, als Text und Daten. Die gleiche Bedeutung, die früher Schienen und Straßen für die Entwicklung eines Landes hatten, haben heute die Fernmeldenetze." [75]

Diese Einschätzung schlug sich in der Folgezeit vor allem in der Deregulierung des Telekommunikationsbereichs im Zuge der Postreform nieder. Mit der Überführung des Fernmeldewesens in den Wettbewerb wollte die Bundesregierung vor allem die Kosten der Übertragungswege senken und diesen Zukunftsbereich für eine privatwirtschaftliche Tätigkeit öffnen. Die zeitgleich erhobene Warnung vor der Macht der Information und den Gefährdungen durch un- oder

---

[74] So schreibt der parlamentarische Staatssekretär beim Bundesminister der Justiz MdB *Funke* in FS Engelschall, S. 144: "Der Übergang zur Informationsgesellschaft ist vor allem aber auch eine wirtschaftliche Herausforderung. Wachstums- und Beschäftigungseffekte sind in erster Linie von dem Bereich der Informations- und Kommunikationswirtschaft zu erwarten. (...) Das Recht und die Gesetzgebung sind bedeutsame wirtschaftliche Standortbedingungen; sie entscheiden mit über die Frage, ob der Weg in die Informationsgesellschaft gelingt und ob die Chancen für Beschäftigung und Wohlstand, die sie verspricht, tatsächlich am Standort Deutschland wahrgenommen werden können. Vor dem Hintergrund des weltweiten Wettbewerbs der Telekommunikationsdienst-, Informationsdienst- und Kommunikationsdienstanbieter kommt einem günstigen politischen und rechtlichen Umfeld in Deutschland eine überragende Bedeutung zu." Und weiter (S. 147 ff.): „Aus rechtspolitischer Sicht ist ein medienrechtlicher Ansatz zur Disziplinierung der neuen Informations- und Kommunikationsdienste abzulehnen. Die Übertragung der Anforderungen, die das Presserecht an die Presse und das Rundfunkrecht an den Rundfunk stellt, auf die Teledienste ist nicht sinnvoll. (...) Der Schutz wichtiger Rechtsgüter, so des Persönlichkeitsrechts, des Jugendschutzes und des Schutzes der sexuellen Selbstbestimmung wird auch hinsichtlich der herkömmlichen Medien über das Strafrecht gewährleistet. (...) Daß das Recht (...) (die) neuen Kommunikationsverfahren wird beherrschen können, wie noch die Presse vom Presserecht und der Rundfunk vom Rundfunkrecht geleitet werden, erscheint wegen der individualkommunikativen Eigenarten der neuen Kommunikationsdienste wenig wahrscheinlich. Dies erscheint aber auch nicht wünschenswert. Die neue Dimension der Informationsgesellschaft erfordert Anpassungen in den *allgemeinen* Gesetzen, kein neues medienrechtliches Zwangskorsett. Ein solches Zwangskorsett würde die Einbettung des Wirtschaftsstandortes Deutschland in die internationale Informationsgesellschaft in Frage stellen."

[75] vgl. Bangemann, Bulletin Nr. 90/87, S. 777 (778)

halbwahre Information und gezielte Indiskretionen [76] führte hingegen zu keinen vergleichbaren Aktivitäten in der Politik der Bundesregierung.

Konkrete Bemühungen um die Ausgestaltung der rechtlichen Rahmenbedingungen der Informationsgesellschaft wurden erst nach den entsprechenden Vorgaben aus der europäischen Ebene in Gang gesetzt. Seit September 1994 wird das Thema im sogenannten "Petersberg-Kreis", dem Gesprächskreis für wirtschaftlich - technologische Fragen der Informationstechnik unter der Leitung der Bundesministerien für Wirtschaft, für Forschung und Technologie und für Post und Telekommunikation, behandelt. Dort wurde eine Arbeitsgruppe zu den ordnungspolitischen und rechtlichen Arbeitsbedingungen der Informationsgesellschaft gegründet, die Ende 1995 einen Zwischenbericht vorlegte [77]. Der Blick auf die zur Untergliederung gebildeten Ressortarbeitsgruppen zeigt, daß das Thema dort in einer breiten Themenvielfalt behandelt wird: Neben den Bereichen Wettbewerbspolitik und Marktzugang, vorbeugende Verbrechensbekämpfung, Urheberrecht, Bildungspolitik und Verkehrstelematik wurden auch Arbeitsgruppen für die im Zusammenhang mit dieser Arbeit relevanten Bereiche Medienrecht, Datenschutz und Sicherheit in der Informationstechnologie geschaffen [78].

Neben den Arbeitsgruppen des Petersberg-Kreises wurde im März 1995 der Rat für Forschung, Technologie und Innovation unter Federführung des Bundeskanzleramtes eingerichtet. Er setzt sich aus Persönlichkeiten zusammen, die vom Bundeskanzler ausgewählt wurden und hat die Aufgabe, sich ein umfassendes Bild über Anwendungen, Problem- und Handlungsfelder in der Informationsgesellschaft zu erarbeiten und daraus Empfehlungen abzuleiten [79].

Die Empfehlungen der Arbeitsgruppen und dieses Rates sind in den Bericht der Bundesregierung "Info 2000: Deutschlands Weg in die Informationsgesell-

---

[76] vgl. a.a.O., S. 779

[77] Zwischenbericht zu den Ergebnissen der Arbeitsgruppe "Ordnungspolititische und rechtliche Rahmenbedingungen der Informationsgesellschaft" des "Petersberg-Kreises", Nov. 1995, Hrsg. BMWi, Referat Öffentlichkeitsarbeit

[78] Zur Behandlung des zukünftigen Regulierungsrahmens im Bereich der Telekommunikation wurde unter Hinweis auf die bereits bestehenden Diskussions- und Beratungsgruppen auf die Bildung einer weiteren Ressortarbeitsgruppe verzichtet. Vom Bundesminister für Arbeit und Sozialordnung wurde die Einrichtung einer Arbeitsgruppe Arbeitsrecht angeregt, welche sich in drei Sitzungen mit dem Aspekt der Telearbeit befaßte.

[79] vgl. Der Rat für Forschung, Technologie und Innovation, Informationsgesellschaft, Chancen, Innovationen und Herausforderungen - Feststellungen und Empfehlungen, Dez. 1995, Hrsg. BMBF; vgl. hierzu den Bericht in RDV 96, 150

schaft" [80] eingeflossen. Diesem Dokument war ein entsprechender Kabinettsbeschluß vom Februar 1995 vorausgegangen, worin verschiedene Bundesministerien [81] unter der Koordination des BMWi beauftragt worden waren, einen umfassenden Bericht zur Informationsgesellschaft zu erarbeiten [82]. In diesem ressortübergreifenden Bericht legt die Bundesregierung ihre mittelfristigen, zum Teil konkretisierungsbedürftigen Vorstellungen zur Gestaltung des Weges der Bundesrepublik Deutschland in die Informationsgesellschaft vor [83]. Sie betrachtet die Gestaltung der Informationsgesellschaft als eine der wichtigsten Zukunftsaufgaben für diese und voraussichtlich auch die nächste Legislaturperiode und nennt als Ziele ihrer Politik folgende Punkte:

1. Nutzung von Wachstums- und Beschäftigungschancen

2. Stärkung des wettbewerblichen Ordnungsrahmens auf den Märkten für informationstechnische Produkte und Dienste

3. Intensivierung des wirtschaftlich - gesellschaftlichen Dialogs

4. Aufbau und Stärkung von Kompetenz im Umgang mit neuen Informationstechniken in allen Bereichen des Bildungswesens

5. Sicherung des Forschungs- und Wissenschaftsstandortes Deutschland im Bereich der Informationstechnik

6. Auf- und Ausbau einer effizienten und sicheren Infrastruktur für Information und Kommunikation

7. Nutzung moderner Informationstechniken für eine bürgernahe und effiziente Verwaltung

8. Intensivierung der Nutzung moderner Informationstechniken in Wirtschaft und Anwendungsfeldern öffentlichen Interesses wie Verkehr, Umweltschutz, Gesundheitswesen und Bildung

---

[80] BT-Drucksache 13/4000

[81] Bundesministerium für Wirtschaft, Bundesministerium für Post und Telekommunikation, Bundesinnenministerium, Bundesministerium für Bildung, Wissenschaft, Forschung und Technologie und das Bundesverkehrsministerium

[82] vgl. BT-Drucksache 13/4000 (Bericht Info 2000), S. 14

[83] vgl. a.a.O.

9. Gewährleistung des Schutzes und der Rechte Einzelner im Umgang mit neuen Informationstechniken

10. Verbesserung des Zugangs zu aktuellen Daten von Wissenschaft, Technik und Wirtschaft mittels elektronischer Informationssysteme

11. Abstimmung nationaler Maßnahmen mit der Politik der EU

12. Gestaltung der internationalen Zusammenarbeit auf der von der G 7-Konferenz zur Informationsgesellschaft verabschiedeten Prinzipien [84].

Die überwiegende Anzahl dieser politischen Zielvorgaben dokumentieren, daß die Bundesregierung mit ihren Initiativen zur Informationsgesellschaft - entsprechend dem bereits dargestellten früheren Ansatz und der Zielsetzung der EU - primär wirtschaftspolitische Ziele verfolgt. Hierbei wird von der These ausgegangen, daß die Informations- und Kommunikationstechnologien die Basisinnovationen des ausgehenden Jahrhunderts sind, welche einen neuen Konjukturzyklus auslösen würden. Basisinnovationen hätten in der Vergangenheit regelmäßig lang andauernde Wachstumsphasen ausgelöst [85]. Aus dieser Sicht sind Informationen und die Informationsverarbeitung zu einem Wirtschaftsfaktor geworden, der in einem Atemzuge mit Rohstoffen, Arbeit und Kapital genannt wird [86].

Dem Bericht Info 2000 ist ein Aktionsplan der Bundesregierung beigefügt [87], an dessen ersten Stellen die Stärkung der Privatinitiative und die weitere Liberalisierung der Telekommunikation genannt sind. Insgesamt orientiert sich der Aktionsplan an den Handlungsfeldern des Aktionsplans der EU und trägt so der Leitlinie der Bundesregierung Rechnung, ihre Maßnahmen und politischen Prioritäten eng mit den Aktivitäten der EU abzustimmen [88]. Neben zahlreichen

---

[84] vgl. BT-Drucksache 13/4000 (Bericht Info 2000), S. 7 f.; hierzu auch die Berichte in DSB 5/96, S. 15 und RDV 96, 148

[85] vgl. BMWi-Report, Die Informationsgesellschaft, Fakten Analysen Trends, Nov. 1995, Hrsg. BMWi, Einleitung, S. 2; Die Wachstumszyklen werden nach dem russischen Wissenschaftler auch als sog. Kondratieff-Zyklen bezeichnet. Bislang gab es vier solcher Zyklen: den ersten in der ersten Hälfte des 19. Jh. durch die Einführung der Dampfmaschine, den zweiten Ende des 19. Jh. mit dem Bau der Eisenbahnen, den dritten mit der Erfindung des Autos zu Beginn des 20. Jh. und den vierten und bislang letzten von 1945 bis Anfang der 70er Jahre mit der Einführung der Flugzeuge und Kunststoffe.

[86] vgl. BMWi-Report a.a.O.

[87] vgl. BT-Drucksache 13/4000 (Bericht Info 2000), S. 164 ff.

[88] vgl. BT-Drucksache 13/4000 (Bericht Info 2000), S. 12

politischen Zielvorgaben und Maßnahmen der Vorbereitung und Erprobung neuer Anwendungen sieht der Aktionsplan konkret eine dreijährige Startfinanzierung in Höhe von 80 Mio. DM für den Ausbau des deutschen Forschungsnetzes zu einem bundesweiten Hochgeschwindigkeitsnetz für den gesamten Bildungsbereich (Universitäten, Schulen, Bibliotheken, Forschungseinrichtungen etc.) vor [89].

III. Die Informationsgesellschaft in der rechtswissenschaftlichen Literatur

Die deutsche Rechtswissenschaft hat den Begriff der Informationsgesellschaft bereits Ende der achtziger Jahre aufgenommen und sich der Aufgabe der gestaltenden Begleitung der Herausforderungen gestellt [90]. Im Gegensatz zu den ökonomisch geprägten Ansätzen der Politik wurde darauf hingewiesen, daß bei der Konzeption des "Informationsrechts" nicht die Information als solche, sondern die Bedeutung der Information für den Menschen in einer gerechten Gesellschaft im Mittelpunkt stehen müsse. Insoweit sei es begrifflich richtiger, nicht von der Informationsgesellschaft (in Anlehnung an die wirtschaftlichen Begriffe der Industrie- und Produktionsgesellschaft), sondern von einer "informierten Gesellschaft" zu sprechen [91]. Hierbei wurde die ökonomische Bedeutung der Informationstechnik nicht verkannt. Auch von Seiten der Rechtswissenschaft wurde bereits 1989 von "der wachstumsstärksten Schlüsselindustrie" gesprochen, die eine "zweite industrielle Revolution" auslöse [92].

Mit erstaunlicher Genauigkeit wurde die weitere Entwicklung moderner Informationstechniken bereits zu diesem Zeitpunkt strukturell erfaßt. Es wurde vorhergesagt, daß die Computertechnik mit den klassischen Printmedien und den Bereichen Radio, Fernsehen und Video zusammenwachsen werde. Die Verknüpfung von Online-Datenbanken mit der Telekommunikation führe gemeinsam mit der Steigerung von Speicherkapazitäten zum einfacheren und schnelleren Zugriff auf große Datenmengen. Derartige quantitative Veränderungen im Umgang mit Informationen werde auch qualitative Veränderungen mit sich bringen. Die Verknüpfung und Auswertung von automatisch gespeicherten Daten aus verschie-

---

[89] vgl. BT-Drucksache 13/4000 (Bericht Info 2000), S. 137, 166 (dort Ziff. 7.2.5)

[90] So wurde z.B. an der Universität Bayreuth Anfang 1989 ein Lehrstuhl für Informationsrecht eingerichtet. Die Antrittsvorlesung von Prof. Sieber ist in NJW 89, 2569 abgedruckt. Exemplarisch ist auf die frühen Veröffentlichungen Roßnagels hinzuweisen: Freiheit im Griff - Informationsgesellschaft und Grundgesetz, 1989; Die Verletzlichkeit der Informationsgesellschaft, 1989; Digitalisierung der Grundrechte, 1990.

[91] vgl. Sieber, NJW 89, 2569 (2580)

[92] vgl. Sieber, NJW 89, 2569 (2570); ähnliche Einschätzungen durchziehen die einschlägige Literatur bis heute, vgl. z.B. Depenheuer, AfP 97, 669 (669)

denen Quellen steigere deren Informationsgehalt [93]. Hierdurch würde neben den bisher bekannten Problemfeldern (Rechtsgutsverletzungen durch unrichtige, unbefugt gesteuerte, fehlende und in sonstiger Weise rechtsgutsgefährdende Informationsverarbeitung) ein neues Macht- und Gefahrenpotential treten, gegen das der herkömmliche Schutz der Geheim- und Privatsphäre für die freie Entfaltung der Persönlichkeit nicht ausreiche. Vielmehr müsse unter den Bedingungen der modernen Informationstechnik die Erhebung und Speicherung nichtgeheimer, offener Daten in den Persönlichkeitsschutz einbezogen werden. Das BVerfG habe dieser Notwendigkeit mit der Anerkennung des Rechts auf informationelle Selbstbestimmung im Volkszählungsurteil [94] Rechnung getragen [95]. Neue Grundsatzüberlegungen zum Datenschutz wurden ebenso gefordert wie eine rechtzeitige Bewertung neuer Techniken hinsichtlich des von ihnen ausgehenden Anpassungsdrucks auf die Rechtsordnung, um Auswirkungen auf Grundrechte und Verfassungsprinzipien abwehren zu können. Technikfolgenabschätzung sei ein Gebot des Grundrechtsschutzes. Die Möglichkeiten einer verfassungsverträglichen Technikgestaltung seien auszuschöpfen [96]. Vereinzelt wurde sogar angeregt, das Fernmeldemonopol zu erhalten und die (damals schon geplante) Deregulierung des Telekommunikationsbereichs zu überdenken, um die staatlichen Steuerungsmöglichkeiten zu erhalten [97].

Seit dem Jahr 1995 häufen sich Veröffentlichungen, die den Terminus der Informationsgesellschaft im Zusammenhang mit der Entwicklung im Kommunikations- und Medienrecht aufgreifen [98]. Teilweise wurden hierbei Synonyme wie

---

[93] vgl. Sieber, NJW 89, 2569 (2573)

[94] BVerfGE 65, 1

[95] vgl. Sieber, NJW 89, 2569 (2576)

[96] vgl. Roßnagel, Freiheit im Griff, S. 10 ff., 177 ff.; Roßnagel u.a., Digitalisierung, S. 251 ff.; Roßnagel u.a., Verletzlichkeit, S. 6 f., 214 ff.

[97] vgl. Roßnagel u.a., Verletzlichkeit, S. 246

[98] Als Beispiele seien folgende Veröffentlichungen aus dem Jahre 1995 genannt: Hoffmann-Riem/Vesting (Hrsg.), Perspektiven der Informationsgesellschaft, 1995; Eberle, Medien und Medienrecht im Umbruch, GRUR 95, 790; Nitsch, Datenschutz und Informationsgesellschaft, ZRP 95, 361; Gola, Die Entwicklung des Datenschutzrechts im Jahre 1994/95, NJW 95, 3283; Jaeger, Neue Entwicklungen im Kommunikationsrecht, NJW 95, 3273; Vogelgesang, Verfassungsrechtliche Aspekte der Informationsgesellschaft, 1995; Wuermeling, Datenschutz für die Europäische Informationsgesellschaft, NJW-CoR 95, 111; Die Aufzählung der zahlreichen einschlägigen Veröffentlichungen seit 1995 würde den Rahmen sprengen; insoweit kann auf die Nachweise im Literaturverzeichnis verwiesen werden.

Multimedia oder Multi-Media-Zeitalter [99] gebraucht. Neuerdings ist sogar das Kunstwort "Cyberspace" zu einem Begriff des juristischen Vokabulars erhoben worden [100]. Bis heute fällt eine hinreichend exakte Definition der Informationsgesellschaft im juristischen Sinne schwer. Dies gilt auch und gerade für die mit ihr im Zusammenhang stehenden Begriffe wie z.B. Multimedia, Online und Datenautobahn. Wiederholt wurde darauf hingewiesen, daß diese schillernden Begriffe nicht als Grundlage für juristische Überlegungen taugen [101] und das eines der größten Probleme aus der Sicht der Juristen in einer Orientierungslosigkeit mangels Definitionen liegt [102]. Auch daran wird deutlich, daß ein so komplexer Vorgang wie der gegenwärtige Übergang in die Informationsgesellschaft nicht in kurze Worte gefaßt werden kann. Die tatsächliche Entwicklung ist nahezu täglich Veränderungen unterworfen, die den zur juristischen Subsumtion zur Verfügung stehenden Sachverhalt kontinuierlich wandeln. Diese Dynamik beeinflußt auch die Terminologie.

Ungeachtet dieses sprachlichen Problems soll unter dem Begriff Informationsgesellschaft im Folgenden die Lebensrealität unter den praxisrelevanten Erscheinungsformen der modernen Informations- und Kommunikationstechnologien verstanden werden. hierfür kommen in Betracht:

- das Internet mit allen seinen Nutzungsformen und Diensten,

- die Angebote der Online-Dienste und Mailboxen,

- die digitalen Telekommunikationsnetze und sonstigen Übertragungsnetze sowie

- der digitale Rundfunk, insbesondere das interaktive Fernsehen.

---

[99] z.B. Hoffmann-Riem/Simonis (Hrsg.), Chancen, Risiken und Regelungsbedarf im Übergang zum Multi-Media-Zeitalter, 1995; Engel, Multimedia und das deutsche Verfassungsrecht, 1995; Hoffmann-Riem, Von der Rundfunk- zur Multi-Medienkommunikation, 1995; Holznagel, Probleme der Rundfunkregulierung im Multimedia-Zeitalter, ZUM 96, 16; Wachter, Multimedia und Recht, GRUR Int. 95, 860; Gersdorf, Multimedia: der Rundfunkbegriff im Umbruch, AfP 95, 565; Pieper, Medienrecht im Spannungsfeld von "Broadcasting und Multimedia", ZUM 95, 552

[100] Mayer, Recht und Cyberspace, NJW 96, 1782

[101] vgl. Ory, AfP 96, 105; Schardt, GRUR 96, 827

[102] vgl. Müller-Hengstenberg, NJW 96, 1777

An diesen Anwendungsfeldern orientiert sich die nachfolgende Darstellung der relevanten technischen Grundzüge und der neuen Informations- und Kommunikationsmöglichkeiten, die sich aus der Technik ergeben.

§ 2 Technische Grundlagen

Da Prognosen und Visionen über die zukünftige Gesellschaft nur spekulativen Charakter haben, kann eine hinreichend exakte Beschreibung der für die rechtliche Bewertung relevanten Umstände des gegenwärtigen Entwicklungsstands der Informationsgesellschaft nur durch das Verständnis der technischen Grundlagen und der Kenntnis der schon existenten Anwendungen dieser Technik gewonnen werden. Der Jurist wird sich nicht alle Fachwörter hinsichtlich ihres technischen Gehalts in allen Einzelheiten erschließen müssen, um eine hinreichende Subsumtionsgrundlage für die rechtliche Bewertung zu gewinnen. Es ist aber unerläßlich, die wesentlichen Grundzüge der neuen Informations- und Kommunikationstechnik zu erkennen und zu verstehen. Diese liegen in folgenden Aspekten: in der Digitalisierung der Daten, der ständigen Leistungssteigerung in der Datenverarbeitung und im Zusammenwachsen der bisher isolierten Netze.

I. Digitalisierung und Leistungssteigerung

1. Digitalisierung

Der Übergang von analoger zu digitaler Übertragungstechnik bedeutet in technischer Hinsicht primär, daß alle Informationen in binären Codes vorliegen. Informations- und Kommunikationsinhalte werden in Zahlencodes als "Null und Eins" ausgedrückt und erst bei Bedarf beim Empfänger in eine für den Menschen wahrnehmbare Form gebracht [103]. Auf diese Weise können sie verlustfrei beliebig oft kopiert werden. Jede Datenübertragung erzeugt eine Kopie des Ausgangsmaterials, da dieses beim Absender unverändert erhalten bleibt.

Im digitalen Mediensystem wird jede Schrift-, Ton- und Bildinformation in diese "digitale Einheitssprache" umgewandelt [104]. Text, Musik, Bild, Foto, Bewegtbild etc. können zu einer Datei zusammengefaßt werden, die beliebig verarbeitet werden kann [105]. Digitale Daten der unterschiedlichsten Herkunft können gemeinsam auf einem Datenträger gespeichert, über ein gemeinsames Netz verbreitet und mit ein- und demselben Gerät, einem multimedialen Computer, wieder für die

---

[103] vgl. Schardt, GRUR 96, 827

[104] vgl. Jaeger, NJW 95, 3273 m.w.N.

[105] vgl. Schardt, GRUR 96, 827 (830)

menschlichen Sinne wahrnehmbar gemacht werden. Sie können ohne jede Einschränkung miteinander kombiniert und vermischt werden [106]. Diese Eigenschaft digitaler Informationen ist die Grundlage der technischen wie inhaltlichen Konvergenz im zukünftigen Mediensystem [107]. Die Digitalisierung ermöglicht es, bislang ungeahnt große Mengen von Daten, Bildern oder anderen Informationen unterschiedlichster Herkunft in Massenspeichern zentral bereitzuhalten [108] und vollkommen ohne Qualitätsverlust und mit hoher Geschwindigkeit zu bearbeiten, zu kopieren, zu übertragen und anzuzeigen [109].

Dem Verbraucher ist die digitale Technik bereits seit der Einführung der Compact Disc (CD) bekannt, die die herkömmlichen Schallplatten aus Vinyl heute fast komplett vom Markt verdrängt hat. Während die analoge Speicherung von Tönen auf den Rillen der Schallplatte zu einer unvollkommenen Wiedergabe des Originals führte, kann mit der CD die Studio-Qualität ohne Verlust bis zum Empfänger gebracht werden. Digitale Kopien unterscheiden sich nicht von ihrem Original. Bei der CD wird die Musik aus einer verschlüsselten digitalen Datenmenge erst im Abspielgerät der Empfänger zum hörbaren Klangteppich umgewandelt. Damit ist eine 1:1-Identität des Signals mit dem Ursprungssignal gewährleistet, die auch nach einer Vielzahl von Abrufvorgängen unverändert bleibt. Übertragungsfehler können - sofern sie überhaupt auftreten - in einem gewissen Rahmen durch die Hardware des abrufenden Gerätes korrigiert werden. Die technische Möglichkeit der Digitalisierung des Datenmaterials ist nicht auf Speichermedien wie die CD beschränkt. Auch die "flüchtige" Kommunikation und Informationsübermittlung (z.B. Telefonate, Übertragung von Fernsehbildern) kann digital erfolgen. Bei der Sprachkommunikation über das Telefon ist die Digitalisierung durch die Einführung des ISDN (diensteintegrierendes digitales Fernmeldenetz) und die digitalen Mobiltelefonnetze D1, D2 und E weit fortgeschritten. Das erste digitale Fernsehen DF 1 ist seit Juli 1996 in Deutschland auf Sendung [110], der flächendeckende digitale Hörfunk (DAB [111]) befindet sich in

---

[106] vgl. Loewenheim, GRUR 96, 830 (831)

[107] vgl. hierzu jetzt auch das "Grünbuch zur Konvergenz der Branchen Telekommunikation, Medien und Informationstechnologie und ihren ordnungspolitischen Auswirkungen" der europäischen Kommission vom 3.12.97, KOM (97) 623, veröffentlicht u.a. in epd medien (Dokumentation) 97/97 v. 10.10.97, dort S. 6 ff.; vgl. auch Tettenborn, MMR 98, 18 (21) m.w.N.

[108] vgl. Jaeger, NJW 95, 3272 (3274); Eberle, GRUR 95, 790

[109] vgl. Leuze, VuM 95, 338

[110] DF 1 wird zukünftig nach einer Einigung der ehemals konkurrierenden Anbieter unter dem Programm "Premiere-digital" angeboten werden.

[111] Digital Audio Broadcast

Vorbereitung. Digitale Datenverbindungen zur individuellen Nutzung sind technisch erschlossen und können beliebig zur Datenkommunikation genutzt werden. Mit der fortschreitenden Digitalisierung verschiedener Medien der Individual- und Massenkommunikation nimmt gleichzeitig die Datenmenge zu, die im einheitlichen (digitalen) Standard vorliegt. Diese "maschinenlesbaren" Daten können schnell verlustfrei übertragen, zusammengefügt und gemeinsam ausgewertet werden.

2. Datenkompression

Digitale Verfahren der Signalverarbeitung erlauben eine Datenkompression. Mit Hilfe von Kompressionverfahren lassen sich die Kapazitäten der Verarbeitungsgeräte und Übertragungswege verbessert auslasten, wodurch die Leistung der Datenverarbeitung bei gleichbleibender Speicher-, Rechner- und Übertragungsleistung gesteigert werden kann. In Abhängigkeit von ihrer Natur (Ton, Bild oder Text) und ihrem Inhalt lassen sich digitale Daten unterschiedlich stark komprimieren. Dies kann grundsätzlich auf zwei Wegen geschehen:

Zum einem kann eine Datenmenge mit einem mathematischen Algorithmus auf redundante Teile ("Wiederholungen") untersucht werden. Wenn diese eliminiert werden, wird die Datenmenge verringert, ohne daß sich der Informationsgehalt ändert [112]. Bei dieser Verfahrensweise wird also die Kapazität einer Datenverbindung oder eines Speichers durch den Einsatz von Rechenleistung auf Versender- und Empfängerseite erhöht.

Zum anderen kann eine digitale Datenmenge auch durch eine weitere Art der Komprimierung verringert werden, bei der die Kapazitäten in Abhängigkeit zur Qualität ausgelastet werden. Bei originär analogen Daten wie Bild und Ton können unwesentliche Einzelinformationen oder verzichtbare Teile weggelassen werden. Bei Tönen können dies für den Menschen nicht wahrnehmbare Frequenzen sein, bei Bildern kann die Farbtiefe, die maximale Anzahl darstellbarer Farben, verringert werden. Beide Arten der Komprimierung sind auch gleichzeitig anwendbar.

Durch die Datenkompression wird also die Leistungsfähigkeit digitaler Systeme erhöht. Dies läßt sich auch am Beispiel des digitalen Fernsehens aufzeigen:

---

[112] Als Beispiel sei die Übertragung einer Faxseite genannt. Hierbei wird die ganze Seite in schwarze und weiße Punkte aufgerastert und die Werte schwarz und weiß in der richtigen Reihenfolge übermittelt. Wenn die untere Häfte einer Seite weiß (ohne Text) ist, faßt der Algorithmus die zu übermittelnde Information in "Rest der Seite ist weiß" zusammen, so daß es nicht der tausendfachen Übermittlung der Information "weiß" bedarf.

Hier wird zukünftig die Leistungsfähigkeit der Übertragungswege ("Kanäle und Frequenzen") in Abhängigkeit zu der gewünschten oder erforderlichen (technischen) Qualität des Programms ausgelastet werden können, wodurch auf einem Übertragungsweg auch mehrere Angebote gleichzeitig übertragen werden können. Dies führt beispielsweise dazu, daß die Übertragungskapazität eines Satellitentransponders z.B. von der Leistungsfähigkeit des bekannten und eingeführten Systems Astra wahlweise für

-        ein technisch hochqualitatives HDTV-Programm oder

-        5 herkömmliche Fernsehprogramme oder

-        etwa 12 Programme in VHS-Videorecorder-Qualität

genutzt werden kann [113].

Aus der Erhöhung der Kanalkapazitäten entsteht u.a. die Möglichkeit, dem Zuschauer einen Übertragungsweg von ihm zum Programmveranstalter zur Verfügung zu stellen (Rückkanaltechnik). Das Fernsehen wird interaktiv, da der Zuschauer aktiv an der Gestaltung des Programms (durch individuelle Auswahl, Anmerkungen etc.) mitwirken kann.

3. Leistungssteigerung bei der Datenverarbeitung

Die Leistungsfähigkeit durchschnittlicher Personal Computer (PC) in privater Nutzung hat sich in den vergangenen 5 Jahren verzehnfacht. Sogar tragbare stromunabhängige Notebooks erreichen heute Rechengeschwindigkeiten und Speicherleistungen, die früher Großrechnern vorbehalten waren [114]. In der Computerbranche gilt es als Faustregel, daß sich die Rechnerleistung alle zwei Jahre verdoppelt, und zwar hinsichtlich der Rechnergeschwindigkeit und der Speicherkapazitäten gleichermaßen. Trotz dieser steigenden Kapazität der Speichermedien, -chips und der Prozessoren werden die Geräte immer preisgünstiger und damit für weite Teile der Bevölkerung auch privat finanzierbar. Ende

113 vgl. Müller-Römer, Infosat 7/94, S. 127; Eberle, GRUR 95, 790 (790), spricht von "bis zu acht Fernsehprogrammen" auf einem Transponder bzw. Kabelkanal und rechnet mit Platz für bis zu 400 Programme über Satellit und Kabelnetze; Gersdorf, AfP 95, 565 (566) nennt leicht abweichende Zahlen zwischen 1 - 16 Programmen je Kanal

114 Die derzeit handelsüblichen PC mit Pentium II - Prozessor arbeiten mit einer Taktrate von 300 Megahertz und sind häufig schon mit guter Ausstattung für unter DM 2000 zu erwerben. Für das Jahr 1998 hat der weltgrößte Chip-Hersteller Intel nach einer Meldung aus dem HA vom 15.1.98, S. 22 die Markteinführung eines Prozessors mit einer Taktrate von 450 Megahertz angekündigt.

1995 soll es allein in Deutschland rund 7 Millionen PC in privaten Haushalten gegeben haben, rund 15 Millionen PC insgesamt [115]. Die Datenverarbeitung ist dezentral geworden, da sich leistungsfähige Rechner nicht mehr nur an wenigen Orten, sondern in großer Stückzahl überall verteilt befinden.

Mit diesen PC lassen sich Schriften und Ton- und Bildinformationen in Form digitaler Daten auf kleinstem Raum abspeichern. Die Möglichkeiten der Datenkompression erhöhen diesen Effekt. Trotzdem steigen auch die Speicherleistungen immer weiter. Mit der anstehenden Markteinführung des Gigabitchips werden auf der Fläche eines Daumennagels rund 100 Bücher a 500 Seiten gespeichert werden können [116]. Auch bei den anderen Speichermedien ist eine stetige Kapazitätssteigerung zu verzeichnen: Eine handelsübliche 3,5"-Diskette kann schon heute rund 720 Textseiten aufnehmen, eine CD-ROM gar rund 325 000 Textseiten [117]. Bildinformationen, insbesondere das bewegte Bild, bedürfen allerdings ungleich mehr Speicherkapazität als Texte. In dieser Hinsicht sind die Möglichkeiten noch nicht in dem Maße entwickelt, wie es der starke Einsatz moderner Computertechnik erfordern würde.

Obgleich der Ruf der Computernutzer nach immer schnellerer Rechenleistung und immer größeren Speichern nie zu verstummen scheint und neue Möglichkeiten immer auch weitere technische Begehrlichkeiten wecken, kann jedenfalls festgehalten werden, daß die technische Entwicklung der letzten zwanzig Jahre Computerleistung individuell verfügbar gemacht hat, die der NASA im Jahre 1969 noch nicht einmal bei der ersten Mondlandung zur Verfügung gestanden hat.

4. "Multimedia"

Multimedia ist der Oberbegriff [118] für allen neuen Produkte und Dienste, die auf der Basis der digitalen Technik und den gemeinsamen Merkmalen der interaktiven

---

[115] vgl. BT-Drucksache 13/4000, S. 21 (Bericht Info 2000); Für 1996 wurde vom Fachverband Informationstechnik eine Anzahl von 19,1 Mio. PC in Deutschland ermittelt, für 1997 von (geschätzt) 21,3 Mio. . Das entspricht 24 PC pro 1000 Einwohner (zum Vergleich: USA 48 PC pro 1000 Einwohner. Alle Zahlen zitiert nach HA v. 15.1.98, S. 22).

[116] vgl. Dokumentation Fachverband Informationstechnik, Stichwort Miniaturisierung

[117] vgl. Loewenheim, GRUR 96, 830 (831); Der erste Festplattenspeicher vom IBM hatte vor 40 Jahren die Größe zweier Kühlschränke, kostete $ 50.000 und bot dafür eine Speicherkapazität von nur 5 MB, vgl. Mitteilung in NJW-CoR 97, 17.

[118] Der Oberbegriff Multimedia wird in seiner täglichen Anwendung sehr weit gefaßt. Auch Hardware-Produkte, die zum Betrieb multimedialer Erzeugnisse benötigt werden (z.B. PC mit Sound- und Grafikkarten, Lautsprechern, Farbmonitor, Modem und ausreichend großen Speicherkapazitäten) mit dem Schlagwort Multimedia beworben.

Nutzung und der integrativen Verwendung von verschiedenen Medienformen Daten, Bilder, Töne und Sprache beliebig kombinieren, speichern und übertragen [119]. Multimedia zeichnet sich durch die Verbindung verschiedener Medien aus und wäre ohne die digitale Aufbereitung des Datenmaterials nicht vorstellbar [120]. Die Möglichkeiten der Digitalisierung und der steigenden Leistungsfähigkeit der Datenverarbeitungsgeräte sind die Schlüsselelemente der Multimediaangebote, deren Nutzung wiederum den multifunktionalen Einsatz der Heimcomputer als Übermittlungs-, Empfangs- und Verarbeitungsstation für individuelle und allgemein zugängliche ("überindividuelle") Informationen aller Art erfordert [121].

Nach der technischen Definition ist ein Multimediasystem durch eine rechnergesteuerte, integrierte Erzeugung, Manipulation, Darstellung, Speicherung und Kommunikation von unabhängigen Informationen gekennzeichnet, die in mindestens einem kontinuierlichen (zeitabhängigen) und einem diskreten (zeitunabhängigen) Medium kodiert sind [122]. Ein Textverarbeitungsprogramm mit Fotoeinbindung wäre nach dieser Definition nicht als Multimediasystem zu bezeichnen, ebenso nicht ein Videofilm mit Untertitel, da in diesem Fall Bild und Text nicht unabhängig sind, sondern zwei zeitabhängige Medien miteinander verbunden sind [123]. Der Begriff "Multimedia" ist kein ausschließlich technischer Terminus, sondern kennzeichnet auch neue Angebots- und Nutzungsformen. Auch hier ist keine klare Definition gefunden worden. Sie ist auch kaum denkbar, da der Begriff sowohl die technischen Voraussetzungen, als auch deren inhaltliche Nutzung erfaßt [124].

5. Zusammenfassung

Zusammenfassend ist festzuhalten, daß die Digitalisierung die Möglichkeit geschaffen hat, verschiedene Medien zusammenzuführen und diese als "Daten" verlustfrei zu kopieren, zu verbreiten und zu verarbeiten. Im Zuge der Digitalisierung werden Kapazitätsgrenzen eine immer geringere Bedeutung haben und die zur Verfügung stehende Datenvielfalt wird stetig steigen. In digitalen Massenspei-

---

[119] vgl. BT-Drucksache 13/4000 (Bericht Info 2000), S. 15; ähnlich Loewenheim, GRUR 96, 830 (831)

[120] vgl. Schardt, GRUR 96, 827

[121] vgl. Bullinger/Mestmäcker, S. 20

[122] vgl. Pordesch, DuD 96, 224

[123] vgl. Pordesch a.a.O.

[124] Zur inhaltlichen Eigenart der Multimediadienste vgl. sogleich § 3 II ff., sowie ausführlich Bullinger/Mestmäcker, S. 16 ff.

chern können Informationen jeglicher Art in bislang unbekannter Quantität und Qualität angeboten und in systematisierter Form zum Abruf bereitgehalten werden. Sowohl Anbietern als auch Rezipienten sind hinsichtlich des Umgangs mit diesem Datenmaterial kaum noch technische Grenzen gesetzt.

II. Verknüpfung und Integration der Netze - Das Beispiel Internet

Der zweite für die rechtliche Betrachtung erhebliche Eckpfeiler der technischen Entwicklung der Informationsgesellschaft ist der weltweite Aufbau einer leistungsfähigen Kommunikationsinfrastruktur. Dies geschieht durch die Erweiterung und Verbesserung der bestehenden Übertragungswege und deren Vernetzung. Diese Entwicklung kann auch als Integration getrennter Netze und weltweite Verknüpfung integrierter Netze bezeichnet werden [125]. Der Sache nach ist hiermit die "Datenautobahn" angesprochen, wobei dieses Synonym hinsichtlich der Reichweite und der universellen Nutzungsmöglichkeiten zutreffend sein mag, aber die Geschwindigkeit der Datenübertragung in vielen Netzen (noch) nicht an die Idealvorstellungen einer "Autobahn" heranreicht.

1. Der Begriff der Netze

Netze sind die Organisationsstrukturen, durch die die Transportwege (Leitungen, Funk- und Satellitenstrecken) genutzt werden [126]. Zur Errichtung eines Netzes gehören somit nicht nur die Transportwege (z.B. Kabel), sondern auch Computer nebst Software, die das Verbindungsmanagement gewährleisten. Das Verbindungsmanagement beruht auf sogenannten Protokollen. Unter einem Protokoll versteht man eine gemeinsame Sprache, die alle an das Netz angeschlossenen Geräte sprechen, sowie eine Anzahl von Regeln, die die verlustfreie Übertragung und die Auslastung (z.B. durch zeitgleiche Mehrfachnutzung) der Transportwege festlegen. Ein Netz setzt sich somit zusammen aus einem Protokoll und einem physischen Übertragungsmedium.

Datennetze sind das Herzstück der Informationsgesellschaft, da sie die gespeicherten Informationen weltweit verfügbar machen. Die Geschwindigkeit des Fortschritts der Informationsgesellschaft hängt maßgeblich von der Leistungsfähigkeit der Netze ab.

---

[125] vgl. Leuze, VuM 95, 338; Das Grünbuch Konvergenz spricht von der "Konvergenz der Netze", vgl. epd medien 97/97, S. 4

[126] vgl. Esser, RDV 96, 46 (47)

Die Leistungsfähigkeit der Transportwege wird in Bandbreite gemessen. Das Merkmal der Bandbreite beschreibt, wie viele Daten von der Leitung in einer bestimmten Zeit übertragen werden können. Die Bandbreite ist abhängig von dem Protokoll und dem gewählten Kabeltyp. Als schmalbandig werden Datenverarbeitungswege mit geringer Kapazität bezeichnet, der Begriff breitbandig wird für Übertragungswege mit hoher Leistungsfähigkeit benutzt. Das herkömmliche Telefonnetz fällt in den Bereich der Schmalbandigkeit, während Glasfaserkabel breitbandig sind. Die Kapazität eines bisher schmalbandigen Übertragungswegs kann durch eine Verbesserung des Protokolls erhöht werden.

Die Nutzung der verschiedenen Netze ist vielfältig möglich. Digitale Datenübertragungen sind prinzipiell über alle vorhandenen Rundfunkverteil- oder Telekommunikationsnetze, also schmalbandige und breitbandige Übertragungswege, denkbar. Den größten technischen Fortschritt gibt es gegenwärtig im digitalen Telekommunikationsnetz ISDN, welches als "Euro-ISDN" in 20 Ländern einheitlich zur Verfügung steht. Das Euro-ISDN-Netz verwendet die bisher für den analogen Telefonverkehr benutzten Leitungen und erhöht durch ein verbessertes Protokoll dessen Leistungsfähigkeit um den Faktor 2 bis 4.

Die technische Ausgangslage in Deutschland wird von der Bundesregierung im internationalen Vergleich als gut beurteilt. Das schmalbandige Telekommunikationsnetz ist flächendeckend mit 38 Millionen Anschlüssen bei rund 35 Millionen Haushalten verfügbar. Es kann auch zur Übertragung von Texten und Daten (z.B. via Fax oder Modem) genutzt werden. Rund 2,74 Millionen Anschlüsse sind schon in Form von ISDN-Kanälen eingerichtet, also digitalisiert [127]. Der Mobilfunk im C-, D- und E- Netz verzeichnet ca. 3,7 Millionen Teilnehmer. Breitbandübertragungsnetze stehen in Form der lokalen Kabelfernsehnetze zur Verfügung, die zur Zeit 24,2 Millionen Haushalte erreichen [128]. Zusätzlich sind rund 8 Millionen Satellitenempfangsanlagen installiert. Das deutsche Glasfasernetz befindet sich noch im Aufbau, bereits heute sind aber alle deutschen Wirtschaftszentren durch Glasfaserstrecken miteinander verbunden, die sehr hohe Übertragungskapazitäten (bis zu 2,5 Gigabit pro Sekunde) erlauben. Insgesamt beträgt die Glasfaser-Streckenlänge derzeit ca. 111.500 Kilometer, wovon rund 100.000 km in den Händen der deutschen Telekom AG sind. Der Rest wurde

---

[127] Diese Zahl errechnet sich aus 846.000 ISDN-Basisanschlüssen, die jeweils zwei Übertragungskanäle (= "Leitungen" im herkömmlichen Sinn) bieten, sowie 35.000 "ISDN-Primär-Multiplexanschlüssen" mit je 30 Kanälen.

[128] Es bestehen allerdings nur 15,8 Millionen Anschlüsse, da die Verbraucher oft von der Möglichkeit des Kabelfernsehens keinen Gebrauch machen und den Empfang über Antenne oder Satellitenschüssel vorziehen.

bislang von privaten Betreibern (Energieversorgungsunternehmen und die deutsche Bahn AG) nur für deren eigene Zwecke genutzt [129].

2. Exkurs: Die rechtliche Öffnung der Netze

Die technische Entwicklung der Komplettierung der Übertragungswege und Zusammenführung der Netze wird durch wirtschafts- und medienpolitische Aktivitäten sowie durch die geschäftlichen Interessen großer Wirtschaftsunternehmen forciert [130].

Die Schaffung einer einheitlichen Netzinfrastruktur zwischen allen Teilnehmern steht im Mittelpunkt aller Aktivitäten bei der Errichtung der Informationsgesellschaft. Bereits der Bangemann-Bericht [131] hat den Ausbau der bestehenden und die Errichtung neuer Netze als einen der wichtigsten Bausteine der Informationsgesellschaft bezeichnet [132]. Die Gruppe hatte empfohlen, die Schaffung einer europäischen Breitband-Infrastruktur zu unterstützen und die Verbundfähigkeit mit allen europäischen Telekommunikations-, Kabel- und Satellitennetzen sicherzustellen. Diese Empfehlungen sind durch eine Reihe von Maßnahmen umgesetzt worden. Der Aktionsplan der EU [133] hat die Begriffe der Interoperabilität und des offenen Netzzugangs (ONP - Open network provision) geprägt. Interoperabilität bedeutet eine Anpassung der Standards bei Diensten und Netzen. Durch Standardschnittstellen zwischen Diensten und Netzen unterschiedlicher Betreiber soll deren Kompatibilität gewährleistet werden. Damit kann die technische Seite des Zuganges fremder Anbieter in die bestehende lokale Infrastruktur sichergestellt werden. Ergänzende ordnungspolitische Maßnahmen sollen den offenen Netzzugang auch in rechtlicher Hinsicht sicherstellen [134]. Auf europäischer Ebene sind zahlreiche Maßnahmen vorgesehen, die sich u.a. mit der Standardisierung, dem Verbund und der Interoperabilität der Netze beschäfti-

---

[129] Alle Zahlen dieses Absatzes sind der BT-Drucksache 13/4000 (Bericht Info 2000), S. 20 ff., entnommen (Stand Dezember 1995). Ergänzende Zahlen finden sich im BMWi-Report, Die Informationsgesellschaft, Fakten, Analysen, Trends, Hrsg. BMWi, 1995, S. 60 ff., sowie in der Dokumentation des Fachverbandes Informationstechnik, Stichwort Statistik (dort auch Länderprofile verschiedener Staaten).

[130] vgl. auch Depenheuer, AfP 97, 669 (671)

[131] vgl. oben in diesem Kapitel unter § 1 I.

[132] vgl. Bangemann-Bericht, S. 21 (Kapitel 4)

[133] vgl. oben in diesem Kapitel unter § 1 I.

[134] vgl. Aktionsplan, S. 7 f.

gen [135]. Hervorzuheben sind hierbei zwei Richtlinien der europäischen Kommission vom Oktober 1995 zur Einführung eines vollständigen Wettbewerbs auf dem Markt der Telekommunikationsdienste [136]. Mit diesen Richtlinien hat die Kommission die meist monopolartige Stellung der nationalen Telekommunikationsgesellschaften (Netzbetreiber wie z.B. die deutsche Telekom AG) aufgehoben. Hiervon ist nicht nur der Bereich Sprachtelefondienst betroffen, sondern auch die sogenannten alternativen Netze, die für beliebige Kommunikations- und Informationsangebote geöffnet wurden. Als alternative Netze werden die ursprünglich ausschließlich für den Eigenbedarf konfigurierten privaten Netze von Großunternehmen bezeichnet. Derartige Netze gibt es vorrangig bei Unternehmen aus den Bereichen Bahn, Energie und Wasser und sind zumeist bereits mit leistungsstarker Glasfasertechnik ausgestattet. Alternative Netze bestehen in Deutschland z.B. bei den Unternehmen Deutsche Bahn AG, VEBA, RWE und Preussen Elektra. Diese Unternehmen haben bereits Allianzen mit finanzstarken und branchenkundigen europäischen Partnern gebildet, um im liberalisierten Telekommunikationsmarkt ihre Leitungswege zu vermarkten [137].

Durch die eingangs genannten Richtlinien der europäischen Kommission wurde ferner festgelegt, daß auch die Kabelfernsehnetze zukünftig für Kommunikationsdienstleistungen beliebiger Art genutzt werden dürfen. Hierdurch wird die bisherige Trennung einzelner Medien in technischer Hinsicht durchbrochen. Eine solche Entwicklung war bislang nur ansatzweise bei der Nutzung der sogenannten „Austastlücken" der Fernsehübertragung durch den sog. Videotext zu beobachten. Hierbei werden die Übertragungswege für das Fernsehen (Kabel und terrestrische Frequenzen) für die Übermittlung ergänzender Textinformationen genutzt. Für wechselseitige Kommunikation konnte dieser Dienst jedoch nicht genutzt werden. Dies wird erst nach der jetzt durch die EU-Richtlinien bindend vorgegebenen

---

[135] Eine deutschsprachige Übersicht der rechtlich relevanten Maßnahmen geben Schmittmann/de Vries, AfP 96, 36 (39 f.), AfP 96, 360 (363 f.)

[136] Richtlinie der Kommission zur Änderung der Richtlinie 90/388/EWG v. 28.6.90 (ABl. L 192 v. 24.7.90) über die Einführung des vollständigen Wettbewerbs auf dem Markt der Telekommunikation, ABl. C 263/6 v. 10.2.95 und ABl. L 74/13 v. 22.3.96; Richtlinie 95/51/EC v. 18.10.95 der Kommission zur Änderung der Richtlinie 90/388/EWG hinsichtlich der Aufhebung der Einschränkung bei der Nutzung von Kabelfernsehnetzen für die Erbringung bereits liberalisierter Telekommunikationsdienste (ABl. L 256/49 v. 26.10.96), vgl. hierzu Krüger/Moos, ZUM 97, 462 (463 f.)

[137] Beispielhaft ist auf die seit dem 1.1.98 am Markt agierenden Anbieter im Sprachtelefondienst hinzuweisen. So kooperiert z.B. der Anbieter "Arcor" mit der Bahn AG und dem Mannesmann Konsortium, an dem wiederum u.a. der amerikanische Telekomkonzern AT&T beteiligt ist. Am Anbieter "o.tel.o" sind mehrheitlich die Konzerne VEBA und RWE beteiligt, an der "VIAG Intercom" der englische Konzern British Telecom.

Öffnung der Kabelfernsehnetze für kommunikative Zwecke möglich werden. Das neue deutsche Telekommunikationsgesetz (TKG), welches am 1.8.96 in Kraft getreten ist, setzt diese europäischen Vorgaben in nationales Recht um [138]. Das TKG ist Teil des erklärten Willens der Bundesregierung, die Liberalisierung der Telekommunikationsmärkte in Deutschland mit Nachdruck voranzutreiben und auch in diesem Punkt hinsichtlich des Aufbaus der Informationsgesellschaft eine enge Anbindung an die Maßnahmen der EU vorzunehmen [139].

3. Das Internet als Beispiel eines weltumspannenden Computernetzes

Die vorstehend beschriebenen Netze wurden bisher getrennt für die einzelnen Medienangebote und Kommunikationsdienstleistungen (Sprachtelefondienst, Datenübertragungen und Kabelfernsehen etc.) genutzt. Die Einzelnetze wurden planmäßig für den jeweiligen Zweck aufgebaut und konfiguriert, weshalb sie in sich über eine homogene Struktur verfügen. Hiervon unterscheidet sich das Internet. Es ist ein heterogenes Netz, welches verschiedene Netzverbindungen unterschiedlicher Art zu einem universellen Gesamtnetz zusammenfügt und gerade deshalb weltweite Datenverbindungen ermöglicht. Das Internet als "kommendes Massenmedium Nr. 1" [140] nutzt jede Form von Datenübermittlungstechniken. Obgleich es derzeit vorwiegend auf das vorhandene Telefonnetz aufbaut, ist es technisch nicht an bestimmte Übertragungswege gebunden [141].

Mittlerweile gibt es viele Veröffentlichungen von und für Juristen, die das Internet beschreiben [142]. Im Rahmen dieser Veröffentlichung wird die Darstellung daher auf die wichtigsten Fakten beschränkt:

Das Internet verbindet die lokalen Datennetze und Einzelrechner ("Server") zu einem "Netzwerk der Netzwerke" [143]. Es ist Ende der sechziger Jahre in den USA

---

[138] hierzu Twickel, NJW-CoR 96, 226 (228); zu Einzelfragen zum TKG siehe ferner Büchner u.a. (Hrsg.), Beck´scher TKG-Kommentar; sowie den Loseblatt-Großkommentar von Scheurle/Lehr/Mayen (Hrsg.), Telekommunikationsrecht

[139] vgl. BT-Drucksache 13/4000 (Bericht Info 2000), S. 7

[140] so Esser, RDV 96, 46

[141] vgl. Schwarz, FS Engelschall, S. 186; Im Grünbuch Konvergenz wird das Internet als Symbol und treibende Kraft der Konvergenz der Netze und Medien bezeichnet, da es sowohl unterschiedlich Netze vereint, als auch für die unterschiedlichsten Kommunikationsformen nutzbar ist, vgl. epd medien 97/97, S. 9 f. .

[142] vgl. z.B. Schwarz, FS Engelschall, S. 183 ff.; Hoeren, NJW 95, 3295; Esser, RDV 96, 45; Sieber, JZ 96, 429; Ladeur, ZUM 97, 372 (377 m.w.N.)

[143] so Hoeren, NJW 95, 3295

als Projekt des Verteidigungsministeriums für militärische Zwecke entstanden. Da es besonders ausfallsicher sein sollte, wurde es von Beginn an dezentral strukturiert, so daß der Ausfall eines vernetzten Rechners den Betrieb des Gesamtnetzes nicht beeinträchtigte. Zunächst wurden unter dem Namen Arpanet (Advanced reserch project agency) vier militärische Rechner miteinander verbunden. 1971 waren bereits 23 Militärcomputer vernetzt. Die ursprüngliche Begrenzung auf militärische Zwecke wurde bald darauf aufgehoben. Als erste zivile Nutzer entdeckten die amerikanischen Universitäten das Netzwerk als ideales Medium für einen schnellen und universellen Informationsaustausch. 1973 wurden die ersten festen Verbindungen nach England und Norwegen geschaltet. Seit 1977 verbanden sich immer weitere Computernetze mit dem Arpanet. Das "Netz der Netze" wird seither als Internet bezeichnet. Den ersten deutschen Anschluß bekam 1984 die Universität Dortmund. Heute besteht das Internet aus mehr als 90000 Netzen in über 100 Staaten [144].

Die Nutzung des Internet durch die Wirtschaft, die Universitäten, die Verwaltung und durch Privatpersonen stellt die zur Zeit am weitesten entwickelte Erscheinungsform der Informationsgesellschaft dar. Die über die Zahl der Internet-Nutzer veröffentlichten Schätzungen variieren zwischen 30 und 60 Millionen Menschen [145]. Täglich kommen neue Anbieter und Nutzer hinzu, sowohl im privaten, als auch im geschäftlichen Bereich [146]. Der technische Aufbau des Internet läßt sich vereinfacht wie folgt darstellen: Das Gesamtnetz besteht aus dezentralen Rechnern (Servern), die als sog. Netzknoten das Verbindungsmanagement gewährleisten und über Standleitungen miteinander verbunden sind. In ihrer Gesamtheit gewährleisten sie einen permanenten Datenfluß zwischen den verschiedenen Netzen von Kontinent zu Kontinent, ohne daß jedesmal eine Verbindung gesondert aufgebaut werden muß [147]. Das der Datenübertragung im Internet zugrunde liegende Protokoll nennt sich TCP/IP. Mit diesem Protokoll werden Daten in Paketen übertragen. Diese sogenannte Paketvermittlung ist die Grundlage aller komplexen und heterogenen Datenübermittlungssysteme. Das

---

[144] n.n., Klick in die Zukunft, Spiegel 11/96, S. 78; vgl. auch Hoeren, NJW 95, 3295 m.w.N.; Schopen/Gumpp/Schopen, NJW-CoR 96, 112; Esser, RDV 96, 45 (48)

[145] vgl. Hoeren, NJW 95, 3295, Wachter, GRUR Int. 95, 860 (861), sowie 24. TB Hess DSB, S. 164: 30 Mio.; Harms, BMWi-Report, S. 5: "mehr als 30 Mio."; Collardin, CR 95, 618 (619): 35 Mio.; Internet-Orientierungshilfe des LfD SL, Zif. I, S. 5, Esser RDV 96, 46 : 40 Mio.; Müller-Hengstenberg, NJW 96, 1777: 55 Mio.; Schwarz, FS Engelschall, S. 183: 40 - 60 Mio.

[146] Nach einer Erhebung des Fachverbandes Informationstechnik gibt es in Deutschland derzeit fast 1 Mio. Internet-Anschlüsse, d.h. PC mit Internetzugang. 1996 waren es nur rund 740.000, 1995 nur 450.000 (zitiert nach HA v. 15.1.98, S. 22).

[147] Schopen/Gumpp/Schopen, NJW-CoR 96, 112 (113)

TCP/IP-Protokoll richtet sich an zwei Prinzipien aus: Zum einen wird bei zunehmender Nutzerzahl die Übertragung für alle Nutzer gleichermaßen langsamer. Neu hinzukommende Nutzer werden aber auch bei hoher Belastung des Netzes nicht ausgeschlossen. Zum anderen werden die Datenpakete von Netzknoten zu Netzknoten weitergereicht. Zusammengehörige Datenpakete können dabei durchaus unterschiedliche Wege nehmen. Auf diesem Übertragungsprinzip beruht die hohe Fehlertoleranz des Gesamtnetzes. Bricht eine Datenverbindung zusammen, werden die Datenpakete auf einem anderen Weg übertragen und am Bestimmungsort wieder zusammengefügt. Geht ein Datenpaket während der Übertragung verloren, wird es für den Benutzer unbemerkt neu angefordert. Man kann sich somit beispielhaft vorstellen, daß ein mehrseitiges Textdokument in einzelne Seiten zerlegt wird, diese Seiten sodann auf unterschiedlichen Wegen ihren Weg zum Empfänger nehmen, wobei die einzelnen Pakete auch in unterschiedlichen Richtungen um den Erdball reisen können. Durch den Aufschwung des Internet hat das TCP/IP-Protokoll eine so große Verbreitung erfahren, daß es auch für anderen Datenübertragungen außerhalb des Internet zunehmend benutzt wird. Hieraus ergibt sich eine weltweite Standardisierung. Für Privatpersonen ist der Zugang zum Internet in der Regel nur über einen sog. Provider möglich. Als Provider kommen alle Unternehmen in Betracht, deren eigenes (privates) Netzwerk ein Teil des Internet ist. In der Praxis wird der Internetzugang meistens über die kommerziellen Online-Dienste hergestellt, die die Möglichkeit zur Teilnahme am Internet als Zusatzleistung neben ihren eigenen Kommunikations- und Informationsangeboten bereithalten [148].

Der Nutzer kann sich von seinem häuslichen Personal Computer (PC) über das Telefonnetz in einen örtlichen Netzknoten einwählen. Hierfür fallen zumindest in Ballungsräumen nur die Kosten eines örtlichen Telefonats an, da die Provider in fast jeder Großstadt über lokale Einwählpunkte verfügen. Wenn dieser Vorgang abgeschlossen ist, kann der Nutzer durch die Eingabe von Internet-Adressen (sog. Internet-domain-names), teilweise auch durch einfaches "Anklicken" bestimmter Felder auf dem Bildschirm Angebote aufrufen, egal auf welchem Rechner der Welt das von ihm gewünschte Angebot hinterlegt ist ("dial locally, act globally" [149]). Er "surft" dabei durch zahlreiche Einzelnetze, ohne daß ihm dieses bewußt wird und ohne daß er den Speicherungsort des gewählten Angebots kennen muß. Der Begriff des "Surfens", üblicherweise eine Bezeichnung des Wassersports, wurde in diesem Zusammenhang geprägt, weil sich auf vielen

---

[148] zu den praktischen Möglichkeiten des Internetzugangs vgl. Hoeren, NJW 95, 3295 (3296); Esser , RDV 96, 45 (48 ff.)

[149] Flechsig, S. 58

Internet-Seiten (Homepages) sog. "Hyperlinks" [150] befinden, die auf andere Seiten verweisen. Folgt man einem solchen Verweis durch Anklicken der Markierung, springt man von Angebot zu Angebot, gleichsam von "Welle zu Welle", man "surft" [151].

Das Internet ist durch seine anarchistischen und individualistischen Grundzüge geprägt: Jedermann kann jede Information frei anbieten und abrufen; eine Kontrolle und Reglementierung findet nicht statt, da es an einer zentralen Instanz mangelt [152]. Diese Freizügigkeit des Internets ist unmittelbare Folge seines dezentralen Aufbaus, also der technischen Konfiguration und kann deshalb auch bei einem entsprechenden gesetzgeberischen Willen nur bedingt beeinflußt werden [153].

Das Beispiel Internet macht damit deutlich, wie stark die Erscheinungsformen der Informationsgesellschaft von der ihnen zugrunde liegenden Technik geprägt sind. Das Internet ist aufgrund seiner technischen Struktur ein multimediales und interaktives Medium. Alle digitalisierbaren Äußerungsformen eignen sich für eine Verbreitung über das Internet und können von jedermann abgerufen, gespeichert, bearbeitet und beantwortet werden [154]. Damit steht dem Einzelnen nicht nur ein großes Informationsangebot, sondern auch ein Massenmedium nach Art eines "eigenen Verlags oder Sendeunternehmens" mit weltweitem Verbreitungsgebiet zur Verfügung.

---

[150] zu den technischen Grundlagen bei "Hyperlinks" vgl. Eichler/Helmers/Schneider, BB Beilage 18 zu Heft 48/97, S. 23 f.

[151] Diese Vorgänge werden im Detail in verständlicher Form bei Esser, RDV 96, 45 (47 ff.) erläutert. Der Übertragungsweg bleibt dem Versender in der Regel verborgen und kann nur mit besonderen Programmen (z.B. "Trace Route") rekonstruiert werden, vgl. Esser, a.a.O., S. 102.

[152] vgl. Hoeren, NJW 95, 3295 (3298) m.w.N.

[153] Damit ist in erster Linie die Frage der Haftung der Internet-Provider angesprochen. Theoretisch wäre es jedem Betreiber eines Netz-Servers möglich, die auf seinem Rechner gespeicherten Angebote zu kontrollieren und rechtswidrige Inhalte zu löschen oder zu sperren. Praktisch ist eine solche "Totalkontrolle" aller Speicherinhalte aber in vielen Fällen wegen der großen Anzahl der gespeicherten Informationen und der ständigen Änderung der Angebote nur schwer möglich, hierzu sogleich im 4. Kapitel unter § 1 II. . Zur Regelung der Verantwortlichkeit für Netzinhalte nach den neuen "Multimedia-Gesetzen" vgl. unten, 4. Kapitel, § 2 V.

[154] vgl. Schwarz, FS Engelschall, S. 187 ff.

§ 3 Programm- und Diensteangebote im digitalen Kommunikations- und Mediensystem

Durch die Digitaltechnik sind im Medien- und Kommunikationssektor neue Angebotspotentiale entstanden. Bei deren Darstellung ist angesichts der dynamischen Entwicklung die Bildung von übergeordneten Sachgruppen zu bevorzugen, in die später auch neue oder weiterentwickelte Nutzungsformen eingeordnet werden können. Abgrenzungsschwierigkeiten sind jedoch auch bei dieser Vorgehensweise unvermeidlich, da die neuen Kommunikations- und Informationsdienste die tradierten Strukturen, z.B. von Rundfunk und individueller Kommunikation, überlagern [155]. Dies gilt im besonderen für die zahlreichen Anwendungsmöglichkeiten, die das Internet bietet [156]. Die Vielseitigkeit und Dynamik der neuen Dienste entzieht diese einer abschließenden, fest umgrenzten Charakterisierung [157]. Die nachfolgende Darstellung wählt deshalb den Weg, nicht hinsichtlich der technischen Verbreitungswege oder zwischen Rundfunk und Telekommunikation im herkömmlichen Sinne zu unterscheiden, sondern orientiert sich an den praktischen Erscheinungsformen des digitalen Fernsehens (I.), der Online-Dienste (II.), des Internet (III.) und sonstiger Anwendungsformen der Datennetze, die in einzelnen Nutzungsformen kurz umrissen werden (IV.). Abschließend werden die digitalen Offline-Medien als wichtige praktische Ergänzung zur Nutzung der netzgebundenen Dienste erläutert (V.) [158].

I. Digitales Fernsehen

Dem digitalen Fernsehen kommt aufgrund seiner Eigenschaft als technische Fortentwicklung des traditionellen Fernsehens in digitalen Mediensystem eine Sonderstellung zu. Das Medium Fernsehen verfügt über eine hohe Verbreitung, kann auf eine in über 40 Jahren entstandene Akzeptanz bei den Bürgern zurücksehen und ist als Informationsquelle und Angebot zur Freizeitgestaltung aus unserer Gesellschaft nicht mehr wegzudenken. Die besondere Stellung des Mediums Fernsehen folgt neben diesen aus der Tradition erwachsenen Gründen auch daraus, daß es über eine hohe Aktualität verfügt und Realitäten unmittelbar,

---

[155] vgl. Bullinger/Mestmäcker, S. 5

[156] vgl. Schaar, CR 96, 170

[157] vgl. Bullinger/Mestmäcker, S. 17

[158] Unter dieser Grobgliederung bemüht sich die Darstellung um eine umfassende Übersicht, die jedoch weitgehend zwecks Meidung unnötiger Längen auf solche Aspekte beschränkt bleibt, die für die nachfolgende Analyse der Gefährdungen der Persönlichkeit relevant sind. Ergänzend wird zur Eigenart der Multimediadienste auf Bullinger/Mestmäcker, S. 15 ff. und die Nachweise in den Fn. der nachfolgenden Abschnitte verwiesen.

authentisch und deshalb für viele Zuschauer (scheinbar) glaubhaft vermitteln kann. Daraus resultiert aber auch die besondere publizistische Wirkung dieses Mediums. Das BVerfG hat die Sonderstellung des Fernsehens aufgrund seiner Suggestivkraft und dem damit verbundenen Einfluß auf die Meinungsbildung stets betont [159] und hierbei gerade den Persönlichkeitsrechtsverletzungen, die aus Beiträgen dieses Mediums resultieren, besondere Bedeutung zugemessen [160]. Der Begriff digitales Fernsehen bezeichnet für sich genommen kein neues Programm- oder Kommunikationsangebot, sondern kennzeichnet in technischer Hinsicht die digitale Ausstrahlung von Fernsehprogrammen [161]. Hierbei wird von der durch die Digitalisierung und den Ausbau der leitungsgebundenen Signalübertragung ("Kabelfernsehen") begründeten Kanalvermehrung profitiert, die eine Vermeh- rung des Programmangebotes und eine Variation der Nutzungsmodalitäten ermöglicht. Aus diesen Gründen sollte das Medium Fernsehen ungeachtet seiner jeweiligen technischen und distributorischen Ausgestaltung stets als Gesamtheit dessen betrachtet werden, was der Zuschauer im Rahmen tradierter Mediennut- zungsgewohnheiten (plakativ "Couch-Viewing" genannt [162]) an seinem Fernseh- gerät zur Kenntnis nehmen kann.

Eberle, der sich in zahlreichen Veröffentlichungen mit dem digitalen Fernsehen beschäftigt hat [163], zeichnet folgendes Szenario zum mittelfristigen Erschei- nungsbild: Die derzeit bestehenden Voll- und Spartenprogramme werden durch zusätzliche Spartenprogramme ergänzt. Soweit diese kommerzieller Natur sind werden sie in Form des pay per channel (Abonnementsfernsehen) und pay per view (Bezahlung einzeln ausgewählter Sendungen) abgerechnet. Hinzu treten Fernseh-Zugriffsdienste in der Form des "near video on demand", bei denen der Zuschauer sein individuelles Programm aus einer beschränkten Auswahl zusam- menstellen kann. Schließlich wird das Angebot sendungsbegleitender Text- und Bildangebote nach Art des Videotextes ausgebaut. Teleshopping-Kanäle werden die Angebotsvielfalt komplettieren [164]. Ob und in welchem Zeitrahmen diese neuen Fernsehdienste tatsächlich angeboten werden, wird maßgeblich von der Nachfrage der Rezipienten abhängen. Der schwache Marktstart des ersten

---

[159] vgl. BVerfGE 35, 202 (226 f.); 54, 208 (216); 73, 118 (154 ff.); ebenso z.B. Eberle, CR 96, 193 (194); kritisch zur Sondersituation: Engel, Multimedia, S. 161 f.

[160] vgl. BVerfGE 35, 202 (220 ff.) - Lebach

[161] vgl. Stolte, ZDF-Schriftenreihe Heft 48, S. 8 ff.

[162] so Eberle, CR 96, 193; ders., Symposium Multimedia, S. 41

[163] vgl. Eberle, CR 96, 193; ders. ZUM 95, 763; ders. 97, 790; ders. Symposium Multimedia, S. 40 ff.

[164] so Eberle, CR 96, 193 (194)

deutschen kommerziellen Digitalfernsehangebots DF 1 läßt Zweifel daran aufkommen, ob die Zuschauer ihre tradierten Sehgewohnheiten kurzfristig ändern wollen und vor allem bereit sind, hierfür weitere Kosten in Kauf zu nehmen. Unter diesem Vorbehalt könnte sich die zukünftige Entwicklung des bedeutsamen Massenmediums Fernsehen im einzelnen wie folgt darstellen:

1. Entwicklung der klassischen Verteildienste

Das "traditionelle" (analoge) Fernsehen funktioniert in Form eines Verteildienstes, der klassischen Erscheinungsform der Massenkommunikation. Hierbei wird die Information von einer Stelle an viele übermittelt ("point to multipoint"), ohne daß die Rezipienten unmittelbaren und zeitnahen Einfluß auf das Programmangebot haben. Der Veranstalter legt den Inhalt und den Zeitpunkt seines Programms fest. Das "was" und "wann" der Rezeptionsmöglichkeiten liegt einseitig bei ihm [165]. Derartige Verteildienste werden in Form des herkömmlichen Rundfunkangebots seit langem über terrestrische Frequenzen, Satellit und Breitband-Kabelnetze angeboten [166]. Neben ihrem Fortbestand in der gewohnten Form ist hier im Zuge der digitalen Kanalvermehrung mit einer Entwicklung neuer Sendeinhalte zu rechnen, die sich - ähnlich der "special-interest"-Titel auf dem Zeitschriften-markt - individuell an besondere Zielgruppen richten. Es gibt eine Vielzahl von Spekulationen über die Anzahl zukünftiger Programme, die hier nicht vertieft werden sollen. Sicher ist aber, daß es zu einer spürbaren Vermehrung der techni-schen Übertragungskanäle kommen wird [167]. Hierdurch könnte es neben den bereits eingeführten Vollprogrammen öffentlich-rechtlicher und privater Anbieter zu einer Vermehrung von (kommerziellen) Spartenkanälen kommen. Denkbar ist z.B. das vermehrte Auftreten lokaler Fernsehangebote. Bislang stand für derartige Programme, die auf eine zahlenmäßig kleine Zielgruppe gerichtet sind, nur wenig Platz in den Kabelnetzen zur Verfügung. Die Mediengesetze der Länder haben wegen des bisherigen Frequenzmangels regelmäßig die Veranstalter von inhaltlich ausgewogenen Vollprogrammen bei der Vergabe von Übertragungswegen bevorzugt. Zukünftig werden diese Hindernisse entfallen, jedenfalls soweit sie technischer Natur sind [168]. Der Fernseher könnte zum elektronischen audiovisuel-len Kiosk werden [169], bei dem der Zuschauer das Programm seiner Wahl aussu-

---

[165] vgl. Gersdorf, AfP 95, 565 (567) m.w.N.

[166] vgl. Scharpe u.a.; DIW/Prognos - Gutachten, Ziffer 2.1.

[167] Eberle, GRUR 95, 790 m.w.N. geht von bis zu 400 zusätzlichen Fernsehprogrammen aus; ders. CR 96, 193: "bis zu 500 Kanäle"

[168] zu den medienordnungsrechtlichen Fragen des Digitalfernsehens vgl. Ladeur, AfP 97, 598 (601 ff.) m.w.N.

[169] vgl. Stolte, ZDF-Schriftenreihe Heft 48, S. 16

chen kann. Eine der möglichen Formen neuer Spartenkanäle wird derzeit mit dem Begriff "video near by demand" umschrieben. Hierbei wird ein Programmangebot mit beschränktem Inhalt, z.b. Spielfilme, Nachrichten oder Reportagen, in regelmäßigen zeitlichen Abständen wiederholt [170]. Der Zuschauer kann sich an den vorher bekannt gegebenen Zeitpunkten der Wiederholungen zuschalten und auf diese Weise das Programmangebot seiner Wahl bedingt zeitlich unabhängig wahrnehmen. Auch "verpaßte" Sendungen können auf diese Weise zu einem späteren Zeitpunkt gesehen werden. Diese einfachste Form einer "elektronischen Videothek" mit begrenzter Auswahlfreiheit ist bereits als Unterhaltungsangebot in Hotels (Hotelfernsehen) bekannt.

Ein weiterer Inhalt neuer Spartenkanäle werden Teleshopping-Programme sein. Hierunter sind Sender zu verstehen, deren Programmangebot ausschließlich in Dauerwerbesendungen besteht, in welchen Produkte beworben und zum Kauf angeboten werden. Sofern eigene Produkte des Veranstalters präsentiert und feilgeboten werden, kann man derartige Teleshoppingkanäle als "audiovisuelle Versandhauskataloge" bezeichnen [171]. Da bei dieser Form des Teleshopping Bestellungen nur indirekt via Telefon möglich sind, sind solche Teleshoppingkanäle noch zu den Verteildiensten ohne Interaktivität zu zählen [172]. Echte Interaktivität liegt dann vor, wenn Rückmeldungen der Zuschauer unmittelbar über einen eigens für diesen Zweck vorgesehenen Rückkanal erfolgen können.

Die Kanalvielzahl ermöglicht auch neue Abrechnungsformen bei den klassischen Verteildiensten. In diesem Fall wird neben dem Übertragungsweg für das übermittelte Programm ein weiterer als Rückkanal geschaltet. Diese Rückkanaltechnik kann bei den Verteildiensten eingesetzt werden, um nutzungsbezogene Gebühren zu erheben ("pay per view"). Hierbei bezahlt der Rezipient nur den Teil des Gesamtprogrammangebotes, den er auch tatsächlich gesehen hat. Die zur Gebührenberechnung erforderlichen Einschaltdaten werden dem Veranstalter über den Rückkanal automatisch mitgeteilt. Bislang wurden die Rundfunkgebühren einheitlich für alle öffentlich-rechtlichen Programme unabhängig von der tatsächlichen Nutzungsintensität erhoben. Der erste deutsche Pay-TV-Veranstalter

---

[170] Gersdorf, AfP 95, 565 (567) und Eberle, GRUR 95, 790 sowie ders., CR 96, 193 (194) bezeichnen diese Sendeform als "Zugriffsdienst".

[171] so Gersdorf, a.a.O.

[172] ebenso Gersdorf a.a.O.; Der erste deutsche Teleshopping-Kanal HOT (Home order television), welcher in einer Kooperation der Kirch-Gruppe mit dem Versandhaus Quelle seit Herbst 1995 betrieben wird, zählt zu dieser Gruppe, da hier das Sendesignal über Kabel und Satellit übertragen wird und die Bestellungen über das Telefon erfolgen, also hierfür kein Rückkanal im Fernsehnetz geschaltet ist; zu HOT vgl. Bühler, BMWi-Report, S. 37.

"Premiere" erhebt seine Gebühren ebenfalls für die Möglichkeit der Wahrnehmung des Gesamtprogramms (Abonnementsfernsehen, "pay per channel"). Die nutzungsbezogene Abrechnung beim "pay per view" ist die wohl einfachste Anwendungsform der Interaktivität via Rückkanaltechnik. Ungeachtet dieser neuen Programm- und Abrechnungsformen ist davon auszugehen, daß auch zukünftig die traditionellen Angebote der öffentlich-rechtlichen wie der privaten Anbieter fortbestehen werden, wobei unter den kommerziellen Angeboten auch solche vorzufinden sein werden, die ihr Entgelt nicht direkt beim Zuschauer erheben, sondern sich (ausschließlich) über die Werbung finanzieren [173].

2. Interaktive Abrufdienste im digitalen Fernsehen

Wenn der technische Rückkanal vom Rezipienten zum Anbieter nicht nur zum Zwecke der Gebührenerhebung genutzt wird, sondern zur Auswahl und Zusammenstellung eines individuellen Programms oder der Übermittlung sonstiger Reaktionen des Zuschauers auf das Programmangebot des Veranstalters, entstehen interaktive Abrufdienste. Die neue Technik wird dazu eingesetzt, dem Rezipienten Auswahlmöglichkeiten einzuräumen, die ihm bei den Verteildiensten nicht zur Verfügung stehen. Die bekannteste Bezeichnung für derartige Abrufdienste im Fernsehbereich ist "video on demand" [174]. Der Veranstalter stellt sein gesamtes Programmangebot auf einem großen Datenspeicher (Server) zum individuellen Abruf zur Verfügung. Es handelt sich somit um die Reinform der elektronischen Videothek, aus der sich der Rezipient sein Wunschprogramm zusammenstellt und auch nur für die abgefragten Programmteile bezahlen muß. Nach Abschluß der technischen Entwicklung sollen bei der Fernabfrage des Wunschprogramms sämtliche Funktionen eines Videorecorders zur Verfügung gestellt werden: Der geordnete Beitrag läßt sich zu beliebigen Zeitpunkten an- und ausschalten, vor- und zurückspulen, auf Standbild setzen oder auf Suchlauf stellen. Das "Was" und "Wie" der Rezeption unterliegt vollständig der Gewalt des Abfragenden [175].

Im Rahmen von Abrufdiensten sind auch sogenannte Multi-Kanal oder Multi-Perspektivprogramme realisierbar. Bei Sportübertragungen kann unter mehreren Kameraperspektiven gewählt werden, das Ende eines Spielfilms läßt sich auswäh-

---

[173] Angesichts der zögerlichen Haltung der Zuschauer bei der Markteinführung des kostenpflichtigen Digitalfernsehens DF 1 1996/97, die von vielen Beobachtern auf die mangelnde Bereitschaft zur Zahlung weiterer Gebühren zurückgeführt wurde, kann sogar davon ausgegangen werden, daß sich in der näheren Zukunft zahlreiche digitale Angebote über Werbeeinnahmen finanzieren werden.

[174] vgl. Eberle, GRUR 95, 790 (791); Jaeger, NJW 96, 3273 (3274); Gersdorf, AfP 95, 565 (567)

[175] vgl. Gersdorf, AfP 95, 565 (567)

len (Happy-End oder Tragödie), die Handlung eines Fernsehspieles kann aus der Sicht verschiedener Darsteller abgefragt werden oder bei Nachrichtensendungen können zu bestimmten Themen vertiefende Informationen angewählt werden [176]. Bei letzterer Funktion zukünftiger Abrufdienste sind mehrere Varianten denkbar. Sofern die Zusatzinformationen wiederum aus audiovisuellen Beiträgen in der üblichen Fernsehpräsentation bestehen, liegt ein Multi-Kanaldienst vor. Die Grenze zu ergänzenden fernsehmäßigen Datendiensten ist hierbei fließend, denn die Zusatzinformationen können auch aus Texten, Zahlen und sonstigen Daten bestehen. Auf diese Weise können Informationen mit Bezug zur Sendung (z.B. Informationen über die Schauspieler einer täglichen Fernserie) oder ohne Bezug zur Sendung (z.B. ein Nachrichtenangebot im Hintergrund zu einer Spielfilm- oder Sportübertragung) verbreitet werden. Es sind auch Informationsdienste denkbar, die überhaupt keinen Bezug zum Gesamtprogramm des Anbieters aufweisen (z.B. Wirtschaftsinformationen im Hintergrund zu einem reinen Sportkanal). Es handelt sich dann um fernsehmäßige Datendienste (Datenrundfunk) [177]. Datenrundfunk in dieser Form stünde den Informationsangeboten von Datenbank - Anbietern gleich und hätte insoweit nichts mehr mit dem herkömmlichen Fernsehen gemeinsam. Dieses Beispiel zeigt, daß sich die Mediensysteme in Zukunft nicht mehr in der gewohnten Form voneinander abgrenzen lassen. Die Programmangebote des Fernsehens werden in zunehmendem Maße mit sonstigen Informationsangeboten zusammenwachsen.

3. Der Stand der Entwicklung

Langfristig ist mit der Ausstrahlung der überwiegenden Anzahl aller Fernsehprogramme in digitaler Technik zu rechnen [178], wobei jedoch nicht zwingend durch die technische Umstellung von analoger auf digitale Ausstrahlung auch Veränderungen des Programmangebots oder der Verbreitungsform vorgenommen werden [179]. Der erste Demonstrationsversuch für digitales Fernsehen in Deutschland fand ab Februar 1995 in Berlin statt, vier weitere Projektstarts waren in Stuttgart, Hamburg, München/Nürnberg und Leipzig geplant, wobei es allerdings aufgrund von technischen Problemen zu Verzögerungen kam [180]. Inzwischen ist die digitale Fernsehzukunft auch außerhalb der Pilotprojekte Realität geworden:

---

[176] vgl. Gersdorf a.a.O., m.w.N.

[177] vgl. Eberle, GRUR 95, 791 (792)

[178] vgl. Stolte, ZDF - Schriftenreihe Heft 48, a.a.O.

[179] So könnte z.B. das ARD-Gesamtprogramm digital gesendet werden, ohne daß sich an der Programmstruktur, den Inhalten oder der Gebührenfinanzierung etwas ändert.

[180] vgl. Scharpe u.a., DIW/Prognos-Gutachten, Ziffer 2.4.

Seit Ende Juli 1996 ist das erste deutsche digitale Fernsehen "DF 1" im regulären Sendebetrieb empfangbar, welches ein Paket von 14 Spartenprogrammen anbietet, zukünftig im Verbund mit dem Angebot des Pay-TV-Senders Premiere [181]. Zum Sendestart erfolgte die bundesweite Übertragung von DF 1 allerdings nur über die Satelliten Astra 1 E, F und G, die geplante Einspeisung in die Kabelfernsehnetze konnte noch nicht flächendeckend realisiert werden [182]. Fast zeitgleich wurde in Hamburg eine sendefähige Anlage für digitales Fernsehen fertiggestellt und dem privaten Fernsehsender "Premiere" übergeben [183]. Im Bereich der datenbankgestützten digitalen Abrufsysteme, also z.B. beim "video on demand", aber auch beim Datenrundfunk bestehen zur Zeit noch größere technische Realisierungsprobleme, da hierfür besonders große Speicher- und Übertragungskapazitäten benötigt werden. Die Leistung der vorhandenen Datenbanksysteme reicht trotz der enormen Leistungssteigerung in den vergangenen Jahren nicht aus, um einen Praxisbetrieb zu gewährleisten. Gerade die Speicherung und Übertragung von Bewegtbild ("video on demand") setzt sehr große Kapazitäten voraus. Zu geringe Speicherkapazitäten, zu langsame Zugriffsgeschwindigkeiten und schwieriges Zugriffsmanagement im Bereich der Servertechnologie führen dazu, daß mit der Realisierung von echten Abrufdiensten erst nach der Jahrtausendwende zu rechnen ist [184].

II. Online-Dienste

Mit dem Begriff "online" wird üblicherweise eine Echtzeitdatenverbindung zu einem Kommunikationsnetz bezeichnet. Echtzeit bedeutet hierbei, daß im Datenverkehr zwischen den Systemen eine kurze Antwortzeit vorgesehen ist, also ein unmittelbarer "Datendialog" wie z.B. im Sprachtelefonnetz möglich ist. Für die kommerziellen Anbieter, die über ihre Netze eigene Angebote bereithalten und verschiedene Kommunikations- und Informationsdienstleistungen anbieten, ist die

---

[181] DF 1 konnte bis Ende 1997 nur rund 55.000 Abonnenten verzeichnen. Alle digitalen Fernsehanbieter in Europa (d.h. in Frankreich, England, Italien, Spanien, Belgien, Niederlande, Skandinavien und Deutschland) kamen zu diesem Zeitpunkt gemeinsam auf rund 1.050.000 Abonnenten, während die digitalen TV-Angebote in den USA (DirecTV, Primestar, USSB, Dish Network und Alphastar), wo die ersten beiden Anbieter bereits im Juni 1994 starteten, bis zum Dezember 1997 rund 6.110.000 Abonnenten gewinnen konnten (Angaben nach Journalist 12/97, S. 59).

[182] vgl. Hamburger Abendblatt v. 24.7.96, S. 7; Zum Sendestart wurde ein Formel 1-Rennen vom Hockenheimring übertragen, wobei der Zuschauer unter fünf Perspektiven (Rang, Cockpit, von oben etc.) wählen konnte.

[183] vgl. Hamburger Abendblatt v. 19.7.96, S. 15

[184] vgl. Scharpe u.a., DIW/Prognos - Gutachten, Ziffern 2.1. und 2.2.

Bezeichnung "Online-Dienste" gebräuchlich geworden [185]. Ungeachtet der individuellen technischen wie inhaltlichen Ausgestaltung der einzelnen Online-Dienste lassen sich zwei Hauptgruppen unterscheiden: Die sogenannten "Content-Provider", die eigene Inhalte zum Abruf anbieten und die sogenannten "Service-Provider", die ausschließlich einen Zugang zum Internet und damit zu den dort von Dritten bereitgestellten Inhalten herstellen [186]. Teilweise bieten auch reine "Service-Provider" Auswahl- und Suchhilfen an, die die "Navigation" durch das Internet erleichtern sollen.

1. Die Möglichkeiten und Funktionen der Online-Dienste

Eine wesentliche Funktion der Online-Dienste liegt darin, die vielfältigen Angebote der internationalen Netze zu sichten, zu systematisieren, aufzubereiten und den technischen Abrufvorgang zu vereinfachen. Solche "Service-Provider" verstehen sich in erster Linie als Dienstleister, die die Nutzung der Netzangebote erleichtern. Hinzu treten in vielen Fällen eigene Informationsangebote des jeweiligen Dienstes, der dann (auch) in die Gruppe der "Content-Provider" fällt. Die eigenen Abrufangebote reichen z.B. von Telefonnummernauskünften, Fahrplaninformationen bis hin zu eigenen redaktionell gestalteten Inhalten (z.B. Nachrichtenangebote; hierzu sogleich näher unter 2.). Ferner ermöglichen einige Online-Dienste geschäftliche Kommunikationsdienstleistungen wie z.B. die elektronische Abwicklung von Bankgeschäften (Telebanking). Jeder Online-Dienst hat seinen eigenen Nutzungsschwerpunkt, der sich an den Bedürfnissen der jeweiligen kommerziellen Zielgruppe orientiert [187].

Jede im Netz des Online-Dienstes vorhandene Information kann jederzeit von beliebig vielen Teilnehmern abgerufen werden. Die Informationsdichte läßt sich von jedem Teilnehmer beliebig bestimmen, da er in der Auswahl und Häufigkeit des Datenabrufs frei ist und die übermittelten Informationen bei sich nach seiner freien Entscheidung speichern, auswerten und weiterverarbeiten kann. Gleichzeitig wird auch das Informationsangebot von den Teilnehmern beeinflußt, da es auch möglich ist, eigene Angebote zu hinterlegen.

Die Inhalte der Online-Dienste zeichnen sich durch die gemeinsame Verbreitung unterschiedlicher und bislang auf getrennten Kommunikationswegen vertriebener

---

[185] Die bekanntesten Online-Dienste sind T-online, America Online (AOL), Compuserve und Microsoft Network (MSN); vgl. auch Eberle, CR 96, 193 (196); ders. FS Engelschall, S. 153 ff.

[186] vgl. Eberle, FS Engelschall, S. 156

[187] Eine Übersicht über Online-Dienste und ihre Zielgruppen befindet sich in BT-Drucksache 13/4000 (Bericht Info 2000), S. 24

Angebote aus [188]. Vielfach handelt es sich bei den Angeboten von Online-Diensten im Bereich der Massenkommunikation nur um neue Vertriebsformen bereits auf anderem Wege verbreiteter Medienprodukte. Gleichzeitig ermöglichen die Online-Dienste auch bisher nicht als Anbieter auf dem Medienmarkt vertretenen Unternehmen und Privatpersonen, ein eigenes Angebot im Netz zu plazieren und auf diese Weise weltweit zu "publizieren". Hieraus ergeben sich die beiden Hauptfunktionsweisen der Online-Dienste: Als Komplementär-Verteilweg schaffen Online-Dienste zusätzliche, alternative Verbreitungsmöglichkeiten für anderweitig vorgegebene massenmediale Inhalte [189]. Als Primärmedium schaffen sie die Möglichkeit für neue und zusätzliche Kommunikation, insbesondere für Inhalte von Privatpersonen, die bisher nur im Wege der Individualkommunikation an einen bestimmten Empfängerkreis weitergeleitet werden konnten und jetzt einer weltweiten Allgemeinheit zugänglich gemacht werden können. In dieser Funktion sind die Online-Dienste ein Kommunikationsverstärker, der die Verbreitung von Meinung und Information über die Ländergrenzen und Zeitzonen hinweg vereinfacht und fördert. Hierbei werden die Online-Dienste zu einem eigenständigen Medium und Faktor der Meinungsbildung [190].

Die Nutzungsmöglichkeiten der Online-Dienste sind jedoch mit der Verbreitung und dem Abruf von Daten noch nicht erschöpft. Hinzu treten zahlreiche Kommunikationsmöglichkeiten mit einem oder mehreren Partnern, bei denen ebenfalls Informationen jeder Art ausgetauscht werden können. Hierbei bedienen sich die Online-Dienste des Internets, um Verbindungen zwischen Nutzern verschiedener Online-Dienste herzustellen. Auch ein Großteil der abrufbaren Informationsangebote befinden sich nicht auf dem Datenspeicher (Server) des jeweiligen Dienstes, sondern auf anderen Servern, wobei auch hier technisch auf Verbindungen des Internet zurückgegriffen wird, ohne daß der Nutzer dies bemerkt. Die Online-Dienste und das Internet sind somit eng verknüpft, ergänzen sich gegenseitig und gewinnen ihre besonderen Möglichkeiten gerade aus dem Zusammenspiel der Serviceleistungen des Dienstes und der Angebotsvielfalt des Internets. Es gibt keinen Online-Dienst, der keinen Internet-Zugang ermöglicht. Für den privaten Nutzer ist der Zugang ins Internet häufig nur über einen Online-Dienst möglich,

---

[188] vgl. Eberle, CR 96, 193 (196)

[189] z.B. elektronische Ausgaben von Zeitschriften; Allerdings ist zu beobachten, daß die Online-Ausgaben oft nicht mit ihren gedruckten Vorlagen identisch sind, sondern nur eine Auswahl von Themen beinhalten oder Print-Beiträge inhaltlich beschreiben (ankündigen). Demgegenüber gibt es auch Online-Angebote aus Verlagshäusern, die sich zwar namenlich an einen Print-Titel anschließen, aber eigene redaktionelle Inhalte haben, die nicht in der Print-Ausgabe stehen.

[190] vgl. Eberle, CR 96, 193 (196)

da nur Universitäten, große Unternehmen u.ä. über einen direkten Zugang verfügen.

2. Informationsinhalte

Viele Online-Dienste stellen auf ihrem eigenen Server eigene Informationsangebote bereit. Praktisch bedeutet dies, daß diese Angebote unmittelbar nach dem Einwählen in den Online-Dienst verfügbar sind und dort in der Regeln einfach über komfortable, grafisch gestaltete Benutzeroberflächen per Mausklick abrufbar sind, ohne daß es einer weiteren Eingabe bedarf. Diese Angebote stehen aber nur den Mitgliedern des jeweiligen Dienstes zur Verfügung.

Derartige eigene Informationsangebote beruhen auf einer redaktionellen Auswahl und / oder Gestaltung des Diensteanbieters. Zur Verbesserung der Übersicht sind die Angebote ein bestimmte Sachgruppen unterteilt [191]. Innerhalb dieser Sachgruppen wird oft ein direkter Zugriff auf Angebote Dritter aus dem Internet vermittelt. Für den Nutzer ist hierbei häufig nicht oder nur schwer erkennbar, ob er ein Angebot "seines" Dienstes oder eines Dritten auswählt. Die Übersicht wird zudem dadurch erschwert, daß einige Online-Dienste bei der Gestaltung ihrer eigenen Inhalte mit anderen Unternehmen kooperieren. So kann z.B. beim Online-Dienst AOL in der Rubrik "Nachrichten" ein aktuelles Nachrichten-Telegramm der Deutschen Presseagentur (dpa) abgerufen werden. In der Rubrik "Kiosk" ist der Zugriff auf die elektronische Ausgabe der Zeitschrift "Stern" möglich. Zur Zeit besteht die überwiegende Anzahl von inhaltlichen Informations- und Unterhaltungsangeboten der Online-Dienste aus Verweisungen auf Angebote Dritter im Internet. Hierbei beschränkt sich die inhaltlich-redaktionelle Tätigkeit des Diensteanbieters auf die Vorauswahl derjenigen Beiträge, die er durch einen Direktverweis in sein Angebot aufnimmt. Ergänzend bieten die Dienste auch direkte Verbindungen zu themenbezogenen Kommunikationsdiensten an (Diskussionsgruppen, "elektronische schwarze Bretter" etc.).

3. Kommunikationsformen in den Online-Diensten

Online-Dienste bieten verschiedene Möglichkeiten der Individual- und der Gruppenkommunikation. Grundsätzlich werden diese Kommunikationsdienste innerhalb des Netzes des jeweiligen Online-Dienstes für dessen Mitglieder angeboten. Über die Verbindung zum Internet bestehen aber auch Kommunikationsmöglichkeiten mit den Nutzern anderer Netze.

---

191 Der Online-Dienst AOL unterscheidet z.B. die Sachgruppen Nachrichten, Treffpunkt, Computing, Finanzen, International, Kiosk, Reisen, Entertainment, Internet und Service.

Der wichtigste neue Kommunikationsdienst für die Kommunikation zwischen zwei oder mehreren bestimmbaren Partnern ist die elektronische Post (e-mail) [192]. Ein am PC erstellter Text wird über das Netz an den durch seine e-mail-Adresse individualisierten Empfänger gesandt. Hierbei sorgt der Online-Dienst für die technische Abwicklung und erleichtert die Erstellung des Briefes durch vorbereitete Eingabeformulare, Adressenverwaltung und andere Hilfestellungen. Der Adressat findet die Nachricht in seinem elektronischen Briefkasten vor, sobald er seinen PC zum nächsten Mal einschaltet und die Verbindung zu dem System, über welches er seinen elektronischen Briefverkehr abwickelt, herstellt [193]. Die Vorteile der elektronischen Post liegen in der schnellen Zustellung bei weltweiter Übertragungsmöglichkeit und geringen Kosten (kein "Porto", sondern nur die für die Netzkommunikation anfallenden Telefon- und Providergebühren). Ferner kann die eingehende Post beim Empfänger sogleich auf dem Bildschirm verarbeitet werden. Die diesbezüglichen Möglichkeiten gleichen allen Optionen der Textverarbeitung: Speicherung, Ausdruck, Löschung, veränderte oder unveränderte Weiterübermittlung an Dritte, Integration in andere Texte usw. In Verbindung mit dem Einsatz von Lesegeräten (Scannern) können auch Texte, die nur im papierenen Original und nicht in elektronisch gespeicherter Form vorliegen, eingelesen und sodann als e-mail versandt werden. Diese Variante gleicht somit der Übertragung von Dokumenten per Telefax. Einen hohen Nutzwert gewinnt die e-mail-Kommunikation dadurch, daß jede Art von Datei an die elektronische Post "angeheftet" werden kann. Auf diese Weise können beliebige Informationen in Dateiform, z.B. umfangreiche Textdokumente, Programme, Bilder, Statistiken, Analysen, Grafiken und Videos via e-mail einfach und schnell an einen oder mehrere Empfänger übermittelt werden. Mittels elektronischer Post werden z.B. "Abonnements" elektronischer Zeitungen und Zeitschriften abgewickelt, indem dem Abonnenten die jeweils neueste Ausgabe an seine e-mail-Adresse zugespielt wird [194]. Auch Rechercheergebnisse von Datenbankabfragen können auf diese Weise sofort übermittelt werden. Dem Empfänger ist es dann freigestellt, die Informationen zu speichern, auszudrucken oder in sonstiger Weise weiterzuverarbeiten.

---

[192] vgl. Mayer, NJW 96, 1782 (1784); Nach einer Studie der Gesellschaft für Konsumforschung (GfK) über die Nutzung der Online-Dienste ("GfK-Online-Monitor") ist der e-mail-Verkehr über das Internet 1997 die Hauptnutzungsform des Mediums Online gewesen, noch vor der Suche nach kostenlosen Informationen und der Befriedigung von Unterhaltungsinteressen, vgl. Der Kontakter (Medieninformationsdienst) v. 16.2.98, S. 49

[193] vgl. Mayer a.a.O.

[194] vgl. Mayer a.a.O.

Da jeder Kunde eines Online-Dienstes am e-mail-Verkehr teilnehmen kann und viele andere Personen über Firmen oder Universitäten über eine e-mail-Adresse verfügen, ist der Durchsetzungsgrad dieser neuen Kommunikationsform in der Bevölkerung bereits zum jetzigen Zeitpunkt vergleichsweise hoch. Dies gilt für die gewerbliche und private e-mail-Kommunikation gleichermaßen. E-mail ist insbesondere zur gebräuchlichen Kommunikationsform zwischen weit entfernten Zielen (z.B. Deutschland - USA) geworden, da die Kosten gerade hierbei weit unter den entsprechenden Post- oder Telefongebühren liegen.

Neben der elektronischen Post besteht im Bereich der Individualkommunikation über die Online-Dienste die Möglichkeit des schriftlichen Echtzeitdialogs via Bildschirm als direkte Kommunikationsform (Internet Relay Chats) [195]. Dieses "schriftliche Telefonieren" kann am besten beschrieben werden, indem man sich vorstellt, daß die soeben auf der Tastatur eines PC eingegeben Wörter nicht nur auf dem eigenen Bildschirm erscheinen, sondern (nach einer sehr kurzen Zeitverzögerung für die Übertragung) auch auf dem Bildschirm eines oder mehrerer Kommunikationspartner. Auf diese Weise sind auch "Gespräche" in Gruppen möglich. Der Reiz dieser an sich zeitraubenden und unkomfortablen Kommunikationsform, in der alle Wortbeiträge in den PC eingegeben werden müssen, liegt für viele Anwender in der vollständigen Anonymität des "Gesprächs", aber auch in der Möglichkeit, ganz unverbindlich weltweite Kontakte herzustellen. Noch in der Entwicklung befindet sich die Möglichkeit des Sprachtelefondienstes über das Internet. Auch hierbei werden die Online-Dienste nur den Zugang zum Internet herstellen, über welches dann der eigentliche Kommunikationsvorgang abgewickelt wird. Zur Zeit scheitert die konkurrenzlos preisgünstige Möglichkeit der Sprachtelefonie über das Internet noch an einer zu geringen Übertragungsleistung, wodurch die Tonqualität stark beeinträchtigt wird.

Grundsätzlich können, wie bereits angeklungen ist, alle Möglichkeiten der Individualkommunikation auch für die Gruppenkommunikation genutzt werden, indem mehrere Partner eingebunden werden. So können z.B. per e-mail weltweit Serienbriefe wortgleichen Inhalts verschickt werden. Bei dieser Form der Gruppenkommunikation nimmt der Initiator des Kommunikationsvorgangs immer eine Auswahl der von ihm individualisierten Teilnehmer vor. Es handelt sich somit um eine individuelle Gruppenkommunikation. Die echte Gruppenkommunikation zeichnet sich hingegen durch die Teilnahme einer unbestimmten Anzahl nicht oder nur im groben Rahmen vorbestimmter Kommunikationspartner aus. Solche Gruppenkommunikation findet in den Online-Diensten durch die Teilnahme an den sog. "Foren" des Dienstes, sowie durch die Vermittlung zu den

---

[195] vgl. Mayer a.a.O.

"Newsgroups" im Internet statt. Unter "Foren" und "Newsgroups" sind themenge-bundene Gesprächsgruppen zu verstehen, in denen sich die Teilnehmer austau-schen können. Sie gleichen einer Mischung aus Fachzeitschrift und schwarzem Brett mit Artikeln, Leserbriefen und Kleinanzeigen. Jeder kann die in den Newsgroups und Foren enthaltenen Beiträge lesen und selbst eigene Beiträge zusteuern, wobei aufgrund der Schnelligkeit der Netze eine zeitnahe Reaktion auf die Beiträge anderer Nutzer möglich ist. Auf diese Weise können auch Fragen gestellt werden, die von anderen Nutzern beantwortet werden. Z.B. benutzen viele Computerfirmen die Foren des Online-Dienstes Compuserve, um auf diese Weise Beratungsleistungen zu ihren Produkten zu erbringen. Foren und Newsgroups können aber auch zur Verbreitung von Inhalten benutzt werden, die mit der Rechtsordnung kollidieren. Bekanntgeworden sind z.B. rechtsradikale oder pornographische Inhalte [196].

Ende 1995 gab es etwa 10.000 bis 15.000 Newsgroups und Foren zu verschiede-nen Themen [197]. Während die Foren in der Regel nur den Mitgliedern des jeweiligen Online-Dienstes zugänglich sind, sind Newsgroups von den Nutzern verschiedener Dienste nutzbar, da sie im Usenet, einem Teilbereich des Internet, angesiedelt sind [198]. Online-Dienste weisen themenbezogen auf die Existenz ausgewählter Newsgroups hin und stellen den Zugang her, so daß der Nutzer keine besonderen Vorkenntnisse benötigt, um sich an ihnen zu beteiligen [199].

Vorläufer der e-mail-Kommunikation über die heutigen Online-Dienste und der Gruppenkommunikation in Foren und Newsgroups sind Mailbox-Systeme, die insoweit ebenfalls als Online-Dienste angesehen werden können. Mit der Teil-nahme an Mailboxen war bereits seit einigen Jahren eine 1:1-Kommunikation wie beim Brief zwischen den Teilnehmern der Mailbox möglich [200]. Gleichzeitig boten sie auch die gruppenkommunikativen Möglichkeiten der Foren. Der Begriff Mailbox hat eine doppelte Bedeutung. Zum einen wird der eigene elektronische Briefkasten, also die e-mail-Adresse, häufig als Mailbox bezeichnet. Mailbox ist

---

[196] vgl. hierzu z.B. BR-Drucksache 393/97 v. 16.5.97

[197] vgl. Internet-Orientierungshilfe LfD SL, Zif. II, S. 7; Internet-Orientierungshilfe LfD Brem, Anlage 1, S. 10; Esser, RDV 96, 151 (155) geht von "mehr als 25000 Newsgroups" aus.

[198] vgl. Mayer, NJW 96, 1783 (1785); Das Usenet ist ein Teilnetz des Internet, welches 1980 von amerikanischen Studenten als Nachrichtenaustauschsystem zwischen Rechnern der Gattung "Unix" entwickelt wurde und inzwischen ins Internet integriert wurde, vgl. Esser, RDV 96, 151 (157)

[199] Eine Aufstellung von juristischen Diskussionsgruppen ist bei Hoeren, NJW 95, 3295 (3296, 3298 f). veröffentlicht.

[200] vgl. Fischer, CR 95, 178; Palm/Roy, NJW 96, 1791; Ackermann, S. 3 ff.

aber gleichzeitig der Oberbegriff für elektronische Mitteilungsdienste im soeben beschriebenen Sinn[201]. Der Unterschied zu den Online-Diensten besteht in technischer Hinsicht darin, daß eine Mailbox über kein eigenes Leitungsnetz verfügt, sondern nur aus einem Rechner besteht, zu dem die Verbindung mittels des Telefonnetzes hergestellt wird. Auch diese Grenzziehung verwischt in zunehmenden Maße, da durch die Verbindung der Datennetze untereinander auch via Mailbox eine Kommunikation mit den Teilnehmern anderer Netze und die Übermittlung dort gespeicherter Daten möglich wird[202]. In einer Ausgestaltung als Sprach- oder Voicebox mit digitaler Aufzeichnung von Sprache werden Mailboxen auch als Anrufbeantworter eingesetzt[203]. Diese Variante wurde zunächst in den Mobiltelefonnetzen realisiert. Derzeit richten viele Unternehmen auch in ihren stationären Netzen sogenannte voice-mail-Systeme ein, mit denen Anrufe und Faxe empfangen, gespeichert und weitergeleitet werden können[204].

III. Die Dienste im Internet, insbesondere das world wide web (www)

Das Internet bietet zahlreiche Dienste[205], von denen das derzeit beliebteste und populärste das world wide web (www) ist[206]. Im www können Bilder, Texte, Grafiken und Musik miteinander verknüpft werden. Es handelt sich somit um ein multimediales Netz[207]. Die gängige Beschreibung als "größte und aktuellste Illustrierte der Welt"[208] umschreibt ein Nutzungspotential, bringt darüber hinaus die Möglichkeiten im www aber nur unzureichend zum Ausdruck. Die Informationsangebote des www bestehen aus den Beiträgen, die die teilnehmenden Unternehmen, Verbände, Institutionen und Einzelpersonen zum Abruf zur Verfügung stellen. Jeder Internet-Teilnehmer kann zugleich auch Anbieter im www sein, wenn er sich eine Homepage einrichtet. Hierbei handelt es sich um eine frei gestaltbare Bildschirmseite, die von jedermann direkt angewählt werden kann. Die meisten Online-Dienste bieten die Möglichkeit an, eine eigene Homepage auf ihrem Server zum beliebigen Abruf bereitzustellen. Dienstleister aller

---

[201] vgl. Palm/Roy a.a.O.

[202] vgl. Fischer, CR 95, 178; Hülsmann, DuD 94, 621

[203] vgl. Palm/Roy, NJW 96, 1791 (1792) m.w.N.

[204] vgl. Hellmanzik, FAZ v. 27.8.96, Verlagsbeilage Kommunikation & Medien, S. B 8

[205] im einzelnen hierzu Hoeren, NJW 95, 3295 (3296 ff.); Esser, RDV 96, 100

[206] vgl. Esser, RDV 96, 100

[207] vgl. Schwarz, FS Engelschall, S. 187

[208] vgl. Esser, RDV 96, 100

Sparten (z.B. Anwaltskanzleien [209]), Unternehmen, Verlage [210], Kultureinrichtun-
gen (Theater, Museen, Ausstellungen), Vereine und öffentliche Stellen haben den
Weg ins Internet gefunden und informieren auf diese Weise über sich und über
von ihnen ausgewählte Themen [211]. Die Palette der Angebote reicht von der
werbenden Selbstdarstellung bis zur Bereitstellung kompletter Gutachten und
Dokumentationen [212]. Entsprechend der ständig wachsenden Zahl von Anbietern,
die mittels einer eigenen Homepage im Internet präsent sind, wächst auch das
Informationsangebot ständig [213]. Um einige Beispiele zu nennen: Der BGH hat im
Juli 1996 als erstes Bundesgericht ein Internet-Angebot eingerichtet [214]. Dort
findet man neben einem Foto des Gerichtsgebäudes und einer Adressenübersicht
eine Beschreibung der Aufgaben und Tätigkeiten, Angaben zur Geschäftsvertei-
lung und zur personellen Besetzung der Senate, ein Organigramm zur Gerichts-
verwaltung und eine Bestandsübersicht der Bibliothek [215]. Ein bedeutendes
Beispiel für die vielfältige Nutzbarkeit des www ist das Online-Angebot der
Tagesschau. Seit dem 1. August 1996 können die Nachrichten der Tagesschau und
der Tagesthemen über das www abgerufen werden [216]. Geplant ist auch ein

---

[209] Beispiele bei Schopen/Gumpp/Schopen, NJW-CoR 96, 112 (113), dort Fn. 14 u. 16

[210] So hat z.B. der juristische Verlag C.H.Beck ein Angebot erstellt, in dem u.a. elektronische
Kurzausgaben der Zeitschriften NJW, JuS und DB abrufbar sind. Zu den Angeboten der großen
"Publikums-Verlage" siehe sogleich.

[211] So z.B. die Datenschutzbeauftragten unter http://www.rewi.hu-berlin.de/Datenschutz/DSB

[212] So sind z.B. auf dem Server des BMWi umfangreiche Unterlagen über das Thema Informationsgesellschaft abrufbar (Internet-Adresse: http://www.bmwi-info2000.de). Gleiches gilt für die
Server der Europäischen Kommission in Brüssel (Internet-Adressen: http://www.ispo.cec.be und
http://europa.eu.int

[213] Brauchbare Übersichten geben "Internet-Programmzeitschriften" wie z.B. TV-Today Online,
die zahlreiche Angebote beschreiben und in systematisierter Form präsentieren. Über die
Homepages dieser Zeitschriften können ausgewählte Angebote via Hyperlink direkt angewählt
werden (z.B. http://tvtoday.de). Weitere Beispiele sind im Spiegel 11/96, S. 66 ff. genannt.
Hoeren, NJW 95, 3295 (3297 f.) nennt zahlreiche Internet-Adressen juristischer Angebote.

[214] Internet-Adresse: http://www.uni-karlsruhe.de/BGH. Mittlerweile sind fast alle deutschen
Obergerichte und zahlreiche Instanzgerichte im www vertreten. Aktuell ist das BSG hinzuge-
kommen (http://bundessozialgericht.de), vgl. Pressemitteilung des BSG Nr. 2/98 v. 28.1.98, NJW
Informationen, Heft 7/98, S. XVI. Der EuGH hat unlängst sein Informationsangebot ausgebaut
und veröffentlicht seine Urteile in allen 11 Amtssprachen im Internet
(http://europa.eu.int/cj/index.html), vgl. Pressemitteilung des EuGH Nr. 53/1997, MMR Aktuell,
Heft 1/98, S. XII.

[215] vgl. Pressemitteilung des BGH Nr. 35/1996 vom 11.7.96

[216] Internet-Adresse: http://tagesschau.de; Wer das Internet-Angebot der Tagesschau anwählt
bekommt zuerst einen Schlagzeilen-Überblick der aktuellen Sendung zu sehen. Per Mausklick
können sodann ausgewählte Nachrichten im Volltext oder als Video abgerufen werden. Für den

Zugriff auf die archivierten Sendungen vorangegangener Tage. Die Sendungen werden nicht nur als Kurz- und Langtext, sondern auch mit Ton und Video angeboten. Auf diese Weise ist die Tagesschau orts- und zeitunabhängig abrufbar. Allerdings reicht die technische Qualität der Bildübertragung zur Zeit noch nicht an die des Fernsehers heran. Neben den einzelnen Sendungen bietet das Internet-Angebot der Tagesschau zusätzliche Informationen über die Moderatoren und die Redaktion ("Wir über uns") und ein "Gästebuch", in dem alle Internet-Teilnehmer Texte hinterlegen können. Das Beispiel "Tagesschau-Online" zeigt deutlich, wie schnell die alten und neuen Medien ineinander verwachsen.

Neben der Tagesschau nutzen auch zahlreiche andere Redaktionen und Sendeunternehmen das www als ergänzenden Verbreitungsweg zu ihren Fernsehsendungen und -programmen [217]. Die inhaltliche Gestaltung dieser programmbezogenen Homepage-Angebote ist unterschiedlich und reicht von reinen Inhaltsangaben über ergänzende Informationen bis hin zu selbständigen redaktionellen Angeboten. Häufig wird die Homepage auch dazu benutzt, mit den Zuschauern via e-mail in Kommunikation zu treten.

Ähnlich variationsreich sind die www-Angebote der Verlagshäuser. Zu unterscheiden sind solche Angebote, die in werbender Selbstdarstellung über den Verlag informieren [218] und diejenigen Angebote, die als "elektronische Ausgabe" einer Zeitung oder einer Zeitschrift in unmittelbarem Bezug zu einem Print-Medium stehen [219]. Hierbei ist jedoch darauf hinzuweisen, daß in der Regel nicht

---

Abruf des Bewegtbildes ist ein Zusatzprogramm erforderlich, welches ebenfalls über das Internet abgerufen und auf dem eigenen Rechner installiert werden kann; vgl. zu diesem Angebot auch Hochstein, NJW 97, 2977 (2978)

[217] Hinweise auf diese Angebote werden in der Regeln durch Einblendungen am Schluß der Sendung oder Hinweise der Moderatoren gegeben. Eingehend zu den Online-Angeboten öffentlich-rechtlicher Rundfunkanstalten Kreile/Neuenhahn, KuR 98, 41 m.w.N.

[218] z.B. der Axel-Springer-Verlag unter http://www.asv.de, der Bertelsmann-Konzern unter http://www.bertelsmann.de, der Burda-Verlag unter http://www.burda.de, Gruner&Jahr unter http://www.guj.de, der Heinrich Bauer Verlag unter http://www.hbv.de, die Verlagsgruppe Handelsblatt unter http://www.vhb.de und der Milchstraßen-Verlag unter http://www.milchstrasse.de

[219] z.B. "Der Spiegel" unter http://www.spiegel.de (mit Volltext-Archivdienst aller Beiträge der vergangenen Jahre !), "Focus" unter http://www.focus.de, "Stern" unter http://www.stern.de, die "Frankfurter Rundschau" unter http://www.fr.aktuell.de, die "Frankfurter Allgemeine Zeitung" unter http://www.faz.de, die "Bild-Zeitung" unter http://www.bild.de, die "Bunte" unter http://www.bunte.de, die "Freizeit Revue" unter http://www.freizeitrevue.de, die Wirtschaftwoche unter http://www.wirtschaftwoche.de, "Capital", "Impulse" und "Manager Magazin" gemeinsam unter http://www.business-channel.de, "DM" unter http://www.dm-online.de, "max" unter http://www.max.de, "Super-Illu" unter http://superillu.de, die "Brigitte" unter

der gesamte redaktionelle Inhalt der gedruckten Ausgabe präsentiert wird, sondern oft nur Kurzmeldungen und ausgewählte Beiträge. Diese werden jedoch häufig schon vor dem Erstveröffentlichungstag der Print-Ausgabe als "Vorabmeldung" veröffentlicht[220]. Im Bereich der Internet-Angebote der Verlage zeigt sich deutlich die publizistische Relevanz des Internets und damit seine Bedeutung für potentielle Persönlichkeitsrechtsverletzungen in diesem Medium[221].

Unabhängig von diesem Aspekt der Medienberichterstattung im Internet kann auch hinsichtlich der "privaten" Angebote im www (Homepages von Privatpersonen etc.) festgestellt werden, daß die neuen Verbreitungsmöglichkeiten dafür genutzt werden können, rechtswidrige und/oder ideologisch geprägte Inhalte an die Öffentlichkeit zu bringen. Die Möglichkeit der individuellen Gestaltung eines weltweit abrufbaren Angebots bietet sich eben auch als Medium für Inhalte an, die kein anderes Medium verbreiten würde[222].

Homepages bieten die Möglichkeit durch die Einrichtung der bereits erwähnten "Hyperlinks" auf direktem Wege durch einfaches "Anklicken" eines Stichwortes im Text eine Verbindung zu anderen Angeboten herzustellen und so den Benutzer auf ergänzende Informationen hinzuweisen. Es kann sich hierbei um vertiefende eigene Inhalte oder um Angebote Dritter handeln, die auch auf sehr weit entfernten Servern oder in anderen Netzen gespeichert sein können. Der Nutzer bedarf keinerlei Informationen über die Adresse oder die Lokalisation dieses Angebots, da die Verbindung selbsttätig hergestellt wird. Aus der Sicht der Nutzer verschwimmt die Grenze zwischen den eigenen Inhalten des Homepage - Inhabers und den Inhalten, zu denen er über die "Links" wechselt. Insoweit drückt sich die

---

http://www.brigitte.de, "Amica" unter http://www.amica.de, "Cosmopolitan" unter http://-www.cosmopolitan-net.de, "TV Hören & Sehen" unter http://www.tv-hoeren-und-sehen.de, "Cinema" unter http://www.cinema.de und "Gong" unter http://www.funetix.de. Diese - nicht abschließende - Aufstellung (Stand 1/98) zeigt auf, daß die Nutzung des Internets nicht auf Publikationen eines Genres beschränkt ist, sondern sich die gesamte Medienlandschaft im Internet wiederfindet. Hyperlinks zu zahlreichen Angeboten sind unter http://kress.de und http://www.tvtoday.de zu finden.

[220] Einige Angebote verzichten (noch) auf redaktionelle Inhalte und präsentieren Informationen über das Verlagsobjekt, z.B. Mediadaten (Verkaufszahlen, Werbepreise, Reichweiten etc.).

[221] Die überwiegende Anzahl der bekanntgewordenen Persönlichkeitsrechtsverletzungen betrifft Verletzungshandlungen durch Medienberichterstattung (z.B. Falschmeldungen oder Verletzungen der Intim- und Privatsphäre), vgl. hierzu bereits oben im ersten Kapitel unter § 1 III, sowie unten im 4.Kapitel unter § 1 II 1. . Je mehr sich die Inhalte der Medienberichterstattung auf das Internet verlagern - egal ob als Komplementär- oder Alternativmedium - werden in den Angeboten im Netz Rechtsverletzungen mit weltweiter (!) Verbreitung auftreten.

[222] Beispiele bei Flechsig, AfP 96, 333 (334); Engel, AfP 96, 220

Vernetzung auch inhaltlich aus. Der Informationswert des www beruht ganz entscheidend auf diesen Verknüpfungen, da auf diese Weise auch "entlegene" Fundstellen, die mangels Bekanntheit nur selten direkt aufgerufen werden, leicht erreichbar sind [223]. Hierdurch kann es aber auch zu einer publizistischen "Aufwertung" rechtswidriger, namentlich persönlichkeitsrechtsverletzender Inhalte auf "entlegenen" Homepages kommen.

Viele der heute verfügbaren Informationsangebote im www haben zur Zeit noch experimentellen oder spielerischen Charakter. Der Informationsgehalt einiger Angebote ist aber beachtlich, die Angebotsvielfalt groß. Viele Angebote wurden ersichtlich aus Gründen der Eigenwerbung erstellt und sind (bis jetzt) unentgeltlich zugänglich. Das Bemühen, von Anfang an an der neuen Technik aktiv teilzunehmen, steht häufig im Vordergrund. Kritiker merken zutreffend an, daß die Teilnahme am Netz oft (noch) keinen anderen Zweck verfolgt, als eben am Netz teilzunehmen [224]. Trotzdem läßt sich bereits heute erkennen, daß gerade das www im Internet sprunghaft zu einer quantitativen Vermehrung der Informationsmöglichkeiten geführt hat und jedermann eine weltweite Plattform für die weltweite Selbstdarstellung bietet. Die Fortentwicklung gestaltet sich rasant. Die Vision vom Internet als "zukünftiges Massenmedium Nr. 1" erscheint nicht unrealistisch.

IV. Sonstige Anwendungen der netzgebundenen Kommunikation

Aus den oben dargestellten Möglichkeiten vernetzter dezentraler Computer haben sich eine Reihe von Anwendungsfeldern ergeben, die gemeinsam darauf beruhen, daß örtliche Barrieren aufgehoben werden und anstelle des persönlichen Kontakts die Netzkommunikation tritt. In dieser Hinsicht werden die Möglichkeiten der Datennetze durch die Fortentwicklung der Sprachtelefonie ergänzt. Die Übertragungskapazitäten der ISDN-Netze erlauben es z.B. flächendeckende Bildtelefondienste einzurichten [225]. Geeignete Endgeräte sind als Serienprodukte zu stetig fallenden Preisen im Handel erhältlich [226]. Allerdings kann zur Zeit mittels ISDN

---

[223] vgl. hierzu Eichler/Helmers/Schneider, BB Beilage 18 zu Heft 48/97, S. 23 f.

[224] vgl. Flechsig, AfP 96, 333 (334)

[225] Bildtelefonie ist theoretisch auch über das Internet möglich, aber in der praktischen Durchführung noch unbefriedigend. Bei ersten Versuchen konnten bislang nur eine Reihe von Standbildern übertragen werden, die sich in regelmäßigen zeitlichen Abständen aktualisierten und so die Illusion einer Bewegtbildübertragung vermitteln sollten. Diese Illusion wurde aber zusätzlich durch lange Bildaufbauzeiten erschwert. Beim ISDN-Bildtelefon ist die Bildübertragungsqualität ungleich besser.

[226] vgl. Peters, FAZ v. 27.8.96, Beilage Kommunikation und Medien, S. B 8

nur ein Bild mittlerer Qualität pro 30 Sekunden übertragen werden. In der weiteren Entwicklung soll u.a. die Möglichkeit geschaffen werden, Videokonferenzen mit mehreren Gesprächspartnern an unterschiedlichen Orten abzuhalten, so daß z.B. Geschäftsreisen unnötig werden [227]. Diese Form der "persönlichen" weltweiten Netzkommunikation würde die "Datenkommunikation" im Internet und anderen Netzen ergänzen und die Möglichkeit eröffnen, nahezu alle täglichen privaten wie geschäftlichen Kommunikationsvorgänge vollständig unabhängig vom örtlichen Sitz der Beteiligten und deren Mobilität allein im Wege der Netzkommunikation zu erledigen. Nachfolgend werden einige Anwendungsbereiche der Netzkommunikation aufgezeigt.

1. Telearbeit

Die Arbeitswelt bleibt von den neuen Kommunikationsmöglichkeiten nicht unberührt. Infolge der vielfältigen Möglichkeiten ortsunabhängiger Kommunikation und Datenübermittlung wird die Telearbeit zu einer bedeutenden Form der Arbeitsausübung werden. Unter Telearbeit ist allgemein die Beschäftigung von Arbeitnehmern außerhalb der Betriebsräume zu verstehen, sei es Zuhause, auf Reisen oder in anderen externen Einsatzorten. Bislang wurde die technische Verbindung zum Unternehmen über Telefon, Telefax und einem Modem hergestellt, mit welchem Daten zwischen der Unternehmenszentrale und dem externen Arbeitsplatz ausgetauscht wurden [228]. Durch die Benutzung neuer Datennetze haben sich die Voraussetzungen zur Einrichtung von Tele-Heimarbeitsplätzen verbessert, da jetzt eine Anbindung des häuslichen Computers erfolgen kann, die dem Arbeitsplatzrechner in den Geschäftsräumen des Arbeitgebers in nichts nachsteht. Auf diese Weise können die typischen "Schreibtisch-Berufe" ohne Kundenverkehr (z.B. in der Verwaltung, Buchhaltung und in der Datenverarbeitung) am Wohnsitz des Arbeitnehmers ausgeübt werden, ohne daß es dabei zu nennenswerten Veränderungen der Aufgabenerledigung kommt. Die Fahrten durch den Ortswechsel von und zur Arbeitsstelle entfallen, vielfach kommt auch eine Flexibilisierung der individuellen Arbeitszeiten in Betracht [229]. In den USA arbeiten heute bereits rund sieben Millionen Menschen als Telearbeiter. In Europa

---

[227] Videokonferenzen sind bereits heute möglich, benötigen aber besonders leistungsfähige Übertragungsnetze, die eine Kapazität von rund 30 ISDN-Anschlüssen aufweisen und sind deshalb sehr teuer. Das Finanzgericht Karlsruhe will in einer einjährigen Erprobungsphase "virtuelle" Verhandlungen mittels Videokonferenzen durchführen, vgl. NJW-Wochenspiegel 8/98, S. XLIV.

[228] vgl. Saller, NJW-CoR 96, 300 (301); Roßnagel/Bizer, DuD 96, 209 (215)

[229] vgl. allgemein zur Telearbeit BT-Drucksache 13/4000 (Bericht Info 2000), S. 128 ff.; Wedde, RDV 96, 5; Gola, DSB 4/96, S.1, jeweils m.w.N.; Hensche, BMWi-Dokumentation, S. 44

wird von gegenwärtig 1,15 Millionen Telearbeitsplätzen ausgegangen [230]. Für den deutschen Bereich wird geschätzt, daß bis zur Jahrtausendwende 800.000 Telearbeitsplätze bestehen werden, das mittelfristige Potential liege bei vier Millionen [231].

2. "Electronic commerce", insbesondere Homeshopping

Die Abwicklung beliebiger Handelsgeschäfte über die Datennetze wird in jüngster Zeit etwas unscharf mit dem Schlagwort des "electronic commerce" beschrieben. Hierunter kann die Warenbestellung per e-mail ebenso fallen wie der Wertpapierhandel mit einem computergestützten Börsensystem. Der gemeinsame Nenner aller Erscheinungsformen des "electronic commerce" scheint darin zu liegen, daß über die Datennetze Vertragsabschlüsse oder andere geschäftliche Handlungen getätigt werden (sog. "Distanzgeschäfte" oder Geschäftsabschlüsse im Fernabsatz [232]). Die neuen Informations- und Kommunikationstechnologien werden hierbei in erster Linie als Vertriebs- und Marketingweg für Waren und Dienstleistungen genutzt, wobei ein unmittelbarer interaktiver Dialog (Auswahl, Bestellung, Verhandlungen, Nachfragen etc.) via Netzkommunikation möglich ist [233].

Im privat-kommerziellen Bereich ist das Homeshopping als eine der in naher Zukunft ausgeprägtesten Nutzungsformen netzgebundener Kommunikation zu nennen. Es kann in Abgrenzung zu dem bereits oben beschriebenen Teleshopping im Fernsehen [234] auch als "echtes Teleshopping" bezeichnet werden, da bei der Abwicklung des Warenkaufs über die Netze zugleich mit der virtuellen Darstel-

---

[230] So die Antwort des EU - Kommissars Flynn auf eine Anfrage des Abgeordneten Cruellas, nach RDV 96, 146

[231] vgl. Harms, BMWi-Report, S. 5; BT-Drucksache 13/4000 (Bericht Info 2000); S. 129, Saller, NJW-CoR 96, 300 (302)

[232] vgl. Funke, FS Engelschall, S. 149

[233] Den Zukunftsvisionen scheinen auch insoweit keine Grenzen gesetzt zu sein: Auf einem Fachseminar zur Multimedia-Gesetzgebung im Dezember 1997 hat der Telekommunikationsanbieter "o.tel.o" seine virtuelle Einkaufsstadt "Cyberworld" präsentiert. Der Nutzer (=Kunde) schreitet hierbei auf dem Bildschirm mittels einer Kunstfigur, die ihn darstellt, durch ein Einkaufsdorf mit Fachgeschäften, Banken, Kartenvorverkaufsstellen, Restaurants etc. . Er kann auf diese Weise spielerisch am Bildschirm alle Geschäfte erledigen, die er sonst bei einem Stadtbummel durchgeführt hätte (Einkäufe, Bankgeschäfte, Reservierungen im Lokal usw.). Hierbei ist eine direkte Netzkommunikation mit virtuellen "Verkäufern" (= Anbieter von Waren und Dienstleistungen) und Passanten (= andere Nutzer, die sich zeitgleich im System befinden) möglich.

[234] vgl. oben in diesem Kapitel unter I 1. (Teleshopping als Programmangebot im digitalen Fernsehen)

lung der angebotenen Produkte ein Rückkanal zum Anbieter zur Verfügung gestellt wird. Der Konsument wählt das von ihm gewünschte Produkt über ein Menü auf dem Bildschirm aus, läßt sich durch zusätzliche Informationstafeln oder im direkten Dialog beraten und bestellt über den Rückkanal. Einige Tage später wird dem Besteller die Ware ins Haus gebracht [235]. In den USA sind bereits viele Arten des Homeshopping weit verbreitet, wobei das Inkasso über die Kreditkarte abgewickelt wird. In Deutschland haben die Einkaufsmöglichkeiten über das Netz bislang eher experimentellen Charakter. Allerdings ist natürlich auch von Deutschland aus über das Internet eine Bestellung bei ausländischen Anbietern, z.B. in den USA möglich.

3. Telebanking

Eine weitere Folge der neuen Kommunikationsmöglichkeiten ist die elektronische Abwicklung von Bankgeschäften mittels Telebanking. Gleichzeitig ist diese Nutzungsmöglichkeit eine wichtige praktische Ergänzung zum Homeshopping und anderen Formen des "electronic commerce".

Bei den elektronischen Finanzdienstleistungen kann zwischen dem (bereits weit verbreiteten) Telebanking im engeren Sinne, auch Onlinebanking genannt, und dem bargeldlosen Zahlungsverkehr mit Dritten ("cyber-cash") unterschieden werden. Ähnlich der derzeit von einigen Banken angebotenen telefonischen Abwicklung von Überweisungen etc., bietet Onlinebanking die Möglichkeit, Bankgeschäfte wie z.B. Überweisungen und Kontostandsabfragen (elektronische Konto- und Depot-Auszüge) von zu Hause aus per PC über die Netze [236] abzuwickeln oder in anderer Form mit der Bank zu kommunizieren (z.B. Abfragen von Aktien- und Wechselkursen, Informationen über Kapitalanlagen oder Zinsvergleiche).

Immer stärkere Bedeutung gewinnt auch die netzgestützte Abwicklung des bargeldlosen Zahlungsverkehrs mit Dritten, z.B. direkt im Kunden-Anbieter-Verhältnis (virtuelles Bargeld oder "cyber-cash"), welcher insbesondere bei der Abwicklung kleinerer Tagesgeschäfte im "electronic commerce" bedeutsam sein wird. Aus den Niederlanden wurde Mitte 1995 ein Pilotversuch bekannt, bei dem rund 10.000 Kunden von einem persönlichen Sonderkonto nach Eingabe eines Codewortes auf direktem Wege im Internet Gelder anweisen konnten [237]. Bislang

---

[235] vgl. Gersdorf, AfP 95, 565 (567 f.)

[236] häufig über den Online-Dienst T-Online

[237] vgl. NJW-Wochenspiegel Heft 30/96, S. XXXI

wurde die Bezahlung der auf elektronischem Wege georderten Waren und Dienstleistungen mittels Kreditkarten oder "per Nachnahme" abgewickelt, da geeignete bargeldlose Zahlungsverfahren im Internet noch nicht zur Verfügung standen. Mittlerweile gibt es mehrere Systeme des bargeldlosen Zahlungsverkehrs im Netz, die allesamt - vereinfacht gesagt - darauf beruhen, daß bei einem Finanzdienstleister für einen Kunden eine gewisse Geldmenge in "virtueller Währung" bereitgestellt wird, die sodann vom Kunden (Käufer) über einen Code o.ä. sofort ganz oder teilweise an andere Netzteilnehmer (Verkäufer) "überwiesen" werden kann.

4. "Verwaltung online"

Die netzgestützte Abwicklung von Geschäftsvorgängen ist auch in vielen anderen Lebensbereichen denkbar, in denen der Bürger standardisierte Vorgänge mit Dritten zu erledigen hat. Vorstellbar ist insbesondere die Abwicklung von Antrags- und Genehmigungsverfahren mit öffentlichen Stellen, so z.B. im Meldewesen und bei kleineren, alltäglichen Bau- und Gewerbesachen etc. Diese Verlagerung von Behördengängen auf die netzgestützte Kommunikation wird mit dem Schlagwort "Verwaltung online" bezeichnet und zählt in mehreren Ländern zu den Erprobungsprojekten der Informationsgesellschaft. In den Ländern Bayern und Rheinland-Pfalz ist z.B. die elektronische Steuererklärung bereits heute möglich, andere Länder wollen sich kurzfristig anschließen [238]. Ein bundesweites Netz verbindet zur Zeit 35.000 Steuerberater über eine Zentrale in Nürnberg mit Banken, Versicherungsträgern und Finanzämtern. Auf diese Weise werden z.B. monatlich rund 8 Mio. Lohnabrechnungen im direkten Datenaustausch erstellt [239]. Ein Vorreiter der Nutzung elektronischer Informations- und Kommunikationsdienste für die öffentliche Verwaltung ist die Kommission der Europäischen Gemeinschaften in Brüssel. Sie hat einen eigenen Datenserver eingerichtet und hinterlegt dort neben umfangreichen Informationsschriften der Öffentlichkeitsarbeit und Dokumenten zu Sachthemen auch Antragsunterlagen zu Fördermitteln der EU nebst Begleitinformationen [240].

---

[238] vgl. Dokumentation Fachverband Informationstechnik, unter: Technik-Aktuelle Anwendungen

[239] vgl. Dokumentaion Fachverband Informationstechnik a.a.O.

[240] Internet-Adresse: http://www.europa.cec; Es wurde auch ein besonderes Angebot zur Informationsgesellschaft eingerichtet: http://www.ispo.cec

5. Fernlernen

Ein weiteres Anwendungsfeld neuer Kommunikationsdienste sind alle Formen des Fernlernens [241]. Anstelle des persönlichen Treffens des Lehrers mit dem oder den Schülern, werden die Möglichkeiten der Netze dazu genutzt, Arbeitsmaterialien und didaktische Betreuung an den Aufenthaltsort der Lernenden zu übermitteln. Bei der "Teleschool" wird der häusliche PC zum virtuellen Klassenzimmer. Ein eindrucksvolles Beispiel ist die Multimedia-Teleschool MTS, die erstmalig im Oktober 1992 als interaktive TV-Sendung live aus dem Arte-Studio in Brüssel ausgestrahlt wurde. Fernlernen ist nicht nur über das Fernsehen, sondern über alle Datennetze möglich.

Bei dem Großversuch "Business online" werden im Rahmen des Delta-Programms der EU alle Lernenden an ihren Computern in Großbritannien, Frankreich, Griechenland sowie neuerdings auch in Prag und Moskau via Datenleitung mit den Tutoren, aber auch untereinander verbunden. Im Rahmen des Großversuchs können die Schüler ihre Lehrer über den Bildschirm wahrnehmen. Sie nehmen mittels PC-Verbindung oder auch Telefon und Fax mit ihren Tutoren Kontakt auf, um dort live über Bildschirm entsprechende Antworten zu erhalten. Über ISDN-Verbindungen können einzelne Lerngruppen via Video-Konferenz aktuelle Aufgabenstellungen der Lehrer gemeinsam bearbeiten [242]. Derartige Schulformen werden als Teleteaching [243] oder Teletutoring [244] bezeichnet.

6. Telemedizin

Ebenfalls der Bewegtbildübertragung, sowie der Datenfernübermittlung bedient sich die moderne Telemedizin. Hierbei können Patienten ohne Verlegung von Spezialisten untersucht werden (sog. Telekonsultation). Dem Spezialisten wird der Patient anhand der elektronisch übermittelten Krankenunterlagen "vorgestellt". Digitale Kameras übermitteln ferner das optische Erscheinungsbild des Patienten und ermöglichen dessen ferngesteuerte Untersuchung durch sogenannte "bildgebende Diagnostikeinheiten". Die Ärzte kommunizieren während der Telekonsultation im Wege der Videokonferenz miteinander und stimmen die erforderlichen Einzeluntersuchungen ab. Bei einem Modellversuch an der

---

[241] vgl. hierzu Roßnagel/Bizer, DuD 96, 209 (214)

[242] vgl. n.n., MedienBulletin 5/94, Seite 22 ff.

[243] so Gersdorf, AfP 95, 565 (567)

[244] so Dokumentation Fachverband Informationstechnik unter Technik-Akt. Anwendungen, S.2

Universität Mainz konnte bei über der Hälfte der vorgestellten Patienten die Beratung und Indikationsstellung im Wege der Telekonsultation ohne Verlegung des Patienten erfolgen [245]. Andere medizinische Anwendungsmöglichkeiten der Datennetze liegen vor allem in der weltweiten Dokumentation von Krankheitsfällen durch medizinische Datenbanken.

7. Systeme der Fernsteuerung, Fernüberwachung, Ferndiagnose und Fernmessung

Abschließend sollen die Systeme der automatisierten Fernsteuerung, Fernüberwachung, Ferndiagnose und Fernmessung (Telematik-Systeme) nicht unerwähnt bleiben. Bekannt ist diese Erscheinungsform bereits z.b. durch die elektronische Straßenverkehrsleitung (Verkehrstelematik) und durch die Fernwartung von Datenverarbeitungsgeräten, bei der eine Problemanalyse und -behebung über eine per Modem und Telefonnetz hergestellte Datenleitung zwischen zwei Rechnersystemen erfolgt. Mit der Zunahme vorhandener Übertragungswege werden diese Fernwartungsvorgänge auch bei anderen elektronisch gesteuerten Geräten Einzug erhalten. Bei allen telematischen Systemen können personenbezogene Daten anfallen, z.B. bei automatischen Verbrauchsmessungen.

V. Offline-Multimedia

Die Offline-Verbreitung von multimedialen Informationsangeboten ist dadurch gekennzeichnet, daß die Angebote an ein physisches Trägermedium gebunden sind und über den Handel vertrieben werden [246]. Zu nennen sind hier in erster Linie die Speichermedien CD-ROM und CD-I [247], die neben ihrem eigentlichen Inhalt (Text- und Datensammlungen, Spiele, Musik, Filme) gleichzeitig eine individuelle Softwarekomponente zur Ansteuerung und Auswertung des Datenmaterials beinhalten. Die CD-ROM wird als Massenspeicher in der Datenverarbeitung für zahlreiche Zwecke eingesetzt. Der technische Fortschritt gegenüber anderen Speichermedien (z.B. Diskette) liegt in der Kapazitätserhöhung und damit in der Möglichkeit, große Datenmengen auf einem Träger zu speichern. Hierdurch kann eine größere Datenmenge benutzerfreundlich zusammen mit dem dazugehö-

---

[245] vgl. Hüwel, BMWi-Report, S. 28

[246] vgl. Scharpe u.a., DIW/Prognos-Gutachten, Ziffer 2.1.

[247] Die CD-I (Compact Disc-Interaktiv) ist als Medium der Unterhaltungsindustrie entwickelt worden. Zur Zeit werden in erster Linie Kinofilme über dieses Medium in digitalisierter Form vertrieben. Die zum Abspielen benötigte Hardware, der CD-I Player, vereint den CD - Player mit einem Video-Abspielgerät. Hierbei kommt zu einer verbesserten Wiedergabe von Bild und Ton. Die Steuerung wird über eine Fernbedienung vorgenommen, mit welcher auf dem Bildschirm des angeschlossenen Fernsehgerätes eingeblendete virtuelle Tasten bedient werden. Auch für dieses System werden Datenträger mit Informationsangeboten wie z.B. Atlanten angeboten.

rigen Such- und Auswertungsprogramm verbreitet werden [248]. Vornehmlich wird die CD-ROM für umfangreiche Programme und Datensammlungen wie z.b. elektronische Telefonbücher genutzt. Dieses Speichermedium ist universell für Sammlungen verschiedenster Art einsetzbar. Hinzuweisen ist besonders auf die elektronischen Medienarchive, bei denen ganze Jahrgänge von Zeitungen und Zeitschriften auf CD-ROM gespeichert und in dieser Form vertrieben werden [249]. Diese Produkte bieten regelmäßig eine spezielle Zugriffssystematik, die die Benutzung ihres Inhaltes vereinfachen und beschleunigen soll (Such- und Stichwortfunktionen, systematisierte Auswertungsverfahren, Benutzerhilfen etc.). Die Jahrgangs-CD-ROM der Zeitschrift Spiegel beinhaltet z.b. eine Zugriffssoftware, die Abfragen nach Personen- und Firmennamen, sowie Sachthemen ermöglicht. Auf diese Weise ist der Zugriff auf über 8000 Textseiten möglich, die im Originallayout mit allen Fotos und Grafiken auf dem Computerbildschirm wiedergegeben werden [250]. Offline-Speichermedien stellen insoweit eine bedeutende Ergänzung der Online-Datenarchive dar, da in dieser Verbreitungsform ein Zugriff auf umfangreiche Sammlungen auch ohne online-Anbindung, also ohne Zugang zu einem Datennetz, möglich ist. Da Offline-Speichermedien wie die CD-ROM mittlerweile auch selbst "bespielt" werden können, also als individuell nutzbare Datenspeicher nutzbar sind, bieten sie auch die Möglichkeit, Inhalte dauerhaft zu speichern, die zuvor online aus dem Netz abgefragt wurden. Auf diese Weise ist es z.B. möglich, selbst eine CD-ROM mit Rechercheergebnissen aus dem Internet herzustellen und diese zukünftig beliebig ohne weiteren Netzkontakt zu nutzen.

Es ist auch möglich, in einem Computernetzwerk eine Zugriffsmöglichkeit aller vernetzten Rechner auf ein CD-ROM-Laufwerk eines integrierten Einzelplatzrechners einzurichten. Der Inhalt einer CD-ROM wird auf diese Weise von jedem Rechner des Netzwerkes nutzbar. In Anbetracht der Möglichkeiten, ein internes Netz über große Distanzen auszuweiten, ist es somit theoretisch möglich, von einem Rechner in Australien auf eine CD-ROM zuzugreifen, die in einem Hamburger Rechner liegt. Bei einer entsprechend hohen Leistungsfähigkeit des Laufwerkes und der Rechner ist auch ein fast zeitgleicher Zugriff von verschiedenen Rechnern auf die Informationen einer CD-ROM möglich. Zwar werden die abgerufenen Daten nacheinander gesucht, gelesen und übermittelt, die hohe Leistungsfähigkeit heutiger Systeme reduziert die daraus resultierenden Zeitverzögerungen aber auf kaum merkbare Zeiträume. Diese Möglichkeiten zeigen auf,

---

[248] Dieser Aspekt hat bereits die Datenschutzbeauftragten beschäftigt, vgl. z.B. zu Adressregistern auf CD - ROM: 18. Jahresbericht LfD Brem, Zif. 19.1.

[249] vgl. 15.TB Rh.-Pf., 19.5 (S. 99)

[250] lt. Eigenwerbung des Spiegel-Verlags, vgl. z.B. Spiegel 31/96, S.110

daß in der Informationsgesellschaft die Grenzen zwischen offline und online zunehmend verschwimmen. Beide Angebotsformen ergänzen sich und erhöhen in ihrer Gesamtheit die Nutzbarkeit und die Verfügbarkeit von Informationen.

§ 4 Zusammenfassung und Schlußfolgerung zum 2. Kapitel

Deutschland steht gemeinsam mit den anderen fortgeschrittenen Industrieländern am Anfang des Übergangs in die Informationsgesellschaft. Der anhaltende Prozeß dynamischer Veränderungen beruht in erster Linie auf zahlreichen technischen Innovationen im Bereich der Digitalisierung der Datenverarbeitung und des Aufbaus weltweiter Datennetze. Das Internet ist hierfür ein populäres Beispiel.

Von den technischen Veränderungen sind alle Formen der herkömmlichen Individual- und Massenkommunikation betroffen. Obwohl die Entwicklung noch längst nicht abgeschlossen ist, läßt sich bereits heute erkennen, daß die Digitalisierung sowohl in inhaltlicher als auch in technischer Hinsicht zu einer Aufhebung der bisherigen Trennung zwischen einzelnen Medienformen führt. Die Grenzen zwischen Print- und Bild-/Ton-Medien, Telefon, Rundfunk und Datenverarbeitung lösen sich tendenziell auf (Stichwort Konvergenz der Medien). Da die weitere Zukunft dieser Entwicklung nicht nur vom Stand der Technik, sondern auch von der Akzeptanz der Nutzer abhängt, läßt sich heute noch nicht exakt prognostizieren, wie das digitale Mediensystem in der Informationsgesellschaft aussehen wird. Bereits realisierte Anwendungsformen, wie z.B. die Online-Dienste, die e-mail-Kommunikation, die elektronischen Angebote etablierter Medien im www des Internet und die umfangreichen Datenbankangebote geben aber einen hinreichenden Eindruck von der Dimension der Veränderungen. Zum Teil ergeben sich völlig neue Kommunikationsformen, die neben die bisherigen Inhalte und Verbreitungswege treten, zum Teil wird die Netzkommunikation als ergänzender Verbreitungsweg für Inhalte aus den herkömmlichen Medien benutzt. Beide Erscheinungsformen zeichnen sich dadurch aus, daß Informationen bei einer immer größer werdenden Datenmenge (Programm- und Diensteinhalte) individueller als bisher zugespielt oder abgerufen werden können. Das digitale Fernsehen mit seinen zeitunabhängigen Programmangeboten (video on demand) und special-interest-Angeboten in Spartenkanälen ist hierfür ein anschauliches Beispiel. Der ergänzende "Datenrundfunk" und die Inhalte der weltweiten Datennetze (z.B. des Internets) ergänzen und komplettieren das Informationsangebot im digitalen Kommunikations- und Mediensystem. Die damit einhergehenden Veränderungen berühren nicht nur den Medienmarkt, sondern wirken sich z.B. in Form des elektronischen Handels ("electronic commerce"), der Telematik-Systeme (z.B. Verkehrsregelungs- und Fernsteuerungssysteme), des Homebanking, der Telemedizin und der individuellen Kommunikationsmöglichkeiten auf nahezu alle Lebensbereiche aus.

Mit der Digitalisierung und dem fortschreitenden Ausbau der Netze nimmt die Anzahl der Übertragungswege zu. Gleichzeitig nimmt die Anzahl potentieller Konkurrenten auf dem Medienmarkt zu, da die neuen Dienste zunehmend für kommerzielle Inhalte genutzt werden. Insbesondere im Bereich des digitalen Fernsehens werden seitens der privaten Anbieter ausschließlich wirtschaftliche Interessen verfolgt, die bei einer Erhöhung der Anbieterzahlen zu einer Verschärfung der Wettbewerbssituation und einem aggressiveren Kampf um Marktanteile führen können. Gleiches gilt für "Medienangebote" in Datennetzen wie dem Internet. Da der Übergang in die Informationsgesellschaft von politischer Seite auf europäischer wie bundespolitischer Ebene primär als wirtschaftliche Herausforderung behandelt worden ist und im Interesse mutmaßlicher Wachstums- und Beschäftigungseffekte ein liberaler ordnungspolitischer Rechtsrahmen gefordert wurde, könnte insoweit ein bedrohliches Ungleichgewicht hinsichtlich der durch die Verbreitung rechtsverletzender Inhalte eintretenden Eingriffe in verfassungsrechtliche Schutzgüter und dem ordnungsrechtlichen Rahmen kommen. Der "Kampf um Auflage und Quote" hat schon im Bereiche der herkömmlichen Massenmedien in den vergangenen Jahren zu einer Erhöhung von Rechtsverletzungen durch Medieninhalte geführt [251].

Ein weiteres Strukturmerkmal der Informationsgesellschaft ist die Auflösung der strikten Rollenzuweisung als Anbieter (Verlag, Sendeunternehmen) einerseits und Nutzer/Rezipient (Leser, Zuschauer) andererseits. Zwar wird die Existenz der herkömmlichen Massenmedien Presse und Rundfunk als zentrale Informationsvermittler in der Informationsgesellschaft wohl zumindest mittelfristig nicht in Frage gestellt. Die Datennetze erhöhen aber die Kommunikationsmöglichkeiten des Einzelnen. Insbesondere kann sich jedermann erstmals durch die Kommunikationsmöglichkeiten des Internets eines weltweiten "Massenmediums" bedienen, um eigene Inhalte zu verbreiten. Eine Homepage im Internet kann beliebig gestaltet werden und steht weltweit allen Nutzern des Internet zum Abruf zur Verfügung. Auch in sonstiger Hinsicht überwinden die Datennetze die bisherigen räumlichen Barrieren des Informationsaustauschs. Der häusliche PC mit Netzanbindung ermöglicht häufig schon heute einen unmittelbaren Zugriff auf Datenbanken usw. in der ganzen Welt. Hierdurch werden die weltweiten Informationsressourcen erschlossen und die zur Verfügung stehende Datenmenge erhöht. Große Speicherkapazitäten in privater Hand ermöglichen die Speicherung abgerufener Netzdaten direkt beim Anwender. Hierdurch entstehen private Datensammlungen, die früher nur Rechenzentren zur Verfügung standen.

---

[251] vgl. hierzu bereits oben, 1.Kapitel, sowie vertiefend unten 4. Kapitel II 1., jeweils m.w.N.; aus journalistischer Sicht hierzu insbesondere Haller, FS Engelschall, S. 233 f.

Die neuen Informations- und Kommunikationsdienste stellen daher die Rechtsordnung und die Gesellschaft vor neue Herausforderungen und schaffen somit auch für die Gewährleistung der Grundrechte, insbesondere des allgemeinen Persönlichkeitsrechts, neue tatsächliche Rahmenbedingungen.

Von Seiten der Rechtswissenschaft wurde bereits frühzeitig auf Gefährdungspotentiale der Informationsgesellschaft bezüglich der Wahrung der Persönlichkeitsrechte hingewiesen. Insbesondere wurde schon in den Anfängen der rechtlichen Auseinandersetzung gefordert, vor der Einführung neuer Dienste die verfassungsrechtlichen Folgen der neuen Technik abzuschätzen, um gegebenenfalls rechtzeitig ein geeignetes rechtliches Steuerungsinstrumentarium bereitstellen zu können. Da jedoch nachfolgend seitens der Politik der Wirtschaft ein nahezu uneingeschränkter Gestaltungsspielraum eingeräumt wurde, scheint diese Forderung heute durch die tatsächliche Entwicklung teilweise überholt worden zu sein.

3. Kapitel: Das allgemeine Persönlichkeitsrecht

§ 1 Struktur und Konkretisierung des allgemeinen Persönlichkeitsrechts

Das allgemeine Persönlichkeitsrecht (Art. 2 Abs. 1 i.V.m. Art. 1 Abs. 1 GG) ergänzt als "unbenanntes" Freiheitsrecht die speziellen ("benannten") Freiheitsrechte. Seine Aufgabe ist es, im Sinne des obersten Konstitutionsprinzips, der "Würde des Menschen" (Art. 1 Abs. 1 GG), die engere persönliche Lebenssphäre und die Erhaltung ihrer Grundbedingungen zu gewährleisten, die sich durch die anderen Freiheitsgarantien des GG nicht abschließend erfassen lassen. Diese Notwendigkeit besteht namentlich auch im Blick auf neue Entwicklungen und die mit ihnen verbundenen neuen Gefährdungen für den Schutz der menschlichen Persönlichkeit. Wegen dieser Eigenart des allgemeinen Persönlichkeitsrechts hat die Rechtsprechung den Inhalt des geschützten Rechts nicht abschließend umschrieben, sondern seine Ausprägungen jeweils anhand des zu entscheidenden Falls herausgearbeitet [252]. Aufgrund dieser Konzeption des Persönlichkeitsschutzes in der deutschen Rechtsordnung erscheint das allgemeine Persönlichkeitsrecht grundsätzlich als geeignetes Instrument, den neuen Gefährdungspotentialen in der Informationsgesellschaft rechtlich adäquat zu begegnen. Allerdings wird sich das tatsächliche Schutzniveau, welches das allgemeine Persönlichkeitsrecht gegen Beeinträchtigungen durch staatliche Informationsverarbeitung oder - im Wege der mittelbaren Drittwirkung über §§ 823, 1004 BGB - gegen verletzende Eingriffe Privater im "Bürger-Bürger-Verhältnis" bietet, maßgeblich daran beurteilen lassen, was die Rechtsprechung anhand der Streitfälle der vergangenen vierzig Jahre als Gewährleistungsgehalt des Persönlichkeitsrechts herausgearbeitet hat. Der BGH hat schon zu Beginn seiner Rechtsprechung zum allgemeinen Persönlichkeitsrecht auf dessen "generalklauselartige Weite und Unbestimmtheit" [253] hingewiesen. So wie sich das Wesen der Persönlichkeit mit ihrer Dynamik nicht in feste Grenzen einschließen ließe, so sei auch das allgemeine Persönlichkeitsrecht seinem Inhalte nach nicht abschließend festzulegen. Die Reichweite sei im Streitfalle aufgrund einer sorgsamen Würdigung und Abwägung aller für seine Grenzen bedeutsamen Umstände zu beurteilen [254]. Hieran hat sich trotz einer zunehmenden Zahl an Judikaten und der damit partiell eingetretenen Konkretisierungen des Persönlichkeitsschutzes bis heute nichts geändert, weshalb das

---

[252] vgl. BVerfGE 54, 148 (153 f.) - Eppler; BVerfGE 72, 155 (170) - Minderjährige

[253] vgl. BGHZ 24, 72 (78) - Krankenkassenpapiere; 30, 7 (11) - Valente; 50, 133 (143)

[254] vgl. BGHZ 24, 72 (78)

allgemeine Persönlichkeitsrecht nach wie vor als Rahmenrecht, Auffangtatbestand und Generalklausel bezeichnet werden kann [255].

Das Institut des "allgemeinen" Persönlichkeitsrechts ist als Ergebnis einer tatsächlichen Notwendigkeit von der Rechtsprechung im Wege der richterlichen Rechtsfortbildung hergeleitet worden [256]. Diese Herleitung ist Gegenstand einer Vielzahl von Darstellungen, die auf die Historie und die dogmatische Konstruktion eingehen [257]. Von einer Wiederholung dieser Darstellungen kann hier abgesehen werden, weil die Existenz des allgemeinen Persönlichkeitsrechts als Grundrecht und "sonstiges Recht" i.S.d. § 823 Abs.1 BGB nicht mehr bestritten werden kann. Vielmehr wird eine Bestandsaufnahme durchgeführt, welche die für die hier zu erörternde Problematik relevanten Eckpunkte in der Entwicklung des allgemeinen Persönlichkeitsrechts durch die Rechtsprechung aufzeigt. Hinreichende Klarheit über den Entwicklungsstand der Gewährleistungen des Persönlichkeitsrechts kann nur anhand der Darstellung der bedeutendsten Entscheidungen des BVerfG und des BGH gewonnen werden. Kaum ein anderes Rechtsgebiet ist derart vom "Richterrecht" geprägt wie der Persönlichkeitsschutz. Gesetzliche Ausprägungen liegen nur in Form der besonderen Persönlichkeitsrechte [258] vor. Als besondere Persönlichkeitsrechte sind einfachgesetzliche Normen zu verstehen, die bestimmte Teilaspekte der Persönlichkeit betreffen, also beispielsweise das in § 12 BGB geregelte Namensrecht, das Recht am eigenen Bild gem. §§ 22, 23 KUG, den Schutz des gesprochenen Wortes nach § 201 StGB (Verletzung der Vertraulichkeit des Wortes) und des geschriebenen Wortes nach § 202 StGB (Verletzung des Briefgeheimnisses) [259]. Die besonderen Persönlichkeitsrechte

---

[255] vgl. Helle, S. 6 m.w.N.; Kau, S. 61 f.

[256] vgl. Wenzel, Recht der Wort- und Bildberichterstattung, Rn. 5.1; Degenhart, JuS 92, 361 (362); Ehmann, JuS 97, 194 (196) schreibt: "Vor allem die Entwicklung des Presse(un)wesens hat den BGH dazu genötigt, diese Sorge zu überwinden und zum Schutz des einzelnen, vor allem vor verletzenden Presseveröffentlichungen, das Allgemeine Persönlichkeitsrecht anzuerkennen. Durch überaus gewissenhafte Güter- und Interessenabwägung im Einzelfall hat der BGH aber auch dieser Sorge Rechnung getragen und mit einer ganzen Reihe von Leitentscheidungen (leading cases) die Voraussetzungen dafür geschaffen, daß auf der Grundlage dieser Kasuistik nunmehr allgemeine Abgrenzungsrichtlinien verschiedener Schutzbereiche sichtbar geworden sind und dargestellt werden können."

[257] nicht abschließend sind zu nennen: Helle, S. 3 ff.; Müller, S. 17 ff.; Wenzel, Recht der Wort- und Bildberichterstattung, Rn. 5.1 ff.; Brandner, JZ 83, 689; Heinz, AfP 92, 234; Degenhart, JuS 92, 361 (362); Ehmann, JuS 97, 194

[258] zum Begriff der besonderen Persönlichkeitsrechte ausführlich Helle, S. 27 ff. m.w.N.

[259] Das gesprochene und das geschriebene Wort sind zudem vom Brief-, Post- und Fernmeldegeheimnis nach Art. 10 GG erfaßt. Zum Fernmeldegeheimnis instruktiv BVerfGE 85, 386 - Fangschaltungsbeschluß, wonach nicht nur der Kommunikationsinhalt, sondern auch die

sollen in dieser Arbeit nicht behandelt werden. Gleichwohl wird auf sie einzugehen sein, wenn sich aus ihrer Anwendung generelle Aussagen zum Persönlichkeitsschutz herleiten lassen [260].

Von den besonderen Persönlichkeitsrechten im oben genannten Sinne sind die von der Rechtsprechung konkretisierten Ausprägungen des allgemeinen Persönlichkeitsrechts zu unterscheiden. Das BVerfG hat in der Eppler-Entscheidung aus dem Jahre 1980 unter Hinweis auf seine vorangegangene Judikatur folgende Ausprägungen als anerkannt bezeichnet:

-   die Privat-, Geheim- und Intimsphäre,

-   die persönliche Ehre,

-   das Verfügungsrecht über die Darstellung der eigenen Person und

-   das Recht, unter bestimmten Umständen von der Unterschiebung nicht getaner Äußerungen verschont zu bleiben [261].

Dieser Aufstellung hat das BVerfG in der Eppler-Entscheidung noch das Recht hinzugefügt, davor geschützt zu werden, daß jemandem Äußerungen in den Mund gelegt werden, die er nicht getan hat und die seinen von ihm selbst definierten sozialen Geltungsanspruch beeinträchtigen [262]. Hinzugetreten ist später noch das - im Rahmen dieser Arbeit besonders bedeutsame - Recht auf informationelle Selbstbestimmung, welches aus dem allgemeinen "Gedanken der Selbstbestimmung" abgeleitet wurde. Es umfaßt nach der Definition des BVerfG die Befugnis

---

Umstände des Kommunikationsvorgangs, insbesondere das "ob und wann", vom Schutz dieses Grundrechts umfaßt sind.

[260] Dies ist z.B. bei der Rechtsprechung zum Recht am eigenen Bild der Fall. Entscheidungen zu den §§ 22, 23 KUG haben die Konkretisierung des Persönlichkeitsschutzes in der Vergangenheit maßgeblich geprägt, wie nachfolgend aufgezeigt werden wird. Auch die aktuelle Fortentwicklung des Persönlichkeitsschutzes ist oft anhand von Fällen zum Bildnisschutz erfolgt, vgl. hierzu insbesondere BGH NJW 96, 1128 - Caroline von Monaco III mit allgemeingültigen Ausführungen zum Schutz der Privatsphäre.

[261] vgl. BVerfGE 54, 148 (154) m.w.N.; das BVerfG führte ferner die besonderen Persönlichkeitsrechte des Rechts am eigenen Bild und am gesprochenen Wort auf.

[262] vgl. BVerfG a.a.O.

des Einzelnen, grundsätzlich selbst zu entscheiden, wann und innerhalb welcher Grenzen persönliche Lebenssachverhalte offenbart werden dürfen [263].

Weitergehende Erkenntnisse über den Anwendungsbereich dieser Konkretisierungen des allgemeinen Persönlichkeitsrechts können nur aus den vom BVerfG und vom BGH zum Persönlichkeitsrecht entschiedenen Fälle gewonnen werden. Eine Darstellung ausgewählter Fälle wird nachfolgend in den §§ 2 - 4 dieses Kapitels vorgenommen. Daran schließt sich der Versuch an, eine systematisierende Fallgruppenbildung vorzunehmen (§ 5).

§ 2 Die Begründung des allgemeinen Persönlichkeitsrechts in der Rechtsprechung des BGH

Der BGH erkannte das allgemeine Persönlichkeitsrecht erstmals in der Leserbrief - Entscheidung vom 25.5.1954 als sonstiges Recht im Sinne des § 823 Abs. 1 BGB an [264]. Er ließ sich in dieser Entscheidung - wie Jahre später auch das BVerfG - von den Grundrechtsgarantien des Rechts des Menschen auf Achtung seiner Würde und des Rechts auf freie Entfaltung seiner Persönlichkeit leiten. Daraus folgerte er, daß "das allgemeine Persönlichkeitsrecht als verfassungsmäßig gewährleistetes Grundrecht angesehen werden muß, welches auch als privates, von jedermann zu achtendes Recht anzuerkennen ist" [265]. In dieser Entscheidung wurde vom BGH im Zuge richterlicher Rechtsfortbildung ein verfassungsrechtliches Institut entwickelt, um dieses sogleich im Wege der Drittwirkung zivilrechtlich zur Anwendung zu bringen. Dieser "Kunstgriff" des BGH machte möglich, die (redaktionell veränderte) Veröffentlichung eines presserechtlichen Verlangens nach "Berichtigung" eines Sachverhalts in der äußeren Form eines Leserbriefs als Verletzung der "persönlichkeitsrechtlichen Eigensphäre des Verfassers" zu bewerten und dem Kläger über § 823 Abs. 1 BGB einen Anspruch auf Abdruck eines Widerrufs zuzugestehen.

Der BGH hatte sich dabei mit der ständigen Rechtsprechung des Reichsgerichts auseinanderzusetzen. Das RG vertrat die Auffassung, das bürgerliche Recht baue auf einem System konkret abgrenzbarer, tatbestandlich klarer Rechtsgüter auf, weshalb das allgemeine Persönlichkeitsrecht aufgrund mangelnder Abgrenzbarkeit systemwidrig sei und zu recht nicht im Zivilrecht berücksichtigt worden sei. Insbesondere in den Fällen unberechtigter Veröffentlichungen von Briefen hatte es

---

263 vgl. BVerfGE 65, 1 (42) - Volkszählungsurteil; zu den zahlreichen Erscheinungsformen des Selbstbestimmungsrechts vgl. Ehmann, JuS 97, 194 (197) m.w.N.

264 BGHZ 13, 334 (338) - Leserbrief

265 BGHZ 13, 334 (338)

einen vom Urheberrecht unabhängigen Persönlichkeitsschutz abgelehnt, weil die deutsche Rechtsordnung keine gesetzlichen Bestimmungen über ein allgemeines Persönlichkeitsrecht enthält [266]. Im Schrifttum war hingegen die Anerkennung eines umfassenden Persönlichkeitsrechts bereits mehrfach gefordert worden [267]. Insbesondere die von *Hubmann* im Jahre 1953 vorgelegte Habilitationsschrift über "Das Persönlichkeitsrecht" [268] hatte argumentativ den Boden für die Abkehr von der Ansicht des RG bereitet. Auf fast 400 Seiten hatte er sich mit dem Problem eines umfassenden Persönlichkeitsrechtsschutzes beschäftigt und dargelegt, welche Aspekte zur Begründung eines allgemeinen Persönlichkeitsrechts zwängen.

Im konkreten Fall der Leserbrief-Entscheidung aus dem Jahre 1954 stellte der BGH darauf ab, daß die sprachliche Festlegung eines Gedankeninhaltes Ausfluß der Persönlichkeit des Verfassers ist, auch wenn die Festlegungsform nicht urheberrechtlich geschützt sei. Hieraus folge, daß es grundsätzlich dem Verfasser allein zustehe, darüber zu entscheiden, ob und in welcher Form seine Aufzeichnungen der Öffentlichkeit zugänglich gemacht werden. Eine veränderte Wiedergabe verletze die Persönlichkeit zusätzlich deshalb, weil dadurch ein falsches Persönlichkeitsbild in der Öffentlichkeit gezeichnet werde [269]. Bereits mit diesen Ausführungen hat der BGH schon in der Geburtsstunde des allgemeinen Persönlichkeitsrechts den Grundstein für das erst in der späteren Rechtsprechung näher herausgeformte Verständnis des Persönlichkeitsrechts als Selbstbestimmungs- und Selbstdarstellungsrecht gelegt.

In der Cosima-Wagner-Entscheidung aus dem gleichen Jahre wurde vom BGH unter Bezugnahme auf die Leserbrief-Entscheidung erneut das aus Artt. 1 und 2 GG abgeleitete "Grundrecht des Schutzes der Persönlichkeit" als Schutzgut des § 823 BGB herangezogen [270]. Auch in der Paul-Dahlke-Entscheidung aus dem Jahre 1956 wurde das allgemeine Persönlichkeitsrecht in der Argumentation des BGH erwähnt [271], obwohl es in diesem Fall um eine Verletzung des Rechts am eigenen Bild (vgl. §§ 22, 23 KUG) durch die Verwendung eines Personenbildnisses in der

---

[266] st. Rspr. des RG, vgl. RGZ 56, 271 (275); 58, 24 (28 f.); 69, 401 (403); 79, 397 (398); 102, 134 (140); 107, 277 (281); 113, 413 (414 f.); 123, 312 (320)

[267] vgl. die Nachweise bei BGHZ 13, 334 (338) - Leserbrief

[268] Hubmann, Das Persönlichkeitsrecht, 1. Auflage 1953, im folgenden zitiert: 2. veränderte und erweiterte Auflage 1967

[269] vgl. BGHZ 13, 334 (338 f.) - Leserbrief

[270] vgl. BGHZ 15, 249 (257) - Cosima Wagner

[271] vgl. BGHZ 20, 345 (351) - Paul Dahlke

Produktwerbung ging. Nähere Ausführungen zum Gehalt des allgemeinen Persönlichkeitsrechts unternahm der BGH in beiden Entscheidungen nicht. Die Lektüre dieser Entscheidungen läßt die Vermutung aufkommen, daß der BGH seine Neuschöpfung "im Gespräch halten" wollte und jede Möglichkeit wahrnahm, in Entscheidungen mit Bezug zum Persönlichkeitsschutz alle Kritiker auf die irreversible Existenz des allgemeinen Persönlichkeitsrechts in seiner Rechtsprechung hinzuweisen. Hierbei hat er aber jeweils darauf verzichtet, nähere Präzisierungen zum allgemeinen Persönlichkeitsrecht vorzunehmen, da dies nach der Lage der Fälle zur Begründung seiner Entscheidungen nicht notwendig war. Erst im Jahre 1957 hat sich der BGH in der Krankenpapiere-Entscheidung [272] mit der Kritik an seiner Rechtsprechung auseinandergesetzt. Der "Konstruktion" des allgemeinen Persönlichkeitsrechts als geschütztes Rechtsgut des § 823 Abs. 1 BGB konnten sich Teile der Lehre nicht anschließen. Vielen schien der althergebrachte Persönlichkeitsschutz über § 826 BGB ausreichend, der auf zielgerichtete und besonders schwerwiegende durch vorsätzliches sittenwidriges Handeln hervorgerufene Eingriffe beschränkt war [273]. Unter Hinweis auf den übergeordneten Rang des Verfassungsrechts und "die Ausstattung des Persönlichkeitsrechts mit der bindenden Kraft unmittelbar geltenden Rechts" [274] hat der BGH seine Herleitung eines verfassungsrechtlichen Grundrechts erneut aber ohne weitere Begründung vertreten. Den Bedenken einer "uferlosen Ausweitung" des Schutzes [275] durch das allgemeine Persönlichkeitsrechts ist er mit dem Hinweis auf das Prinzip der Güter- und Interessenabwägung begegnet. Ob im Einzelfall eine Persönlichkeitsrechtsverletzung vorliege, werde auf Grund einer sorgsamen Würdigung und Abwägung aller bedeutsamen Umstände in jedem Einzelfall festzustellen sein [276]. In der Entscheidung des konkreten Falls gelangte der BGH zur Auffassung, daß eine Erscheinungsform des allgemeinen Persönlichkeitsrechts darauf gerichtet sei, die persönliche Geheimsphäre durch die Geheimhaltung ärztlicher Zeugnisse über den Gesundheitszustand zu gewähren. In der bekannten Herrenreiter-Entscheidung des BGH [277] hat der 1. Zivilsenat, der auch für die Leserbrief-Entscheidung verantwortlich war, unter ausdrücklicher Bezugnahme

---

[272] vgl. BGHZ 24, 72 - Krankenpapiere

[273] vgl. für alle Larenz, NJW 55, 521 (522 f.); auch bei dieser Kritik wurde aber nicht bestritten, daß das allgemeine Persönlichkeitsrecht im denkbar weitesten Sinne ein Grundrecht jedes Menschen ist

[274] vgl. BGHZ 24, 72 (77) - Krankenpapiere

[275] vgl. Larenz, NJW 55, 521 (522 f.)

[276] vgl. BGHZ 24, 72 (80) - Krankenpapiere

[277] vgl. BGHZ 26, 349 - Herrenreiter

auf die vorangegangene Rechtsprechung seine Auffassung zum allgemeinen Persönlichkeitsrecht wie folgt dargelegt:

"Die Art. 1 und 2 des Grundgesetzes schützen, und zwar mit bindender Wirkung auch für die Rechtsprechung, das, was man die menschliche Personhaftigkeit nennt; ja sie erkennen in ihr einen der übergesetzlichen Grundwerte der Rechtsordnung an. Sie schützen damit unmittelbar jenen inneren Persönlichkeitsbereich, der grundsätzlich nur der freien und eigenverantwortlichen Selbstbestimmung des Einzelnen untersteht und dessen Verletzung rechtlich dadurch gekennzeichnet ist, daß in erster Linie sogenannte immaterielle Schäden, die sich in einer Persönlichkeitsminderung ausdrücken, erzeugt. Diesen Bereich zu achten und nicht unbefugt in ihn einzudringen, ist ein rechtliches Gebot, das sich aus dem Grundgesetz selbst ergibt. Ebenso folgt aus dem Grundgesetz die Notwendigkeit, bei Verletzung dieses Bereiches Schutz gegen die der Verletzung wesenseigentümlichen Schäden zu gewähren." [278]

Mit diesem Ansatz ging der BGH sogar so weit, für eine Persönlichkeitsrechtsverletzung (im konkreten Fall eine Verletzung des Rechts am eigenen Bild gem. § 22 KUG) über § 847 BGB eine Geldentschädigung zuzugestehen:

"Nachdem nunmehr das Grundgesetz einem umfassenden Schutz der Persönlichkeit garantiert und die Würde des Menschen sowie das Recht zur freien Entfaltung der Persönlichkeit als einen Grundwert der Verfassung anerkannt und damit die ursprüngliche Auffassung des Gesetzgebers, es gäbe kein bürgerlichrechtlich zu schützendes allgemeines Persönlichkeitsrecht, berichtigt hat und da ein Schutz der "inneren Freiheit" ohne das Recht auf Ersatz auch immaterieller Schäden weitgehend unwirksam wäre, würde es eine nicht erträgliche Mißachtung dieses Rechts darstellen, wollte man demjenigen, der in der Freiheit der Selbstentschließung über seinen persönlichen Lebensbereich verletzt ist, einen Anspruch auf Ersatz des hierdurch hervorgerufenen persönlichen Schadens versagen." [279]

Mehrfach hat der BGH das allgemeine Persönlichkeitsrecht auf neuartige Fallkonstellationen zur Anwendung gebracht, die sich aus neuen technischen Möglichkeiten ergaben. Der Entscheidung Tonbandaufnahme I aus dem Jahre 1958 [280] lag die heimliche Aufzeichnung einer Aussprache zwischen einem Beamten und einem Bürger zugrunde, welche sodann als Grundlage eines strafrechtlichen Beleidigungsverfahrens benutzt wurde. Nach Abschluß des Verfahrens begehrte der heimlich Aufgenommene erfolgreich die Löschung der Bänder. Der BGH vertrat die Auffassung, das allgemeine Persönlichkeitsrecht gewährleiste die Befugnis des Menschen, seine Worte einzig seinem Gesprächspartner, einem bestimmten Kreis oder der Öffentlichkeit zugänglich zu machen. Erst recht

---

[278] BGHZ 26, 349 (354 f.) - Herrenreiter

[279] BGHZ 26, 349 (356) - Herrenreiter

[280] vgl. BGHZ 27, 284 - Tonbandaufnahme I; zuvor hatte der BGH auch in BGHZ 24, 200 (208 f.) - Spätheimkehrer seine Linie zur Anwendung des allgemeinen Persönlichkeitsrechts im Rahmen des § 823 Abs.1 BGB weiterverfolgt

obliege es seiner Entscheidung, ob die Stimme mittels Tonträger fixiert werden dürfe [281].

Der Caterina Valente-Entscheidung vom 18.3.59 [282] lag ebenso wie dem Herren-reiterfall der Sachverhalt der ungenehmigten Vereinnahmung einer Person in der Produktwerbung zugrunde, hier allerdings nicht durch eine Bildnisveröffentli-chung, sondern durch Namensnennung. Der IV. Zivilsenat des BGH hatte sich mit der Klage der bekannten Sängerin zu befassen, welche in der Werbung für Zahnprothesen-Zusatzmittel (wohl aufgrund ihrer strahlenden Zähne) ungefragt namentlich genannt worden war. Der BGH hat hierin keine Verletzung des Namensrechts nach § 12 BGB gesehen, es wurde jedoch eine Verletzung des Persönlichkeitsrechts anerkannt. Der Schutzbereich des allgemeinen Persönlich-keitsrechts wurde dabei wie folgt umschrieben:

" Der BGH hat wiederholt darauf hingewiesen, daß das allgemeine Persönlichkeitsrecht, dessen Begriff von generalklauselartiger Weite und Unbestimmtheit ist, nicht unbegrenzt ist. Die Art. 1 und 2 GG schützen denjenigen inneren Persönlichkeitsbereich des Einzelnen, der grundsätzlich allein seiner freien und eigenverantwortlichen Selbstbestimmung untersteht; kraft Persönlichkeits-rechts kann der Einzelne von anderen verlangen, daß sie nicht unbefugt in diesen persönlichkeits-rechtlichen Bereich eindringen. Die Grenzen des Persönlichkeitsrechts verlaufen da, wo jener unantastbare persönliche Bereich des Einzelnen, der sich in die Gemeinschaft einfügt und auf die Rechte und Interessen anderer rücksichtnehmen muß, endet. (...) Bei widerstreitenden Interessen kann es erforderlich sein, die Belange des einen gegen die des Anderen abzuwägen." [283]

Für den konkreten Fall ergab die Abwägung, daß die Klägerin es nicht hinzuneh-men brauche, daß durch die Werbung eine Gedankenverbindung zwischen ihr und den beworbenen Produkten hergestellt werde. Es könne grundsätzlich nur von der

---

[281] vgl. BGHZ 27, 284 (286) - Tonbandaufnahme I; unter Bezugnahme auf u.a. diese Entschei-dung hat das BAG im Jahre 1997 entschieden, daß das heimliche Mithörenlassen bei einem Telefonat zwischen Arbeitnehmer und Arbeitgeber das allgemeine Persönlichkeitsrecht des Gesprächspartners verletze, daher unzulässig sei und im arbeitsgerichtlichen Prozeß ein Beweis-verwertungsverbot auslöse. Das allgemeine Persönlichkeitsrecht umfasse auch das Recht am gesprochenen Wort, d.h. die Befugnis, selbst zu bestimmen, ob es allein dem Gesprächspartner oder auch Dritten zugänglich sein soll, vgl. BAG, Urteil vom 29.10.97, DB 98, 371. Dieses Urteil zeigt deutlich, wie groß die praktische Relevanz die frühen Entscheidungen des BGH zum Persönlichkeitsrecht auch heute noch ist. Es ist auch ein Beleg dafür, daß die entscheidenden "Weichenstellungen" zur Bestimmung des Gewährleistungsgehalts des allgemeinen Persönlich-keitsrechts schon in den frühen Entscheidungen des BGH vorgenommen worden sind.

[282] BGHZ 30, 7 - Caterina Valente

[283] vgl. BGHZ 30, 7 (11 f.) - Caterina Valente

persönlichen Entscheidung der betroffenen Person abhängen, ob sie sich für Werbung zur Verfügung stelle [284].

Im Jahre 1961 hat sich sodann der VI. Zivilsenat des BGH mit der vorangegangenen Rechtsprechung zum allgemeinen Persönlichkeitsrecht, insbesondere mit den Entscheidungen "Herrenreiter" und "Caterina Valente", auseinandergesetzt. In dem vom ihm zu entscheidenden Sachverhalt wurde dem Kläger, Professor einer juristischen Fakultät, ein Schmerzensgeld in Höhe von DM 8000,-- zugesprochen, weil die Beklagte ihn in ihrer Werbung als wissenschaftliche Autorität auf dem Gebiet der Ginseng-Forschung benannt und dabei auf die potenzsteigernde Wirkung ihres Ginseng-Präparates hingewiesen hatte [285]. Der Sachverhalt lag somit in seinen Zügen sehr ähnlich wie die oben benannten Fälle, da es auch hier um die Vereinnahmung für die Produktwerbung ging. Auch der VI. Zivilsenat vertrat die Auffassung, daß der hohe Wert der menschlichen Persönlichkeit und ihrer Eigensphäre, die ihm nach Art. 1 und Art. 2 Abs. 1 des Grundgesetzes zukommt, es notwendig macht, das allgemeine Persönlichkeitsrecht als zivilrechtliches Schutzgut anzuerkennen [286]. Ausdrücklich wurde auch der Geldentschädigungs-Rechtsprechung des I. und IV. Zivilsenates zugestimmt. Gleichwohl wurde der Schmerzensgeldanspruch auf die Fälle eines schweren Verschuldens oder auf objektive ins Gewicht fallende Beeinträchtigungen des Persönlichkeitsrechts begrenzt [287]. Diese Begrenzung folgerte der BGH aus der generalklauselartigen Weite des Begriffs des allgemeinen Persönlichkeitsrechts und der daraus folgenden Abwägungsnotwendigkeit [288]. Der Senat hat an dieser Auffassung in der Fernsehansagerin-Entscheidung ausdrücklich festgehalten [289].

In einer weiteren Entscheidung zum Recht am eigenen Bild hat der BGH 1966 ausdrücklich klargestellt, daß auf neue technische Möglichkeiten der Verletzung von Persönlichkeitsgütern mit dem Instrumentarium des Persönlichkeitsrechts zu begegnen ist. Wörtlich hat er - bezogen auf die durch Minikameras und leistungs-

---

[284] vgl. BGHZ 30, 7 (12 f.) - Caterina Valente

[285] vgl. BGHZ 35, 363 (366) - Ginseng

[286] vgl. BGHZ 35, 363 (367) - Ginseng

[287] vgl. BGHZ 35, 363 (369) - Ginseng

[288] vgl. BGHZ 35, 363 (368) - Ginseng

[289] vgl. BGHZ 39, 124 (130) - Fernsehansagerin; hier ging es um eine Reportage, in der die Klägerin u.a. als "ausgemolkene Ziege" bezeichnet wurde, bei deren Anblick "die Milch sauer" werde. In der ersten Instanz war ihr für diese Ehrverletzung eine Geldentschädigung in Höhe von DM 20.000,-- zugestanden worden, die in der zweiten Instanz auf DM 10.000,-- reduziert wurde. Der BGH wies die Revision zurück.

starke Teleobjektive verbesserten Möglichkeiten der heimlichen Herstellung von Personenfotos - ausgeführt:

" Gegenüber einer Berichterstattung durch Wort, Druck oder Schrift bedeutet es einen ungleich stärkeren Eingriff in die persönliche Sphäre, wenn jemand das Erscheinungsbild einer Person in einer Lichtbildaufnahme und einem Film fixiert, es sich so verfügbar macht und der Allgemeinheit vorführt. Der besonderen Gefährdung persönlichkeitsrechtlicher Interessen, die mit der *Verbreitung* oder öffentlichen Schaustellung von Personenbildern verbunden ist, trägt bereits das Kunsturhebergesetz (...) Rechnung, (...). Sind durch die Fortschritte der Technik die Möglichkeiten erleichtert worden, heimliche Bildnisaufnahmen *herzustellen*, zu vervielfältigen oder einer breiten Öffentlichkeit vorzuführen, so muß besonderer Anlaß bestehen, auf eine Wahrung der von Recht gesetzten Schranken zu achten *und einem Mißbrauch des leichter verletzbar gewordenen Persönlichkeitsrechts vorzubeugen. Das Recht darf sich in diesem Punkt der technischen Entwicklung nicht beugen.* " [290]

An dieser Entscheidung zeigt sich exemplarisch, daß die Ausformung des Persönlichkeitsrechts häufig eine Reaktion der Judikative auf die praktischen Notwendigkeiten der tatsächlichen Entwicklung war. Dies zeigt vor allem auch das spätere Volkszählungsurteil des BVerfG aus dem Jahre 1983 [291], in welchem das Recht auf informationelle Selbstbestimmung ausdrücklich als Reaktion auf die Bedingungen der modernen Datenverarbeitung konstituiert wurde [292]. Die nächstfolgende Weiterentwicklung der Ausprägungen des Persönlichkeitsrechts war im Jahre 1968 mit der Mephisto-Entscheidung zu verzeichnen [293]. Der BGH ist in dieser Entscheidung dem Hanseatischen Oberlandesgericht darin gefolgt, aus dem allgemeinen Persönlichkeitsrecht einen Schutz gegen Verfälschungen und Verunglimpfungen des Lebens- und Charakterbildes abzuleiten und diesen auch postmortal anzuerkennen. Mit dieser Begründung war der Alleinerbe des verstorbenen Mephisto-Darstellers, Schauspielers und Intendanten Gustav Gründgens mit seinem Begehren erfolgreich, die Verbreitung eines Romans von Klaus Mann zu verbieten. In diesem Roman war die Hauptfigur hinsichtlich des Erscheinungsbildes und des Lebenslaufes erkennbar an die Person Gustav Gründgens angelehnt worden. Zugleich wurden ihr aber zahlreiche negative Handlungen und Charakterzüge zugeschrieben, die unstreitig auf die Person Gründgens nicht zutrafen. Entstellungen des Lebens- und Charakterbildes schwerwiegender Art - so der BGH - würden auch durch die verfassungsrechtlich verbürgte Freiheit der Kunst

---

[290] BGH NJW 66, 2353 (2354, Hervorhebungen vom Verfasser)

[291] BVerfGE 65, 1; auf diese Entscheidung wird sogleich in diesem Kapitel in § 3 näher eingegangen.

[292] vgl. BVerfGE 65, 1, Ls. 1

[293] vgl. BGHZ 50, 133 - Mephisto

nicht gedeckt [294]. In diesem Stadium der Entwicklung des Persönlichkeitsschutzes durch die Rechtsprechung hat der BGH - rund vierzehn Jahre nach der Leserbrief-Entscheidung - bereits vollständig davon abgesehen, die Herleitung des Persönlichkeitsrechts zu begründen und hat insoweit ausschließlich auf seine vorangegangenen Entscheidungen hingewiesen [295]. Er hat in den Jahren vor der verfassungsrechtlichen Bestätigung des allgemeinen Persönlichkeitsrechts durch das BVerfG in kontinuierlicher Rechtsprechung an seinem Dogma der rechtstatsächlichen Notwendigkeit des zivilrechtlichen Persönlichkeitsschutzes aus Artt. 2 Abs. 1 und 1 Abs. 1 GG i.V.m. § 823 BGB festgehalten, ohne jemals die Begründung dieser Prämisse aus seiner Leserbrief-Entscheidung nachzuliefern. Die nachfolgende Entwicklung hat ihn hierbei bestätigt, da zahlreiche seiner Entscheidungen zum Schutze der Persönlichkeit ohne die in der Leserbrief-Entscheidung vorgenommene Ableitung nicht zu begründen gewesen wären, womit sich die durch das allgemeine Persönlichkeitsrecht geschlossenen Schutzlücken deutlich offenbart haben.

§ 3 Die Anerkennung des allgemeinen Persönlichkeitsrechts durch das BVerfG

Vom BVerfG liegt seit der Soraya-Entscheidung aus dem Jahre 1973 eine große Anzahl von Entscheidungen zum allgemeinen Persönlichkeitsrecht vor, welche die breite Anwendungsvielfalt des Persönlichkeitsschutzes dokumentieren und denen gerade deshalb nur schwer eine grundsätzliche Dogmatik entnommen werden kann [296]. In der Soraya-Entscheidung hat der Erste Senat des BVerfG ausdrücklich die vorangegangene Rechtsprechung des BGH seit der Leserbrief-Entscheidung verfassungsrechtlich gebilligt [297]. Allerdings wurde hier die "Konstruktion" des allgemeinen Persönlichkeitsrechts nicht dogmatisch untermauert. Vielmehr wurde festgestellt, daß es als Rechtsfigur inzwischen zum festen Bestandteil der Rechtsordnung geworden sei und daß keine Verfassungsgründe ersichtlich seien, dieser Rechtsprechung entgegenzutreten [298]. Noch zwei Jahre

---

[294] vgl. BGHZ 50, 133 (144) - Mephisto; vgl. hierzu auch BVerfGE 30, 173 (194 ff.), wo das BVerfG diese Entscheidung bestätigt hat. Allerdings konnte ein Verstoß gegen das Grundgesetz nur aufgrund von Stimmengleichheit im Senat nicht festgestellt werden. Das BVerfG merkte an, daß im Bereich des postmortalen Persönlichkeitsschutzes ausschließlich die sich aus dem Schutz der Personenwürde (Art. 1 Abs. 1 GG) ergebenden Elemente fortwirken könnten, da das Grundrecht aus Art. 2 Abs. 1 GG eine lebende Person voraussetze.

[295] vgl. z.B. BGHZ 50, 133 (143) - Mephisto

[296] vgl. Degenhart, JuS 92, 361 ff.; Jarass, NJW 89, 857 (858 ff.)

[297] vgl. BVerfGE 34, 269 (270 ff., 281) - Soraya

[298] vgl. BVerfGE 34, 269 (281) - Soraya

zuvor hatte derselbe Senat in der verfassungsrechtlichen Überprüfung der Mephisto-Entscheidung des BGH den Terminus des "allgemeinen Persönlichkeitsrechts" ebenso vermieden wie eine Bezugnahme auf die Entscheidungen des BGH [299].

Der Entscheidung lag die Veröffentlichung eines erfundenen Interviews über das Privatleben der Ex-Kaiserin zugrunde, was als schwere Verletzung des Persönlichkeitsrechts angesehen wurde. Das BVerfG stellte nicht maßgeblich auf die Wahrheit oder Unwahrheit der offenbarten Tatsachen ab. Es stellte vielmehr fest, daß die Klägerin in ihrem Recht verletzt worden sei, frei darüber zu entscheiden, ob und in welcher Form sie sich der Öffentlichkeit zugänglich machen wolle [300]. Das BVerfG ging hierbei von einem Selbstbestimmungsrecht über den Inhalt der Darstellung der eigenen Person aus, welches durch das Unterschieben nicht getaner Äußerungen verletzt worden sei. Dabei ist der Selbstbestimmungsgedanke, welcher auch den Erwägungen des BGH zugrunde lag und der die spätere Rechtsprechung des BVerfG geprägt hat, zur Anwendung gebracht worden.

Fast unbemerkt hatte auch der Zweite Senat des BVerfG nur wenige Tage vorher die Herleitung des allgemeinen Persönlichkeitsrechts aus Art. 2 Abs. 1 und Art. 1 Abs. 1 GG zwar nicht ausdrücklich, aber der Sache nach gebilligt. Der Schutz gegen die Verwertung einer heimlich aufgenommenen privaten Tonbandaufnahme wurde mit Art. 2 Abs. 1 GG in Verbindung mit Art. 1 Abs. 1 GG begründet [301]. Das Grundrecht aus Art. 2 Abs. 1 GG schütze auch Rechtspositionen, die für die Entfaltung der Persönlichkeit notwendig seien. Hierzu zähle auch das Recht selbst und allein zu bestimmen, wer sein Wort aufnehmen dürfe und ob und vor wem die Aufnahme abgespielt werden darf (Recht am gesprochenen Wort). Die Unbefangenheit der menschlichen Kommunikation würde gestört, müßte ein jeder mit dem Bewußtsein leben, daß jedes seiner Worte, auch unbedachte oder unbeherrschte Äußerungen, bloß vorläufige Stellungnahmen oder eine nur aus einer besonderen Situation heraus verständliche Formulierung bei anderer Gelegenheit und in anderem Zusammenhang hervorgeholt werden könnte, um mit ihrem Inhalt, Ausdruck oder Klang gegen ihn zu zeugen [302]. In den Entscheidungsgründen hat der zweite Senat auf die oben beschriebene Tonbandaufnahme I - Entscheidung des BGH [303] hingewiesen und angemerkt, daß der Schutz des gesprochenen Worts

---

[299] vgl. BVerfGE 30, 173 - Mephisto

[300] vgl. BVerfGE 34, 269 (282 f.) - Soraya

[301] vgl. BVerfGE 34, 238 (245 ff.) - Tonbandaufnahme

[302] vgl. BVerfGE 34, 238 (246 f.) - Tonbandaufnahme

[303] BGHZ 27, 284 - Tonbandaufnahme I

in der zivilrechtlichen Rechtsprechung seit langem anerkannt sei [304], gleichwohl aber zur Begründung seiner Entscheidung nur die vorangegangene Rechtsprechung des BVerfG seit dem Elfes-Urteil herangezogen [305].

Im Elfes-Urteil [306] vom 16.1.1957 hatte das BVerfG das Grundrecht aus Art. 2 Abs. 1 GG als Generalklausel [307] für alle Freiheitsrechte verstanden. Das BVerfG hatte dort ausdrücklich ausgeführt, daß das Grundgesetz in Art. 2 Abs. 1 GG die Handlungsfreiheit im umfassenden Sinne meint [308]. Schon damals hatte das BVerfG gefolgert, daß dem einzelnen Bürger eine Sphäre privater Lebensgestaltung vorbehalten ist. Dieser letzte unantastbare Bereich menschlicher Freiheit sei der Einwirkung der gesamten öffentlichen Gewalt entzogen, er unterliege folglich auch nicht dem allgemeinen Gesetzesvorbehalt [309]. Gerade dies hat das BVerfG in der Folgezeit aber stets veranlaßt, nicht den gesamten Bereich des privaten Lebens unter den absoluten Schutz zu stellen.

In seiner Entscheidung zur Verfassungsmäßigkeit einer Repräsentativstatistik der Bevölkerung und des Erwerbslebens, genannt Mikrozensus, wurde der gedankliche Ansatz vom geschützten Persönlichkeitskern aufgegriffen und konkretisiert. Unter Hinweis auf die Garantie der Menschenwürde in Art. 1 Abs. 1 GG führte das BVerfG dort aus: Im Lichte eines Menschenbildes, dem die Würde des Menschen als oberster Wert zugrunde liegt, muß den Menschen in der Gemeinschaft ein sozialer Wert- und Achtungsanspruch zukommen, der die Behandlung des Menschen als bloßes Objekt des Staates wirkungsvoll verhindert [310]. Dem Einzelnen muß um der freien und selbstverantwortlichen Entfaltung seiner Persönlichkeit willen ein "Innenraum" verbleiben, indem er "sich selbst besitzt" und "in den er sich zurückziehen kann, zu dem die Umwelt keinen Zutritt hat, in dem man in Ruhe gelassen wird und ein Recht auf Einsamkeit genießt" [311].

---

[304] vgl. BVerfGE 34, 238 (247) - Tonbandaufnahme

[305] vgl. BVerfGE 34, 238 (245) - Tonbandaufnahme

[306] vgl. BVerfGE 6, 32 - Elfes

[307] so auch Jarass, NJW 89, 857

[308] vgl. BVerfGE 6, 32 (36) - Elfes

[309] vgl. BVerfGE 6, 32 (41) - Elfes

[310] vgl. BVerfGE 27, 1 (6) - Mikrozensus

[311] vgl. BVerfGE 27, 1 (6) m.w.N. - Mikrozensus

Dieser "innerste Lebensbereich" [312] wurde im weiteren Verlauf des Beschlusses mit dem Begriff der "Intimsphäre" belegt [313]. In diesen Bereich sollen alle Beziehungen fallen, welche der Außenwelt nicht zugänglich sind und deshalb von Natur aus Geheimnischarakter haben [314]. Das BVerfG hat im Mikrozensus-Beschluß das Recht des Menschen auf Einsamkeit in dieser Sphäre dem verfassungsrechtlichen Schutz unterstellt. Ohne das allgemeine Persönlichkeitsrecht wörtlich zu benennen, hat der erste Senat des BVerfG bei seiner Prüfung Art. 1 und Art. 2 GG herangezogen [315] und sich auf diese Weise bereits zögerlich der späteren Anerkennung des vom BGH entwickelten Grundrechts genähert, die - wie ausgeführt - in der Soraya-Entscheidung ausdrücklich erfolgte.

Von grundlegender Bedeutung für das (verfassungsrechtliche) Verständnis des allgemeinen Persönlichkeitsrechts ist bis heute das sog. Lebach-Urteil aus dem Jahre 1973. Neben den dortigen Ausführungen zum Gewährleistungsgehalt des Persönlichkeitsrechts gewinnt die Entscheidung ihre praktische Relevanz vor allem auch durch die Vorgaben zur verfassungsrechtlichen Güterabwägung im Falle der Kollision des Persönlichkeitsschutzes mit anderen Grundrechten (hier: der Rundfunkfreiheit aus Art. 5 Abs. 1 Satz 2 GG). Dem Urteil des ersten Senats lag der in der Soraya-Entscheidung formulierte Gedanke des Selbstbestimmungsrechts zugrunde. Einem Straftäter aus dem sog. „Soldatenmord von Lebach" wurde zur Abwehr einer anläßlich seiner Haftentlassung geplanten Ausstrahlung eines Dokumentarspiels ein Bestimmungsrecht darüber zugestanden, sein Lebensbild im ganzen oder teilweise öffentlich darzustellen [316]. In dieser Entscheidung, die rund vier Monate nach der Soraya-Entscheidung erging, hat das BVerfG den Terminus des allgemeines Persönlichkeitsrecht nicht ausdrücklich benutzt, aber aus Art. 2 Abs. 1 in Verbindung mit Art. 1 Abs. 1 GG das Recht auf einen autonomen Bereich privater Lebensgestaltung gefolgert. Hinsichtlich des Verfügungsrechts über die Darstellung der eigenen Person stellt das BVerfG auf dieser Grundlage fest:

"Jedermann darf grundsätzlich selbst und allein bestimmen, ob und wieweit andere sein Lebensbild im ganzen oder bestimmte Vorgänge aus seinem Leben öffentlich darstellen dürfen." [317]

---

[312] vgl. BVerfGE 27, 1 (7) - Mikrozensus

[313] vgl. BVerfGE 27, 1 (8) - Mikrozensus

[314] vgl. BVerfGE 27, 1 (7 f.) - Mikrozensus

[315] vgl. BVerfGE 27, 1 (5) - Mikrozensus

[316] vgl. BVerfGE 35, 202 - Lebach

[317] BVerfGE 35, 202 (220) - Lebach

Zur Güterabwägung mit kollidierenden Rechtsgütern stellte das BVerfG die folgenden, bis heute gültigen Grundsätze auf:

"Nach der ständigen Rechtsprechung des BVerfG steht freilich nicht der gesamte Bereich des privaten Lebens unter dem *absoluten* Schutz (...). Wenn der Einzelne als ein in der Gemeinschaft lebender Bürger in Kommunikation mit anderen tritt, durch sein Sein oder Verhalten auf andere einwirkt und dadurch die persönliche Sphäre von Mitmenschen oder Belange des Gemeinschaftslebens berührt, können sich Einschränkungen seines ausschließlichen Bestimmungsrechts über seinen Privatbereich ergeben, soweit dieser nicht zum unantastbaren innersten Lebensbereich gehört. Ein solcher *Sozialbezug* kann bei entsprechender Intensität namentlich Maßnahmen der öffentlichen Gewalt zum Schutz von Interessen der Allgemeinheit zulassen (...). Jedoch rechtfertigt weder das staatliche Interesse an der Aufklärung von Straftaten noch ein anderes öffentliches Interesse von vornherein den Zugriff auf den Persönlichkeitsbereich (...). *Vielmehr gebietet der hohe Rang des Rechts auf freie Entfaltung und Achtung der Persönlichkeit, der sich aus der engen Beziehung zum höchsten Wert der Verfassung, der Menschenwürde, ergibt, daß dem aus einem solchen Interesse erforderlich erscheinenden Eingriff ständig das Schutzgebot des Art. 2 Abs. 1 in Verbindung mit Art. 1 Abs. 1 GG als Korrektiv entgegengehalten wird.* Dementsprechend ist durch eine Güterabwägung im konkreten Fall zu ermitteln, ob das verfolgte öffentliche Interesse generell oder nach der Gestaltung des Einzelfalls den Vorrang verdient, ob der beabsichtigte Eingriff in die Privatsphäre nach Art und Reichweite durch dieses Interesse gefordert wird und im angemessenen Verhältnis zur Bedeutung der Sache steht (...).

Diese in der Rechtsprechung zu Maßnahmen öffentlicher Gewalt entwickelten Grundsätze müssen entsprechend beachtet werden, wenn es sich um die gerichtliche Entscheidung über kollidierende Interessen nach Vorschriften des Privatrechts handelt." [318]

Und weiter:

"Die Lösung dieses Konflikts (im konkreten Fall zwischen der Rundfunkfreiheit und dem Persönlichkeitsschutz, Anmerkung des Verfassers) hat davon auszugehen, daß nach dem Willen der Verfassung beide Verfassungswerte essentielle Bestandteile der freiheitlichen demokratischen Ordnung des Grundgesetzes bilden, so daß keiner von ihnen einen grundsätzlichen Vorrang beanspruchen kann. Das Menschenbild des Grundgesetzes und die ihm entsprechende Gestaltung der staatlichen Gemeinschaft verlangen ebensowohl die Anerkennung der Eigenständigkeit der individuellen Persönlichkeit wie die Sicherung eines freiheitlichen Lebensklimas, die in der Gegenwart ohne freie Kommunikation nicht denkbar ist. *Beide Verfassungswerte müssen daher im Konfliktsfall nach Möglichkeit zum Ausgleich gebracht werden*; läßt sich dies nicht erreichen, so ist unter Berücksichtigung der falltypischen Gestaltung und der besonderen Umstände des Einzelfalles zu entscheiden, welches Interesse zurückzutreten hat. *Hierbei sind beide Verfassungswerte in ihrer Beziehung zur Menschenwürde als dem Mittelpunkt des Wertsystems der Verfassung zu sehen.* Danach können von der Rundfunkfreiheit zwar restriktive Wirkungen auf die aus dem Persönlichkeitsrecht abgeleiteten Ansprüche ausgehen; jedoch darf die durch eine

---

[318] BVerfGE 35, 202 (220 f.) - Lebach (Hervorhebungen mit Ausnahme der des Wortes "absoluten" vom Verfasser)

öffentliche Darstellung bewirkte Einbuße an "Personalität" nicht außer Verhältnis zur Bedeutung der Veröffentlichung für die freie Kommunikation stehen (...). [319]

Eine Neubestimmung des Persönlichkeitsrechts als generelles Selbstbestimmungs-recht des Betroffenen über seine Darstellung in der Gesellschaft erfolgte durch das BVerfG im Eppler-Prozeß [320], wo es sich anläßlich einer Wahlkampfrede erneut mit dem Tatbestand des Unterschiebens von Äußerungen als Persönlich-keitsrechtsverletzung auseinandersetzen mußte. Bei der Überprüfung einer äußerungsrechtlichen Streitigkeit wurde 1980 die entscheidende Weichenstellung des Persönlichkeitsschutzes vorgenommen, die u.a. im Jahre 1983 im Volkszäh-lungsurteil zur Schaffung des umfassenden informationellen Selbstbestimmungs-rechts führte. Der Selbstbestimmungsgedanke wurde zum zentralen Merkmal des Persönlichkeitsschutzes erhoben:

" (Es) bedeutet (...) gleichfalls einen Eingriff in das allgemeine Persönlichkeitsrecht, wenn jemandem Äußerungen in den Mund gelegt werden, die er nicht getan hat und die seinen von ihm selbst definierten sozialen Geltungsanspruch beeinträchtigen. *Dies folgt aus dem dem Schutz des allgemeinen Persönlichkeitsrechts zugrunde liegenden Gedanken der Selbstbestimmung: Der Einzelne soll - ohne Beschränkung auf seine Privatsphäre - grundsätzlich selbst entscheiden können, wie er sich Dritten oder der Öffentlichkeit gegenüber darstellen will, ob und wieweit von Dritten über seine Persönlichkeit verfügt werden kann;* dazu gehört im besonderen auch die Entscheidung, ob und wie er mit einer eigenen Äußerung hervortreten will. (...) *Im Zusammen-hang hiermit kann es nur Sache der einzelnen Person selbst sein, über das zu bestimmen, was ihren sozialen Geltungsanspruch ausmachen soll; insoweit wird der Inhalt des allgemeinen Persönlichkeitsrechts maßgeblich durch das Selbstverständnis seines Trägers geprägt (...)."* [321]

Mit dieser Formulierung hat das BVerfG deutlich gemacht, daß es das Selbstbe-stimmungsrecht nicht ausschließlich auf die Fallgruppe des Unterschiebens von Äußerungen beschränkt verstanden wissen will. Das, was die geschützte Persön-lichkeit, die "Personalität", ausmacht, wird vom Grundrechtsträger in Ausübung der ihm verfassungsrechtlich gewährten freien Entfaltung der Persönlichkeit bestimmt. Folglich muß - so der Schluß des BVerfG - auch der Inhalt seines allgemeinen Persönlichkeitsrechts durch sein Selbstverständnis geprägt sein. Noch im gleichen Jahr hat das BVerfG diesen Grundsatz in einem anderen Fall, in dem

---

[319] BVerfGE 35, 202 (225) - Lebach (Hervorhebungen vom Verfasser)

[320] vgl. BVerfGE 54, 148 (153 ff.) - Eppler

[321] BVerfGE 54, 148 (154) - Eppler (Hervorhebungen vom Verfasser); zur praktischen Relevanz dieser zentralen Aussage vgl. z.B. aktuell BAG, Urteil v. 29.10.97, DB 98, 371, worin unter Bezugnahme auf die Eppler-Entscheidung des BVerfG ein Selbstbestimmungsrecht über die Verbreitung des gesprochenen Wortes angenommen wird (bzgl. des heimlichen Mithörenlassens eines Telefonats)., sowie zur Selbstbestimmung über das eigene Erscheinungsbild BGH NJW 95, 861 (862 f.) - Caroline von Monaco I

es um unrichtige, verfälschende und entstellende Zitate in einem Fernsehkommentar ging [322], ebenfalls zur Anwendung gebracht. Erst wesentlich später, im Jahre 1989, wurde der Grundsatz freier Selbstbestimmung in Bezug auf die Selbstdarstellung vom BVerfG einschränkend konkretisiert. Der soziale Geltungsanspruch des Einzelnen stehe nicht in dessen ausschließlicher Konkretisierungs- und Verfügungsmacht. Wenn die Person soziale Beziehungen eingegangen ist und sich in ihnen entfaltet hat, in Kommunikation mit anderen getreten ist und durch ihr Sein oder Verhalten auf andere einwirkt, bemesse sich der konkrete Gehalt seines verfassungsrechtlich geschützten Geltungsanspruchs im konkreten Einzelfall nach einem in gewissem Umfang verselbständigten sozialen Abbild, das dem Betroffenen ungeachtet etwa abweichender oder entgegenstehender eigener Vorstellungen und Absichten zugerechnet wird. Eine Ehrverletzung - und damit eine Verletzung des allgemeinen Persönlichkeitsrechts - liege somit nicht allein deshalb vor, wenn der selbstdefinierte Geltungsanspruch mißachtet oder verletzt werde [323].

In seiner Gegendarstellungs-Entscheidung [324] hat der erste Senat des BVerfG dem Schutz der Selbstbestimmung über die Darstellung der eigenen Person im Sinne der Eppler-Entscheidung eine Ausstrahlungswirkung auf die Ausgestaltung medienrechtlicher Schutzansprüche zugestanden. Der Anspruch auf Gegendarstellung müsse sich in seiner verfahrensrechtlichen Ausstattung am allgemeinen Persönlichkeitsrecht orientieren. Er diene dem Schutz der Selbstbestimmung über die Darstellung der eigenen Person in der Öffentlichkeit, indem er dem von der Berichterstattung der Medien Betroffenen die rechtlich gesicherte Möglichkeit zugestehe, mit seiner eigenen Darstellung in die Öffentlichkeit zu treten. Anderenfalls wäre das Individuum zum bloßen Objekt öffentlicher Erörterung herabgewürdigt [325]. Auch wenn sich der Gegendarstellungsanspruch nicht unmittelbar aus der Verfassung ergebe, sei es mit Art. 2 Abs. 1 i.V.m. Art. 1 Abs. 1 GG aus Gründen der Selbstbestimmung unvereinbar, wenn der Gegendarstellungsanspruch an eine zu enge Frist - im Streitfall zwei Wochen - gebunden werde [326].

---

[322] vgl. BVerfGE 54, 208 (217) - Böll/Walden

[323] vgl. BVerfG NJW 89, 3269 - Transzendentale Meditation

[324] vgl. BVerfGE 63, 131 - Gegendarstellung

[325] vgl. BVerfGE 63, 131 (142 f.) - Gegendarstellung

[326] vgl. BVerfGE 63, 131 (144) - Gegendarstellung; Im Beschluß vom 14.1.98 (NJW 98, 1381) hat das BVerfG erneut die Bedeutung des Gegendarstellungsrechts für den effektiven Schutz des allgemeinen Persönlichkeitsrechts bestätigt. Hierbei wurde klargestellt, daß die Pressefreiheit (Art. 5 Abs. 1 Satz 2 GG) es nicht erfordere, Titelseiten von Presseerzeugnissen von Gegendarstellungen und Richtigstellungen freizuhalten, wenn zuvor an dieser Stelle (unwahre) Tatsachenbehauptungen über eine Person verbreitet wurden. Zur Verfassungskonformität der landesrechtlichen

Mit der Anerkennung der Selbstbestimmung als zentralem Element des Persönlichkeitsschutzes wurde einem umfassenden Datenschutz der Weg bereitet, wie er heute in den Datenschutzgesetzen ausgeprägt ist. Für den Schutz vor der ungenehmigten Verarbeitung personenbezogener Daten kommt es nicht auf den Inhalt der Daten an, sondern grundsätzlich nur darauf, ob und zu welchen Zwecken der Betroffene bereit ist, seine Daten Dritten zu offenbaren und damit ein Stück seiner Persönlichkeit preiszugeben. Das BVerfG hat mit seinem Volkszählungsurteil [327] die bis heute bestimmende Wegrichtung für den Umgang mit personenbezogenen Informationen vorgegeben und hierzu dargelegt, daß das allgemeine Persönlichkeitsrecht aus Art. 2 Abs. 1 i.V.m. 1 Abs.1 GG hinsichtlich Bedingungen und Möglichkeiten der modernen Datenverarbeitung die Befugnis des Einzelnen umfaßt, grundsätzlich selbst über die Preisgabe und Verwendung seiner persönlichen Daten zu bestimmen [328]. Diese Aussage hat das BVerfG unmittelbar aus der Eppler-Entscheidung abgeleitet. Einschränkungen dieses Rechts auf "informationelle Selbstbestimmung" sind nur im überwiegenden Allgemeininteresse zulässig. Sie bedürfen bei Eingriffen des Staats einer verfassungsgemäßen gesetzlichen Grundlage, die dem rechtsstaatlichen Gebot der Normenklarheit und dem Grundsatz der Verhältnismäßigkeit entsprechen muß [329].

Mit deutlichen Worten hat das BVerfG im Volkszählungsurteil die Gefahrenpotentiale der Datenverarbeitung aufgezeigt. Die dort formulierten Anforderungen an eine Gesellschaftsordnung im Zeitalter der vernetzten Rechner und der

---

Anspruchsgrundlage (§ 11 des Hamburgischen LPG (HbgPrG)) führte das BVerfG aus: "§ 11 HbgPrG soll den Einzelnen vor Gefahren schützen, die ihm durch die Erörterung seiner persönlichen Angelegenheiten in der Presse drohen. Sie haben ihre Wurzel in Reichweite und Einfluß der Presseberichterstattung, der der Betroffene, dem seine Angelegenheiten unzutreffend dargestellt scheinen, in der Regel nicht mit Aussicht auf dieselbe publizistische Wirkung entgegentreten kann. Zum Ausgleich dieses Gefälles obliegt dem Gesetzgeber eine aus dem allgemeinen Persönlichkeitsrecht folgende Schutzpflicht, den Einzelnen wirksam gegen Einwirkungen der Medien auf seine Individualsphäre zu schützen (vgl. BVerfGE 73, 118 (201)). Dazu gehört, daß der von einer Darstellung in den Medien Betroffene die rechtlich gesicherte Möglichkeit hat, ihr mit seiner eigenen Darstellung entgegenzutreten (vgl. BVerfGE 63, 131 (142)). Dieser Schutz kommt zugleich der in Art. 5 Abs. 1 GG garantierten Meinungsbildung (vgl. BVerfGE 57, 295 (319)) zugute, weil dem Leser neben der Information durch die Presse auch die Sicht des Betroffenen vermittelt wird." (BVerfG NJW 98, 1381 ff.) In dieser Entscheidung wurde zugleich erneut das Verständnis des Persönlichkeitsrechts als Selbstbestimmungsrecht im Sinne der Eppler-Entscheidung bestätigt.

[327] vgl. BVerfGE 65, 1 - Volkszählung

[328] vgl. BVerfGE 65, 1 (43) - Volkszählung

[329] vgl. BVerfGE 65, 1 (43 ff.) - Volkszählung

dezentralen Datenverarbeitung sind gerade angesichts der im vorangegangenen Kapitel dargestellten Merkmale der Informationsgesellschaft von Bedeutung:

"Individuelle Selbstbestimmung setzt (...) voraus, daß dem Einzelnen Entscheidungsfreiheit über vorzunehmende oder zu unterlassende Handlungen einschließlich der Möglichkeit gegeben ist, sich auch entsprechend dieser Entscheidung tatsächlich zu verhalten. Wer nicht mit hinreichender Sicherheit überschauen kann, welche ihn betreffenden Informationen in bestimmten Bereichen seiner sozialen Umwelt bekannt sind, und wer das Wissen möglicher Kommunikationspartner nicht einigermaßen abzuschätzen vermag, kann in seiner Freiheit wesentlich gehemmt werden, aus eigener Selbstbestimmung zu planen oder zu entscheiden. *Mit dem Recht auf informationelle Selbstbestimmung wäre eine Gesellschaftsordnung nicht vereinbar, in der die Bürger nicht mehr wissen können, wer was wann und bei welcher Gelegenheit über sie weiß.* Wer unsicher ist, ob abweichende Verhaltensweisen jederzeit notiert und als Information dauerhaft gespeichert, verwendet oder weitergegeben werden, wird versuchen, nicht durch solche Verhaltensweisen aufzufallen. (...) Dies würde nicht nur die individuellen Entfaltungschancen des Einzelnen beeinträchtigen, sondern auch das Gemeinwohl, weil Selbstbestimmung eine elementare Funktionsbedingung eines auf Handlungs- und Mitwirkungsfähigkeit seiner Bürger begründeten freiheitlichen demokratischen Gemeinwesens ist." [330]

Festzuhalten sind die folgenden zentralen Aussagen des Volkszählungsurteils, die als Erfordernisse des Persönlichkeitsschutzes aus der eben zitierten Gefährdungslage abgeleitet wurden und seither als Grundsätze des verfassungsrechtlichen Datenschutzes anzusehen sind [331]:

- Die Entscheidung, ob und in welchem Umfang personenbezogene Daten erhoben und verarbeitet werden dürfen, muß grundsätzlich dem Betroffenen selbst überlassen bleiben (informationelle Selbstbestimmung im engeren Sinne). In einer Gesellschaft, in der Daten unbegrenzt speicherbar und ohne Rücksicht auf Entfernungen in sekundenschnelle abrufbar sind, sowie mit anderen Daten zu einem Persönlichkeitsbild zusammengeführt werden können, ohne daß der Betroffene dessen Richtigkeit und Verwendung hinreichend kontrollieren kann, zählt die informationelle Selbstbestimmung zu den wichtigsten Voraussetzungen einer freien Entfaltung der Persönlichkeit [332].

- Unter den Bedingungen der modernen Datenverarbeitung gibt es keine "belanglosen" Daten (Grundsatz der qualitätsunabhängigen Gleichbehandlung aller personenbezogenen Daten). Die Bedeutung einer Information ergibt sich erst im Zusammenhang mit ihrer jeweiligen Verwendung. Für die Schutzwürdigkeit ist der konkrete Verwendungszusammenhang und nicht die abstrakte kategorale

---

[330] BVerfGE 65, 1 (42 f.) - Volkszählung

[331] vgl. auch Simitis, in: Simitis/Dammann/Geiger/Mallmann, § 1 Rn. 25

[332] vgl. BVerfGE 65, 1 (42 f.) - Volkszählung

Einordnung in Sphären je nach der größeren oder geringeren Nähe zum innersten Lebensbereich entscheidend. Durch die beliebigen Verarbeitungs- und Verknüpfungsoptionen der modernen Datenverarbeitung kann der Verwendungszusammenhang bei der Datenerhebung nicht endgültig fixiert werden. Der Schutz personenbezogener Daten hat daher unabhängig von konkreten Gefährdungen bereits früh anzusetzen. Die Verarbeitungsvorschriften müssen sich ausschließlich an der "Personenbezogenheit" und nicht an der "Art der Angaben" orientieren [333].

- Da die Erhebung personenbezogener Daten immer einen Eingriff in das allgemeine Persönlichkeitsrecht darstellt, muß sie bei staatlichen Informationseingriffen stets auf der Grundlage eines Gesetzes erfolgen (datenschutzrechtlicher Gesetzesvorbehalt). Diese muß die Voraussetzungen und den Umfang der Datenerhebung entsprechend dem rechtsstaatlichen Gebot der Normenklarheit für den Bürger erkennbar machen. Die Voraussetzungen der Datenerhebung müssen so gefaßt sein, daß sie den Eingriff nur aus Gründen des überwiegenden Allgemeininteresses zulassen [334].

- Gesetzliche Vorschriften, die die Erhebung und Verarbeitung personenbezogener Daten gestatten oder sogar fordern, müssen den Verwendungszweck präzise und aufgabenbezogen festschreiben. Es dürfen nur diejenigen Daten erhoben werden, die hinsichtlich dieses Zwecks geeignet und erforderlich sind. Insbesondere die Datensammlung auf Vorrat ist unzulässig. Die in diesem Rahmen rechtmäßigerweise erhobenen Daten unterliegen einer Zweckbindung, d.h. ihre Verwendung ist nur im Zusammenhang mit dem bei der Erhebung definierten Erhebungszweck zulässig (Zweckbindungsgrundsatz). Der Zweckbindungsgrundsatz gilt auch bei der freiwilligen Datenerhebung, da nur der zum Zeitpunkt erkennbare Erhebungszweck von der Einwilligung des Betroffenen erfaßt ist. Nur durch eine strenge Zweckbindung kann der multifunktionalen Datenverwendung begegnet werden, die den Verarbeitungsvorgang für den Betroffenen unüberschaubar und unkontrollierbar macht und so seine Selbstbestimmung und die gesetzlichen Vorgaben unterlaufen würden (Transparenzgrundsatz). Diese Grundsätze müssen durch verfahrensrechtliche Schutzvorkehrungen, z.B. durch Aufklärungs-, Auskunfts- und Löschungspflichten, sowie durch die Überwachung mittels unabhängiger Datenschutzbeauftragter abgesichert werden (formelle, prozessuale und organisa-

---

333 vgl. BVerfGE 65, 1 (45 f.) - Volkszählung

334 vgl. BVerfGE 65, 1 (44) - Volkszählung; der datenschutzrechtliche Gesetzesvorbehalt gilt nicht für den Persönlichkeitsschutz unter Privaten, da dort das informationelle Selbstbestimmungsrecht nur im Wege der mittelbaren Drittwirkung Anwendung findet, vgl. Ehmann, JuS 97, 194 (197)

torische Absicherung der Gewährleistungen des informationellen Selbstbestim-mungsrechts, insbesondere das Erfordernis einer wirksamen unabhängigen Kontrolle) [335].

Das Volkszählungsurteil ist auch heute noch - rund 14 Jahre später - von grund-sätzlicher und vor allem großer praktischer Bedeutung. Dies gilt insbesondere deshalb, weil das BVerfG seither keine Möglichkeit hatte, sich erneut mit den Auswirkungen der Datenverarbeitungstechnologien auf den Persönlichkeitsschutz zu befassen [336]. Zugleich ist anzuerkennen, daß das BVerfG im Volkszählungsur-teil die jetzt immer aktueller werdenden Gefahrenpotentiale bereits in seine Erwägungen einbezogen hat, weshalb auch bei jüngeren Entscheidungen kaum Ausführungen zu erwarten gewesen wären, die in ihrer Tragweite für die Ausge-staltung des Persönlichkeitsschutzes über die im Volkszählungsurteil vorgenom-mene Funktionsbestimmung des allgemeinen Persönlichkeitsrechts als Recht der informationellen Selbstbestimmung hinausgehen würden. Das Volkszählungsur-teil ist also bis zum heutigen Tage der zentrale (verfassungsrechtliche) Maßstab, an dem sich der Persönlichkeitsschutz unter den Bedingungen der Informationsge-sellschaft zu orientieren hat.

§ 4 Die jüngere Rechtsprechung zum allgemeinen Persönlich-keitsrecht

Der in der Lebach- und der Eppler-Entscheidung begründete und im Volkszäh-lungsurteil weiterentwickelte Selbstbestimmungsgedanke ist zum zentralen Bestandteil der Rechtsprechung des BVerfG und des BGH zum Persönlichkeits-schutz geworden. In einer Reihe von Entscheidungen sind die Grundsätze des Volkszählungsurteils herangezogen und auch auf Vorgänge zur Anwendung gebracht worden, welche nicht von den technischen Gefahren der modernen Datenverarbeitung geprägt waren. Der nachfolgende Überblick soll einen Eindruck darüber vermitteln, wie facettenreich sich der Schutz der Persönlichkeit anhand des allgemeinen Persönlichkeitsrechts in der Rechtsprechung entwickeln konnte.

Im Jahre 1988 ist das BVerfG zu der Auffassung gelangt, daß zu den durch das Recht auf informationelle Selbstbestimmung geschützten Daten auch Art und Status der Entmündigung einer Person, sowie die persönlichen Umstände, die zur

---

[335] vgl. BVerfGE 65, 1 (45 f.) - Volkszählung

[336] Es bleibt abzuwarten, ob das BVerfG die Gelegenheit haben wird, das informationelle Selbstbestimmungsrecht als Prüfungsmaßstab hinsichtlich der Gesetze zum "großen Lauschan-griff" zur Anwendung zu bringen.

Entmündigung geführt habe, zählen. Die öffentliche Bekanntmachung einer Entmündigung wegen Verschwendung oder wegen Trunksucht nach § 687 ZPO a.f. sei daher mit dem allgemeinen Persönlichkeitsrecht unvereinbar [337]. Unter Bezugnahme auf diesen Beschluß hat das BVerfG in einer weiteren Entscheidung zur Entmündigung entschieden, daß das allgemeine Persönlichkeitsrecht eines Entmündigten dann verletzt sei, wenn ein Gericht ohne hinreichende Abwägung davon ausgeht, er sei bei Abschluß eines Mietvertrages verpflichtet gewesen, seine Entmündigung zu offenbaren. In Anwendung der im Lüth-Urteil [338] aufgestellten Grundsätze zur Drittwirkung der Grundrechte hat das BVerfG aus diesem Grund ein mietrechtliches Urteil aufgehoben. Aus dem Recht auf informationelle Selbstbestimmung folge, daß die Entmündigung nicht in jedem Falle offenbart zu werden brauche. Die Entmündigung betreffe "die Person als Ganze" und eine Offenbarung bringe die Gefahr der sozialen Abstempelung mit sich. Speziell im Fall der Anbahnung eines Mietvertrages würde durch eine Offenbarungspflicht die soziale Eingliederung gefährdet werden [339].

In einer Entscheidung zum Transsexuellengesetz hat das BVerfG unter Bezugnahme auf die vorgenannte Entscheidung und auf das Volkszählungsurteil den Selbstbestimmungsgedanken erneut aufgegriffen. Art. 2 Abs.1 i.V.m. Art. Abs.1 GG gewährleiste das Recht des Einzelnen grundsätzlich selbst zu bestimmen, aus welchem Anlaß und in welchen Grenzen persönliche Lebenssachverhalte offenbart werden. Gerade das Transsexuellengesetz diene der so verstandenen Selbstbestimmung. Deshalb sei es mit Art. 3 Abs. 1 GG nicht zu vereinbaren, wenn Transsexuellen unter 25 Jahren eine Vornamensänderung nicht gestattet sei. Durch das Recht der Vornamensänderung werde es Transsexuellen ermöglicht, in der ihrem Empfinden entsprechenden Geschlechtsrolle zu leben, ohne sich im Alltag Dritten und Behörden gegenüber offenbaren zu müssen [340].

Der BGH hatte sich in den letzten Jahren mit einer Reihe von Fallgestaltungen auseinanderzusetzen, die in dieser Form nicht Gegenstand einer Entscheidung des BVerfG waren. Hierbei hat der BGH nicht nur auf die eigene Rechtsprechung zum allgemeinen Persönlichkeitsrecht, sondern auch ausdrücklich auf die des BVerfG Bezug genommen und das Verständnis des allgemeinen Persönlichkeitsrechts als Selbstbestimmungsrecht übernommen.

---

[337] vgl. BVerfGE 78, 77 - Entmündigungs-Beschluß

[338] vgl. BVerfGE 7, 198 (206 f.) - Lüth

[339] vgl. BVerfGE 84, 192 (195 f.) - Beschluß vom 11.6.91

[340] vgl. BVerfGE 88, 87 (97) - Transsexuellen-Beschluß

Ausdrücklich erwähnt wird das Selbstbestimmungsrecht in den jüngeren Entscheidungen beispielsweise in einem Urteil des VI. Senats zur Werbung durch Einwurf von Handzetteln in Briefkästen. In Bestätigung der berufungsinstanzlichen Entscheidung hat der BGH dem Eigentümer oder Besitzer einer Wohnung, der sich durch einen Aufkleber an seinem Briefkasten gegen den Einwurf von Werbematerial wehrt, einen Unterlassungsanspruch gegen den Werbetreibenden eingeräumt, wenn es dennoch zum Einwurf von Werbematerial kommt. Neben dem Unterlassungsanspruch aus Eigentum und Besitz kam hier - so der BGH - ein Abwehrrecht aus dem allgemeinen Persönlichkeitsrecht zum Zuge. Der Wille des Bürgers, seinen Lebensbereich von jedem Zwang mit der Auseinandersetzung mit Werbung freizuhalten, sei als Ausfluß des personalen Selbstbestimmungsrechts schutzwürdig [341]. Es kam dem BGH hierbei auf die "Konfrontation mit der Suggestivwirkung der Werbung" [342] an.

In der Emil-Nolde-Entscheidung hat sich der BGH in einem urheberrechtlichem Zusammenhang auf die Eppler-Entscheidung des BVerfG berufen und ausgeführt, daß Werkfälschungen das Persönlichkeitsrecht des (verstorbenen) Künstlers verletzen, da sie eine Verzerrung seines Gesamtwerkes darstellen [343]. Der Eindruck der Betrachter über das Werkschaffen des Künstlers soll nur durch ihn selbst, nicht durch nachahmende Dritte geprägt werden. Damit hat der BGH den in der Eppler-Entscheidung des BVerfG geprägten Selbstdarstellungsgedanken zur Anwendung gebracht.

In seiner Entscheidung vom 5.11.91 hat der BGH im Rahmen der Überprüfung der allgemeinen Geschäftsbedingungen zum Chiffre-Dienst eines Zeitschriftenverlags erneut den hohen Stellenwert des Persönlichkeitsrechts bei der Beurteilung zivilrechtlicher Fragen betont. Hierbei wertete er eine AGB-Klausel, worin der Verlag sich das Recht vorbehielt, chiffrierte Briefe zu Prüfzwecken zu öffnen (um sich vor gewerblichen Mißbräuchen seines Chiffre-Dienstes zu schützen), aus Gründen des allgemeinen Persönlichkeitsrechts für unwirksam. Schon das Öffnen der Post störe die Privatsphäre des Absenders und des Empfängers. Wirtschaftliche Interessen des Verlags könnten eine Aushöhlung des Rechts auf ungestörte Kommunikation auch dann nicht rechtfertigen, wenn der Prüfvorbehalt im Wege der AGB vertraglich vereinbart worden sei [344].

---

[341] vgl. BGHZ 106, 229 (233 f.) - Briefkastenwerbung

[342] vgl. BGH a.a.O.

[343] vgl. BGHZ 107, 385 (391) - Nolde

[344] vgl. BGH NJW 92, 1450 (1451) - Chiffre-Dienst

Als Verletzung des informationellen Selbstbestimmungsrechts von Patienten einer Arztpraxis hat der BGH die Übergabe der Patientenkartei bei der Veräußerung einer Praxis ohne individuelle Einwilligung jedes Patienten bewertet. Hierbei wurde unter ausdrücklicher Bezugnahme auf das Volkszählungsurteil von einer vorangegangenen BGH-Entscheidung zu dieser Thematik abgewichen. In einer Entscheidung aus dem Jahre 1973 hatte derselbe Senat die Übergabe der Patientenkartei noch als von einer mutmaßlichen Einwilligung aller Betroffenen gedeckt angesehen, weil es dem "wohlverstandenen Interesse" der Patienten entspreche, daß die Kartei dem Praxisnachfolger zur Verfügung stehe [345]. Achtzehn Jahre später - acht Jahre nach dem Volkszählungsurteil - beurteilte der BGH eine mutmaßliche Einwilligung für nicht mehr ausreichend. Angesichts der Bedeutung des Rechts auf informationelle Selbstbestimmung reiche eine Rechtfertigung allein anhand der objektiven Interessenlage nicht mehr aus. Vielmehr müsse die Zustimmung der freien Entscheidung jedes einzelnen Patienten unterliegen [346]. In einem ähnlich gelagerten Sachverhalt (Abtretung eines Honoraranspruchs von Rechtsanwälten an Steuerberater in derselben Sozietät) hat der BGH diese Entscheidung herangezogen. Die Abtretung ohne Einwilligung des Mandanten wurde wegen der mit der Abtretung einhergehenden Informationspflicht nach § 402 BGB als Verstoß gegen das informationelle Selbstbestimmungsrecht angesehen [347].

Elemente des Selbstbestimmungsrechts enthält auch das Urteil des BGH vom 17.2.1993, in welchem festgestellt wird, daß aus dem Persönlichkeitsrecht eines Kindes auch das Recht folge, nicht zu wissen, wer sein leiblicher Vater sei und es ihm somit freistehe, das Klagerecht aus § 1600 n BGB geltend zu machen. Das Kind könne nicht klagweise von dritter Seite gezwungen werden, seinen Anspruch auf gerichtliche Feststellung der Vaterschaft durchzusetzen [348].

Der BGH hat seine Rechtsprechung zum Persönlichkeitsrecht als Selbstbestimmungsrecht in seiner vielbeachteten Entscheidung zur Veröffentlichung von sogenannten "IM-Listen" durch eine Bürgerbewegung auf dem Gebiet der ehemaligen DDR fortgeführt. Das öffentliche Auslegen von Namenslisten mit Daten über ca. 4500 angebliche inoffizielle Mitarbeiter (IM) des Ministeriums für Staatssicherheit (MfS) im Jahre 1992 sei unzulässig, ohne daß es hierbei auf die

---

[345] vgl. BGH NJW 74, 602 - Patientenkartei I

[346] vgl. BGHZ 116, 268 (273) - Patientenkartei II

[347] vgl. BGHZ 122, 115 (119) - Honorarabtretung

[348] vgl. BGHZ 121, 299 (304) - Vaterschaftsklage

Wahrheit oder Unwahrheit der Daten ankäme [349]. Der BGH führt in Übereinstimmung mit den Vorinstanzen aus, daß die dem öffentlichem Verbreiten der den Listen immanente Behauptung, die genannten Personen seien als IM tätig gewesen, tief in das allgemeine Persönlichkeitsrecht in seiner Ausprägung als Recht auf informationelle Selbstbestimmung eingreife und zwar auch dann, wenn die Aussage der Wahrheit entspreche [350]. Das Recht auf informationelle Selbstbestimmung schütze nicht nur vor einer überzogenen Ausforschung von personenbezogenen Daten durch den Staat, sondern es weise auch auf der Ebene bürgerlichrechtlicher Verhältnisse über §§ 823, 1004 BGB dem Schutzbedürfnis der Person einen entsprechend hohen Rang gegenüber Eingriffen zu, die sie gegen ihren Willen für die Öffentlichkeit "verfügbar" machen [351]. In Abwägung der konkurrierend tangierten Meinungsfreiheit aus Art. 5 Abs. 1 GG sah der BGH die schwerwiegende Verletzung des Selbstbestimmungsrechts als überwiegend an [352]. In einer Entscheidung zu Presseverlautbarungen der Staatsanwaltschaft über Ermittlungsverfahren hat sich der BGH mit einem Fall der Indiskretion durch Staatsorgane beschäftigt [353]. Der BGH ist zu dem Ergebnis gelangt, daß die inhaltlich zutreffende Mitteilung über ein Ermittlungsverfahren gegen einen Rechtsanwalt und Notar unter Nennung seines Namens und seines Berufes eine Persönlichkeitsrechtsverletzung darstellen kann, wenn dem Informationsrecht der Presse (Art. 5 Abs.1 GG) auch ohne Namensangabe hätte genügt werden können. Den Eingriff in das allgemeine Persönlichkeitsrecht sah der BGH in der Verletzung des Geheimhaltungsinteresses des Betroffenen, so daß es auf die inhaltliche Richtigkeit der Mitteilung nicht ankam. Wie die Vorinstanz stellte der BGH darauf ab, daß ein zutreffender Hinweis auf ein Ermittlungsverfahren gegen den Betroffenen wegen Wirtschaftsstraftaten von erheblichem Gewicht geeignet ist, den Betroffenen (einen wirtschaftsrechtlich spezialisierten Rechtsanwalt) in einer Weise herabzusetzen, daß sein Ruf nachhaltig leide und darüber hinaus zu erheblichen Nachteilen im privaten und gesellschaftlichen Bereich führen konnte [354]. Dem Betroffenen soll es selbst überlassen bleiben, das Lebensbild seiner Person in der Öffentlichkeit zu bestimmen. Auch zutreffende Mitteilungen über staatsanwaltschaftliche Ermittlungen verletzen in Abwägung zu anderen Grundrechten Dritter (hier: aus Art. 5 Abs. 1 GG) das "Geheim-

---

[349] vgl. BGH DtZ 94, 343, Urteil v. 12.7.94 - IM-Liste

[350] vgl. BGH DtZ 94, 343 (344) - IM-Liste

[351] BGH DtZ 94, 343 (344) unter Hinweis auf BVerfGE 84, 192 (194 f.); BGH NJW 91, 1532

[352] vgl. BGH DtZ 94, 343 (344) - IM-Liste

[353] vgl. BGH NJW 94, 1950, Urteil vom 17.3.94

[354] vgl. BGH NJW 94, 1950 (1951, 1953)

haltungsinteresse" [355], also das vom allgemeinen Persönlichkeitsrecht geschützte Dispositionsrecht über die Informationsweitergabe.

Die in den letzten Jahren bedeutsamsten Entscheidungen des BGH zum Persönlichkeitsschutz sind im Bereich der Verletzungen durch Medienberichterstattung zu verzeichnen. Mit Urteil vom 15.11.94 [356] hat der BGH eine Reihe von bisher vier presserechtlich bedeutsamen Entscheidungen in Angelegenheiten der Prinzessin Caroline von Monaco, bzw. deren Kinder eingeleitet. Streitgegenstand des ersten Falles waren mehrere unwahre Tatsachenbehauptungen, die in verschiedenen Zeitschriften eines Verlags verbreitet worden waren [357]. Zunächst hatte der beklagte Verlag in seiner Zeitschrift "Bunte" ein erfundenes "Psycho-Interview" abgedruckt und dieses auf der Titelseite "exklusiv" angekündigt. In einer weiteren Ausgabe der Zeitschrift wurde ein Falschzitat ("Ich habe wieder eine Familie") mit einem Foto bebildert, welches unzutreffend als Foto aus ihrem "Familienalbum" bezeichnet wurde. Der letzte Fall betraf die Zeitschrift "Glücksrevue", auf deren Titelseite Hochzeitsgerüchte verbreitet und mit einer Fotomontage des mutmaßlichen Brautpaars plakativ illustriert wurden. Darauf war die Klägerin in einem aus weißen Blüten geflochtenen Kranz mit einem weißen Brautschleier neben einem mit ihr befreundeten Schauspieler zu sehen.

Im ersten Fall hat der BGH die Persönlichkeitsverletzung darin erkannt, daß der Klägerin Äußerungen untergeschoben worden seien, welche sie unstreitig nicht getan habe. Damit sei ihr Anspruch auf Selbstbestimmung über ihr Erscheinungsbild [358] verletzt worden. Mit gleichem Ansatz wurden die beiden anderen Fälle als Vermittlung unzutreffender Eindrücke von Äußerungen der Klägerin und Verhältnissen in ihrer Privatsphäre   gewürdigt. Wenn einer Person vor einer breiten Leserschaft unzutreffende Äußerungen über höchstpersönliche Lebensverhältnisse untergeschoben werden, so liegt darin eine schwerwiegende Persönlichkeitsrechtsverletzung. Durch eine Bezugnahme auf die Eppler-Entscheidung wurde das Verständnis des allgemeinen Persönlichkeitsrechts als Selbstbestimmungsrecht erneut bekräftigt [359]. Die vorsätzliche Verbreitung unwahrer Behauptungen über eine Person wider besseres Wissen auf der Titelseite eines Kaufmedi-

---

[355] vgl. BGH a.a.O.

[356] vgl. BGH NJW 95, 861 = BGHZ 128, 1 - Caroline von Monaco I

[357] vgl. BGH NJW 95, 861 - Caroline von Monaco I

[358] vgl. BGH NJW 95, 861 (862 a.E.) - Caroline von Monaco I

[359] vgl. BGH NJW 95, 861 (863 f.) - Caroline von Monaco I; zum Selbstbestimmungsrecht über das gesproche Wort vgl. BAG, Urteil vom 29.10.97, DB 98, 371

ums führe zu einer "Zwangskommerzialisierung" [360], die die Selbstbestimmung über dem Umgang mit der Persönlichkeit in besonders schwerem Maße verletze.

Ihre überragende Bedeutung für den Persönlichkeitsschutz gewinnt diese Entscheidung vor allem aus den Vorgaben, die der BGH hinsichtlich der Schutzansprüche der Betroffenen aufgestellt hat: Der Klägerin wurde ein Recht auf die Veröffentlichung eines Widerrufs auf der Titelseite der Illustrierten zugesprochen. Hierbei sei beim Leser der Grad an Aufmerksamkeit zu erzeugen, den auch die verbreitete Falschbehauptung für sich in Anspruch genommen habe. Nur so könne die fortdauernde Persönlichkeitsrechtsverletzung wirksam beendet werden [361]. Ferner hat der BGH dargelegt, daß der Anspruch auf Zahlung einer Geldentschädigung für den Persönlichkeitsschutz in der Praxis von großer Bedeutung sei. Hierzu hat der BGH betont, daß das BVerfG seit der Soraya-Entscheidung [362] den Anspruch auf Geldentschädigung ("Schmerzensgeld") aus Art. 1 und Art. 2 GG und nicht aus der Analogie zu § 847 BGB hergeleitet. Der Geldentschädigungsanspruch sei somit unmittelbarer Ausfluß des allgemeinen Persönlichkeitsrechts. Die Zubilligung einer Geldentschädigung beruhe auf dem Gedanken, daß ohne einen solchen Anspruch Verletzungen der Würde und Ehre des Menschen häufig ohne Sanktion blieben, mit der Folge, daß der Rechtsschutz der Persönlichkeit verkümmern würde. Deshalb stünden die Gesichtspunkte der Genugtuung und der Prävention im Vordergrund. In den Fällen der Persönlichkeitsrechtsverletzung als Mittel der Auflagensteigerung und damit Verfolgung eigener kommerzieller Interessen müsse der "rücksichtslosen Zwangskommerzialisierung" mit einer "fühlbaren" Geldentschädigung begegnet werden, von der ein "echter Hemmungseffekt" ausgehe [363].

In der zweiten Caroline von Monaco-Entscheidung vom 5.12.95 [364] hatte sich der BGH mit zwei Titelstories der Zeitschriften "frau aktuell" und "Neue Welt" auseinanderzusetzen, in welchen mit "mißverständnisträchtigen" [365] Formulierun-

---

[360] vgl. BGH a.a.O.

[361] vgl. BGH NJW 95, 861 (863) - Caroline von Monaco I

[362] vgl. BVerfGE 34, 269 (292) - Soraya

[363] vgl. BGH NJW 95, 861 (864 f.); zu den Konsequenzen vgl. Prinz, NJW 96, 953 (954); Steffen, NJW 97, 10 (11 ff.); Soehring, NJW 97, 360 (372); Ehmann, JuS 97, 194 (202 f.) m.w.N. Nach Rückverweisung in die Berufungsinstanz wurde der Klägerin eine Geldentschädigung von insgesamt DM 180.000,-- zugesprochen, vgl. OLG Hamburg NJW 96, 2870

[364] vgl. BGH NJW 96, 984 - Caroline von Monaco II

[365] vgl. BGH NJW 96, 984 (985) - Caroline von Monaco II ("Tapfer kämpft sie gegen Brustkrebs" u.ä.)

gen der unrichtige Eindruck vermittelt wurde, die Klägerin leide an Brustkrebs - was unstreitig nicht der Fall war. Es ging also wiederum um die Verbreitung unwahrer Tatsachen. Der BGH hat in dieser Berichterstattung ebenfalls eine schwere Verletzung des allgemeinen Persönlichkeitsrechts erkannt [366] und die zuvor in der ersten Caroline-Entscheidung herausgearbeiteten Grundsätze zur Funktion und Höhe der Geldentschädigung bestätigt.

Die Entscheidung vom 12.12.95 betrifft einen Sohn der Caroline von Monaco [367]. Gemeinsam mit der sogleich zu erörternden vierten Monaco-Entscheidung und den Urteilen in Sachen Willy Brandt [368] und Bob Dylan [369] hat der BGH in diesen Fällen den Schutzbereich des Rechts am eigenen Bild näher umschrieben. Hierbei wurden aber auch weitere Ausführungen zur Funktion der Geldentschädigung und zum Schutz der Privatsphäre gemacht: Gegenstand des Urteils vom 12.12.95 waren mehrere heimlich gefertigte Aufnahmen des minderjährigen Sohnes der Prinzessin, die ihn am Strand, auf dem Weg zur Schule, beim Fußballspielen und anderen alltäglichen Szenen aus dem Leben eines achtjährigen Jungen zeigen. Der beklagte Verlag hatte diese Aufnahmen ohne Einwilligung veröffentlicht, weshalb der Kläger u.a. eine Geldentschädigung geltend machte. Der BGH gab der Revision bezüglich des Anspruchs auf Geldentschädigung statt, da er in den Veröffentlichungen eine wiederholte und hartnäckige Rechtsverletzung sah, die kumulativ eine schwere Verletzung des allgemeinen Persönlichkeitsrechts darstelle, auch wenn die einzelne Verletzung je Bildveröffentlichung - jeweils für sich betrachtet - nicht als schwerwiegend einzustufen wäre.

Der BGH hat hierbei auf seine ständige Rechtsprechung hingewiesen, wonach das Recht am eigenen Bild eine unter Sonderschutz gestellte besondere Erscheinungsform des allgemeinen Persönlichkeitsrechts sei [370] und es im Sinne des Selbstbestimmungsgedankens wie folgt umschrieben: Aus dem Wesen dieses Rechts folge, daß die Verfügung über das eigene Bild nur dem Abgebildeten selbst zustehe; nur

---

[366] vgl. BGH a.a.O.; überraschenderweise hat der BGH in dieser Entscheidung unter Bezugnahme auf BVerfGE 32, 373 (379) darauf abgestellt, daß Angaben über den Gesundheitszustand eines Menschen der geschützten Privatsphäre unterfielen, obwohl es sich unstreitig um eine unwahre Tatsachenbehauptung handelte, bei der eine Einordnung in eine Schutzsphäre nicht erforderlich gewesen wäre

[367] vgl. BGH NJW 96, 985 - Casiraghi

[368] vgl. BGH NJW 96, 593 - Willy Brandt-Gedenkmedaille

[369] vgl. BGH AfP 97, 475; hierzu näher unten in diesem Kapitel unter § 5 VI

[370] vgl. BGH NJW 96, 985; die Bezeichnung "Sonderschutz" bezieht sich auf die einfachgesetzliche Normierung des Rechts am eigenen Bild im KUG. Wegen dieser Besonderheit stellt das Recht am eigenen Bild ein "besonderes Persönlichkeitsrecht" dar

er selbst solle darüber befinden dürfen, ob, wann und wie er sich Dritten oder der Öffentlichkeit im Bild darstellen will [371].

Der BGH stimmte der Vorinstanz [372] in deren Einschätzung zu, daß die einzelnen Fotoveröffentlichungen für sich genommen noch keine Rechtsverletzungen darstellen, deren Schwere die Zuerkennung einer Geldentschädigung gebiete. Die Fotos seien harmlos und nicht unvorteilhaft. Die besondere Schwere der Persönlichkeitsrechtsverletzungen ergebe sich aber aus der besonderen Hartnäckigkeit der Verletzungen, mit denen sich die Beklagte um ihres eigenen wirtschaftlichen Willens wegen durch wiederholte einwilligungslose Veröffentlichungen gegen den - zumindest bei der letzten Veröffentlichung ausdrücklich erklärten - entgegenstehenden Willen des Betroffenen hinweggesetzt habe. Aus dem Fehlen anderer Abwehrmöglichkeiten bei Verletzungen des Rechts am eigenen Bild (kein Anspruch auf Widerruf, Richtigstellung oder Gegendarstellung) folge, daß in einem solchen Fall geringere Anforderungen an die Voraussetzungen eines Entschädigungsanspruchs zu stellen seien, da ohne diesen Anspruch die Rechtsverletzung ohne Sanktion bleiben würde. Dies würde weder dem Präventionsgedanken noch dem Genugtuungszweck des Geldentschädigungsanspruchs entsprechen [373].

Diese Begründung der innovativen Entscheidung zeigt deutlich, welchen hohen Stellenwert der BGH dem Selbstbestimmungscharakter des Persönlichkeitsrechts beimißt. Er reduziert seine Bewertung der Schwere der Rechtsverletzung nicht - wie dies bisher herrschender Auffassung entsprach [374] - auf den Verletzungsgehalt der Bildveröffentlichung, sondern bemißt die Schwere der Verletzung an der Mißachtung des entgegenstehenden Willens des Betroffenen, also anhand der Verletzung dessen freier Selbstbestimmung über den Umgang mit seiner Person.

Mit der bisher letzten von Monaco-Entscheidung [375] hat der BGH den Bildnisschutz sog. "absoluter Personen der Zeitgeschichte" [376] neu definiert und den Schutz der Privatsphäre auf Vorgängen in der Öffentlichkeit ausgeweitet. Gegenstand der Entscheidung waren insgesamt 13 heimlich aufgenommene Fotos,

[371] vgl. BGH 96, 985 - Casiraghi

[372] OLG Hamburg, NJW-RR 94, 990

[373] vgl. BGH NJW 96, 985 (987) - Casiraghi

[374] vgl. Gerstenberger, in: Schricker, Urheberrecht, §§ 23 KUG/60 UrhG, Rn. 6 ff. m.w.N.

[375] vgl. BGH NJW 96, 1128 – Caroline von Monaco III

[376] vgl. zu diesem Begriff Neumann-Duesberg, JZ 60, 114 (116); kritisch Prinz, NJW 95, 817 (820); Ehmann/Thorn, AfP 96, 20

die die Klägerin teils alleine, teils in Begleitung bei verschiedenen privaten Anlässen zeigen. Der BGH hat dem Unterlassungsanspruch hinsichtlich der Veröffentlichung von fünf Aufnahmen, die die Klägerin zusammen mit einem befreundeten Schauspieler bei einem Aufenthalt in einem Gartenlokal zeigen, zugestanden und die weitergehende Revision zurückgewiesen. Damit hat es die Veröffentlichung der anderen Aufnahmen, die die Klägerin u.a. im Paddelboot mit ihrer Tochter, beim Radfahren auf einem Feldweg, beim Einkaufen und wiederum in Begleitung in einem Gasthaus zeigen, für zulässig erachtet. Die Vorinstanz hatte die Klage ganz abgewiesen [377].

Im Rahmen der Güter- und Interessenabwägung zwischen dem Informationsinteresse der Allgemeinheit und dem Interesse der Abgebildeten selbst und allein zu entscheiden, ob und in welcher Weise sie der Öffentlichkeit im Bild vorgestellt wird, kam nach der Auffassung des BGH dem Schutz der Privatsphäre eine überwiegende Bedeutung zu. Die Privatsphäre hat der BGH unter Bezugnahme auf die Tonbandaufnahmen-, die Lebach- und die Mikrozensus-Entscheidungen des BVerfG [378] und das amerikanische right of privacy [379] wie folgt definiert:

"Das Recht auf Achtung der Privatsphäre ist Ausfluß des allgemeinen Persönlichkeitsrechts, das jedermann einen autonomen Bereich der eigenen Lebensgestaltung zugesteht, in der er seine Individualität unter Ausschluß an derer entwickeln und wahrnehmen kann. Dazu gehört in diesem Bereich auch das Recht, für sich zu sein, sich selbst zu gehören." [380]

Dieses Recht könne auch eine Person der Zeitgeschichte für sich in Anspruch nehmen. Dieser Schutz der Privatsphäre erstrecke sich auch auf die Veröffentlichung von Bildaufnahmen und könne auch außerhalb des eigenen Hauses gegeben sein, wenn sich jemand in eine örtliche Abgeschiedenheit zurückgezogen hat, in der er objektiv erkennbar für sich allein sein will und in der er sich in der konkreten Situation im Vertrauen auf die Abgeschiedenheit so verhält, wie er es in der breiten Öffentlichkeit nicht tun würde. Im übrigen müßten absolute Personen der Zeitgeschichte die Veröffentlichung von Bildern hinnehmen, auch wenn diese ihr Privatleben im weiteren Sinne betreffen [381].

---

[377] vgl. OLG Hamburg, AfP 96, 69; hierzu Ehmann/Thorn, AfP 96, 20

[378] BVerfGE 34, 238 (245 ff.); 35, 202 (220); 27, 1 (6)

[379] hierzu Götting, GRUR Int. 95, 656; Kötz, FS Engelschall, S. 25 (30)

[380] BGH NJW 96, 1128 (1129) - Caroline von Monaco III

[381] vgl. BGH NJW 96, 1128 (1129) - Caroline von Monaco III

Mit Beschluß vom 14.1.98 [382] hat das BVerfG in der ersten einer zu erwartenden Reihe von aktuellen Entscheidungen zum Persönlichkeitsrechtsschutz bei Medienveröffentlichungen [383] allgemeingültige Ausführungen zur Funktion und zum Gewährleistungsgehalt des Persönlichkeitsrechts gemacht. Neben den bereits oben im Zusammenhang mit der Entscheidung BVerfGE 63, 131 - "Gegendarstellung" aufgezeigten Ausführungen zum Gegendarstellungsrecht [384], die bestätigt wurden, hat das BVerfG in diesem Beschluß ausschließlich unter Bezugnahme auf die Eppler-Entscheidung (BVerfGE 54, 148) das Verständnis des Persönlichkeitsrechts als Selbstbestimmungsrecht über die Darstellung der Person in der Öffentlichkeit und den daraus folgenden Schutz vor der Verfälschung des Lebensbildes durch falsche Tatsachenbehauptungen bestätigt. Im Zusammenhang mit der Feststellung, daß es verfassungsrechtlich nicht zu beanstanden ist, daß der Anspruch auf Gegendarstellung weder das Vorliegen einer Ehrverletzung noch den Nachweis der Unwahrheit Gegendarstellung voraussetze, führt das BVerfG aus:

"Das allgemeine Persönlichkeitsrecht, dem das Gegendarstellungsrecht dient, geht nicht im Ehrenschutz auf. Die in Art. 5 Abs. 2 GG als Rechtfertigungsgrund für Einschränkungen der Kommunikationsgrundrechte genannte persönliche Ehre bildet zwar einen wichtigen Bestandteil des Persönlichkeitsrechts, erschöpft dieses aber nicht. *Das Persönlichkeitsbild einer Person kann vielmehr auch durch Darstellungen beeinträchtigt werden, die ihre Ehre unberührt lassen (vgl. BVerfGE 54, 148 <154>)*." [385]

Im Hinblick auf die Herleitung eines Anspruchs auf redaktionelle Richtigstellung aus §§ 823 Abs.1, 1004 BGB i.V.m. dem allgemeinen Persönlichkeitsrecht stellt das BVerfG klar, daß es verfassungsgemäß sei, wenn das allgemeine Persönlichkeitsrecht als sonstiges Recht i.S.d. § 823 Abs. 1 BGB in den Anwendungsbereich dieser zivilrechtlichen Norm einbezogen werde und stellte ferner fest:

" Auch dieser Anspruch kann sich auf das verfassungsrechtliche Persönlichkeitsrecht stützen. Ohne daß es dem Einzelnen einen Anspruch darauf verliehe, nur so in der Öffentlichkeit dargestellt zu werden, wie es ihm genehm ist (vgl. BVerfGE 82, 236 <269>), schützt es ihn doch

---

[382] NJW 98, 1381

[383] Von Seiten der Verlage sind 1997 mehrere Verfassungsbeschwerden gegen zivilrechtliche Verurteilungen zur Unterlassung des wiederholten Abdrucks bestimmter Textpassagen und Fotos sowie zur Zahlung von Geldenschädigung eingelegt worden. Bezüglich des Urteils des BGH vom 19.12.95 zur Zulässigkeit der Verbreitung von "Paparazzifotos" (NJW 96, 1128 - Caroline von Monaco III) haben beide Parteien der Ausgangsverfahren Anträge gem. § 13 Nr. 8a BVerfGG gestellt. Mit einer Entscheidung ist nicht vor Mitte 1999 zu rechnen.

[384] vgl. oben im vorstehenden Abschnitt, § 3 a. E.

[385] BVerfG NJW 98, 1381 (1382 f., Hervorhebung vom Verfasser).

jedenfalls vor verfälschenden oder entstellenden Darstellungen seiner Person und Beeinträchtigungen seines Persönlichkeitsbildes (vgl. BVerfGE 54, 148 <154>; 54, 208 <217>)." [386]

Und weiter:

" Der Schutz des Persönlichkeitsbildes vor Verfälschungen hat auch nicht etwa prinzipiell weniger Gewicht als der Ehrenschutz." [387]

§ 5 Fallgruppenbildung

Nachdem in den vorstehenden Abschnitten die wesentlichen höchstrichterlichen Entscheidungen zum allgemeinen Persönlichkeitsrecht dargestellt wurden, soll hier in Form einer Fallgruppenbildung ein systematisierender Überblick über die Anwendungsfelder gewonnen werden. Es wurde bereits darauf hingewiesen, daß das BVerfG eine Reihe von Ausprägungen des allgemeinen Persönlichkeitsrechts in ständiger Rechtsprechung anerkennt [388]. Die nachfolgende Fallgruppenbildung orientiert sich an der Einteilung des BVerfG und setzt eine weitere Fallgruppe, die des Schutzes vor der kommerziellen Ausnutzung der Persönlichkeit, hinzu. Es wird sich herausstellen, daß die einzelnen Ausprägungen nicht in klar getrennten Anwendungsbereichen nebeneinander bestehen, sondern auch übergeordnete Fallgruppen bestehen, die andere Teilbereiche ganz oder teilweise überlagern [389].

---

[386] BVerfG, a.a.O. Zum konkreten Fall - es ging um die Richtigstellung einer Falschbehauptung über Heiratsabsichten - führt das BVerfG aus: " Es begegnet ferner keinen verfassungsrechtlichen Bedenken, daß die Zivilgerichte der Mitteilung über Heiratsabsichten der Antragstellerin Persönlichkeitsrelevanz beigemessen haben. Auf die Frage, ob unzutreffende Angaben über Heiratsabsichten ehrenrührig sind, kommt es dabei nicht an. Eine Heirat zählt ebenso wie die Absicht, eine bestimmte Person zu heiraten, zu den zentralen biografischen Ereignissen und daher zu denjenigen Informationen, aufgrund derer andere sich ein Bild von einer Person insgesamt machen. Falsche Tatsachenbehauptungen über Heiraten und Heiratsabsichten beeinträchtigen somit das Persönlichkeitsbild, ohne daß eine Rufschädigung oder Ehrverletzung hinzutreten müßte."

[387] BVerfGE, a.a.O.

[388] vgl. z.B. die Aufzählung in BVerfGE 54, 148 (154) - Eppler

[389] Es gibt in der Literatur zahlreiche Versuche, dem allgemeinen Persönlichkeitsrecht durch Fallgruppen- oder Schutzbereichsabgrenzungen eine Struktur zu geben. Den - soweit ersichtlich - jüngsten Versuch hat Ehmann in JuS 97, 194 unter Fortentwicklung seiner Darstellung in Erman/Ehmann, BGB, Anhang § 12 unternommen. Ehmann gliedert in fünf Schutzbereiche: Ehrenschutz, Identitätsschutz, Schutz gegen Verbreitung und Auswertung, Schutz gegen Erhebung und Speicherung sowie Entfaltungsschutz, vgl. JuS 97, 194 (197). Zutreffend weist aber auch er darauf hin, daß sich aus dieser Gliederung allenfalls eine "Vorwertung" ergebe, aber niemals eine Einzelfallentscheidung (a.a.O.). Dies gilt auch für alle anderen Gliederungsversuche, die deshalb den Gewährleistungsgehalt des Persönlichkeitsrechts zwar veranschaulichen können, aber ebenso

I. Das Verfügungsrecht über die Darstellung der eigenen Person

Hierbei handelt es sich im Grundsatz um den aus der allgemeinen Handlungsfreiheit (Art. 2 Abs. 1 GG) folgenden Gedanken der freien Selbstbestimmung, mithin um eine übergreifende und weitreichende Fallgruppe des allgemeinen Persönlichkeitsrechts, die erst in einzelfallbezogenen Konkretisierungen an Schärfe gewinnt. Das BVerfG spricht in der Eppler-Entscheidung vom "Verfügungsrecht über die Darstellung der eigenen Person" [390] und meinte damit den im Lebach-Urteil [391] aufgestellten Grundsatz, daß jedermann grundsätzlich selbst und allein bestimmen darf, ob und wieweit andere sein Lebensbild im ganzen oder bestimmte Vorgänge aus seinem Leben öffentlich darstellen dürfen. Unter Berücksichtigung der später im Volkszählungsurteil [392] vorgenommenen Erweiterungen und Konkretisierungen dieses Aspekts des Persönlichkeitsschutzes wird diese Fallgruppe in der jüngeren Literatur zum Persönlichkeitsrecht auch als Recht auf Achtung der informationellen Selbstbestimmung und der Selbstdefinition der Person [393], als Schutz der Selbstdefinition des sozialen Geltungsanspruchs [394] und Selbstbestimmungsrecht über die Darstellung und Benutzung der Person, insbesondere hinsichtlich des Lebens- und Charakterbildes [395] bezeichnet. In diese Fallgruppe des Persönlichkeitsrechts fällt somit der umfassende Schutz der Dispositionsbefugnis einer Person über das "ob und wie" der Darstellung und Benutzung seiner selbst und seiner personenbezogenen Informationen. Sie trägt dem tatsächlichen Bedürfnis Rechnung, davor geschützt zu werden, in uneingeschränktem Umfang durch die Medien oder in anderer Weise öffentlich verfügbar gemacht zu werden [396]. Sie umfaßt aber auch alle anderen Erscheinungsformen der Fremdbestimmung über die Persönlichkeit, z.B. durch die Erhebung, Speicherung und

---

wenig zwingend sind, wie die von Ehmann gewählte Struktur. Im Interesse einer praxisorientierten Darstellung wählt die vorliegende Arbeit daher den Ansatz des BVerfG. Letztlich muß aber auch hierbei stets bedacht werden, daß es sich beim allgemeinen Persönlichkeitsrecht aus guten Gründen um ein Recht mit generalklauselartiger Weite handelt, dessen Inhalt jeweils anhand des Fall herausgearbeitet werden muß. Dies entspricht der st. Rspr., vgl. z.B. BVerfGE 54, 148 (153 f.); BGHZ 24, 72 (78); BGH NJW 96, 1128 (1129).

[390] BVerfGE 54, 148 (154)

[391] vgl. BVerfGE 35, 202 (220) - Lebach

[392] vgl. BVerfGE 65, 1

[393] so Steffen, in Löffler, Presserecht, § 6 LPG, Rn. 193

[394] vgl. Steffen, a.a.O., Rn. 61

[395] vgl. Wenzel, Rn. 5.18 ff.

[396] vgl. Steffen, in Löffler, Presserecht, § 6 LPG, Rn. 193

Verarbeitung personenbezogener Daten (informationelles Selbstbestimmungsrecht im engeren Sinne) [397].

Die Reichweite dieser Fallgruppe des Persönlichkeitsrechts macht deutlich, daß sie nicht uneingeschränkt gewährleistet sein kann, wenn kollidierende Rechte zu beachten sind. Zutreffend wird z.b. bezüglich der Medienberichterstattung darauf hingewiesen, daß eine Berichterstattung über das Zeitgeschehen ohne Eingehen auf die darin handelnden Personen den Kernbereich der Aufgaben der Medien, nämlich die Informationsvermittlung zur sachgerechten Unterrichtung der Öffentlichkeit zum Zwecke der freien Meinungsbildung, "tabuisieren" würde [398]. Dieser Gedanke gilt entsprechend für die Wahrnehmung anderer öffentlicher Aufgaben, z.b. bei der Datenverarbeitung durch den Staat. Das Selbstbestimmungsrecht erfährt deshalb z.b. wegen der Belange der Meinungs-, Presse-, Rundfunk-, und Informationsfreiheit (Art. 5 Abs. 1 GG) bereits auf der Gewährleistungsebene eine bedeutende Beschränkung. Die Darstellung der Person ist in solchen Bereichen auch ohne Zustimmung des Betroffenen zulässig, in denen er als kommunikativer Bürger am Gemeinschaftsleben teilnimmt und damit durch seine Person auf andere Menschen einwirkt. Hinsichtlich dieses Sozialbezugs unterscheidet das BVerfG nicht zwischen der freiwilligen Kommunikation, also solcher, die eine Person ohne faktischen Zwang aufgrund einer autonomen Willensbetätigung unternimmt, und den kommunikativen Elementen, die sich zwangsläufig aus dem Zusammenleben in unserer Gesellschaft ergeben. Hierdurch ergeben sich Bereiche des "öffentlichen Lebens", in denen das Verfügungsrecht über die Darstellung der Person nicht eingreift [399]. Es bestehen deshalb "gestufte Rücksichtspflichten" [400], deren Abgrenzung im Einzelfall vorgenommen werden muß. Als "Grobraster" [401] für die Bewertung des "Sozialbezugs" [402] personenbezogener Informationen greifen die Rechtsprechung und weite Teile der Lehre

---

[397] hierzu sogleich unten in diesem Abschnitt

[398] vgl. Steffen, in Löffler, Presserecht, § 6 LPG, Rn. 58

[399] vgl. auch Ehmann, JuS 97, 194 (196), der ausführt: " Der Begriff des allgemeinen Persönlichkeitsrechts muß daher verstanden werden als *Befugnis* einer Person innerhalb eines objektiv zu bestimmenden und abzugrenzenden Raumes (Schutzbereichs) *selbst zu bestimmen,* ob und inwieweit Informationen über sie erhoben und verbreitet werden dürfen und inwieweit ansonsten in die die Persönlichkeit berührenden Interessen eingegriffen werden darf."

[400] vgl. Steffen, in Löffler, Presserecht, § 6 LPG, Rn. 194; siehe auch allgemein Gallwas, NJW 92, 2785 (2786 ff.)

[401] so Steffen, a.a.O., Rn. 64

[402] BVerfGE 35, 202 (220) - Lebach, vgl. oben in diesem Kapitel unter § 3

traditionell auf die Sphärenlehre (Schutz der Privat-, Geheim- und Intimsphäre, vgl. sogleich) zurück.

II. Die Privat-, Geheim- und Intimsphäre

Das allgemeine Persönlichkeitsrecht gewährt grundsätzlich einen umfassenden Schutz gegen Indiskretionen, also gegen die Verbreitung wahrer Tatsachen über eine Person ohne deren Einwilligung. Dieser Indiskretionsschutz ist unmittelbarer Ausdruck des Selbstbestimmungsgedankens, der dem allgemeinen Persönlichkeitsrecht zugrunde liegt. Allerdings muß dieser Grundrechtsschutz in vielen Konstellationen mit den geschützten Rechten Dritter oder anderen Verfassungsgütern (insbesondere der Informations-, Presse- und Rundfunkfreiheit [403]) nach den bereits dargestellten Grundsätzen der Lebach-Entscheidung [404] in Ausgleich gebracht werden.

Die Zuordnung der zu bewertenden Sachverhalte zu abstrakt umrissenen Sphären dient als gedankliches Hilfsinstrument dieser Abwägung. Der Sphärengedanke scheint untrennbar mit diesem Abwägungsvorgang verbunden zu sein. Bereits *Hubmann* hat in seiner grundlegenden Schrift zum Persönlichkeitsrecht drei Schutzkreise des Indiskretionsschutzes unterschieden, die er mit den Begriffen Individualsphäre, Privatsphäre und Geheimsphäre bezeichnet hat [405]. Die Individualsphäre schütze die Person in ihrer Einmaligkeit und Eigenart und bewahre diesen Eigenwert in der Öffentlichkeit. Die Privat- und die Geheimsphäre beschützten die Person hingegen vor der Öffentlichkeit, wobei die Privatsphäre diejenigen Vorgänge umfasse, die der Betroffene der breiten Öffentlichkeit entziehen wolle, obwohl sie an sich zumindest einem bestimmten Personenkreis zugänglich wären. Die Geheimsphäre umfasse dagegen Handlungen, Äußerungen und Gedanken, von denen niemand oder nur bestimmte Personen Kenntnis nehmen sollen und die aufgrund dieses Geheimhaltungsinteresses auch vor der unbefugten Kenntnisnahme durch einzelne gesichert werden sollen [406].

---

[403] vielleicht zukünftig auch mit der "Internetfreiheit", die Mecklenburg als "sechste Kommunikationsfreiheit" aus Art. 5 Abs. 1 GG entwickelt, vgl. ZUM 97, 525 f.; Zur Zuordnung der neuen Informations- und Kommunikationsdienste zur Rundfunk-, Presse- und Informationsfreiheit ausführlich Bullinger/Mestmäcker, S. 40 ff.

[404] vgl. BVerfGE 35, 202 (225 f.)

[405] vgl. Hubmann, S. 269

[406] vgl. Hubmann, S. 270

Nach heutigem Verständnis ist die Persönlichkeit in der Intim-, Privat- und Geheimsphäre vor Indiskretionen geschützt [407]. Besonders praxisrelevant ist hierbei der Bereich der Privatsphäre, da dieser nicht absolut geschützt ist, sondern bei den vielfältigen Vorgängen, die der Privatsphäre unterfallen können, die Erforderlichkeit der Güterabwägung mit anderen betroffenen Grundrechten, insbesondere mit der Presse- und Rundfunkfreiheit (Art. 5 Abs.1 GG), offen zu Tage tritt [408].

Trotz der großen Bedeutung der Schutzsphäre für den Umfang des Persönlichkeitsschutzes ist es bis heute weder der Rechtsprechung, noch der Lehre gelungen, einheitliche Kriterien für die Zuordnung der Lebenssachverhalte zu den Sphären zu entwickeln. Dies ist verständlich, soweit es um die individuellen Abwägungsergebnisse geht, bei welchen niemals die vorgenommene Einordnung in eine bestimmte Sphäre entscheidungsbegründend sein kann, sondern nur eine Formulierungs- und Argumentationshilfe für die Darstellung des individuellen Abwägungsergebnisses ist. Bedenklich ist es insoweit aber, daß noch nicht einmal über die Bezeichnung und Anzahl der Schutzsphären Einigkeit besteht [409]. Auch der übliche Hinweis, die einzelnen Sphären könnten nicht in strikter Trennung gesehen werden [410], verhilft der Terminologie nicht zur wünschenswerten Klarheit.

Gemeinsam ist allen Erklärungsansätzen, daß die einzelnen Sphären gemeinsam eine stufenlose Skala zwischen den geheimsten und intimsten Vorgängen bis zu den öffentlichkeitsbezogenen Tatsachen bilden und so die Bandbreite der Facetten des menschlichen Lebens vollständig erfassen. Die konkrete Zuordnung wird aber stets einzelfallbezogen vorgenommen, wobei es eben auch zu widersprüchlichen Zuordnungen kommt [411].

Zudem scheint sich gegenwärtig die von Beginn der Persönlichkeitsrechtsprechung an bestehende Diskrepanz zwischen der Rechtsprechung des BGH und der des BVerfG im Umgang mit dem Sphärengedanken zu vergrößern. Während der BGH - ausgehend von den Überlegungen Hubmanns - in langer Tradition

---

[407] vgl. für viele Wenzel, Recht der Wort- und Bildberichterstattung, Rn. 5.32 ff. m.w.N.

[408] vgl. für alle Wenzel, Recht der Wort- und Bildberichterstattung, Rn. 5.51 m.w.N.; aktuell auch BGH NJW 96, 1128 - Caroline von Monaco III m.w.N.

[409] Ehmann spricht u.a. aus diesem Grund von der praktischen Unbrauchbarkeit der Sphärentheorie, vgl. JuS 97, 194 (197)

[410] vgl. für viele Degenhart, JuS, 92, 361 (364)

[411] vgl. Wenzel, Recht der Wort- und Bildberichterstattung, Rn. 5.30 ff.

zwischen den Sphären unterscheidet und daran auch bis heute festhält [412], betont das BVerfG spätestens seit der Eppler-Entscheidung immer stärker den Aspekt der Selbstbestimmung, der der Sphärengliederung bei der Abwägung eine geringere Bedeutung beimißt. Nach dem Selbstbestimmungsgedanken ist der Inhalt des allgemeinen Persönlichkeitsrechts maßgeblich durch das Selbstverständnis seines Trägers geprägt [413] und wird vom BVerfG nur aus Gründen des "Sozialbezugs" und der "Gemeinschaftsbezogenheit" der zu bewertenden Sachverhalte im überwiegenden Allgemeininteresse beschränkt [414].

Das BVerfG war dem Sphärengedanken von jeher nur insoweit gefolgt, als es betont hat, dem Bürger müsse ein unantastbarer Bereich privater Lebensgestaltung gewährt werden, der der Einwirkung der öffentlichen Gewalt entzogen ist [415]. Diesen Bereich bezeichnet es zuweilen als Intimsphäre [416], eine allgemeingültige Bestimmung des unantastbaren Kernbereichs ist dem BVerfG aber bisher nicht gelungen [417]. Außerhalb dieses Kernbereichs seien Einschränkungen im überwiegenden Interesse der Allgemeinheit und unter strikter Wahrung des Verhältnismäßigkeitsgrundsatzes möglich [418]. Dieser Bereich wurde vom BVerfG in einigen Entscheidungen mit dem Begriff der Privatsphäre belegt [419]. Gleichwohl arbeitet das BVerfG nicht mit einer Sphärentheorie im Sinne einer fixierten Kategorisierung [420]. Das BVerfG neigt vielmehr dazu, die Abgrenzung des Schutzes des allgemeinen Persönlichkeitsrechts im Wege der Abwägung nach dem Verhältnismäßigkeitsgrundsatz vorzunehmen und zieht hierbei - einzelfallbezogen - die Begriffe aus der Sphärentheorie zur Umschreibung heran, ohne ihnen eine eigene rechtliche Bedeutung zumessen zu wollen [421].

---

[412] vgl. nur BGH NJW 96, 1128 - Caroline von Monaco III

[413] vgl. BVerfGE 54, 148 (156) - Eppler; 65, 1 (42) - Volkszählung; 72, 155 (170) - Minderjährige

[414] vgl. BVerfGE 35, 202 (220) - Lebach, 65, 1 (44) - Volkszählung

[415] vgl. nur BVerfGE 6, 32 (41); 27, 1 (6); 27, 344 (350 f.)

[416] so z.B. in BVerfGE 27, 344 (350 f.) - Scheidungsakten

[417] vgl. Degenhart, JuS 92, 361 (363); Ehmann, JuS 97, 194 (197)

[418] vgl. BVerfGE 27, 344 (351) - Scheidungsakten; 34, 238 (246 ff.) - Tonbandaufnahme; 80, 367 - Tagebuch

[419] Nachweise bei Rohlf, S. 76, dort Fn. 36

[420] vgl. Arnauld, ZUM 96, 286 (289, dort Fn. 52)

[421] Auch Rohlf, S. 87 ff., der die einschlägige Rspr. des BVerfG umfänglich darstellt und den Versuch einer Fallgruppenbildung unternimmt, kommt zu der Erkenntnis, daß das BVerfG wohl

Ungeachtet dieser strukturellen Unterschiede im Umgang mit dem Sphärengedanken werden die Schutzsphären in der Rechtspraxis, insbesondere bei den häufig zu entscheidenen Pressestreitigkeiten, zum Zwecke einer ersten "Grobbewertung" [422] der schutzwürdigen Interessen wie folgt umrissen:

- Intimsphäre:

Grundsätzlich sind Vorgänge aus dem Sexualbereich der Intimsphäre zuzurechnen. Sie können aber auch nur der Privatsphäre unterfallen, wenn die diesbezüglichen Informationen allgemeiner Natur sind und nicht ins Detail gehen. So wird die schlichte (detailarme) Mitteilung einer geschlechtlichen Begegnung häufig lediglich der Privatsphäre zuzurechnen sein. Die Einzelheiten dieses Vorgangs unterliegen hingegen dem absoluten Schutz der Intimsphäre [423]. Gleiches gilt für detailreiche Informationen über den Gesundheitszustand einer Person [424].

- Privatsphäre:

Die Privatsphäre kennzeichnet den persönlichen Rückzugsbereich des Menschen, den sich dieser in seiner eigenen Individualität grundsätzlich autonom gestalten kann. Dieser Bereich ist durch die Vertraulichkeit und Vertrautheit geprägt [425]. Er muß nicht nur statisch in Bezug auf die Person, sondern dynamisch im Verhältnis auf die anderen im jeweiligen Bezugssystem stehenden Personen bestimmt werden [426]. In erster Linie ist der häusliche und familiäre Rahmen erfaßt, wobei alle Vorgänge und Lebensäußerungen dieses Bereiches in den Schutz der Privatsphäre fallen. Das Leitbild des häuslichen Bereichs bedeutet aber nicht, daß der Schutz "an der Haustür" endet oder in sonstiger Weise rein örtlich abzugrenzen ist. Der Ort des Verhaltens hat lediglich einen indizierenden Orientierungswert [427]. Die Abgrenzung ist somit thematisch-inhaltlich vorzunehmen. Es kommt darauf an, ob der Sachverhalt einen Vorgang betrifft, der den von der Öffentlichkeit

---

hinsichtlich der Sphärentheorie keinen einheitlichen theoretischen Ansatz verfolge (S. 123) und die verfassungsgerichtliche Rspr. insoweit unklar sei (S. 129).

[422] vgl. Steffen, in Löffler, Presserecht, § 6 LPG, Rn. 64

[423] vgl. Wenzel, Recht der Wort- und Bildberichterstattung, Rn. 5.41

[424] vgl. z.B. BGH NJW 96, 984 - Caroline von Monaco II; BVerfGE 32, 373 (379); weitere Beispiel und Nachweise zur Intimsphäre bei Steffen, in Löffler, Presserecht, § 6 LPG, Rn. 66 f., 214 f.

[425] vgl. Schmitt Glaeser, HdbSt, Rn. 30

[426] vgl. Ehmann, JuS 97, 194 (196)

[427] vgl. Schmitt Glaeser, HdbSt, Rn. 37

abgekehrten Teil des Lebens betrifft und nur von einer begrenzten, überschaubaren Personenzahl überhaupt wahrgenommen werden konnte oder ob er einen intensiven Sozialbezug aufweist [428]. Der BGH hat unlängst in Bezug auf heimliche Fotografien klargestellt, daß der Schutz der Privatsphäre auch bei Prominenten nicht örtlich auf den häuslichen Bereich beschränkt ist [429].

- Geheimsphäre:

Der Geheimsphäre kommt im Verhältnis zu den beiden obigen Schutzsphären nur selten eine selbständige Bedeutung zu. Sachverhalte, die ihr zuzuordnen wären, lassen sich häufig gleichzeitig unter den Begriff der Privatsphäre fassen. Geheimnisse sind Kenntnisse über vertrauliche Tatsachen, die allenfalls einem beschränkten Personenkreis bekannt sind und nach dem objektiv anzuerkennenden Interesse und dem wirklichen oder mutmaßlichen Willen des Betroffenen nicht verbreitet werden sollen [430]. In die Geheimsphäre fallen insbesondere solche Inhalte, an denen regelmäßig ein besonderer Geheimhaltungswille besteht, also z.B. Tagebücher, persönliche Briefe, vertrauliche Gespräche und Telefonate [431], gleichgültig, ob ein etwaiger Sonderrechtsschutz z.b. nach §§ 201 ff. StGB eingreift [432].

III. Der Schutz gegen Unwahrheit, insbesondere die Pflicht zur Zitattreue

Das allgemeine Persönlichkeitsrecht schützt das Individuum gegen die Verbreitung unwahrer Tatsachen über die eigene Person. Die Verbreitung von Unwahrheiten über eine Person zählt zu den gravierendsten Beeinträchtigungen der Persönlichkeit [433], da schon mit der Verbreitung wertneutraler und nicht ehrenrühriger falscher Tatsachen ein unzutreffendes Bild von der Person gezeichnet wird [434]. Der Mensch wird dann von Dritten nicht der Wirklichkeit entsprechend

---

[428] vgl. BVerfGE 6, 389 (433); 35, 202 (220) - Lebach

[429] vgl. BGH NJW 96, 1128 - Caroline von Monaco III, vgl. oben § 4; weitere Beispiele zur Privatsphäre bei Steffen, in Löffler, Presserecht, § 6 LPG, Rn. 68, 216

[430] vgl. Erman/Ehmann, BGB, Anhang zu § 12, Rn. 211

[431] vgl. Wenzel, Recht der Wort- und Bildberichterstattung, Rn. 5.33 ff.; ansonsten unklar, da Wenzel in diesem Zusammenhang das Recht auf informationelle Selbstbestimmung benennt.

[432] zum heimlichen Mithörenlassen bei (geschäftlichen) Telefonaten vgl. aktuell BAG, DB 98, 371; weitere Beispiel zur Geheimsphäre bei Steffen, in Löffler, Presserecht, § 6 LPG, Rn. 69, 217

[433] vgl. Wenzel, Recht der Wort- und Bildberichterstattung,Rn. 5.63

[434] z.B. durch die Verbreitung von unzutreffenden Heiratsabsichten, vgl. BGH NJW 95, 861 und BVerfG NJW 98, 1381 oder falscher Angaben über die Gesundheit, vgl. BGH NJW 96, 984

wahrgenommen, er wird in ein "falsches Licht gerückt"[435]. Obgleich vom BVerfG in seiner Aufzählung[436] nicht ausdrücklich erwähnt, kommt der Fallgruppe des Schutzes gegen Unwahrheiten als "Spiegelbild" des eingangs dargestellten Indiskretionsschutzes in der Praxis eine große Bedeutung zu. Vornehmlich handelt es sich um Fälle der Falschberichterstattung durch die Medien. Niemand muß es hinnehmen, daß sein Persönlichkeitsbild durch die Verbreitung unwahrer Tatsachen verfälscht wird[437]. Falschbehauptungen fallen grundsätzlich auch nicht in den Schutzbereich des Art. 5 GG[438], so daß keine Abwägung mit der Meinungs- oder der Presse- und Rundfunkfreiheit erforderlich ist. Unrichtige Information ist kein schützenswertes Gut, weil sie der verfassungsrechtlichen Aufgabe der freien Meinungsbildung auf zutreffender Tatsachengrundlage nicht dienen kann[439].

Die Begehungsformen für Persönlichkeitsrechtsverletzungen durch unwahre Tatsachen sind vielfältig. Das BVerfG hatte sich in diesem Zusammenhang mehrfach mit Fallkonstellationen der Verbreitung eines fingierten Interviews[440], des Falschzitats[441] und des Unterschiebens nicht getaner Äußerungen[442] zu befassen. Derartige Fälle meint es, wenn es in der Eppler-Entscheidung etwas unklar als Ausprägung des allgemeinen Persönlichkeitsrechts von dem "Recht, unter bestimmten Umständen von der Unterschiebung nicht getaner Äußerungen verschont zu bleiben"[443] spricht.

---

[435] vgl. Ehmann, JuS 97, 194 (198)

[436] vgl. z.B. BVerfGE 54, 148 (154) - Eppler

[437] vgl. Ehmann, JuS 97, 194 (198); vgl. ebenso BVerfG NJW 98, 1381, vgl. hierzu bereits oben in diesem Kapitel, § 4 a.E.

[438] vgl. Degenhart JuS 92, 361 (365) m.w.N.; BVerfG NJW 98, 1381

[439] vgl. BVerfGE 12, 113 (130) - Schmid: " Wenn die Presse von ihrem Recht, die Öffentlichkeit zu unterrichten, Gebrauch macht, ist sie zur wahrheitsgemäßen Berichterstattung verpflichtet. Die Erfüllung dieser Wahrheitspflicht wird ... schon um des Ehrenschutzes des Betroffenen willen gefordert.(...) Sie ist zugleich in der Bedeutung der öffentlichen Meinungsbildung im Gesamtorganismus einer freiheitlichen Demokratie begründet. Nur dann, wenn der Leser - im Rahmen des Möglichen - zutreffend unterrichtet wird, kann sich die öffentliche Meinung richtig bilden."; vgl. auch BVerfGE 54, 208 (219) - Böll/Walden; Wenzel, Recht der Wort- und Bildberichterstattung, Rn. 5.63 ff.

[440] BVerfGE 34, 269 - Soraya

[441] BVerfGE 54, 208 - Böll/Walden

[442] BVerfGE 54, 148 - Eppler

[443] BVerfGE 54, 148 (154)

Bei dem Recht, unter bestimmten Umständen von der Unterschiebung nicht getaner Äußerungen verschont zu bleiben, handelt es sich gleichermaßen um einen Unterfall des Schutzes gegen Unwahrheiten und des Schutzes des Verfügungsrechts über die Darstellung der eigenen Person in der Öffentlichkeit. Letzterer Aspekt wird vor allem dann berührt, wenn Äußerungen falsch oder verfälschend, z.B. durch verkürzende Wiedergabe eines Zitats ohne Berücksichtigung des Kontext [444]. In einer jüngeren Entscheidung hat das BVerfG erneut bestätigt, daß das allgemeine Persönlichkeitsrecht auch die Freiheit des Einzelnen umfaßt, selbst zu bestimmen, welches Persönlichkeitsbild er von sich vermitteln will. Dieses Recht könne verletzt sein, wenn Äußerungen einer Person falsch wiedergegeben werden oder Äußerungen, die nicht gemacht worden sind, untergeschoben werden [445].

In diesem Licht muß auch die vom BVerfG in der Eppler-Entscheidung gewählte Formulierung betrachtet werden, wonach - überraschenderweise - nur "unter bestimmten Umständen" ein Schutz gegen das Unterschieben nicht getaner Äußerungen bestehen soll. Diese Aussage bezieht sich auf die Soraya-Entscheidung [446]. Obwohl es sich dort um den Fall der Verbreitung eines erfundenen Interviews, also der Verbreitung der unwahren Tatsachenbehauptung handelte, die Betroffene habe ein Interview gegeben und sich darin wie zitiert geäußert, hat das BVerfG seine Feststellungen zur Verletzung des Persönlichkeitsrechts in der Abwägung zur Pressefreiheit nicht allein auf die Unwahrheit der Behauptung, es habe ein Interview mit dem angegebenen Inhalt gegeben, gestützt. Es kam ihm vielmehr maßgeblich darauf an, daß in dem erfundenen Interview Vorgänge geschildert worden seien, die der Privatsphäre zuzuordnen seien. Der Schutz der Privatsphäre genieße gegenüber einer "Berichterstattung" dieser Art Vorrang. Da bereits das öffentliche Unterschieben von Äußerungen beliebiger Art das Personenbild in der Öffentlichkeit verfälscht, müssen dieser Einschränkung des Schutzes gegen Falschzitate Bedenken entgegenstehen. In der Wiedergabe eines Zitats liegt immer die Tatsachenbehauptung, daß der Zitierte sich tatsächlich so geäußert hat [447]. Also geht mit dem Unterschieben von nicht getanen Äußerungen immer die Verbreitung unwahrer Tatsachen einher. Gleichzeitig wird auch regelmäßig der selbstdefinierte soziale Geltungsanspruch verletzt, da jedermann in

---

[444] vgl. Steffen, in Löffler, Presserecht, § 6 LPG, Rn. 200, 62

[445] vgl. BVerfGE 82, 236 (269) - Startbahn West

[446] vgl. BVerfGE 34, 269 (282 ff.)

[447] wie hier: Frömming, FS Engelschall, S. 49; Soehring, Rn. 14.7, jeweils m.w.N.

der Öffentlichkeit maßgeblich daran gemessen wird, mit welchen Äußerungen er hervortritt [448].

Diesen Aspekt hat das BVerfG in der Eppler-Entscheidung aufgegriffen. Dort wurde das Recht formuliert, davor geschützt zu werden, "daß jemandem Äußerungen in den Mund gelegt werden, die er nicht getan hat und die seinen von ihm selbst definierten sozialen Geltungsanspruch beeinträchtigen" [449]. Anstelle einer Verletzung eines weiteren Schutzgutes des Persönlichkeitsrechts, etwa der Privatsphäre, durch untergeschobene Äußerungen könne die Persönlichkeitsrechtsverletzung auch darin liegen, daß das unrichtige Zitat nicht mit seiner selbstgewählten Darstellung in der Öffentlichkeit übereinstimme. Es sei aber allein Sache der Person selbst darüber zu bestimmen, was ihren sozialen Geltungsanspruch ausmachen solle.

Dementgegen hat derselbe Senat in der Böll/Walden-Entscheidung vom selben Tag in der unrichtigen, verfälschenden oder entstellenden Wiedergabe eines Zitats ohne Einschränkung auf "bestimmte Umstände" einen Eingriff in das Persönlichkeitsrecht gesehen, da der Zitierte "als Zeuge gegen sich selbst ins Feld geführt wird" [450]. Dies scheint den Gewährleistungen des allgemeinen Persönlichkeitsrechts eher gerecht zu werden, als der einschränkende Ansatz der Soraya- und der Eppler-Entscheidung. Gleichwohl dürfte der beschränkende Vorbehalt der Eppler-Entscheidung, wonach die Verbreitung solcher Äußerungen, die der Betroffene zwar nicht gemacht hat, aber im Einklang mit seinen tatsächlichen Aussagen stehen, im Einzelfall zulässig sein kann, in der Praxis kaum Relevanz entfalten, da nahezu jede Abweichung vom Wortlaut einer Äußerung die Darstellung der Person verfälscht. An keinem anderen Merkmal manifestiert sich die Persönlichkeit und die öffentliche Darstellung in einer so bedeutenden Weise wie an der individuellen Wortwahl und dem persönlichen Ausdrucksvermögen. In der Regel kommt es nicht nur darauf an, "was" inhaltlich gesagt wird, sondern auch "wie" es (hinsichtlich der Formulierung etc.) gesagt wird. Im Ergebnis ist kaum eine Konstellation denkbar, in der die Wiedergabe von Falschzitaten nicht auch das selbstbestimmte Erscheinungsbild des Menschen in der Öffentlichkeit verletzt. So hat auch der BGH in seiner letzten Entscheidung zur Verbreitung eines erfundenen Interviews ebenfalls nicht auf den etwaigen Verletzungsgehalt der Inhalte des Interviews abgestellt, sondern die Persönlichkeitsrechtsverletzung mit der

---

[448] ähnlich Steffen, in Löffler, Presserecht, § 6 LPG, Rn. 62, 200; Ehmann, JuS 97, 198 f.

[449] vgl. BVerfGE 54, 148 (Ls. 1 und 155) - Eppler; kritisch hierzu Frömming, a.a.O., S. 50 (dort Fn. 23)

[450] vgl. BVerfGE 54, 208 (218) - Böll/Walden

Verletzung der Selbstbestimmung über das Erscheinungsbild begründet [451]. Auch die bisher jüngste Entscheidung des BVerfG zur Wiedergabe von falschen oder verfälschenden Zitaten verfolgt nicht weiter die Argumentation aus der Soraya-Entscheidung, sondern stellt auf die Verfälschung des Persönlichkeitsbildes ab [452].

IV. Das Recht auf informationelle Selbstbestimmung

Das Recht auf informationelle Selbstbestimmung ist vom BVerfG im Volkszählungsurteil [453] als Reaktion auf die Gefährdungen der Persönlichkeit durch die technischen Möglichkeiten der elektronischen Datenverarbeitung begründet worden. Diese Ausprägung des allgemeinen Persönlichkeitsrechts hat die Entwicklung der allgemeinen Datenschutzgesetze sowie der bereichsspezifischen Datenschutzbestimmungen maßgeblich beeinflußt. Soweit in Bezug auf die elektronische Datenverarbeitung dieses "Grundrecht auf Datenschutz" gemeint ist, kann auch vom Recht auf informationelle Selbstbestimmung im engeren Sinne gesprochen werden. Diese Bezeichnung macht bereits deutlich, daß der Anwendungsbereich dieser Ausprägung des Persönlichkeitsrechts nicht auf die modernen Informationsverarbeitungstechnologien [454] beschränkt ist. Das Recht auf informationelle Selbstbestimmung ist vielmehr als allgemeingültige Ausprägung des Persönlichkeitsrecht anerkannt und erfaßt auch Sachverhalte außerhalb elektronischer Datenverarbeitungssysteme [455], z.B. im Bereich der Medienberichterstattung [456]. Insoweit wirft das Recht auf informationelle Selbstbestimmung insbesondere hinsichtlich seiner Anwendung im Privatrecht ("Bürger-Bürger-Verhältnis") Fragen auf, da es grundsätzlich einen sehr ausgeprägten Schutz des Betroffenen im Sinne einer allumfassenden Herrschaft über seine Daten (d.h. personenbezogenen Informationen) gewährleistet, der in jedem Einzelfall mit den kollidierenden Rechten Dritter in Einklang gebracht werden muß. Hierzu bedarf es einer vertiefenden Betrachtung zur Ableitung und zum Gewährleistungsgehalt des Rechts auf informationelle Selbstbestimmung.

---

[451] vgl. BGH NJW 95, 861 (862 f.) - Caroline von Monaco I, vgl. oben, § 4

[452] vgl. BVerfGE 82, 236 (269) - Startbahn West

[453] BVerfGE 65, 1 - Volkszählung

[454] vgl. BVerfGE 65, 1 (42 a.E.) - Volkszählung

[455] vgl. z.B. BGH DtZ 94, 343 - IM-Liste

[456] vgl. zu letzterem z.B. Wenzel, Recht der Wort- und Bildberichterstattung, Rn 5.19; Steffen, in Löffler, Presserecht, § 6 LPG, Rn. 193; Ehmann, JuS 97, 194 (196)

I. Die Ableitung des Rechts auf informationelle Selbstbestimmung aus dem allgemeinen Persönlichkeitsrecht

Während über die Existenz des Rechts auf informationelle Selbstbestimmung aufgrund der klaren Aussagen des BVerfG Einigkeit besteht, ist dessen verfassungsrechtliche Ableitung aus dem allgemeinen Persönlichkeitsrecht nur in Grundzügen geklärt. Hieraus ergeben sich auch Folgen für Inhalt und Reichweite des vom Recht auf informationelle Selbstbestimmung gewährten Schutzes.

Nach der Rechtsprechung des BVerfG und des BGH handelt es sich bei dem Recht auf informationelle Selbstbestimmung um eine Konkretisierung des allgemeinen Persönlichkeitsrechts. Im Volkszählungsurteil wurde festgestellt, daß die bisherigen Konkretisierungen den Inhalt des Persönlichkeitsrechts nicht abschließend umschreiben. Sodann wurde das allgemeine Persönlichkeitsrechts als die aus dem Gedanken der Selbstbestimmung folgenden Befugnis des Einzelnen definiert, grundsätzlich selbst zu entscheiden, wann und innerhalb welcher Grenzen persönliche Lebenssachverhalte offenbart werden [457]. Aus dieser Definition wurde - konkret bezogen auf die spezifischen Gefahren der elektronischen Datenverarbeitung - das Recht auf informationelle Selbstbestimmung abgeleitet [458]. An dieser Ableitung wird bis heute festgehalten. Mehrfach wurde in jüngeren Entscheidungen ohne weiteres unter Hinweis auf das Volkszählungsurteil darauf verwiesen, daß das allgemeine Persönlichkeitsrecht das Recht auf informationelle Selbstbestimmung umfasse [459].

Die vom BVerfG vorgenommene Ableitung des Rechts auf informationelle Selbstbestimmung aus dem allgemeinen Persönlichkeitsrecht ist heute im Grundsatz allgemein anerkannt [460]. Diese Auffassung hat in den einschlägigen

---

[457] vgl. BVerfGE 65, 1 (41 f.) - Volkszählung

[458] vgl. BVerfGE 65, 1 (42 f.) - Volkszählung

[459] vgl. z.B BVerfGE 84, 192 (194); 78, 77 (84); BGH DtZ 94, 343

[460] vgl. z.B. Schmitt Glaeser, HbdSt, Rn. 85; Degenhart, JuS 92, 361 (363); dies entspricht schon der übereinstimmenden Auffassung in den ersten Stellungnahmen zum Volkszählungsurteil, vgl. Benda, DuD 84, 86 (88); Krause, JuS 84, 268 (268, 271); Simitis, NJW 84, 398 (399); Schlink, Der Staat 25 (1986), 233 (238, 242). Mehrfach wurde hervorgehoben, daß das BVerfG kein neues Grundrecht "erfunden" habe, sondern seiner Aufgabe nachgekommen ist, die Verfassung auszulegen und auf einen konkreten, wenngleich sehr weitreichenden, Sachverhalt anzuwenden. Diese Klarstellung, die offenbar wegen einer Reihe von anderslautenden Darstellungen in den Medien notwendig wurde (vgl. Krause a.a.O., dort Fn. 3), entspricht dem insoweit klaren Wortlaut der Entscheidungsgründe, die das Recht auf informationelle Selbstbestimmung als Konkretisierung des allgemeinen Persönlichkeitsrechts bezeichnen. Die "Erfindung" eines Grundrechts wäre

Kommentierungen ihren Niederschlag gefunden. Übereinstimmend, wenngleich mit unterschiedlicher Terminologie wird das Recht auf informationelle Selbstbestimmung als Ausprägung des allgemeinen Persönlichkeitsrechts eingeordnet. Die Formulierungen bezeichnen das Recht auf informationelle Selbstbestimmung als "Komponente" [461], "Ausfluß", "Aspekt" [462] und "Teilbereich" [463] oder als "Ausprägung" [464] des allgemeinen Persönlichkeitsrechts.

Nach anderer Ansicht ist das Recht auf informationelle Selbstbestimmung eine "Quersumme" der zuvor von der Rechtsprechung herausgebildeten Ausprägungen, welche alle Facetten des allgemeinen Persönlichkeitsrechts und auch die besonderen Persönlichkeitsrechte überlagert [465]. Hieraus wird gefolgert, daß die Einzelverbürgungen des allgemeinen Persönlichkeitsrechts zu Aspekten des Rechts auf informationelle Selbstbestimmung geworden sind [466]. Nach diesem Verständnis entfaltet das Recht auf informationelle Selbstbestimmung seine Ausstrahlungswirkung über den gesamten Schutzbereich des allgemeinen Persönlichkeitsrechts. Die derzeit jüngste Kommentierung hat sich dieser Ansicht angeschlossen [467]. Sie beruht auf der zuvor bereits von *Schmitt Glaeser* vertretenen Überlegung, daß der verfassungsrechtliche Datenschutz die Konsequenz aus dem Selbstdarstellungsrecht sei [468]. Er sei als Gesamtheit aller verfassungsrechtlichen Vorkehrungen gegenüber Beeinträchtigungen zu umschreiben, die für die Selbstdarstellung des einzelnen daraus entstehen, daß Informationen als Daten in Dateien dargestellt und verbreitet werden [469]. Hieraus sei zu folgern, daß das informationelle Selbstbestimmungsrecht als Zusammenfassung aller auf Informationen über die

---

dem BVerfG angesichts der klaren Vorgaben des BVerfGG für das Verfassungsbeschwerdeverfahren ohnehin nicht möglich gewesen.

[461] vgl. Wassermann (Hrsg.), AK-GG-Podlech, Art.2 Abs.1, Rn. 78

[462] v.Mangoldt/Klein/Starck, GG, Art. 2 Abs. 1, Rn. 80

[463] Jarass/Pieroth, Art. 2, Rn. 28a

[464] Leibholz/Rinck/Hesselberger, GG, Art. 2, Rn. 105; alleingeblieben ist die von *Langer* vertretene Auffassung, das Recht auf informationelle Selbstbestimmung sei "richtigerweise" als "Schranken-Schranke" der allgemeinen Handlungsfreiheit zu verstehen, vgl. Langer, S. 184

[465] Kunig, Rn. 38 zu Art. 2, in: von Münch/Kunig, GGK

[466] Kunig, a.a.O.

[467] Murswiek, in Sachs, GG, Art. 2, Rn. 73

[468] vgl. Schmitt Glaeser, HbdSt VI, § 129, Rn. 76 ff.; vgl. auch Degenhart JuS 92, 361 (365)

[469] vgl. Schmitt Glaeser, HbdSt VI, § 129, Rn. 80

Persönlichkeit und insbesondere über die Privatsphäre des einzelnen bezogenen Aspekte des Persönlichkeitsschutzes zu verstehen ist[470].

Vereinzelt wird das allgemeine Persönlichkeitsrecht unmittelbar der Menschenwürde (Art. 1 Abs. 1 GG) oder der allgemeinen Handlungsfreiheit (Art. 2 Abs. 1 GG) unterstellt. Soweit das allgemeines Persönlichkeitsrecht als Konkretisierung der Menschenwürde aus Art. 1 Abs. 1 GG angesehen wird[471], wird jedoch gleichzeitig erkannt, daß als Grundlage des Schutzes der Selbstbestimmung über persönliche Daten nicht nur die (unantastbare) Garantie der Menschenwürde, sondern auch das Recht aus Art. 2 Abs. 1 GG heranzuziehen ist[472]. Andernfalls wäre das Recht auf informationelle Selbstbestimmung wegen Art. 1 Abs. 1 GG unantastbar.

Dieses Problem stellt sich nicht bei der Ansicht, die den Datenschutz direkt der Handlungsfreiheit des Art. 2 Abs. 1 GG unterstellt[473], da die allgemeine Handlungsfreiheit mit mehreren Grundrechtsschranken ausgestattet ist, zu denen auch die Rechte anderer zählen. Hierbei muß es jedoch Bedenken begegnen, den Aspekt der Menschenwürde gänzlich aus dem allgemeinen Persönlichkeitsrecht auszublenden, da es gerade auf den Schutz von Wert und Würde der Person als Mitglied einer freien Gesellschaft zielt[474]. Dieser enge Bezug zur Menschenwürde muß bei der Bestimmung von Inhalt und Reichweite des Persönlichkeitsrechts berücksichtigt werden[475]. Somit ergibt sich, daß die h.M. im Einklang mit der Rechtsprechung das Recht auf informationelle Selbstbestimmung zutreffend gemeinsam aus den Grundrechten des Art. 2 Abs. 1 und Art. 1 Abs. 1 GG, mithin aus dem allgemeinen Persönlichkeitsrecht ableitet. Durch den Bezug zur Menschenwürde vermag es seinen vom BVerfG definierten weiten Schutzauftrag zu erfüllen, während die Ableitung aus der Handlungsfreiheit des Art. 2 Abs. 1 GG

---

[470] vgl. Murswiek, in: Sachs, GG, Art. 2, Rn. 73

[471] so Wernicke, in: Dolzer/Vogel (Hrsg.), BK, Art. 1, Rn. 48

[472] vgl. Wernicke a.a.O., Rn. 83

[473] so Klein in: Schmidt-Bleibtreu/Klein, Art. 2 Rn. 2

[474] vgl. BVerfGE 65, 1 (41) - Volkszählung

[475] vgl. st.Rspr., vgl. z.B. BVerfGE 34, 238 (245) - Tonbandaufnahme; 35, 202 (221) - Lebach; Schmitt Glaeser, HbdSt VI, § 129, Rn.28

die Möglichkeit für Einschränkungen der Selbstbestimmung im Interesse der Allgemeinheit eröffnet [476].

2. Inhalt und Reichweite des Rechts auf informationelle Selbstbestimmung

Informationelle Selbstbestimmung ist in ihrem allgemeinen, d.h. nicht auf die spezifischen Gefahren der Datenverarbeitung bezogenen Verständnis das Selbstbestimmungsrecht über die Darstellung der eigenen Person in der Öffentlichkeit [477]. Bereits diese Kurzformel zeigt auf, daß der Anwendungsbereich des Rechts auf informationelle Selbstbestimmung nicht auf die elektronische Datenverarbeitung beschränkt ist [478]. Dies ergibt sich auch aus den Ausführungen des BVerfG im Volkszählungsurteil [479] sowie aus deren Anwendung in späteren Entscheidungen, in deren Kern es nicht um die Gefahren durch die Datenverarbeitung ging [480]. Vielmehr handelt es sich um eine Konkretisierung des bereits zuvor im Eppler-Beschluß formulierten Grundgedankens der freien Selbstbestimmung des Individuums als Grundlage aller Ausprägungen des allgemeinen Persönlichkeitsrechts. Der Einzelne soll grundsätzlich selbst entscheiden können, wie er sich in der Öffentlichkeit darstellen will und ob und wieweit von Dritten über seine Persönlichkeit verfügt werden kann. Das Recht auf Selbstbestimmung im Bereich der Offenbarung von persönlichen Lebenssachverhalten als Schutzgut des allgemeinen Persönlichkeitsrechts ist anerkannt, wie das BVerfG ausdrücklich im Minderjährigen–Beschluß feststellt [481]. Dem Einzelnen soll es ermöglicht werden, am Kommunikationsprozeß als Subjekt teilzunehmen und nicht Objekt dieses Prozesses zu sein [482].

Der inhaltliche Kern des Selbstbestimmungsrechts liegt darin, über das zu bestimmen, was den eigenen sozialen Geltungsanspruch ausmachen soll; hierbei

---

[476] Da es sich hierbei um die herrschende Meinung handelt (vgl. die Nachweise oben, insbesondere Schmitt Glaeser, HbdSt VI, § 129, Rn. 85) und angesichts der klaren Position des BVerfG in E 65, 1 (45) soll diese Frage hier nicht weiter vertieft werden.

[477] vgl. Degenhart, JuS 92, 361 (365), sowie oben in diesem Abschnitt § 5 I m.w.N.

[478] vgl. Vogelgesang, S. 25 f.; Gallwas, NJW 92, 2785 (2787); Ehmann, JuS 97, 194 (196); Wenzel, Recht der Wort- und Bildberichterstattung, Rn. 5.19; Steffen, in Löffler, Presserecht, § 6 LPG, Rn. 193

[479] vgl. BVerfGE 65, 1 (42 ff.); die zentralen Aussagen dieses Urteil wurden oben in § 3 dargestellt, worauf hier zur Meidung von Wiederholungen verwiesen wird

[480] vgl. z.B.BVerfGE 72, 155 (171) - Minderjährige; BVerfGE 78, 77 (84) - Entmündigung

[481] vgl. BVerfGE 72, 155, Ls. - Minderjährige

[482] vgl. Geis, CR 95, 171

kommt es maßgeblich auf das eigene Selbstverständnis an [483]. Bezogen auf dem Umgang mit personenbezogenen Daten [484] bedeutet dies, daß unter dem Recht auf informationelle Selbstbestimmung die Befugnis des Einzelnen zu verstehen ist, selbst zu entscheiden, ob, in welchem Umfang und zu welchem Zweck Informationen, die etwas über seine Person aussagen, erhoben und verwendet werden dürfen. Erfaßt wird jede Form des Umgangs mit Informationen, jede Information und jede Form der Datenverarbeitung [485]. Das Recht auf informationelle Selbstbestimmung neben dem Recht auf selbstbestimmte Darstellung der eigenen Persönlichkeit auch das Recht auf selbstbestimmten Umgang mit der eigenen Person.

Dieser Selbstbestimmungsgedanke überlagert aufgrund seiner großen Reichweite alle anderen Ausprägungen des Persönlichkeitsrechts: Der Schutz vor Indiskretionen durch die Privat- , Geheim- und Intimsphäre garantiert in seinem Kern die freie Selbstbestimmung über diejenigen Umstände, die nach dem Willen des Betroffenen öffentlich bekannt werden sollen. Der Wert- und Achtungsanspruch des Ehrenschutzes beruht neben seiner sozialen Komponente in erster Linie auf dem selbstbestimmten Geltungsanspruch. Vor allem das Verfügungsrecht über die Darstellung der eigenen Person beruht auf der Überlegung, daß die gesellschaftliche Positionsbestimmung, die Definition des sozialen Profils dem Betroffenen überlassen bleiben muß, indem er über die Verbreitung personenprägender Informationen selbst bestimmt [486]. Auch der Schutz gegen Unwahrheiten läßt sich auf die freie Selbstbestimmung zurückführen, da die Verbreitung falscher Tatsachen das durch das selbstbestimmte Handeln definierte reale Abbild des Betroffenen beeinträchtigt. Ebenso ist es ein Ausdruck des Selbstbestimmungsgedankens, von der Unterschiebung nicht getaner Äußerungen verschont zu bleiben (Pflicht zur Zitattreue), da auf diese Weise der vom Betroffenen selbstdefinierte soziale Geltungsanspruch in einem ganz bedeutenden Punkt berührt wird [487].

---

[483] vgl. BVerfGE 54, 148 (155 f.) - Eppler

[484] Dieser Begriff wird gewöhnlich entsprechend seiner Legaldefinition in § 3 I BDSG gebraucht: "Personenbezogene Daten sind Einzelangaben über persönliche oder sachliche Verhältnisse einer bestimmten oder bestimmbaren natürlichen Person (Betroffener)".

[485] vgl. Vogelgesang, S. 26

[486] vgl. Schmitt Glaeser, HbdSt VI, § 129, Rn 42 und Wellbrock, S. 95, 101 sprechen vom "Selbstdarstellungsrecht".

[487] vgl.oben in diesem Abschnitt, § 5 III

3. Das Verhältnis der Sphärentheorie zum Selbstbestimmungsrecht

Soeben wurde dargelegt, daß das Recht auf informationelle Selbstbestimmung nicht auf seine Anwendung hinsichtlich derjenigen Gefahren, die sich aus den Möglichkeiten der elektronischen Datenverarbeitung ergeben, beschränkt ist. Sein Schutz knüpft insbesondere nicht an technische Sachverhalte an, auch wenn dieser Anwendungsbereich wegen der Entwicklung der Informationsgesellschaft zunehmend an Bedeutung gewinnt.

In der Rechtsprechung konnte auch hinreichende Klarheit darüber geschaffen werden, daß das Recht auf informationelle Selbstbestimmung seinen Schutz nicht nur gegenüber dem Staat entfaltet, sondern auch in zivilrechtlichen Streitigkeiten zwischen Privaten Anwendung findet. Diese Ausprägung des allgemeinen Persönlichkeitsrechts schützt auch vor überzogenen Ausforschungen und anderen Eingriffen Dritter, die eine Person gegen ihren Willen für die Öffentlichkeit verfügbar machen [488]. Insoweit kann hier auf die in § 4 dieses Kapitels genannten Fallbeispiele verwiesen werden.

Im Bereich bürgerlichrechtlicher Streitverhältnisse werden die auftretenden Kollisionen zwischen dem Persönlichkeitsrecht und den berechtigten Informationsinteressen der Allgemeinheit in langjähriger Praxis mittels Abwägungen anhand der Sphärentheorie entschieden [489]. Andererseits gibt es Entscheidungen, die auch in solchen Kollisionslagen ausschließlich auf das Recht auf informationelle Selbstbestimmung abstellen und (ohne eine Zuordnung der Inhalte zu den Schutzsphären vorzunehmen) mit den Grundrechten Dritter abwägen [490]. Eine Abgrenzung, wann der eine und wann der andere Lösungsweg beschritten wird, ist nicht ersichtlich.

An dieser Unsicherheit in der Rechtspraxis wird das schwierige Verhältnis zwischen dem sehr weitreichenden und tendenziell präventiv wirkenden Schutz des Selbstbestimmungsrechts und dem Persönlichkeitsschutz nach der Sphärentheorie deutlich, die nur Informationen aus bestimmten Bereichen der Dispositionsbefugnis ihres "Inhabers" unterstellt. Hieraus ergibt sich die Frage, ob sich beide Systeme ergänzen oder ob das Recht auf informationelle Selbstbestimmung eine wesentliche Neubestimmung des Inhalts und der Reichweite vorgenommen hat, die die Anwendung der Sphärentheorie obsolet werden läßt.

---

[488] vgl. BGH DtZ 94, 343 (344); BVerfGE 84, 192 (194 f.)

[489] st. Rspr. des BGH, vgl. z.B. BGH NJW 96, 1128 - Caroline von Monaco III m.w.N.

[490] vgl. BGH DtZ 94, 343 (344), vgl. hierzu oben § 4

In der überwiegenden Anzahl von Stellungnahmen zum Volkszählungsurteil wurde davon ausgegangen, daß das BVerfG mit der Ableitung des Rechts auf informationelle Selbstbestimmung seinen bisherigen Ansatz des Sphärengedankens aufgegeben hat [491]. Anlaß für diese Interpretation des Urteils ist die dortige Aussage, daß aufgrund der Verknüpfungs- und Verarbeitungsmöglichkeiten der modernen Datenverbreitungstechnologien jedes Datum einen neuen Stellenwert bekommen könne; insoweit gebe es unter den Bedingungen der automatischen Datenverarbeitung kein "belangloses" Datum mehr. Die Schutzwürdigkeit von Informationen lasse sich immer nur im Zusammenhang mit ihrem Verwendungszweck ermitteln [492]. Unter dieser Prämisse läßt sich der Gedanke einer Kategorie von Informationen, die einer besonders schutzbedürftigen Sphäre (Intim-, Privat- und Geheimbereich) zuzuordnen sind und einer anderen Kategorie von Informationen, die aufgrund ihres "neutralen" Inhalts dem öffentlichen Zugriff ohne jede Beschränkung unterfallen sollen, nicht mehr ohne Vorbehalte aufrecht erhalten.

Der Blick auf die jüngere Rechtsprechung des BVerfG zeigt jedoch, daß sich das Gericht nicht gänzlich vom Sphärengedanken gelöst hat [493]. In der jüngsten Tagebuch-Entscheidung hat das BVerfG zwar einleitend den Selbstbestimmungsgedanken im Sinne des Volkszählungsurteils zugrunde gelegt, sodann aber die Frage, unter welchen Voraussetzungen im öffentlichen Interesse in die Befugnis der Selbstbestimmung über persönliche Lebenssachverhalte eingegriffen werden kann, anhand der Zuordnung des Sachverhalts zu einer Sphäre beantwortet. Hierbei griff das Gericht auf seine gängige Formel des "unantastbaren Bereichs privater Lebensgestaltung" zurück. Gleichzeitig wurde erneut darauf hingewiesen, daß die Zuordnung eines Sachverhaltes zu diesem unantastbaren Bereich oder zu jenem Bereich des privaten Lebens, der unter bestimmten Voraussetzungen dem Zugriff offen steht, nicht abstrakt beschrieben werden, sondern nur anhand der Besonderheit des Einzelfalls beantwortet werden kann [494].

Insgesamt betrachtet läßt sich beim BVerfG im Umgang mit dem Sphärengedanken nach der Begründung des Rechts auf informationelle Selbstbestimmung die

---

[491] vgl. Benda, der dem ersten Senat des BVerfG zum Zeitpunkt der Entscheidung angehörte, in DuD 84, 86 (88); Schlink, Der Staat 25 (1986), S. 241; Steinmüller, DuD 84, 91 (93); später auch Vogelgesang, S. 47, der die Abkehr von der Sphärenlehre bereits in den Entscheidungen BVerfGE 54, 148 - Eppler und 54, 208 - Böll/Walden sieht; Geis JZ 91, 112 (113)

[492] vgl. BVerfGE 65, 1 (45) - Volkszählung

[493] vgl. BVerfGE 80, 367 (373 f.) - Tagebuch; Geis, CR 95, 171 (172); Arnauld, ZUM 96, 286 (289); Degenhart, JuS 92, 361 (363, dort insb. Fn. 68)

[494] vgl. BVerfG a.a.O.; es ging um die Verwertbarkeit tagebuchartiger Aufzeichnungen eines des Mordes Verdächtigen in einem Strafverfahren.

Tendenz erkennen, den sphärenunabhängigen Schutz der freien Selbstbestimmung über die personenbezogenen Informationen jedenfalls für diejenigen Fallkonstellationen zu gewähren, in denen gerade die technischen Möglichkeiten der Datenverarbeitungssysteme diesen umfassenden und frühzeitig einsetzenden Schutz erfordern. In den Fällen des manuellen Umgangs mit Personendaten greift das BVerfG vereinzelt - jedoch nicht immer [495] - in der fallbezogenen Abwägung auf den Sphärengedanken zurück. Hierbei strahlt das Recht auf informationelle Selbstbestimmung als übergeordneter Rechtsgedanke auf die Zuordnung des Lebenssachverhaltes zum Kernbereich oder anderen geschützten Sphären aus. Auch in der zivilrechtlichen Rechtsprechung findet die Sphärentheorie weiterhin in solchen Entscheidungen Anwendung, in denen der Inhalt des Persönlichkeitsschutzes anhand des Selbstbestimmungsgedankens definiert wird. In diesen Fällen dient die Sphärentheorie als Abwägungshilfe bei der Gewichtung der einander entgegenstehenden schutzwürdigen Interessen [496].

Somit ist festzustellen, daß sich die Umsetzung des Selbstbestimmungsgedankens als zentraler Aspekt des Persönlichkeitsschutzes und die Sphärentheorie grundsätzlich nicht ausschließen. Die anhand des Sphärengedankens vorgenommene Einzelfallabwägungen werden aber von dem Grundsatz der freien Selbstbestimmung über den Umgang mit den Informationen über die eigene Person überlagert. Nur besonders schutzwürdige Interessen können zu einem Abwägungsergebnis führen, das nicht der Selbstbestimmung entspricht [497]. Insoweit gelten auch hier die bereits oben im Zusammenhang mit der Fallgruppe des Verfügungsrechts über die Darstellung der eigenen Person in der Öffentlichkeit (siehe oben Fallgruppe I) "gestufte Rücksichtspflichten" [498]. Hierbei sind die vom BVerfG bereits in der Lebach-Entscheidung formulierten Grundsätze der Güter- und Interessenabwägung uneingeschränkt anwendbar. Es ist auch im Anwendungsbereich des informationellen Selbstbestimmungsrechts in jedem Einzelfall der Grundrechtskollision zu prüfen, ob das verfolgte Interesse Vorrang verdient, d.h. ob der beabsichtigte Eingriff in das Recht auf informationelle Selbstbestimmung nach Art und Reichweite durch dieses Interesse gefordert wird und im angemessenen Verhältnis zur Bedeutung der Sache steht [499]. Bei der Prüfung der Angemessenheit im Sinne des letzten Halbsatzes kann die Sphärentheorie zumindest bei der

---

[495] vgl. z.B. BVerfGE 92, 192 (196 ff.) - Personalienangabe

[496] vgl. z.B. BGH NJW 96, 1128 (1129) m.w.N. - Caroline von Monaco III

[497] ähnlich auch Vogelgesang, S. 58, der dem Recht auf informationelle Selbstbestimmung ansonsten kritisch gegenübersteht.

[498] vgl. Steffen, in: Löffler, Presserecht, § 6 LPG, Rn. 194

[499] vgl. BVerfGE 35, 202 (220 ff.) - Lebach; hierzu ausführlich oben in diesem Kapitel, § 3

Bewertung von Sachverhalten, die nicht durch die technisch-bedingten Gefähr-
dungen der elektronischen Datenverarbeitung dominiert sind, als Abwägungshilfe
Berücksichtigung finden, ohne daß die Einordnung in eine bestimmte Sphäre die
Einzelfallabwägung präjudiziert.

Ferner führt der Aspekt der Selbstbestimmung zu einer Erweiterung der Reichweite des Persönlichkeitsschutzes. Auch bei Sachverhalten, die unter keiner der
Schutzsphären eingeordnet werden können und somit bei einem rein an
Schutzsphären orientierten Verständnis des allgemeinen Persönlichkeitsrechts der
selbstbestimmten Entscheidungsbefugnis des Einzelnen entzogen wären, muß
unter dem Aspekt der Selbstbestimmungsrechts eine Güterabwägung erfolgen [500].

V. Schutz vor der kommerziellen Ausnutzung der Persönlichkeit

Das allgemeine Persönlichkeitsrecht schützt auch vor der Vereinnahmung der
Persönlichkeit für kommerzielle Interessen Dritter, insbesondere vor der Benutzung der Person in der Werbung. Die entschiedenen Fälle sind naturgemäß der
Rechtsprechung der Zivilgerichte zu entnehmen. Der BGH kann dabei auf eine
lange Tradition zurückblicken. Mehrere seiner wegweisenden frühen Entscheidungen zum allgemeinen Persönlichkeitsrecht behandeln Fälle, in denen das
Bildnis einer Person ohne deren Einwilligung zu Werbezwecken gebraucht
wurde [501]. Es ist seither allgemein anerkannt, daß die ungenehmigte Verwendung
eines Personenbildnisses in der Werbung eine Verletzung des allgemeinen
Persönlichkeitsrechts darstellt, die zivilrechtliche Unterlassungs- und Entschädi-
gungsansprüche begründen kann [502]. Dies gilt auch, wenn es sich nicht um ein
echtes Personenfoto, sondern um Aufnahmen von ähnlichen Personen oder

---

[500] so (wohl) auch Ehmann, JuS 97, 194 (196), der das allgemeine Persönlichkeitsrecht als
"Befugnis einer Person innerhalb eines objektiv zu bestimmenden und abzugrenzenden Raums
(Schutzbereichs) selbst zu bestimmen, ob und inwieweit Informationen über sie erhoben und
verbreitet werden dürfen" definiert und im Wege einer "doppelten Konkretisierung auf zwei
Ebenen" schon den Schutzbereich des Persönlichkeitsrechts im Wege der Güter- und Interessenabwägung ermitteln will, um diesen sodann nochmals mit den Interessen des Eingreifenden
abzuwägen

[501] vgl. z.B. BGHZ 20, 345 (347 ff.) - Paul Dahlke; 26, 345 (349) - Herrenreiter; BGH NJW 61,
558 - Fam. Schölermann; vorher bereits RGZ 74, 308 - Graf Zeppelin

[502] vgl. Wenzel, Recht der Wort- und Bildberichterstattung, Rn. 5.25; Gerstenberg, in: Schricker,
UrheberR, § 60 / § 23 KUG, Rn. 38; Dies entspricht der st. Rspr. des BGH, vgl. BGHZ 49, 288 -
Sammelbilder; BGH NJW 79, 2205 - Fußballspieler; BGH NJW 92, 2084

professionellen "Doubles" handelt [503], soweit hierdurch ein Bezug zu der prominenten Person hergestellt wird.

Dieser Grundsatz gilt nicht nur für diejenigen Fälle, in welchen das Recht am eigenen Bild betroffen ist. Schon in der Entscheidung "Caterina Valente" sah der BGH die Verletzung des allgemeinen Persönlichkeitsrechts in einer namentlichen Erwähnung der Künstlerin in einer Werbeanzeige [504]. In der Ginseng-Entscheidung reichte dem BGH die Bezugnahme auf die wissenschaftliche Autorität eines namentlich bezeichneten Professors in der Werbung für ein sexuelles Kräftigungsmittel aus, um eine Verletzung des allgemeinen Persönlichkeitsrechts zu konstatieren [505]. Auch die Imitation der markanten Stimme eines verstorbenen Schauspielers in einem Werbespot ist als Persönlichkeitsrechtsverletzung angesehen worden [506]. Sogar in der Abbildung einer Sache, z.B. des Wohnhauses, zu Werbezwecken kann eine Persönlichkeitsverletzung liegen, wenn hiermit zugleich der Eindruck vermittelt wird, der Eigentümer sei der Werbetreibende [507].

Es kann somit festgehalten werden, daß das allgemeine Persönlichkeitsrecht das uneingeschränkte Recht jedes Einzelnen garantiert, sich nicht gegen den eigenen Willen von Dritten für Werbezwecke einspannen zu lassen [508]. Als Ausfluß des Rechts auf selbstbestimmte Darstellung der eigenen Person in der Öffentlichkeit steht jedermann grundsätzlich die freie Entscheidung darüber zu, ob und in welcher Weise er seine Person den Geschäftsinteressen Dritter dienstbar machen will. Dieser Grundsatz gilt jedoch nach der Rechtsprechung nicht uneingeschränkt. Noch nicht abschließend geklärt ist die Frage, ob sich der Schutz vor der Ausbeutung von Persönlichkeitsgütern auch auf Sachverhalte außerhalb der unmittelbaren Produktwerbung (Anzeigen, Hörfunk- und Fernsehspots etc.) übertragen läßt. Eine Vereinnahmung für kommerzielle Interessen ist auch in

---

[503] vgl. OLG Karlsruhe AfP 96, 282 - Ivan Rebroff; LG Stuttgart AfP 83, 292

[504] vgl. BGHZ 30, 7 - Caterina Valente; ähnlich OLG Bremen AfP 87, 514; auch in den Fällen der ungenehmigten Benutzung des Namens für Werbezwecke reicht es aus, wenn mit Ähnlichkeiten auf eine identifizierbare Person angespielt wird, vgl. OLG Hamburg, AfP 93, 582 - Huschke von Busch

[505] vgl. BGHZ 35, 363 - Ginseng

[506] vgl. OLG Hamburg, NJW 90, 1995 - Heinz Erhardt

[507] vgl. BGH NJW 71, 1359 - Haus auf Teneriffa; in BGH NJW 89, 2251 - Friesenhaus wurde hingegen eine Verletzung des Persönlichkeitsrechts abgelehnt, da es an einem erkennbaren Bezug zum Eigentümer mangelte

[508] so auch Soehring, Rn. 17.16; ähnlich Wenzel, Recht der Wort- und Bildberichterstattung, Rn. 5.25 ff.

anderer Weise denkbar, z.B. durch die Benutzung des Namens oder des Abbildes einer imageträchtigen Person durch das Produkt selbst, also nicht nur in der Produktwerbung. Hierbei kommt es nach der Rechtsprechung darauf an, ob mit dem "personenbezogenen" Produkt zugleich ein legitimes Informationsinteresse der Öffentlichkeit erfüllt wird, also der Hersteller die Gewährleistungen des Art. 5 Abs. 1 GG für sich in Anspruch nehmen kann:

Der BGH hatte bereits solche Fälle zu entscheiden, in den ein Persönlichkeitsgut mittelbar zum Kaufgegenstand gemacht wurde, weil das körperliche Produkt in seinem wesentlichen ideellen Wert aus den Abbildungen von Personen bestand. Hierbei handelte es sich zum einen um Sammelbilder von Portraitaufnahmen bekannter Fußballspieler und zum anderen um einen Wandkalender mit Fußballszenen, auf dessen Titelblatt die Aufnahme eines Fußballers in einer Spielszene gezeigt wurde.

Den ungenehmigten Verkauf der Sammelbilder hat der BGH als unzulässig angesehen. Im Rahmen der nach § 23 Abs. 2 KUG erforderlichen Prüfung, ob der Verbreitung der Bildnisse der als "Personen der Zeitgeschichte" [509] anzusehenden Fußballspieler deren berechtigten Interessen entgegenstehen, stellte der BGH darauf ab, daß derartige Sammelbilder vor allem ein Tausch- und Sammelobjekt jugendlicher Sportfreunde seien. Diese sollten durch das Verkaufssystem [510] dazu angehalten werden, immer weitere Tüten mit Sammelbildern zu erwerben, um ihr Sammelalbum zu vervollständigen. Hierdurch würden die kommerziellen Interessen derart in den Vordergrund gerückt, daß auch bekannte Fußballspieler, an deren Fotos grundsätzlich (auch) ein öffentliches Informationsinteresse besteht, diese Nutzung ihrer Bildnisse zugunsten fremder Gewinninteressen nicht dulden müssen [511].

Anders hat der BGH den Fall des Wandkalenders entschieden [512]. Der betroffene Fußballspieler müsse die Veröffentlichung des Titelbildes, welches ihn gerade in

---

[509] Dieser Terminus knüpft an § 23 I 1 KUG ("Bildnisse aus dem Bereiche der Zeitgeschichte") an und beruht auf einem Aufsatz von Neumann-Duesberg, JZ 60, 113. Er bezeichnet Personen, die zeitgeschichtliche Bedeutung haben und bezüglich derer Bildnisse ein generelles Informationsinteresse angenommen wird, vgl. hierzu Gerstenberg, in Schricker, Urheberrecht, § 60 / § 23 KUG Rn. 6 ff.; Helle, S. 130 ff.; kritisch und mit Nachweisen der jüngeren Rspr. Prinz, NJW 95, 817 (820 f.)

[510] Es wurden verschlossene Tüten mit je 3 - 4 Bildern verkauft, wobei vor dem Kauf nicht erkennbar war, welche Bilder sich in der Tüte befinden.

[511] vgl. BGHZ 49, 288 (293)

[512] vgl. BGH NJW 79, 2203; es handelte sich um den Kalender "Fußball 77" mit Bildern typischer Kampfszenen aus Länderspielen und Bundesliga-Begegnungen. Das Titelblatt zeigte den

der Funktion zeige, die ihn öffentlich bekannt gemacht habe, im Rahmen des § 23 Abs. 1 Nr. 1 KUG dulden. Da dieses Foto als zeitgeschichtliches Dokument einen hohen Öffentlichkeitswert habe, stünden seiner Verbreitung auch auf einem käuflichen Kalender keine überwiegenden berechtigten Interessen des Abgebildeten gegenüber. Hierbei kam es dem BGH maßgeblich auf die Gesamtkonzeption des Kalenders an, der in einer Zusammenstellung von Spielszenen die "Bewegungsdynamik kampfbetonter Aktionen in herausgehobenen Fußballspielen" zeigen wolle und so primär die Information über den Fußballsport bezwecke. Damit werde ein überwiegendes Informationsinteresse an der Verbreitung der Aufnahmen begründet[513]. Ausdrücklich hat der BGH aber auch darauf hingewiesen, daß der Fall möglicherweise anders zu beurteilen gewesen wäre, wenn die streitige Aufnahme als Postkarte verkauft worden wäre, oder die Person des Abgebildeten in anderer Weise "vermarktet" worden wäre, der ein thematisches Konzept mit eigenem informativen Gewicht fehlen würde. Wirtschaftliche Interessen des Betroffenen seine für die Beurteilung von Inhalt und Reichweite des Persönlichkeitsschutzes grundsätzlich nicht unbeachtlich[514].

Angesichts der beiden soeben geschilderten Entscheidungen mit ihren divergierenden Ergebnissen, die jeweils deutlich aus den besonderen Umständen des Einzelfalls abgeleitet wurden, muß die Frage, ob der persönlichkeitsrechtliche Schutz gegen die kommerzielle Ausnutzung außerhalb der klassischen Produktwerbung eingreift, als offen bezeichnet werden. Festgestellt werden kann aber, daß der BGH diese Ausprägung des allgemeinen Persönlichkeitsrechts jedenfalls nicht strikt auf den Bereich der Produktwerbung begrenzen will, sondern auch Persönlichkeitsrechtsverletzungen durch andere kommerziell motivierte Handlungen für möglich hält. In der rechtswissenschaftlichen Literatur haben sich gerade in letzter Zeit einige Stimmen für die Anerkennung eines wirtschaftlichen Selbstbestimmungsrechts als Teilbereich des allgemeinen Persönlichkeitsrechts ausgesprochen[515] bzw. dargelegt, daß es ein solches wirtschaftliches Selbstbestimmungsrecht bereits gäbe[516]. Diese Forderung findet ihre Berechtigung vor allem in der sonst entstehenden Schutzlücke und der Divergenz zwischen der rechtlichen Ausgestaltung des Persönlichkeitsschutzes und der Rechtswirklichkeit,

---

Spielführer der Nationalelf und (ausweislich der Sachverhaltsangaben des BGH) "international bekanntesten deutschen Fußballspieler" in einem Zweikampf während eines Länderspiels.

[513] vgl. BGH NJW 79, 2203 (2204) - Fußballspieler

[514] vgl. BGH a.a.O.

[515] vgl. Seemann, S. 153, 155 ff.; Götting, GRUR Int. 95, 659 (669)

[516] vgl. Ehmann, JuS 97, 194 (197) unter Hinweis auf die Kommentierung in Erman/Ehmann, BGB, Anh. § 12, Rn. 28

in welcher die Prominenz bekannter Persönlichkeiten (Sportler, Schauspieler, Sänger etc.) in ständiger Praxis z.B. durch Sponsoren-, Merchandising- und Merchandisinglizenzverträge vermarktet wird [517]. Prominente und andere Träger eines "positiven" (also umsatzfördernden) Image stellen sich hierbei u.a. mittels der Benutzung ihres Namens und ihres Bildes gegen hohe Honorare in den Dienst fremder kommerzieller Interessen, obwohl sie sich häufig gegen solche Vereinnahmungen ohne Einwilligung mit rechtlichen Mitteln nicht verwahren könnten. Es wird also eine "Leistung" honoriert, die rechtlich in vielen Fällen nicht geschützt ist. Gleiches gilt bei der Herstellung und dem Verkauf von sogenannten Merchandising-Artikeln, bei welchen die Prominenz einer Person als Gegenstand unterschiedlichster Kaufartikel (z.B. typische Fanartikel: Becher, Tücher, Schals, aber auch andere Waren wie z.B. Modekollektionen von Versandhäusern unter dem Namen bekannter Models) vermarktet wird. Auch hier ist festzustellen, daß regelmäßig hohe Summen als Gegenleistung zur Ausübung und Benutzung der Persönlichkeitsrechte gezahlt werden, obwohl das Persönlichkeitsrecht in vielen Fällen gar nicht rechtswidrig verletzt würde. Trotz dieser Divergenz zwischen Theorie und Praxis ist festzustellen, daß diese "Publizitätsrechte" ungeachtet der "Sachgesetzlichkeiten des heutigen Kultur- und Medienmarktes" [518] in Deutschland rechtsdogmatisch noch in der Entwicklung befindlich sind und jedenfalls der verfassungsrechtlichen Schranken aus Art. 5 Abs. 1 GG unterfallen [519]. Eine uneingeschränkte Dispositionsbefugnis der Benutzung der eigenen Person ist z.B. in kommerziell orientierten Presseprodukten (aus dem Bereich der "Yellowpress") nicht gewährleistet.

In der instanzgerichtlichen Rechtsprechung finden sich Ansätze, die diese "Schutzlücke" zu schließen versuchen. So ist z.B. die blickfangmäßige Veröffentlichung eines Nacktfotos einer bekannten Sängerin auf dem Titelblatt einer Zeitschrift wegen der damit verbundenen Vereinnahmung für die Verkaufs- und Eigenwerbung der Zeitschrift für unzulässig gehalten worden [520]. Das Gericht begründete dies unter Bezugnahme auf die Paul Dahlke-Entscheidung des BGH mit dem "wirtschaftlichen Selbstbestimmungsrecht als Ausprägung des Persönlichkeitsrechts" [521]. Es bleibe allein dem Prominenten überlassen, wie er seinen

---

[517] vgl. hierzu ausführlich Schertz, Merchandising; Bruhn/Mehlinger, Sponsoring

[518] Seemann, S. 266

[519] vgl. Seemann, S. 163

[520] vgl. LG Hamburg AfP 95, 526; es handelt sich um ein Urteil der ständig mit Fragen des APR befaßten Zivilkammer 24 (Kammer für Pressesachen). Die Sängerin Nena klagte gegen den ungenehmigten Zweitabdruck eines "Bodypainting-Fotos" auf der Titelseite der Zeitschrift "Super Illu".

[521] vgl. LG Hamburg AfP 95, 526 (527)

Namen, seine Stimme, seine gesellschaftliche Position oder seinen Körper kommerzialisiert. Gerade die blickfangmäßige Veröffentlichung eines Fotos auf der Titelseite erreiche einen besonderen Aufmerksamkeitswert und damit auch Werbewert für die Zeitschrift. Dieser Aspekt überwiege gegenüber einem möglichen Informationsinteresse der Öffentlichkeit an der Wiedergabe der Aufnahme, da eine angemessene Berichterstattung über die Existenz und Entstehungsgeschichte des Fotos auch auf andere Weise hätte erfolgen können. Der BGH hat hingegen in einer jüngeren Entscheidung die Auffassung vertreten, daß der Abdruck des Bildes eines bekannten Schauspielers auf dem Titelblatt der kostenlosen Kundenzeitschrift einer Drogeriemarktkette nicht dem Verbot der Ausnutzung der Persönlichkeit für Werbezwecke unterfällt, wenn zugleich im Heftinnern ein redaktioneller Beitrag über die Person abgedruckt wird [522]. Hierbei reichte dem BGH ein "inhaltsarmer" Text mit "geringem Informationswert und von bescheidener journalistischer Qualität" [523] aus, um die Kundenzeitschrift als Presseerzeugnis anzusehen, die der Pressefreiheit aus Art. 5 Abs. 1 Satz 2 GG unterfalle. Auf die Qualität des Druckwerks oder des redaktionellen Beitrags käme es nicht an [524]. Zwar hat der BGH in dieser Entscheidung an seinem Grundsatz, daß die Verwendung eines Personenbildnisses für Werbezwecke nur bei Vorliegen einer Einwilligung zulässig ist, ausdrücklich festgehalten; er erkannte auch, daß der Abdruck des Bildnisses auf dem Titel der Kundenzeitschrift als Blickfang erfolgte. Ihm kam es aber entscheidend darauf an, daß beim Durchschnittsleser hierdurch keine gedankliche Beziehung zwischen dem Abgebildeten und den im Heftinnern beworbenen Produkten hergestellt werde. Dem Leser werde nicht suggeriert, daß der Abgebildete diese Produkte empfehle und sich als Anreiz für den Kauf dieser Waren zur Verfügung stellt [525].

An dieser Argumentation erscheint es bedenklich, daß der BGH ausschließlich die in der Zeitschrift beworbenen Produkte in seine Überlegungen einbezieht und nicht auf den Aspekt der Eigenwerbung für die Drogeriemarktkette eingeht [526]. Mittels des Abdrucks des Bildnisses direkt unter dem Firmennamen des Unternehmens wurde zweifelsohne eine "gedankliche Beziehung" zwischen der Person des Abgebildeten und dem Unternehmen hergestellt. Der Durchschnittsleser der in den Geschäftslokalen kostenlos verteilten Kundenzeitschrift wird auch bemerken,

---

[522] vgl. BGH AfP 95, 495 - Kundenzeitschrift

[523] vgl. BGH AfP 95, 495 (496) - Kundenzeitschrift

[524] vgl. BGH a.a.O. unter Hinweis auf BVerfGE 34, 269 (283)

[525] vgl. BGH a.a.O.

[526] Nach dem Sachverhalt der Entscheidung war auf dem Titelblatt oberhalb des streitigen Fotos eine Kopfleiste mit dem Namen der Drogeriemarktkette abgedruckt.

daß es sich bei dem Druckwerk nicht um eine Publikumsillustrierte, sondern um eine Art "Werbegeschenk" der Drogeriekette handelt und somit denken, daß der Abgebildete sich mit seiner Person für dieses Unternehmen einsetzt. Die abgebildete Person wurde somit zumindest unter dem Aspekt der Eigenwerbung für die kommerziellen Belange des Unternehmens ausgenutzt. Unter Berücksichtigung dieses Umstandes hätte der BGH zu der Überzeugung kommen müssen, daß in das "wirtschaftliche Selbstbestimmungsrecht" [527] des Klägers eingegriffen wurde, unabhängig davon, ob es sich bei dem Druckwerk um ein Presseerzeugnis im Sinne der Pressefreiheit handelt. In einer neuen Entscheidung hat der BGH in diesem Sinne festgestellt, daß Abbildungen von Personen auf Produkten zur Absatzförderung bestimmt sind und von den Verbrauchern in diesem Sinne verstanden werden [528].

Die gleiche Überlegung stellt sich auch in den Fällen, bei welchen die käuflichen Medienerzeugnisse (Zeitungen und Zeitschriften, zukünftig auch deren elektronische Ableger) und die kommerziellen privaten Rundfunkangebote als Kaufanreiz bzw. Anreiz zum Ansehen der Sendung bekannte Personen blickfangmäßig herausstellen, ohne daß dieser Ankündigung auf der Titelseite oder im Programmtrailer ein entsprechender redaktioneller Beitrag folgt [529].

Der Berichterstattung liegt in der heutigen Konkurrenzsituation auf dem Medienmarkt immer ein kommerzieller Antrieb zugrunde. Die Zeitung bzw. Zeitschrift ist die Ware, die verkauft werden muß und die mit ihrer Titelgestaltung für sich selbst wirbt [530]. Hierbei geht es nicht nur um Gewinne, die mit dem Verkaufserlös erwirtschaftet werden, sondern vor allem um die Einnahmen aus dem Verkauf von Anzeigen, die sich in ihrer Höhe an der verkauften Auflage orientieren. Die Rechtsprechung erkennt diese kommerzielle Motivation der Verbreitung von Presseerzeugnissen an. In den neuesten Entscheidungen zu Persönlichkeitsrechts-

---

[527] zu diesem Begriff vgl. LG Hamburg AfP 95, 526

[528] vgl. BGH AfP 97, 475 - Bob Dylan; Hier ging es um ein Personenbildnis auf dem Cover eines Tonträgers, der zwar die Musik des Abgebildeten enthielt, aber nicht von ihm bzw. seiner Plattenfirma autorisiert war. Der Kläger müsse es nicht dulden, auf diese Weise zum Objekt fremder wirtschaftlichen Interessen gemacht zu werden, auch wenn er sich aus urheberrechtlichen Gründen gegen den Tonträger als solchen nicht wehren kann.

[529] So ist es z.B. bei Programmzeitschriften häufig zu beobachten, daß das Titelblatt von einem Prominenten geschmückt wird, ohne daß irgendein inhaltlicher Bezug zum Heftinhalt besteht. Fernsehsender benutzen zuweilen Aufnahmen bekannter Personen zur Ankündigung thematischer Beiträge z.B. über Mode, Luxus, Schönheit und Glamour, ohne daß der nachfolgende Beitrag sich in irgendeiner Weise mit der Person beschäftigt.

[530] Zur besonderen Funktion der Titelseite als "Identitäts-, Image- und Werbeträger" vgl. auch BVerfG NJW 98, 1381

verletzungen in Printmedien geht der BGH - und mit ihm die Instanzgerichte - wie selbstverständlich davon aus, daß diese als Mittel der Auflagensteigerung und damit zur Verfolgung eigener kommerzieller Interessen des Verlages vorgenommen worden seien. Derartige Persönlichkeitsrechtsverletzungen um des eigenen wirtschaftlichen Vorteils Willen führten zu einer "Zwangskommerzialisierung" der Betroffenen, die durch spürbare Geldentschädigungen ausgeglichen werden müssen [531]. Allerdings findet dieser Aspekt beim BGH bislang nur hinsichtlich der Höhe der Geldentschädigung unter dem Merkmal des Beweggrundes der Persönlichkeitsrechtsverletzung Berücksichtigung. Stets ist gleichzeitig als anspruchbegründendes Merkmal eine andere Persönlichkeitsrechtsverletzung, z.b. Verbreitung von Unwahrheiten oder Indiskretionen erforderlich. Die kommerzielle Motivation allein, d.h. die Vereinnahmung für die Erwerbsinteressen der Verlage, reicht zur Begründung einer Persönlichkeitsrechtsverletzung nach der Rechtsprechung des BGH bei Presseprodukten nicht aus, jedenfalls dann, wenn zumindest nicht ausgeschlossen werden kann, daß mit der "Berichterstattung" (auch) öffentliche Informationsinteressen befriedigt werden [532]. Auch dem BVerfG ist der Aspekt der kommerziellen Vereinnahmung durch Presseveröffentlichungen nicht fremd. In seinem jüngsten Beschluß zum allgemeinen Persönlichkeitsrecht führt es im Zusammenhang mit der Frage, ob Gegendarstellungen auf der Titelseite von Illustrierten abzudrucken sind, wenn dort auch die Erstmitteilung veröffentlicht wurde, aus, daß der Abdruck der Gegendarstellung nicht zur Förderung der kommerziellen Interessen des Verlags mißbraucht werden darf. Dies wäre z.B. dann der Fall, wenn durch die Ankündigung einer Gegendarstellung auf der Titelseite bei Abdruck im Heftinnern ein Kaufanreiz geschaffen werde [533].

---

[531] vgl. BGH NJW 95, 861 (864 f.)- Caroline von Monaco I; BGH NJW 96, 984 (985) - Caroline von Monaco II; BGH NJW 96, 985 (986) - Casiraghi; vgl. dazu oben, § 4

[532] Unabhängig hiervon kann die Motivation der Berichterstattung aber nach der h.M. und der Rechtsprechung des BVerfG aber bei der Kollision der Pressefreiheit mit anderen Rechtsgütern bei der Abwägung berücksichtigt werden. Es ist zu berücksichtigen, ob die Presse im konkreten Fall eine Angelegenheit von öffentlichem Interesse ernsthaft und sachbezogen erörtert und damit zur öffentlichen Meinungsbildung beiträgt, oder ob die Befriedigung eines oberflächlichen Unterhaltungsbedürfnisses im Vordergrund steht, vgl. BVerfGE 34, 269 (283) - Soraya, bestätigt in BVerfG NJW 98, 1381: " Den Gerichten war es verfassungsrechtlich nicht verwehrt, in diesem Zusammenhang auf die Eigenart des Publikationsorgans und die Ernsthaftigkeit der Informationsvermittlung abzustellen. Wenngleich solche Gesichtspunkte für den Schutzbereich der Pressefreiheit keine Rolle spielen, können sie bei der Abwägung zwischen den Belangen der Pressefreiheit und des Persönlichkeitsschutzes durchaus ins Gewicht fallen (...)."; vgl. auch von Mangoldt/Klein/Starck, GG, Art. 5, Rn. 138

[533] vgl. BVerfG NJW 98, 1381: "Weckt die Ankündigung, statt die Gegeninformation zu enthalten, Neugierde oder Kauflust, besteht die von der Antragstellerin des Ausgangsverfahrens zu

Zusammenfassend ist festzuhalten, daß das allgemeine Persönlichkeitsrecht in seiner Ausprägung als Schutz gegen die kommerzielle Ausnutzung der Persönlichkeit umfassend das Recht des Einzelnen beschreibt, selbst zu entscheiden, ob und in welcher Weise er seine Person für die wirtschaftlichen Interessen Dritter zum Einsatz bringt. Dieser Schutz ergibt sich unmittelbar aus dem Selbstbestimmungsgedanken des allgemeinen Persönlichkeitsrechts, da jede Vereinnahmung für fremde Interessen die Darstellung der Person in der Öffentlichkeit berührt. Der Betroffene wird mit seinem sozialen Geltungsanspruch in die Nähe des "beworbenen" Produkts gerückt oder er wird selbst gemeinsam mit einer Ware zum "Kaufgegenstand" gemacht. Zudem wird mit einer ungenehmigten Benutzung seiner Person die eigene Entscheidung unterlaufen, sich überhaupt für fremde Geschäftsinteressen dienstbar zu machen. Dieser umfassende Schutz ist nicht auf den Bereich der klassischen Produktwerbung beschränkt, wo er von der Rechtsprechung und der Lehre bereits seit Jahrzehnten anerkannt ist. Grundsätzlich ist jede Konstellation der Förderung eines fremden Produkts oder Interessen durch eine Person einzubeziehen. Dies gilt insbesondere, wenn die Person unmittelbar zum Kaufgegenstand gemacht wird, aber auch wenn es sich nur um eine mittelbare Vereinnahmung durch die blickfangmäßige Verbindung des eigenen Produkts mit der Persönlichkeit handelt. In beiden Fällen wird die eigene Persönlichkeit durch das Handeln Dritter für diese verfügbar gemacht und auf diese Weise seine autonome Entscheidungsbefugnis über den Umgang mit seiner Person unterlaufen. Hierbei können Medienprodukte nicht von vornherein ausgeschlossen sein. Vielmehr sind auch in diesem Bereich Konstellationen denkbar, in welchen die fremde Persönlichkeit ohne einen von der Funktion der Medien getragenen Grund (insbesondere der Befriedigung überwiegender öffentlicher Informationsinteressen) vereinnahmt wird [534]. Mit Blick auf die Presse- und Rundfunkfreiheit aus Art. 5 Abs. 1 Satz 2 GG ist hierbei aber in jedem Fall gesondert zu prüfen, ob in der Vereinnahmung zugleich die Erfüllung eines legitimen Informationsinteresses der Öffentlichkeit liegt, welches den persönlichkeitsrechtlichen Schutz des Betroffenen in Form des wirtschaftlichen Selbstbestimmungsrechts überwiegt. Das es sich bei dem Recht auf wirtschaftliche Selbstbestimmung um eine besondere Ausprägung des Rechts auf selbstbestimmte Darstellung der Person in der Öffentlichkeit handelt, sind in Kollisionsfällen mit den Grundrechte aus Art. 5 GG die Abwägungsgrundsätze des BVerfG aus der Lebach-Entscheidung (BVerfGE 35, 202 (224 ff.)) entsprechend anwendbar.

Recht hervorgehobene Gefahr, daß auch ihre Gegendarstellung in den Dienst fremder ökonomischer Interessen gestellt wird."

[534] so auch Steffen, in Löffler, Presserecht, § 6 LPG, Rn. 194

VI. Die persönliche Ehre

Obgleich der Ehrenschutz in den §§ 185 ff. StGB im Strafrecht besonders ausgestaltet wurde und deshalb zu den besonderen Persönlichkeitsrechten gezählt werden müßte, sieht das BVerfG in ständiger Rechtsprechung die persönliche Ehre als Ausprägung des allgemeinen Persönlichkeitsrechts an [535]. Die Ehre stelle einen wichtigen Bestandteil des Persönlichkeitsrechts dar, erschöpfe es aber nicht [536].

Die persönliche Ehre ist ein komplexes Rechtsgut, welches jedenfalls auch das Ansehen der Person in den Augen anderer ("äußere Ehre") und einen diesem Ansehen entsprechenden sozialen Achtungs- und Geltungsanspruch umfaßt [537]. Neben diesem durch das individuelle Verhalten erworbenen sozialen Geltungswert schützt die Ehre zugleich auch den sittlich-personalen Geltungswert der Person, die dieser bereits unmittelbar kraft ihres Menschseins und der damit verbundenen Menschenwürde zukommt [538]. Zusammengefaßt kann bei der Ehre also von einem Wert- und Achtungsanspruch gesprochen werden. Dieser umfaßt die "innere Ehre", den (häufig subjektiv bestimmten) menschlichen Personenwert (das Ehrgefühl) und die "äußere Ehre", den guten Ruf und das Ansehen einer Person oder Personengruppe [539].

Die persönliche Ehre als Ausprägung des Persönlichkeitsschutzes findet ihre Anwendung häufig bei zivilrechtlichen Auseinandersetzungen über beleidigende oder in sonstigerweise ehrabschneidende Äußerungen, also in Konstellationen in denen auch der (regelmäßig antragsabhängige, § 194 StGB) strafrechtliche Ehrenschutz, §§ 185 ff. StGB, einschlägig ist. In zahlreichen Fällen handelt sich dabei um Werturteile in der Medienberichterstattung, in deren Kern nicht mehr eine meinungsmäßige Auseinandersetzung mit dem Betroffenen steht,

---

[535] vgl. BVerfGE 54, 148 (154) - Eppler; BVerfG NJW 89, 3269 - Transzendentale Meditation; vgl. zum Recht der persönlichen Ehre als Bestandteil des allgemeinen Persönlichkeitsrechts auch Mackeprang, S. 27 ff., 81 ff.

[536] vgl. BVerfG NJW 98, 1381: "Das allgemeine Persönlichkeitsrecht, (...) geht nicht im Ehrenschutz auf."

[537] vgl. BVerfG NJW 89, 3269 - Transzendentale Meditation

[538] vgl. Mackeprang, S. 268

[539] vgl. Ehmann, JuS 97, 194 (198, insbesondere zur "Soldaten sind Mörder"-Entscheidung des BVerfG); Kriele, NJW 94, 1897 (1898 f.)

sondern die eine sachlich nicht gerechtfertigte Ehrabschneidung darstellen (sogenannte "Schmähkritik")[540].

VII. Zusammenfassung zu den Fallgruppen

Die soeben vorgenommene Fallgruppenbildung hat gezeigt, daß der Schutz der Persönlichkeit durch das allgemeine Persönlichkeitsrecht in seinem gegenwärtigen Entwicklungsstand durch die Rechtsprechung im wesentlichen drei Zielrichtungen aufweist (Schutz gegen Verfälschung des Persönlichkeitsbildes, Selbstbestimmung über personenbezogene Informationen und Ehrenschutz), die sich in mehreren Fallgruppen überschneiden und ergänzen.

Die vom BVerfG unter Berücksichtigung der Rechtsprechung des BGH formulierten Fallgruppen (Schutz der Privat-, Geheim- und Intimsphäre, die persönliche Ehre, das Verfügungsrecht über die Darstellung der eigenen Person, das Recht am eigenen Bild und am gesprochenen Wort, das Recht von der Unterschiebung nicht getaner Äußerungen verschont zu bleiben[541]) sind hierbei weder bindend noch abschließend, sondern stellen nur eine Aufzählung solcher Anwendungsbereiche dar, zu denen das BVerfG bereits Stellung genommen hat. Später ist das Recht auf informationelle Selbstbestimmung hinzugetreten, welches seither gemeinsam mit dem bereits in der Eppler-Entscheidung formulierten allgemeinen Selbstbestimmungsrecht alle Ausprägungen des allgemeinen Persönlichkeitsrechts überlagert.

Eine Fallgruppenbildung kann nur einen Überblick über die Zielrichtungen des Persönlichkeitsschutzes durch das allgemeine Persönlichkeitsrecht verschaffen. Bei der Beurteilung konkreter Sachverhalte wird es stets notwendig sein, die einschlägigen Leitentscheidungen auf Überschneidungen und Abweichungen des Sachverhalts hin zu analysieren, da jede Entscheidung im Bereich des Persönlichkeitsschutzes ein von den besonderen Umständen des Einzelfalls geprägtes Abwägungsergebnis ist.

Bei den drei großen Zielrichtungen des Persönlichkeitsschutzes handelt sich zum einen um den Schutz der persönlichen Ehre, der die Persönlichkeit vor Beleidigungen, Schmähungen und anderen Herabwürdigungen schützt. Zum anderen enthält das allgemeine Persönlichkeitsrecht den Schutz gegen die Verbreitung von Unwahrheiten über die eigene Person, die das Bild der Persönlichkeit in der Öffentlichkeit verfälschen. Hierzu zählt das Unterschieben nicht getaner Äußerungen ebenso wie jede andere Form der Mitteilung falscher personenbezogener

---

[540] vgl. Wenzel, Recht der Wort- und Bildberichterstattung, Rn. 5.83 mit zahlreichen Bsp.

[541] vgl. BVerfGE 54, 148 (154) - Eppler

Tatsachen. Der dritte Bereich des durch das allgemeine Persönlichkeitsrecht gewährten Schutzes umfaßt die Dispositionsbefugnis des Einzelnen über den Umgang mit den seine Person betreffenden Informationen (Daten), einschließlich des Schutzes vor der Benutzung der eigenen Persönlichkeit für fremde kommerzielle Interessen. Dieser Schutz unterliegt allerdings dem Vorbehalt der Abwägung mit entgegenstehenden Rechtsgütern, wobei nicht nur überwiegende öffentliche (staatliche) Interessen Berücksichtigung finden, sondern auch die rechtlich geschützten Interessen Dritter in bürgerlich-rechtlichen Rechtsverhältnissen, so z.B. die Presse- und Informationsfreiheit.

Diese Dispositionsbefugnis hat das BVerfG als Recht auf informationelle Selbstbestimmung bezeichnet. Hierbei handelt es sich um den zentralen Grundgedanken des Persönlichkeitsschutzes mit überragender Bedeutung. Jede Verwendung von personenbezogenen Informationen ohne Einwilligung der betroffenen Person bedarf der Rechtfertigung mit überwiegenden Drittinteressen. Bei den zu treffenden Einzelfallabwägungen kommt die gedankliche Zuordnung des zu beurteilenden Sachverhalts in Schutzsphären als "Abwägungshilfe" in Betracht. Das Recht auf informationelle Selbstbestimmung ist aber nicht auf Informationen beschränkt, die der Privat-, Intim- oder Geheimsphäre zugeordnet werden können, sondern umfaßt jede personenbezogene Information. Generell kann bei jeder Form der Abwägung des Persönlichkeitsrecht mit kollidierenden Rechtsgütern auf die Vorgaben zur Güter- und Interessenabwägung zurückgegriffen werden, die das BVerfG bereits in der Lebach-Entscheidung aufgestellt hat.

§ 6 Zusammenfassung und Schlußfolgerungen zum 3. Kapitel

Die in diesem Kapitel vorgenommene Bestandsaufnahme zum allgemeinen Persönlichkeitsrecht hat gezeigt, daß der von diesem Grundrecht gewährte Schutz durch vielfältige Ausprägungen einen hohen Entwicklungsstand erreicht hat. Sowohl im Bereich des staatlichen Handelns als auch innerhalb der Rechtsbeziehungen der Bürger untereinander ist kein Bereich des menschlichen Zusammenlebens erkennbar, in dem der Einzelne hinsichtlich seiner Persönlichkeit schutzlos gestellt wäre. Dies entspricht dem Charakter des Grundrechts aus Art. 2 Abs.1 i.V.m. Art. 1 Abs. 1 GG, welches als "Auffanggrundrecht" gerade gegen diejenigen Beeinträchtigungen der Persönlichkeit flexiblen Schutz gewähren soll, die nicht von besonderen Persönlichkeitsrechten oder anderen Rechtsnormen mit persönlichkeitsschützender Wirkung erfaßt werden. Das allgemeine Persönlichkeitsrecht sichert die Basis der freien Entfaltung der Persönlichkeit, indem es die Selbstbestimmung über den Geltungsanspruch und die Privatheit des Einzelnen gewährleistet. Diese Ausprägung des Persönlichkeitsrechts ist vom BVerfG auf der Basis des Lebach-Urteils in der Eppler-Entscheidung herausgebildet worden und stellt bis heute den zentralen Aspekt des Persönlichkeitsschutzes dar. Daneben treten der Schutz der Ehre und der Schutz vor der Verfälschung des Persönlichkeitsbildes durch die Verbreitung von unwahren Tatsachen über die

Person. Diese Anwendungsbereiche schützen in erster Linie die Individualität der Persönlichkeit.

Die Konzeption des Persönlichkeitsschutzes in der deutschen Rechtsordnung, auf besondere Schutznormen weitgehend zu verzichten und die Ausprägung des Persönlichkeitsschutzes der einzelfallbezogenen Entscheidung der Gerichte zu überlassen, hat sich bewährt. Betrachtet man die Rechtsprechung der vergangenen vierzig Jahre zum Persönlichkeitsschutz, so kann festgestellt werden, daß die Judikatur ihre Aufgabe, den Persönlichkeitsschutz aus Art. 2 Abs. 1 i.V.m. Art. 1 Abs. 1 GG in jedem Einzelfall anhand der besonderen Umstände mit den entgegenstehenden Rechtsgütern in Ausgleich zu bringen, bisher erfüllt hat und flexibel auf neue Gefährdungslagen und Verletzungen - gerade solche, die sich aus neuen technischen Möglichkeiten und tatsächlichen Veränderungen der Lebensumstände ergeben - reagieren konnte. Diese flexible und individuelle Handhabung des Persönlichkeitsschutzes erklärt die scheinbaren Widersprüche, die sich zuweilen bei der Betrachtung einzelner Entscheidungen ergeben. Das nähere Verständnis der Judikate setzt jeweils eine genaue Analyse des Sachverhalts und der zur Begründung herangezogenen besonderen Umstände des Einzelfalls voraus, wodurch sich scheinbare Widersprüche in aller Regel aufklären lassen.

Mit den wegweisenden Ausführungen im Volkszählungsurteil hat das BVerfG bereits im Jahre 1983 die Zielrichtung und Wirkungsweise des effektiven Persönlichkeitsschutzes in der Informationsgesellschaft vorgegeben. Den sich abzeichnenden Gefahren aufgrund der Allgegenwärtigkeit personenbezogener Informationen in elektronischen Datennetzen ist mit der Betonung des Selbstbestimmungsgedankens ("Recht auf informationelle Selbstbestimmung") wirkungsvoll begegnet worden. Damit wurde der Persönlichkeitsschutz verstärkt und sein Wirkungsbereich "nach vorne" verlagert, da der Umgang mit personenbezogenen Informationen seither grundsätzlich unter dem Vorbehalt der Dispositionsbefugnis des Betroffenen steht (präventiver Persönlichkeitsschutz). Eingriffe in dieses Bestimmungsrecht können und müssen durch höherwertige Rechtsgüter gerechtfertigt werden. Dies gilt gleichermaßen für die Erhebung der personenbezogenen Informationen wie für deren weitere Benutzung (Verarbeitung). Durch die Zweckbindung der personenbezogenen Informationen wirkt die Dispositionsbefugnis auch hinsichtlich solcher Informationen fort, die aufgrund Einwilligung oder überwiegender Drittinteressen preisgegeben wurden, bzw. werden mußten.

Die informationelle Selbstbestimmung überlagert als zentrale Inhaltsbestimmung alle anerkannten Ausprägungen des Persönlichkeitsrechts. Diese sind als partielle Konkretisierungen hinsichtlich bestimmter Gefährdungslagen zu verstehen. Dies gilt insbesondere für die Bestimmung des Schutzes des allgemeinen Persönlichkeitsrechts gegen Indiskretionen nach der Sphärenlehre, die als Abwägungshilfe beim Ausgleich des Rechts auf Selbstbestimmung über die öffentliche Darstellung der Person mit verfassungsrechtlich gleichrangigen Rechtsgütern, z.B. mit der

Pressefreiheit, anzusehen ist. Auch in dieser Abwägung ist das allgemeine Persönlichkeitsrecht stets dahingehend zu verstehen, daß es dem Betroffenen grundsätzlich selbst überlassen bleiben muß, darüber zu entscheiden, ob und wie mit seiner Person umgegangen wird, wobei dieser Wille jedoch im begründeten Einzelfall aufgrund höherwertiger Gemeininteressen durchbrochen werden kann.

Mit dem Schutz gegen die kommerzielle Ausnutzung der Persönlichkeit entwikkelt sich auf der Basis der frühen Entscheidungen des BGH zum Persönlichkeitsschutz und entsprechender Tendenzen in der Rechtswissenschaft derzeit aufgrund tatsächlicher Erfordernisse eine besondere Ausprägung des Selbstbestimmungsrechts in Form des "wirtschaftlichen Selbstbestimmungsrechts". Es schützt die Persönlichkeit gegen die Vereinnahmung für fremde Geschäftsinteressen. Diese Facette des Persönlichkeitsschutzes wird in der Informationsgesellschaft, in der die (personenbezogene) Information immer mehr zur "Ware" wird, große Bedeutung erlangen und weiterer Ausdifferenzierung bedürfen.

4. Kapitel: Gefährdungspotentiale und Lösungsansätze

§ 1 Gefährdungspotentiale hinsichtlich des Schutzes der Persönlichkeit

Nachdem in den vorangegangenen Kapiteln die wesentlichen Erscheinungsformen der Informationsgesellschaft dargelegt und das allgemeine Persönlichkeitsrecht mit seinen anerkannten Ausprägungen erörtert worden sind, sind in diesem Kapitel die absehbaren Problemfelder hinsichtlich des Schutzes der Persönlichkeit zu untersuchen. Die erkennbaren Probleme werden in Gruppen zusammengefaßt und den Gewährleistungen des allgemeinen Persönlichkeitsrechts gegenübergestellt.

Die bereits erkannten Gefährdungspotentiale können in drei übergeordnete Gruppen untergliedert werden: Unter I. werden die Gefährdungspotentiale beschrieben, die sich unmittelbar aus den technischen Möglichkeiten und Unsicherheiten der neuen Informations- und Kommunikationstechnologien ergeben. Unter II. wird auf den in der bisherigen Diskussion vernachlässigten Aspekt der Persönlichkeitsrechtsverletzungen durch die Inhalte der neuen Dienste eingegangen. Unter III. werden im Interesse der Vollständigkeit die rechtlichen Problemfelder zusammenfassend dargestellt, die jedoch mit dem Inkrafttreten der "Multimediagesetze" [542] zumindest teilweise und vorläufig gelöst erscheinen. Es werden hierbei die Regelungsdefizite angesprochen, die sich auf der Ebene des einfachen Rechts ergeben, wobei sich die Erörterung hierzu auf die Bezüge zu den verfassungsrechtlichen Vorgaben aus Art. 2 Abs. 1 GG und Art. 1 Abs. 1 GG beschränkt.

I. Technikbedingte Problemfelder

1. Datenspuren durch Sekundärdaten

Durch die Vernetzung leistungsfähiger Rechner ist ein schneller Zugriff auf große Mengen personenbezogener Daten möglich. Hierbei handelt es sich nicht nur um diejenigen Daten, die in das System eingegeben wurden (Primärdaten). Es fallen auch zusätzliche Daten an, die sich aus der Nutzung der Technik ergeben und zum Verbindungsaufbau oder zur Abrechnung benötigt werden (Sekundärdaten [543]). Diese Sekundärdaten sind gemeint, wenn in der einschlägi-

---

[542] Teledienstegesetz (TDG) und Mediendienste-Staatsvertrag (MDStV), hierzu ausführlich unten in diesem Kapitel, § 2 V

[543] vgl. Jacob, RDV 96, 1 (2)

gen Literatur darauf hingewiesen wird, daß jede Aktion im Netz "Datenspuren" hinterläßt [544].

Bei der Nutzung der neuen Informations- und Kommunikationstechnik werden solche Sekundärdaten in großem Maße anfallen. Folgende Arten von personenbezogenen Daten können unterschieden werden:

- Verbindungs- oder Nutzungsdaten: Hierunter werden alle Daten verstanden, die erforderlich sind, um dem Nutzer die Inanspruchnahme von Diensten zu ermöglichen. In diese Kategorie fallen somit alle Daten, die Netzaktivitäten dokumentieren. Die Verbindungsdaten spiegeln wieder, wer, wann, mit wem wie viele Daten ausgetauscht hat [545]. Diese Daten können daher auch als Nutzungsdaten [546] oder Interaktionsdaten [547] bezeichnet werden. Anhand dieser Datenbestände ist z.B. erkennbar, welche Dienste und Angebote in Anspruch genommen worden sind, nach welchen Informationen gesucht worden ist, an welchen Diskussionsforen sich der Nutzer beteiligt hat, ob und mit wem er elektronische Briefe ausgetauscht hat und sogar, mit welchem Geschick er seine Aktivitäten abgewickelt hat [548]. Da diese Datenbestände auch der Abrechnung der Diensteanbieter mit den Nutzern dienen, unterfallen sie in dieser Eigenschaft auch der Bezeichnung der Abrechnungsdaten.

- Vermittlungsdaten: Mit diesem Begriff werden die Daten bezeichnet, die nicht bei den Diensteanbietern, sondern bei den Telekommunikationsgesellschaften anfallen. Sie stellen dar, ob und wie lange Verbindungen vom Anschluß des Nutzers zu welchen Einwahlpunkten der Anbieter geschaltet worden sind, nicht aber, welche Aktivitäten innerhalb des Datennetzes entfaltet wurden [549]. Hierin liegt der Unterschied zu den o.g. Verbindungs- und Nutzungsdaten. Vermittlungsdaten dienen vor allem der Abrechnung der Telekommunikationskosten und können deshalb in dieser Funktion ebenfalls als Abrechnungsdaten bezeichnet werden.

---

[544] vgl. für viele Roßnagel, ZRP 97, 26 (28)

[545] vgl. Köhntopp, S. 9

[546] so z.B. Roßnagel/Bizer, DuD 96, 209 (210); diesen Begriff verwendet auch § 6 Abs. 1 Nr. 1 TDDSG

[547] Diesen Begriff haben die Datenschutzbeauftragten in ihrer Entschließung vom 29.4.96 gewählt, vgl. DuD Report 96, 441.

[548] vgl. Jacob, RDV 96, 1 (3)

[549] vgl. Jacob, a.a.O.

- Verknüpfungsdaten: Weniger gefestigt ist der Begriff der Verknüpfungsdaten. Der Bundesbeauftragte für den Datenschutz bezeichnet sie als "Verbindungsdaten im weiteren Sinne" und versteht darunter diejenigen Daten, die sich aus der gezielten Auswertung der Verbindungs- und Vermittlungsdaten ergeben. Es handelt sich um solche Daten, die von den dokumentierten Netzaktivitäten auf bestimmte Eigenschaften des Nutzers schließen lassen [550]. Sie entstehen nicht automatisch bei der Benutzung, sondern werden durch die Verknüpfung von Sekundärdaten gewonnen.

- Stamm- oder Bestandsdaten: Als Stamm- oder Bestandsdaten werden die personenbezogenen Daten der Kunden bezeichnet, die zur Begründung, inhaltlichen Ausgestaltung oder Änderung der Geschäftsverbindung aufgenommen werden [551]. Dazu gehören Name, Adresse und Kennung des Nutzers, häufig auch die Bankverbindung, Geburtsdaten und Angaben über den Status des Kunden (z.B. Schüler, Student, Arbeitsloser, Rentner, Selbständiger, Angestellter) [552].

- Abrechnungsdaten: Wie sich bereits aus den vorstehenden Kategorien ergibt, handelt es sich bei den Abrechnungsdaten nicht um eine selbständige Gruppe. Vielmehr können alle Verbindungs-, Vermittlungs-, Verknüpfungs- und Stammdaten auch Abrechnungsdaten sein, wenn sie zum Zwecke der Abrechnung verarbeitet werden [553].

- Inhaltsdaten: Inhaltsdaten sind die zum Abruf bereitgestellten Informationen, also jede verfügbare Datei im Netz. Zu nennen sind z.B. Texte, Datensammlungen, Programme. Zu den Inhaltsdaten zählen auch die Inhalte, die in einer Homepage angeboten werden oder in sonstiger Weise auf einem Server zum Abruf bereitgestellt werden. Es handelt sich somit um Daten, die von einer Person in das Netz eingegeben wurden, also um Primärdaten. Diese Gruppe wird in diesem Abschnitt nur aus Gründen der Vollständigkeit erwähnt.

Sekundärdaten bergen besondere datenschutzrechtliche Probleme in sich, da sie verdeckt entstehen und deshalb nicht von einer (konkludenten) Einwilligung gedeckt sind. Damit wird die Selbstbestimmung über die Preisgabe und den

---

[550] Jacob, VuM 95, 334 (335). Er nennt folgende Beispiele: Versicherungen erklären die Besteller bestimmter Kleidungsgrößen wegen Fettleibigkeit zum Versicherungsrisiko; Nutzern des Öko-Forums werden Gesundheitslatschen angeboten; den Abrufern rechtsradikaler Propaganda werden Springerstiefel offeriert.

[551] § 5 Abs. 1 TDDSG wählt den Begriff der Bestandsdaten.

[552] vgl. Köhntopp, S. 9

[553] vgl. Roßnagel/Bizer, DuD 96, 209 (210); vgl. auch § 6 Abs. 1 Nr. 2 TDDSG

Umgang mit personenbezogenen Daten unterlaufen. Nur der technisch versierte Nutzer von Datendiensten wird sich darüber bewußt sein, daß jede seiner Handlungen im Netz dokumentiert und gespeichert wird. Deshalb ist es grundsätzlich erforderlich, den Nutzer schon zu Beginn der Geschäftsbeziehungen, spätestens aber bei der ersten Nutzung des Dienstes auf diesen Umstand hinzuweisen. Nur dann kann er von der verfassungsrechtlich gewährleisteten Selbstbestimmung über den Umgang mit seinen Daten Gebrauch machen.

Das Entstehen von Sekundärdaten wäre unproblematisch, wenn diese unmittelbar bei Fortfall ihres Erhebungszwecks automatisch gelöscht würden, weil auf diese Weise eine Zweckentfremdung der Daten vermieden werden könnte. Auf eine Speicherung der Sekundärdaten wird aber in vielen Fällen nicht verzichtet werden können, da die Daten zu Abrechnungszwecken benötigt werden. Im Zuge der zunehmenden Kommerzialisierung der Dienste wird es voraussichtlich zu einer differenzierten Preisgestaltung kommen, die die Erhebung und Speicherung entsprechend differenzierter Abrechnungsdaten erforderlich machen würde. Während einige Angebote bereits in der monatlichen Grundgebühr enthalten sind, könnte der Abruf besonderer Angebote mit einem gesonderten Entgelt berechnet werden. Entsprechende Entwicklungen sind bereits heute im Bereich des digitalen pay-TV zu verzeichnen. Zur individuellen Abrechnung solcher Angebote bedarf es daher der Speicherung der Verbindungs- und Nutzungsdaten. Die Sachzwänge, die die Erhebung und Speicherung legitimieren, begründen aber kein Recht zur anderweitigen Nutzung der Daten. Insoweit greift hier der Grundsatz der Zweckbindung ein, der als unmittelbarer Ausdruck des Rechts auf informationelle Selbstbestimmung spätestens seit dem Volkszählungsurteil anerkannt ist und in den datenschutzrechtlichen Vorschriften seinen Niederschlag gefunden hat [554]. Trotzdem steigert die Existenz von Verbindungs- und Nutzungsdaten das Gefahrenpotential, da Mißbrauch auch beim Vorliegen einschlägiger Rechtsnormen nicht ausgeschlossen werden kann. Verbindungs- und Nutzungsdaten fallen seit der Einführung der neuen Informations- und Kommunikationsdienste in Bereichen an, die bisher nicht datenmäßig erfaßt waren. Als Beispiel sind die interaktiven Dienste des digitalen Fernsehens zu nennen. Beim "video on demand" wird zu Abrechnungszwecken dokumentiert werden, wer welche Sendung gesehen hat, während das herkömmliche Fernsehen aufgrund der pauschalen Rundfunkgebühr für alle Programme eine solche Datenerhebung unnötig machte. Sie war auch technisch gar nicht möglich, da bisher kein Übertragungsweg ("Rückkanal") vom Rezipienten zum Veranstalter bestand.

---

[554] vgl. z.B. § 14 Abs. 1, 28 Nr. 1 BDSG; zur Verankerung des Zweckbindungsgrundsatzes im Recht auf informationelle Selbstbestimmung vgl. oben 3. Kapitel, § 3

2. Persönlichkeitsprofile

Durch die technische Ausgestaltung der neuen Dienste fallen - wie soeben dargelegt - umfangreiche Daten an, die das Mediennutzungs- und Kommunikationsverhalten individueller Personen wiedergeben. Die Problematik der "Datenspuren" erschöpft sich aber nicht in der Existenz dieses Datenmaterials. Diese Daten können theoretisch miteinander verknüpft werden, wodurch ein recht präzises Bild von der betroffenen Person gewonnen werden kann.

Diese Gefahr wird mit dem Begriff der Persönlichkeitsprofile umschrieben. Unter Persönlichkeitsprofilen wird grundsätzlich die Zusammenführung von Einzelangaben aus verschiedenen Lebensbereichen des Einzelnen verstanden, die unter gewöhnlichen Umständen und ohne technische Hilfsmittel nicht zusammengeführt werden könnten [555]. Die Angst vor Persönlichkeitsprofilen ist eng mit der Orwell'schen Vision des totalen Überwachungsstaates verbunden und begleitet die Datenschutzdiskussion seit ihren Anfängen. Frühzeitig wurde erkannt, daß sich die Gefahr vor allem bei der technischen Verbindung von elektronischen Anlagen, die sich gegenseitig mit Informationen versorgen können, realisieren kann [556]. Folglich ist das Problem der Herstellung von Persönlichkeitsprofilen gerade unter den technischen Gegebenheiten der Informationsgesellschaft aktuell geworden. In der Literatur sind zahlreiche Szenarien beschrieben worden, die das Bild vom "gläsernen Bürger" anschaulich machen [557]. Zumeist handelt es sich um den "gläsernen" Kunden, dessen Daten gezielt gespeichert und ausgewertet werden, um ihm auf seine persönlichen Vorlieben zugeschnittene Angebote zu unterbreiten. Die Verwendung personenbezogener Daten zum Zwecke des "Data-Base-Marketing" ist bereits Realität [558] und beruht auf den wirtschaftlichen Interessen der Anbieter. Zu Recht wurde die Befürchtung geäußert, daß der Wettbewerb die Konkurrenten in zunehmendem Maße dazu zwingen könnte, durch immer weitergehende Verknüpfungen von Informations-, Unterhaltungs- und Warenangeboten die Wünsche und Präferenzen der Kunden detailliert zu erforschen, um mit Hilfe dieser Daten ihre Marktposition zu behaupten [559]. Eine

---

[555] vgl. Bull, Datenschutz, S. 98

[556] vgl. Benda, FS Geiger, S. 25, 37; Bull, Datenschutz, S. 319

[557] sehr plastisch z.B. Jacob, RDV 96, 1 f.; weitere Beispiele bei Engel, Multimedia, S. 164; Roßnagel/Bizer, DuD 96, 209 (210); Hoffmann-Riem, Jahrbuch 1995, S. 104; Köhntopp, S. 16; Vetter, Aktuelle Aspekte, S. 5; Leuze, VuM 96, 338 (339); 16. TB des LfD BW, S. 50; 18. TB des LfD Brem, S. 10; 12. TB des Hamb. Dsb, S. 34 ff.

[558] vgl. Jacob, VuM 96, 334 (335); zur Werbung in interaktiven Systemen schon Kabel & Satellit Nr. 14 v. 5.4.94, S. 12 ff. (14)

[559] vgl. Jacob, RDV 96, 1 (3)

besondere Form der Auswertung von Daten zu Persönlichkeitsprofilen ist die elektronische Leistungskontrolle bei der Telearbeit, bei der die Arbeitsleistung des Telefernarbeiters anhand einer automatischen Auswertung der Verbindungs- und Inhaltsdaten und dem Abgleich dieser Daten mit anderen Arbeitsplätzen beurteilt wird [560].

Erweitert man dieses Beispiel auf alle denkbaren Nutzungsformen von interaktiven Systemen, so wird die Dimension des Problems deutlich: Es ist erkennbar, welche Informationen sich der Benutzer von welcher Datenbank beschafft hat, an welchen Fernschullehrgängen er teilgenommen hat. Es ist dokumentiert, welche Filme und welche Nachrichten angesehen wurden und welche Waren aus den elektronischen Versandhauskatalogen bestellt worden sind. Die daraus resultierenden Informationen können zusätzlich mit der Kenntnis der Inhalte der Individualkommunikation verbunden werden. Wenn alle diese Daten systematisch ausgewertet würden, würde damit ein bisher qualitativ und quantitativ unbekannter Zustand der Informationsdichte erreicht. Eine derartige Ansammlung von personenbezogenen Informationen wäre bisher nur durch eine Überwachung und Auswertung des Telefon-, Telefax- und Briefverkehrs bei zeitgleicher Ausspähung aller Mediennutzungs- und Einkaufsgewohnheiten und der Aktivitäten am häuslichen und beruflich genutzten PC ermittelbar gewesen.

Allerdings muß zwischen dem technisch Machbaren und den konkreten Realisierungsmöglichkeiten unterschieden werden. Zusätzlich ist aus dem Bereich der realisierbaren Gefahren rechtswidriges Verhalten auszugrenzen, da der Mißbrauch nicht der Maßstab der Gefährdungsanalyse sein kann und der Mensch rechtlich niemals vor deliktischen Handlungen mit absoluter Sicherheit geschützt werden kann.

In diesem Lichte betrachtet grenzt sich die Gefahr der Persönlichkeitsprofile schnell ein. Auch wenn man davon ausgeht, daß eine Verknüpfung und Auswertung aller im Netz vorhandenen Daten technisch realisiert werden könnte, spricht in tatsächlicher Hinsicht die dezentrale Speicherung des Datenmaterials dagegen. Grundsätzlich verfügt jeder Anbieter eines Informations- oder Kommunikationsdienstes nur über diejenigen Daten, die in seinem Netz anfallen. Die interessierten Wirtschaftsunternehmen können somit nur auf das bei ihnen entstandene Datenmaterial zurückgreifen. Es ist nicht zu erwarten, daß beispielsweise Wirtschaftsunternehmen, die sich als Konkurrenten am Markt gegenüberstehen, ihre Daten zusammenführen. Gleichzeitig ist dies aber auch nicht gänzlich auszuschließen, da sich in der Vergangenheit bereits mehrfach brancheninterne Allianzen hinsichtlich

---

[560] vgl. hierzu Wedde, RDV 96, 5; Saller, NJW-CoR 96, 300

des Informationsaustausches gebildet haben, so z.B. im Bankgewerbe und dem Versicherungswesen. In diesen Fällen wären sodann aber die gesetzlichen Schranken zu beachten, die sich aus den datenschutzrechtlichen Vorschriften ergeben [561]. Gleiches gilt im öffentlichen Bereich, da auch hier enge Vorgaben für die Datenübermittlung zwischen den Stellen gelten. Aus dem Recht auf informationelle Selbstbestimmung ergibt sich grundsätzlich ein amtshilfefester Schutz vor Weitergabe von personenbezogenen Daten, da auch im öffentlichen Bereich der Zweckbindungsgrundsatz gilt. Auszugrenzen ist auch die Möglichkeit der unbefugten Datenbeschaffung und -auswertung durch Dritte, soweit dieses Verhalten in den Anwendungsbereich der einschlägigen Strafvorschriften fällt [562].

Hinreichend wahrscheinlich ist die Gefahr der Erstellung von Persönlichkeitsprofilen somit nur in Bezug auf solche Daten, die bei einem Anbieter eines Dienstes anfallen. Angesichts der Angebotsvielfalt der Dienste kann aber schon in diesem abgegrenzten Bereich ein großes Volumen an Sekundärdaten verschiedenster Lebensbereiche anfallen. Die Versuchung, solches Datenmaterial für eigene, kommerzielle Interessen auszuwerten, dürfte groß sein.

Die Gefahr der Herstellung von Persönlichkeitsprofilen berührt in erster Linie das Recht auf informationelle Selbstbestimmung, welches als Fallgruppe des allgemeinen Persönlichkeitsrechts gerade mit Blick auf diese Gefährdungslage herausgebildet wurde.

Persönlichkeitsprofile berühren auch das Verfügungsrecht über die Darstellung der eigenen Person im Hinblick auf die Gefahr der Verfälschung des Lebensbildes. Profile können nur aus den Daten erstellt werden, welche im Netz vorliegen und auf die der Verarbeiter Zugriff hat. Wenn aber die betroffene Person netzbezogene Aktivitäten nur sehr einseitig ausgeübt hat, also die Möglichkeiten der modernen Informations- und Kommunikationsdienste nur für bestimmte singuläre Zwecke benutzt hat, liegen auch nur Daten über diesen Aspekt seines Lebensbereiches vor. Die Auswertung des vorhandenen Datenmaterials zu einem Persönlichkeitsprofil würde somit eine einseitige Darstellung der Person ergeben, die nichts mit seiner realen sozialen Identität gemeinsam hat und somit sein Persönlichkeitsbild verfälscht.

---

[561] z.B. §§ 28 ff. BDSG; die unrechtmäßige Datenübermittlung ist in § 43 BDSG mit Strafe bedroht.

[562] z.B. § 202 a StGB, § 43 Abs. 1 Nr. 3 BDSG

3. Datenspuren durch persönliche Identifizierungszeichen

Besonders weitreichende Möglichkeiten zur Herstellung von Persönlichkeitsprofilen ergeben sich aus dem zunehmenden Einsatz von einheitlichen Personenkennzeichen bei der Benutzung elektronischer Systeme. Personenbezogene Daten fallen nur dann an, wenn die Informationen einer natürlichen Person zugeordnet werden können. Nicht jedes Sekundärdatum ist somit gleichzeitig ein personenbezogenes Datum, welches potentiell Gefahren für das Recht auf informationelle Selbstbestimmung in sich birgt.

Die Nutzung der Datennetze erfolgt weitgehend unter einheitlichen Pseudonymen in Form von selbstgewählten (Phantasie-) Namen oder Kennummern. Kein Nutzer eines Online-Dienstes ist gezwungen, bei seinen Netzaktivitäten seine Identität in Form seines Namens preiszugeben. Allerdings ist er für den Betreiber des Online-Dienstes immer erkennbar, da er ein einheitliches Pseudonym benutzt, unter welchem er sich bei jedem Kontakt anmeldet und welches auf seinen Namen - schon zum Zwecke der Abrechnung - registriert ist. Beim Internet findet diese Zuordnung zu einem einheitlichen Personenmerkmal durch die Internet-Adresse statt. Auch diese wird in der Regel durch den Online-Dienst vergeben und ist somit zumindest auf diesem Weg dem Inhaber persönlich zuzuordnen. Viele Dienste teilen dem Empfänger einer Nachricht automatisch neben dem Pseudonym den Benutzernamen mit, so daß die wirkliche Identität des Absenders preisgegeben wird und sogleich bekannt wird, unter welchem Pseudonym der Betroffene im Netz auftritt. In jedem Fall führt die Benutzung einheitlicher Pseudonyme zu einer mittelbaren Erkennbarkeit der Person.

Diese mittelbare Erkennbarkeit ist auch in Bereichen außerhalb der Online-Dienste und des Internets schon längere Zeit Realität. Ein anschauliches Beispiel ist der Bereich der mobilen Telekommunikation: Unabhängig davon, von welchem Gerät und von welchem Ort der Nutzer telefoniert, kann ihm der Kommunikationsvorgang immer persönlich zugeordnet werden, da er sich über seine persönliche Telefonkarte und die Eingabe seiner Kennummer (PIN - Personal identification number) gegenüber dem Netzbetreiber identifiziert. Der Telekommunikationsbereich hat sich dadurch die bisher endgerätebezogene Kommunikation, bei der nur feststellbar war, von welchem ortsgebundenen Gerät gesprochen wurde, zur persönlichen Kommunikation verändert, bei der jedes Gespräch eine individuelle Datenspur hinterläßt. Während bei der endgerätespezifischen Kommunikation das Endgerät (das Telefon) mit einer Nummer versehen war und die Benutzung des Geräts keine Rückschlüsse auf die Person des oder der Nutzer zuließ, ist bei der persönlichen Kommunikation der individuelle Teilnehmer bei jedem Vorgang identifizierbar und lokalisierbar. Die Verbindungsdaten lassen erkennen, wer, wann, von wo, mit wem, wie lange gesprochen hat.

Eine ähnliche Entwicklung ist im Bereich des Zahlungsverkehrs zu verzeichnen. Bei der Barzahlung fallen keine personenbezogenen Daten an, da die Anonymität des Zahlenden erhalten bleibt. Bei der Bezahlung mit der Scheckkarte wird die Person aber durch die Eingabe der PIN identifiziert und der Zahlungsvorgang wird individuell zugeordnet. Daten über die Person des Bezahlenden, den Ort des Geschehens, die Höhe der Zahlung werden in unmittelbar verwertbarer Form erhoben und im Netz übermittelt. Insoweit unterscheidet sich der elektronische Zahlungsverkehr auch von der bargeldlosen Zahlung per Überweisung, bei der die Entanonymisierung zunächst nur auf dem schriftlichen Überweisungsträger erfolgt und die Erfassung in elektronischen Systemen erst nach der Übermittlung in der Datenverarbeitung des Kreditinstituts erfolgt. In Zuge der fortschreitenden Verbreitung des Homebankings werden aber auch Vorgänge aus diesem Bereich in einer lückenlosen Datenkette dokumentiert werden. Hierbei finden ebenfalls persönliche Kennzahlen Einsatz, weshalb alle Informationen über den Übermittlungsvorgang und die übermittelten Inhalte unmittelbar als personenbezogene Daten vorliegen.

Es steht zu erwarten, daß die orts- und geräteunabhängige persönliche Kommunikation durch die Benutzung von PIN-Codes oder entsprechende persönliche Identifizierungsmerkmale eine immer weitergehende Verbreitung finden werden. Schon heute ist es möglich, sich unter dem vereinbarten Pseudonym von einem beliebigen PC in einen Online-Dienst einzuwählen, soweit der jeweils benutzte PC mit einer Netzverbindung und der entsprechenden Software ausgestattet ist. Auch hier kommt es somit nicht mehr auf den Ort des Vorgangs an, die Verbindungsdaten werden immer der Person zugeordnet, die als Inhaber der Kennung registriert ist. Je mehr Dienstleistungen mittels der PIN abgewickelt werden, desto mehr personenbezogene Daten liegen vor. Je häufiger ein bestimmter PIN für verschiedene Zwecke, d.h. innerhalb verschiedener Systeme, benutzt wird, um so leichter können die dort anfallenden Nutzungsdaten zusammengeführt und gemeinsam ausgewertet werden. Durch die direkte persönliche Zuordnung der anfallenden Daten wird das Individuum immer besser durchschaubar und berechenbarer [563]. Jedem Nutzer einer persönlichen Kennung muß bewußt sein, daß er mit dem Einsatz seiner PIN potentiell ein Teilstück seiner Anonymität aufgibt, da aus den anfallenden Daten personenbezogene Daten werden [564].

---

[563] vgl. Ernestus, DuD 6/94, 316 (317)

[564] Bei dieser Aufklärung kommt der Arbeit der Datenschutzbeauftragten große Bedeutung zu, in deren TB regelmäßig auf neue Problemlagen hingewiesen wird, vgl. z.B. LfD Bln Jahresbericht 1995, S. 23 ff..

Bisher wurde es aufgrund der unterschiedlichen Ausgestaltung der Systeme einzelner Anbieter vermieden, daß durch einheitliche PIN oder andere persönliche Kennzeichen kompatible personenbezogene Daten angefallen sind. Neben der technischen Kompatibilität, die sich durch entsprechende Anpassungsprogramme in aller Regel mit vertretbarem Aufwand auch nachträglich herstellen läßt, waren der Zusammenführung unterschiedlicher Nutzungsdaten einer Person bisher schon in rein tatsächlicher Hinsicht Grenzen gesetzt, da die Nutzer in der Auswahl ihres persönlichen Kennzeichens frei waren und deshalb kein systemübergreifendes Personenmerkmal vorlag. Mit der Einführung persönlicher Signaturschlüssel als "elektronische Unterschrift" steht aber ein bedeutender Schritt in die Richtung eines einheitlichen digitalen Personenkennzeichens für alle Netzaktivitäten unmittelbar bevor.

Mit der zunehmenden Kommerzialisierung der Datennetze, z.B. durch den Warenkauf in Form des Homeshopping, wurde es notwendig, daß Rechtsgeschäfte über Datennetze fälschungssicher und rechtsverbindlich abgeschlossen werden können. Dies soll durch "digitale Unterschriften" gewährleistet werden, mit deren Hilfe insbesondere auch der elektronische Zahlungsverkehr über das Internet ermöglicht werden soll [565]. Bereits seit längerem ist bekannt, daß dieses Ziel durch den Einsatz von sog. asymmetrischen Schlüsselpaaren erreicht werden kann. Jeder Benutzer verfügt über einen geheimen und einen öffentlichen Schlüssel, mit denen seine Erklärungen kodiert werden. Der geheime Schlüssel ist nur einer öffentlichen Stelle (sog. Trust-Center) bekannt, die bei Bedarf die Zugehörigkeit des öffentlichen zum geheimen Schlüssel prüft und bestätigt, daß das Schlüsselpaar zu einer bestimmten Person gehört [566].

Die Bundesregierung hat zusammen mit dem Gesetz zur Regelung der Rahmenbedingungen für Informations- und Kommunikationsdienste (Informations- und Kommunikationsdienstegesetz, IuKDG) [567] das Gesetz zur digitalen Signatur (Signaturgesetz, SigG) in Kraft gesetzt. Zweck des Gesetzes ist es, Rahmenbedingungen für digitale Signaturen zu schaffen, unter denen diese als sicher gelten und Fälschungen digitaler Signaturen oder Verfälschungen von signierten Daten zuverlässig festgestellt werden können (vgl. § 1 SigG [568]). Als digitale Signatur

---

[565] vgl. Kuner, NJW-CoR 96, 108

[566] vgl. Roßnagel, NJW-CoR 94, 96 (97)

[567] BGBl. I 97, 1870 vom 28.7.97; hierzu sogleich unter § 2 V in diesem Kapitel

[568] Art. 3 des IuKDG, BGBl. I 97, 1870 (1872); zum SigG allgemein vgl. Kuner, CR 97, 643; Timm, DuD 97, 525; insbesondere zu den zivilrechtlichen und zivilprozessualen Aspekten des SigG vgl. Geis, NJW 97, 3000 m.w.N.

wird ein mit einem privaten Signaturschlüssel erzeugtes Siegel verstanden, welches mit Hilfe eines dazugehörigen öffentlichen Schlüssels den Inhaber des Signaturschlüssels und die Unverfälschtheit der Daten erkennen läßt. Der öffentliche Schlüssel wird von einer staatlich lizensierten Zertifizierungsstelle festgelegt. Hierbei wird die Zuordnung des Signaturschlüssels zu einer natürlichen Person bescheinigt. Die Zertifizierungsstelle hat Personen, die ein Zertifikat beantragen, zuverlässig zu identifizieren und dieses Zertifikat jederzeit für jeden über öffentlich erreichbare Telekommunikationsverbindungen nachprüfbar und abrufbar zu halten. Für den Abruf bedarf es aber der Zustimmung des Signaturschlüssel-Inhabers (vgl. § 5 Abs. 1 SigG). Das Signaturschlüssel-Zertifikat muß u.a. den Namen des Inhabers in verwechslungssicherer Form enthalten (vgl. § 7 SigG). Allerdings ist es zulässig, anstelle des Namens ein Pseudonym zertifizieren zu lassen (vgl. § 5 Abs. 3 SigG), welches sodann anstatt des Namens registriert und im Zertifikat angegeben wird. Das Pseudonym soll aber zur Verfolgung von Straftaten und ähnlichen Belangen durchbrochen werden können (vgl. § 12 Abs. 2 SigG).

Es bleibt abzuwarten, wie schnell sich die digitale Signatur in der Praxis durchsetzen wird und in welchen Bereichen die "elektronischen Unterschriften" zum Einsatz gelangen werden. Fest steht aber bereits jetzt, daß es sich bei der digitalen Signatur um ein persönliches Kennzeichen mit universellem Einsatzbereich handelt, welches eine Zuordnung der verschiedenen Netzaktivitäten zu der handelnden Person ermöglicht. Im Falle der Verwendung eines Pseudonyms ist zwar die Identität der Person nicht unmittelbar ablesbar, trotzdem sind alle Daten einem Kennzeichen zuzuordnen, so daß die einmalige Durchbrechung des Pseudonyms ausreicht, um alle gesammelten Daten mit der natürlichen Person in Verbindung zu bringen. Die Einführung digitaler Signaturen ist somit in persönlichkeitsrechtlicher Sicht als bedeutender Schritt in die Richtung eines einheitlichen persönlichen Identifizierungszeichens in elektronischen Systemen zu bewerten, durch den die Voraussetzungen des Schutzes des allgemeinen Persönlichkeitsrechts stark tangiert werden. Das BVerfG hat bereits in der Mikrozensus-Entscheidung ausgeführt, daß es nicht mit der Menschenwürde zu vereinbaren sei, den Menschen zwangsweise in seiner ganzen Persönlichkeit zu registrieren und zu katalogisieren und ihn damit wie eine Sache zu behandeln, die einer Bestandsaufnahme in jeder Beziehung zugänglich ist [569]. Mit dieser Entscheidung hat das BVerfG den Grundstein für das später aus gegebenem Anlaß formulierte Recht auf informationelle Selbstbestimmung gelegt, dem derselbe Gedanke zugrunde liegt [570]. Die Einführung einheitlicher Personenkennzeichen eröffnet aber

---

[569] vgl. BVerfGE 27, 1 (6) - Mikrozensus

[570] vgl. BVerfGE 65, 1 (Ls. 4 und 42 f.) - Volkszählung

weitreichende Möglichkeiten zur katalogartigen Auswertung des Datenmaterials und der damit verbundenen Registrierung der Persönlichkeit. Hierbei muß nicht zwischen dem öffentlichen und dem nicht-öffentlichen Bereich unterschieden werden, da das Motiv für die Anerkennung des informationellen Selbstbestimmungsrechts - psychischer Anpassungsdruck durch öffentliche Anteilnahme und der damit einhergehende Verlust unbefangener, freier Entfaltung - immer dann gegeben ist, wenn sich der Betroffene nicht sicher sein kann, welche Informationen über ihn bekannt geworden sind.

Einheitliche Personenkennzeichen bedrohen die Selbstbestimmung insbesondere durch die Gefahr der Bildung von Persönlichkeitsprofilen, da die systematische Auswertung von Informationen aus verschiedenen Lebensbereichen zu einem Gesamtbild durch die zunehmende Verbreitung einheitlicher Personenidentifikationsmerkmale in der Datenverarbeitung erleichtert wird. Je mehr Netzaktivitäten über eine einheitliche Kennung ausgeführt werden können, um so mehr Daten aus unterschiedlichen Lebens- und Nutzungsbereichen liegen in personalisierter Form in den Netzen vor.

4. Gefährdung der Vertraulichkeit

Ein weiteres Gefährdungspotential liegt im technisch bedingten Verlust der Vertraulichkeit der Daten. Der Begriff der Vertraulichkeit umschreibt den Schutz vor unbefugter Kenntnisnahme [571]. Die Vertraulichkeit bezieht sich nach allgemeinem Verständnis auf die Kommunikationsinhalte, die Kommunikationsteilnehmer, den benutzten Übertragungsweg (das Medium), den Übertragungszeitpunkt, die Übertragungsdauer und die Tatsache, daß überhaupt ein Kommunikationsvorgang stattgefunden hat.

Dezentrale Datennetze wie das Internet können die Vertraulichkeit bei der Datenübertragung nicht gewährleisten, da der gesamte Netzverkehr abgehört werden kann [572]. Insbesondere das Internet gilt als unsicher, da es nicht unter dem Gesichtspunkt der Abhörsicherheit konzipiert wurde [573]. Weniger bekannt ist dagegen die Tatsache, daß es auch mehrere Methoden gibt, über die Netzanbindung von Inhalten auf dem Arbeitsspeicher einzelner PC Kenntnis zu nehmen, ohne daß die auf diese Weise ausgespähten Daten jemals zuvor im Netz übertra-

---

[571] vgl. Tinnefeld/Ehmann, S. 120

[572] vgl. Schaar, CR 96, 170 (172)

[573] vgl. Kuner, NJW-CoR 95, 413; einzelne Probleme der Datensicherheit werden im 16. TB LfD Ba.-Wü., S. 50 f. anschaulich dargestellt

gen wurden. Die Vertraulichkeit der Daten ist somit in zweifacher Weise gefährdet.

Die mangelnde Abhörsicherheit des Internets ist zum einen unmittelbarer Ausdruck der dezentralen Struktur. Die Daten erreichen ihr Ziel nicht direkt, sondern durchlaufen viele Knotenpunkte, die auf der ganzen Welt verteilt sein können. Eine Nachricht auf dem Weg von Hamburg nach Kiel kann unter Umständen via New York vermittelt werden, da das Internet den Übermittlungsweg individuell bestimmt, um Störungen zu umgehen und die Kapazitäten optimal auszunutzen [574]. Bei den Knotenpunkten handelt es sich zumeist nicht um besonders geschützte Rechenzentren, sondern um normale Computer in privater Hand. Außerdem ist zu beachten, daß das Internet nicht für seine heutige Nutzung durch die Allgemeinheit konzipiert wurde, sondern zunächst nur als Verbindung in einer geschlossenen Benutzergruppe (Militär) errichtet wurde [575]. Die technische Ausgestaltung hat sich deshalb nicht an den Standards anderer Massenkommunikationsmittel, insbesondere dem des Sprachtelefonnetzes orientiert.

Die derzeit einzige Möglichkeit, die Vertraulichkeit der Datenübermittlung zu gewährleisten, besteht in einer Verschlüsselung [576] der übertragenen Daten. Es stehen verschiedene Verfahren zur Verschlüsselung zur Verfügung, wobei jedoch kein absoluter Schutz gegen eine unbefugte Entschlüsselung gewährleistet ist [577].

Zu wenig Beachtung hat in der Diskussion der Sicherheit der Datennetze bislang die Möglichkeit gefunden, den Datenspeicher des Nutzers auszuspionieren. Dies geschieht mit Hilfe von besonderen Programmen, die unbemerkt auf dem Rechner des Nutzers laufen und für die sich der Begriff der "trojanischen Pferde" herausgebildet hat. Hierbei sind solche Programme, die nur während einer Netzverbindung laufen, von denen zu unterscheiden, die sogar noch nach der Beendigung der Datenverbindung des PC mit dem Netz unbemerkt auf dem Rechner arbeiten und dabei die Aktionen des Nutzers auf seinem Rechner beobachten und registrieren, sowie seinen Speicher gezielt nach bestimmten Informationen durchsuchen. Bei der erstgenannten Gruppe von Programmen handelt es sich um solche, die mit der Zugangssoftware zu den Netzen verbunden sind [578] und somit nur arbeiten können, solange die Zugangssoftware läuft, also die Verbindung zum Netz

---

[574] vgl. Esser, RDV 96, 46 (47 f.)

[575] vgl. Collardin, CR 95, 618 (619); 16. TB LfD Ba.-Wü., S. 50

[576] vgl. zu den rechtlichen Problemen der Verschlüsselung Kuner, NJW-CoR 95, 413

[577] vgl. Esser, RDV 96, 151 (153)

[578] also z.B. um Programme wie "Netscape Navigator" oder "MS-Internet-Explorer"

aktiviert ist. Solche sog. "Java-Applikationen" werden bei Multimediaanwendungen für viele Zwecke benötigt und können daher vom Benutzer nicht unterdrückt werden, ohne die Nutzungsmöglichkeiten seines Rechners stark zu beeinträchtigen. Die zweite Gruppe von Programmen arbeitet verdeckt auf dem Rechner weiter, auch wenn die Verbindung mit dem Netz unterbrochen wird. Diese Programme müssen dem Nutzer verdeckt unter einem Vorwand übermittelt werden, was häufig zusammen mit Spielen oder anderen "unbedenklichen" Programmen geschieht, die der Nutzer ohne Prüfung und Vorsichtsmaßnahmen bei sich installiert. Die verdeckte Übermittlung solcher Spionagesoftware ist grundsätzlich mit jeder Datenübermittlung aus dem Netz auf den Rechner des Nutzers denkbar, so daß jeder Datenübertragungsvorgang aus dem Netz auf den eigenen Speicher diese Gefahr in sich birgt. Da es mittlerweile üblich geworden ist, Programme aus dem Netz "herunterzuladen", gibt es zahlreiche Möglichkeiten zur unbemerkten Installation solcher Spionageprogramme ("Trojanische Pferde"). Diese Programme legen auf dem Speicher des Nutzers eine versteckte Datei an, in denen die erforschten Daten gesammelt werden. Bei der nächsten Möglichkeit werden die Daten aus dieser Datei an den Entsender des Spionageprogramms übermittelt. Hierzu kann schon der nächste Kontakt mit dem Datennetz, also z.B. der nächste Kontakt mit dem Online-Dienst, ausreichen, da dann die versteckte Datei unbemerkt übertragen werden kann.

Ständig werden neue Methoden bekannt, in einer der oben beschriebenen Art und Weisen von vertraulichen Daten Dritter unbemerkt Kenntnis zu nehmen. Es ist daher unabhängig von der jeweiligen technischen Realisierung der Datenspionage festzuhalten, daß grundsätzlich jede Information auf einem PC einschließlich der Nutzungsdaten des Anwenders heimlich abgerufen werden kann, sobald es zum ersten Kontakt des Rechners mit der "Außenwelt" gekommen ist. Hierbei kommt neben der direkten Netzanbindung des Rechners auch die Installation eines fremden Programms von einem Offline-Speichermedium (Diskette, CD-ROM) und die nachfolgenden Weitergabe von Datenträgern mit versteckten Dateien als Übermittlungsweg in Betracht. Auf beiden Wegen können beispielsweise Informationen über installierte Programme, zu deren Installation angegebene Benutzernamen, Lizenznummern dieser Programme und schließlich auch Zugangspaßwörter zu Online-Diensten ausgespäht werden. Dieser Gefahr sind aber auch persönliche Inhalte des Anwenders, z.B. gespeicherte Briefe oder Kontodaten aus der elektronischen Buchführung, ausgesetzt.

Auch gegen die unbefugte Kenntnisnahme von Inhalten auf dem Rechner gibt es Möglichkeiten des Schutzes. Alle verbreiteten Computerprogramme zum Zugriff auf das Internet (sog. "Browser") bieten die Möglichkeit, die vorgenannten Formen der automatischen Informationsübermittlung (z.B. durch Java-Applikationen) generell zu unterbinden. Dies setzt aber ein entsprechendes Problembewußtsein der Nutzer voraus. Mit der Unterbindung gehen auch viele Vorteile für den Nutzer verloren, die gerade durch den automatischen Datenaustausch zwischen ihm und den Anbietern begründet sind. Zukünftige Anwendungen gerade im Internet-Bereich werden in immer größerem Maße die automatische Installation von lauffähigen Programmen erfordern. Die Mehrzahl der Besucher des Internets dürfte daher von der Möglichkeit der Sperrung nicht Gebrauch machen, um die Möglichkeiten dieser neuen Anwendungen für sich nutzen zu können. Ferner werden stets neue, unbekannte Formen der unbemerkten Ausforschung auftreten, über die sich die Nutzer erst Kenntnis verschaffen müssen, bevor geeignete technische Gegenmaßnahmen ergriffen werden können.

In rechtlicher Hinsicht geht es bei der Durchbrechung der Vertraulichkeit um die unbefugte Kenntnisnahme von Daten, also um Mißbrauchstatbestände [579]. So setzt die Kenntnisnahme der im Internet übertragenen Daten an den Netzknoten ein zielgerichtetes Handeln derjenigen Person voraus, die die Vertraulichkeit durchbrechen will. Die versteckte Übermittlung von "trojanischen Pferden" wird ebenfalls nur unter Spionagevorsatz erfolgen. In diesen Fällen und entsprechenden Konstellationen werden häufig die Tatbestände des Computerstrafrechts und der Straf- und Ordnungswidrigkeitsvorschriften des Datenschutzrechts einschlägig sein [580]. Dieser strafrechtliche Schutz ist aber an enge Tatbestandsmerkmale gebunden, somit wenig flexibel und nicht lückenlos. So ist es z.B. für die Verletzung des Briefgeheimnisses nach § 202 StGB erforderlich, daß sich der Täter durch das Öffnen des Verschlusses oder durch den Einsatz technischer Mittel Kenntnis vom Inhalt eines Briefes verschafft, so daß die Anwendbarkeit dieses Tatbestandes bei der unbefugten Einsichtnahme in die elektronische Post (e-mail) fraglich ist [581]. Nach h.M. ist eine Anwendung auf den Bereich der elektronischen Post nicht möglich, da sich der Tatbestand auf einen körperlichen Träger von Schriftzeichen bezieht [582]. Auch der Schutz der Vertraulichkeit des nicht öffentlich gesprochenen Wortes ist nicht lückenlos, da in § 201 Abs. 1 StGB nur die Fixierung (Aufnahme) mit Strafe bedroht ist. Die bloße Kenntnisnahme des gesprochenen Wortes ist hingegen nur unter der Voraussetzung strafbar, daß mit technischem Gerät in das abgehörte Gespräch eingedrungen wird (§ 201 Abs. 2 Nr. 1 StGB) und nicht nur "bei Gelegenheit" mitgehört wird. Diese Beispiele zeigen, daß sich bei der Anwendung der Straftatbestände Schutzlücken ergeben.

---

[579] vgl. Bergmann/Möhrle/Herb, Zif. 2.5.2

[580] z.B. §§ 201 ff.. StGB, insbesondere § 202 a StGB (Ausspähen von Daten), §§ 43, 44 BDSG

[581] Auch beim Ausspähen von Daten, § 202 a StGB, ist nur die Kenntnisnahme von solchen Daten strafbar, die gegen den unberechtigten Zugang besonders gesichert sind. Bei dieser Vorschrift ist die bloße Kenntnisnahme von fremden Daten zudem nur vom Tatbestandsmerkmal des "Verschaffens" erfaßt, wenn damit gleichzeitig eine Herrschaft über die Daten hergestellt wird, vgl. Lackner, § 202 a StGB, Rn. 5.

[582] vgl. Lackner, § 202, Rn. 2

In diesen Fällen tritt das allgemeine Persönlichkeitsrecht ergänzend neben die Tatbestände des Straf- und Ordnungswidrigkeitenrechts sowie neben die Schutzbereiche der besonderen Persönlichkeitsrechte [583].

Der Schutz der Vertraulichkeit von Daten findet seine verfassungsrechtliche Verankerung in erster Linie im Recht auf informationelle Selbstbestimmung, da in der einwilligungslosen Kenntnisnahme von Kommunikationsinhalten stets eine Preisgabe von personenbezogenen Informationen liegt, die nach dem Willen des Betroffenen nicht an Dritte oder zumindest nicht an andere als die ausgewählten Kommunikationspartner gelangen sollte. Damit wird das Selbstbestimmungsrecht über den Umgang mit personenbezogenen Informationen unterlaufen. Für den Schutz der Vertraulichkeit ist es somit unerheblich, welchen Gedankeninhalt die Äußerung hat, da sich die Schutzwürdigkeit allein daraus ergibt, daß der Kommunikationsteilnehmer sich nicht an die Öffentlichkeit wenden wollte [584]. Auch der Schutz der "inhaltsarmen" Verbindungs- und Vermittlungsdaten ist vom Recht der informationellen Selbstbestimmung erfaßt, da sie personenbezogene Informationen über das Nutzungsverhalten beinhalten.

Deliktisches Handeln, wie z.B. die vorsätzliche Kenntnisnahme fremder Daten durch Dritte, kann jedoch nicht als zentraler Bezugspunkt der Gefährdungsanalyse in Betracht kommen. Mißbrauch kann nie völlig ausgeschlossen werden. In keinem Lebensbereich ist der Mensch vor deliktischen Handlungen anderer absolut geschützt. Die Mißbrauchsproblematik muß daher mit dem staatlichen Sanktionensystem reguliert werden und bietet grundsätzlich keinen Anlaß, an der Verfassungsverträglichkeit neuer Technologien zu zweifeln. Allerdings können die Mißbrauchsmöglichkeiten andererseits auch nicht völlig aus der verfassungsrechtlichen Gefährdungsanalyse ausgeklammert werden. Sofern eine technische Entwicklung Mißbrauchspotentiale erkennen läßt, die geschützte Grundrechtspositionen in existentieller Weise in Frage stellen würde, könnte sich hieraus wegen der allgemeinen Schutzpflicht des Staates für seine Verfassung ein Handlungsgebot des Staates ergeben [585]. Hierbei wäre in erster Linie an eine Anpassung und Ergänzung des strafrechtlichen Normengefüges zu denken, während im zivilrechtlichen Bereich aufgrund der Anerkennung des allgemeinen Persönlichkeitsrechts als Schutzgut des § 823 BGB und der generalklauselartigen Weite dieses Grundrechts auch ohne Handlungen der Legislative die Möglichkeit besteht, adäquat auf neue Verletzungstatbestände zu reagieren.

---

[583] vgl. Helle, S. 235, 267; diese "Auffangfunktion" kommt dem allgemeinen Persönlichkeitsrecht nach der Rechtsprechung bereits seit Beginn zu, vgl. BGHZ 13, 334 - Leserbrief

[584] vgl. Helle, S. 248

[585] Hierauf wird sogleich im 5. Kapitel näher einzugehen sein.

5. Gefährdungen durch verbesserte Verarbeitungskapazitäten

Der Grundgedanke der Informationsgesellschaft ist, über Datennetze Informationen weltweit schnell und einfach zugänglich zu machen. Dieses Ziel ist nur durch den Einsatz modernster Datenverarbeitungstechnik erreichbar. Die Verarbeitungsgeschwindigkeiten und Speicherkapazitäten der handelsüblichen PC haben sich in den letzten Jahren um ein Vielfaches gesteigert[586]. Vorhandene Netzstrukturen ermöglichen bereits heute den globalen Austausch großer Datenmengen zu geringen Kosten. Jede Information, die über das Internet verbreitet wird, ist z.B. mehr als 30 Millionen Menschen zugänglich und kann von diesen nicht nur gelesen, sondern auch gespeichert, verknüpft und auf jede andere Weise ausgewertet werden.

Die gesteigerten Verarbeitungskapazitäten führen zu einer quantitativen und qualitativen Leistungssteigerung in der Datenverarbeitung: Zum einen wird die verfügbare Datenmenge auch hinsichtlich personenbezogener Informationen erhöht. Zum anderen kann diese quantitative Veränderung auch besser genutzt werden, da die steigenden Rechnerleistungen und immer komplexere Programme die Verarbeitungsmöglichkeiten optimieren. Sowohl die quantitative als auch die qualitative Leistungssteigerung resultieren vor allem aus dem Übergang von analoger zu digitaler Technik bei allen Kommunikationsmitteln, also auch den Medien, die bisher eine typisch analoge Verbreitungsform hatten[587]. Indem jede Schrift-, Ton-, und Bildinformation in Zeichen zerlegt wird und damit alle Daten in einer neuen digitalen Einheitssprache vorliegen, werden die gespeicherten Daten aus allen Kommunikationsbereichen austauschbar und beliebig mischbar[588]. Diese allseits kompatible Datenmenge benötigt noch dazu im Vergleich zu ihren analogen Vorgängern bedeutend weniger Speichervolumen. Im Zusammenspiel mit den ständig steigenden Speicherkapazitäten der handelsüblichen Computer eröffnet sich dadurch die Möglichkeit, umfangreiche Datensammlungen auf Vorrat anzulegen. Der technische Zwang, aktuell nicht mehr benötigte Daten zu löschen, um Speicherkapazitäten für andere Zwecke zu gewinnen, entfällt. Hierdurch wird die Verlockung immer größer, Daten ohne konkreten Verwendungszweck gespeichert zu halten bzw. zufällig gefundene Dateien vorsorglich vom Netz "herunterzuladen".

---

[586] vgl. oben, 1. Kapitel

[587] vgl. zur Digitalisierung oben, 2. Kapitel

[588] vgl. Jaeger, NJW 95, 3273 (3274); 16. TB LfD Ba.-Wü., S. 46

Durch solche Handlungen werden die informationelle Selbstbestimmung und ihre Ausprägungen in den Datenschutzgesetzen unterlaufen. Hiernach sind personenbezogene Informationen möglichst unmittelbar beim Betroffenen zu erheben. Der Zweckbindungsgrundsatz gebietet es, personenbezogene Daten nur für einen gesetzlich legitimierten Verarbeitungszweck zu speichern. Datensammlungen auf Vorrat sind deshalb unabhängig von ihrer Erhebungsquelle grundsätzlich unzulässig. Während für den öffentlichen Bereich aufgrund der Bestimmungen der Datenschutzgesetze und der Überwachung durch die Datenschutzbeauftragten tendenziell davon ausgegangen werden kann, daß die dort gespeicherten Datenbestände einer hinreichenden Kontrolle unterliegen, findet die Datensammlung im privaten Bereich, vor allem auf häuslichen PC, weitgehend unbeobachtet statt. Gleichzeitig führt die Leistungssteigerung im Bereich der Rechengeschwindigkeit und der Programme dazu, daß die vom privaten Nutzer durchführbaren Auswertungsmöglichkeiten heutzutage den Möglichkeiten gleichstehen, die noch vor wenigen Jahren Großrechenzentren vorbehalten waren. Private Datensammlungen stehen heute in ihrem Wirkungspotential den staatlichen Datensammlungen in den Anfängen des Datenschutzrechts in nichts mehr nach [589]. Dies ist unmittelbarer Ausdruck der Leistungssteigerung der Datenverarbeitung, als deren Folge sich für jeden Besitzer eines einfachen PC üblichen Standards erhebliche Zugriffs- und Verarbeitungsmöglichkeiten ergeben.

Immer komplexere und speziellere Programme ermöglichen eine gezielte Auswertung der unübersehbaren Datenflut. Da sich auf dem PC-Markt einheitliche Standards für die Betriebssysteme herausgebildet haben, steht eine große Anzahl von Softwareprodukten zur Verfügung, die preislich auch für Privatpersonen erschwinglich sind und deren Bedienung kein Spezialistenwissen voraussetzt. Entsprechende Programme vereinfachen auch die gezielte Recherche und den Abruf von gesuchten Daten in den Netzen. Insbesondere beim Internet bieten in der Regel schon die Online-Dienste, die den Zugang ermöglichen, entsprechende Dienste an. Hierbei kommt es dem Nutzer zugute, daß das Internet strukturell auf die weltweite Recherche auf verschiedenen Rechnern in allen Erdteilen ausgelegt ist. Durch sogenannte "Hyperlinks" kann jeder Anbieter direkte Verbindungen zu anderen Angeboten herstellen, die vom Nutzer nur noch "angeklickt" werden müssen. Dies birgt wiederum besondere Risiken, denn der "Urheber" des so integrierten Angebots hat keine Kontrolle darüber, wer in welchem Zusammenhang solche "Hyperlinks" installiert. Das eigene Angebot kann auf diese Weise derart in ein falsches Licht gerückt werden, daß Persönlichkeitsrechtsverletzungen des "Urhebers" ebenso möglich sind, wie Verletzungen derjenigen Personen, über

---

[589] vgl. Jacob, VuM 96, 334 (335); Hassemer, DuD 96, 195 (196); Depenheuer, AfP 97, 669 (675); Gounalakis/Mand CR 97, 431 (433)

die er persönliche Daten (z.B. Namen oder Personenbildnisse) in sein Angebot aufgenommen hat. Berechtigterweise ist deshalb die Frage aufgeworfen worden, ob alle personenbezogenen Informationen, deren Veröffentlichung in den herkömmlichen Medien zulässig waren, auch uneingeschränkt im Internet verbreitet werden dürfen [590]. Diese Problematik stellt nur ein Beispiel für neue, zusätzliche Verletzungspotentiale dar, die sich aus den Leistungsmerkmalen der vernetzten Datenverarbeitungssysteme ergeben.

Das allgemeine Gefährdungspotential der verbesserten Verarbeitungskapazitäten, sowohl hinsichtlich der Rechnerleistung und des Speichervolumens als auch hinsichtlich der Übertragungsmöglichkeiten und -geschwindigkeiten, schlägt sich auf alle bisher bekannten Verletzungsformen der informationellen Selbstbestimmung nieder. Hierin konkretisieren sich gerade die Gefahren, die das BVerfG schon im Volkszählungsurteil als Gefährdung für das allgemeine Persönlichkeitsrecht anerkannt hat und denen es mit der Ableitung des Rechts auf informationelle Selbstbestimmung entgegengetreten ist. Mit der Leistungssteigerung in der Datenverarbeitungstechnik wird die Verfügbarkeit und die Nutzbarkeit personenbezogener Informationen erhöht. Durch globale Datennetze werden zusätzlich räumliche Beschränkungen aufgehoben. Die Konvergenz der Medien zu einem einheitlichen netzgebundenen Informationsangebot führt zu einer Konzentration der Daten in den Netzen. Dieses Gefahrenpotential berührt somit nicht einzelne Fallgruppen des allgemeinen Persönlichkeitsrechts in besonders starkem Maße, sondern steigert das Gefährdungspotential insgesamt.

6. Qualitätsverluste

Mit der Zunahme der Datenmenge und der Verarbeitungsvorgänge verringert sich tendenziell die Qualität der Daten [591]. Es hat sich bereits in konkreten Fällen gezeigt, daß gerade bei der Verarbeitung personenbezogener Daten in vernetzten Systemen Probleme der Verifizierung und Objektivierung entstehen [592]. Auch ist die Integrität der Daten, also ihr Schutz gegen Veränderung, Fälschung, Unterdrückung, Verzögerung usw., nicht gewährleistet [593]. Überprüfungen der Richtigkeit der Informationen sowie der Verarbeitungsergebnisse sind oft gar nicht oder nur noch mit hohem Aufwand möglich. Durch den schnellen Informationsaustausch innerhalb der Netze finden unrichtige Daten leicht weltweite Verbreitung;

---

[590] vgl. 16. TB LfD Ba.Wü., S. 49

[591] vgl. Dammann, DSB 10/96, S. 1 (6)

[592] vgl. Kopper, S. 100, hinsichtlich der Erdbebenkatastrophe im japanischen Kobe.

[593] vgl. Schaar, CR 96, 170 (172)

Berichtigungen fehlerhafter Informationen sind aufgrund der vielen dezentralen Speicherplätze nahezu ausgeschlossen. Durch die Trennung einzelner Informationen aus ihrem Zusammenhang und eine Abkoppelung vom Erhebungsumfeld kann der Informationsgehalt der Daten oft nicht abgeschätzt werden. Die oft unbekannte Herkunft der Daten ermöglicht auch die Manipulation oder die bewußte Verbreitung von Falschinformationen. Die Datenvielfalt der Netze führt somit nicht automatisch zu "besserer" oder "richtigerer" Information. Die folgende - unbewiesene - Theorie zur Rolle des Mediums Internet bei der sogenannten "Lewinsky-Affaire" um US-Präsident Clinton, die hier als hypothetisches Fallbeispiel wiedergegeben wird, kann diese Gefährdungslage verdeutlichen:

Ausgangspunkt aller öffentlichen Mutmaßungen um das angebliche Verhältnis Clintons mit einer ehemaligen Praktikantin im Weißen Haus, Monica Lewinsky, sollen Recherchen eines "Newsweek"-Reporters Anfang 1998 gewesen sein, der zuvor im Jahre 1994 bereits in der "Washington Post" eine Geschichte über eine angebliche Affäre Clintons mit Paula Jones veröffentlicht hatte. Der selbsternannte "Internet-Reporter" Matt Drudge (der schon vorher einmal eine weitere Recherche des "Newsweek"-Reporters über ein anderes Verhältnis Clintons mit Kathleen Willey im Internet veröffentlicht hatte ("Drudge-Report"), bevor es feststand, ob es überhaupt jemals in der Newsweek publiziert werden würde) erfährt auf ungeklärte Weise von Inhalten aus den neuen Recherchen in Sachen Lewinsky und veröffentlicht auch diese Story im Internet, obwohl gleichzeitig die Herausgeber der "Newsweek" die Veröffentlichung ablehnen, da sie den Wahrheitsgehalt der Geschichte nicht überprüfen können. Am 19.1.98 nennt Drudge erstmals öffentlich im Netz den Namen Lewinsky, zeitgleich beginnt weltweit eine intensive Berichterstattung über die mutmaßliche Affäre, die in den USA sofort zum Ruf nach einer Amtsenthebung Clintons führt - trotz völlig ungesicherter Tatsachengrundlage. Am 21.1.98 legt Drudge nochmals nach und veröffentlicht im Internet eine Langfassung seiner Geschichte ("Diary of a scandal") im Erscheinungsbild der "Newsweek"-Informationsseiten im Netz. Erst am 26.1.98 veröffentlicht die Zeitschrift "Newsweek" ihre Rechercheergebnisse im gedruckten Heft. Zu diesem Zeitpunkt ist die Angelegenheit bereits weltweit in aller Munde. Ungeklärt bleibt, ob das Blatt die Meldung, die unverändert auf einer spekulativen Grundlage beruhte, überhaupt gebracht hätte, wenn sie nicht ohnehin schon durch ihre Veröffentlichung im Internet zu einer öffentlichen Diskussion geführt hätte.

Am 27.1.98 veröffentlichen die "Dallas Morning News" weitere unbestätigte Meldungen aus dem Internet, nach welchen es unmittelbare Zeugen eines Seitensprungs Clintons mit Lewinsky geben soll. Diese Meldungen müssen später zurückgezogen werden, was jedoch ihre weltweite publizistische Wirkung im "Clinton-Skandal" nicht mindert. Es drängt sich die Vermutung auf, daß es diesen mutmaßlichen "Skandal" ohne das Internet gar nicht gegeben hätte [594].

---

[594] Dieses Beispiel beruht auf einer Darstellung im Medien-Informationsdienst "kress-report", Nr. 3/98 v. 6.2.98, S. 16, in dem dieser Vorgang u.a. wie folgt kommentiert wurde:

"Ein hartnäckiger Journalist recherchiert eine etwas windige Geschichte, ein Medien-Insider hält nicht dicht, ein Möchtegern-Klatschreporter greift den vermeintlichen Skandal auf und veröffentlicht ihn im Internet - und weil es ja schon irgendwo stand, meinen viele Journalisten, man könne es jetzt schreiben oder senden. Plötzlich wackelt der Stuhl des Präsidenten, der zuvor schon viel

Dieses Beispiel kann nicht nur die Problematik des möglichen Qualitätsverlustes hinsichtlich (personenbezogener) Informationen (Daten) in Datennetzen aufzeigen, sondern veranschaulicht gleichzeitig die zuvor dargestellte allgemeine Gefahr durch verbesserte Verarbeitungskapazitäten (vgl. soeben unter 5.), hier durch neue Verbreitungswege und den "massenmedialen" Charakter des Internet, sowie die erweiterten Gefährdungspotentiale durch (rechtsgutverletzende) redaktionell gestaltete Inhalte in den Netzen (hierzu näher sogleich unter § 1 II in diesem Kapitel). Das Beispiel verdeutlicht auch, daß sich die technikbedingten Gefährdungspotentiale und die inhaltlichen Problemfelder häufig ergänzen werden und oft nicht abschließend voneinander getrennt werden können. Auch in dieser Weise drückt sich die Konvergenz der Medien in den neuen Diensten aus.

Durch eine potentielle Verringerung der Datenqualität entstehen mehrere Gefährdungsherde für das allgemeine Persönlichkeitsrecht. Dieses schützt u.a. die Identität des Menschen vor Verfälschungen [595]. Die Rechtsprechung hat aus diesem Grundsatz die Fallgruppen des Schutzes gegen die Unwahrheit und insbesondere den Schutz vor dem Unterschieben nicht getaner Äußerungen, z.B. durch erfundene Interviews, abgeleitet [596]. Die Verbreitung unwahrer Tatsachen über eine Person verletzt stets dessen Persönlichkeit, da hierdurch ein verfälschtes Persönlichkeitsbild von ihm gezeichnet wird. Besonders bedeutende Persönlichkeitsrechtsverletzungen sind denkbar, wenn zutreffende und unrichtige Daten zusammengeführt und gemeinsam verarbeitet werden, da hierdurch die Verfälschungen leicht durch die den Tatsachen entsprechenden Informationen überdeckt werden können und es zu subtilen Veränderungen des Persönlichkeitsbildes kommt.

Diese Ausprägungen schützen den Betroffenen aber nicht davor, daß aus zutreffenden Daten falsche Schlußfolgerungen gezogen werden können, wenn diese aus ihrem Sinnzusammenhang gerissen werden. Der Sache nach ist hiermit das datenschutzrechtlich bekannte Problem des Kontextverlustes angesprochen. Im

---

besser belegte Skandale überstanden hat. (...) Journalisten, die den Unterschied zwischen einem Uni-Flugblatt und der "Washington Post" genau kennen, haben im Internet wahllos aufgegriffen, was sie gefunden haben. Dabei ist es eine banale Tatsache: Im Internet gibt es von der seriösen Zeitung bis zum Stammtischgeschwätz alles. Die vom Internet diktierte Dynamik spitzt dabei die Krise zu: Internet-Surver diskutierten bereits über Clintons möglichen Rücktritt, bevor die Skandalgeschichte eigentlich veröffentlicht war - der Beschuldigte hatte gar keine Zeit, sich zu äußern. Das ist die Tücke des Internet: Es verbindet in Hochgeschwindigkeit persönliche Informationen (Klatsch) mit der Wirkung eines Massenmediums."

[595] vgl. oben, 3. Kapitel, § 5 I,II; ähnlich MüKo-Schwerdtner, § 12, Rn. 280, der das "Recht auf Identität" zur selbständigen Fallgruppe des allgemeinen Persönlichkeitsrechts erhebt

[596] vgl. oben, 3. Kapitel, § 5 I ff.

Zuge der fortschreitenden Vernetzung steigt (auch) die Gefahr, daß personenbezogene Daten in einem anderen Zusammenhang ausgewertet werden, als sie erhoben wurden, und so zu sinnentstellenden Aussagen führen. Diese Gefahr steigt insbesondere durch den Zugriff auf Datensammlungen Dritter, bei deren Verwendung eine kontextbezogene Nutzung aufgrund der Unkenntnis über den Erhebungszweck und die Erhebungsmethode gar nicht möglich ist. Aus dem "gläsernen Menschen" wird bei der Zusammenführung von personenbezogenen Daten verschiedener Quellen leicht ein "anderer Mensch" [597], dessen Identität im Netz von seiner tatsächlichen Persönlichkeit abweicht.

Unter diesem Aspekt ist wiederum das Recht auf informationelle Selbstbestimmung angesprochen. Der Kontextverlust soll mit dem Zweckbindungsgebot verhindert werden, wonach personenbezogene Daten nur im Rahmen ihres Erhebungszwecks verarbeitet werden dürfen. Dieser Grundsatz ist unmittelbarer Ausdruck des Rechts auf informationelle Selbstbestimmung.

7. Verlagerung neuer Lebensbereiche auf die Netze

Bereits oben wurde unter dem Aspekt der Persönlichkeitsprofile dargelegt, daß zukünftig zahlreiche Vorgänge des täglichen Lebens über die Datennetze abgewickelt werden können, die bisher mit der Datenverarbeitung nicht oder nur im begrenzten Umfang in Berührung gekommen sind. Außerdem werden einheitliche Datennetze auch für Vorgänge genutzt werden, die zuvor über verschiedene Übertragungswege abgewickelt wurden. Zu denken ist z.B. an die Verlagerung des Brief- und Telefaxverkehrs auf die elektronische Post (e-mail) per Internet, an das Telebanking und Teleshopping anstelle der persönlichen Erledigung oder brieflichen Anweisung bzw. Bestellung, an die Telearbeit anstelle des werktäglichen Bürobesuchs und an Fernlehrgänge statt Schulbesuch, sowie die Wahrnehmung der diversen elektronischen Informationsangebote anstelle des Kaufs von Printmedien und des Bibliotheksbesuchs. Bei allen oben genannten Anwendungsformen der Informationsgesellschaft [598] fallen Daten in digitaler Form an, die das individuelle Nutzungsverhalten widerspiegeln und damit die jeweils betroffenen Lebensbereiche der Datenverarbeitung preisgeben. Bisher flüchtige Vorgänge werden dokumentiert und die dadurch entstandenen Informationen über die Verhaltensweisen der Person auch für andere Zwecke benutzbar. In einzelnen Bereichen, z.B. der Telemedizin, werden dabei auch sehr schutzbedürftige Daten anfallen.

---

[597] vgl. 12. TB des HmbDsb, 1.3., S. 7

[598] vgl. oben Kapitel 2, § 3

Sofern die Vision der Informationsgesellschaft, in der alle Formen von netzgebundenen Aktivitäten über ein weltweites, multifunktionales und interoperables
Netzwerk vollzogen werden können, Realität wird, liegt in dieser Konvergenz der
Übertragungswege eine bisher unbekannte Form der Preisgabe der menschlichen
Existenz innerhalb elektronischer Netze vor. Alle Handlungen, die ein Mensch
über das Netz vornimmt, werden zu verarbeitungsfähigen Daten, die unbegrenzt
gespeichert, übermittelt, zusammengeführt, ausgewertet und manipuliert werden
können. Für alle soeben geschilderten Verletzungspotentiale ergeben sich daraus
Realisierungsmöglichkeiten, die vorher mangels entsprechenden Datenmaterials
tatsächlich unmöglich gewesen sind [599].

Der Preisgabe seiner Daten an elektronische Systeme kann sich der Mensch in den
Strukturen unserer Gesellschaft kaum noch entziehen. Die im Rahmen vieler
Verträge mit Geschäftspartnern erteilten Einwilligungen in die Verarbeitung der
eigenen Daten beruhen nicht auf einer autonomen Entscheidung des Betroffenen,
da es an Handlungsalternativen mangelt. Schon immer haben Umorganisationen
und neue Techniken einen faktischen Benutzungszwang ausgelöst, wenn sie sich
flächendeckend durchgesetzt haben oder ihr Einsatz aufgrund der Organisations-
gewalt einer übergeordneten Stelle beschlossen wurde. Ein fast schon historisches
Beispiel ist die Einführung des bargeldlosen Zahlungsverkehrs durch die Überweisung von Gehältern und Löhnen auf die Konten der Mitarbeiter. Kein Angestellter könnte sich heutzutage mit der Forderung nach Barauszahlung seines
Gehalts in Form der alten "Lohntüte" durchsetzen, vielmehr ist die Führung eines
Gehaltskontos bereits seit langer Zeit regelmäßig Voraussetzung für den Abschluß
eines Arbeitsvertrages und jede gewerbliche Tätigkeit. Ein aktuelleres und konkret
auf den Einsatz der Datenverarbeitung bezogenes Beispiel für den faktischen
Teilnahme- und Benutzungszwang ist die Einführung der Krankenversichertenkar-
te anstelle des Krankenscheins, gegen die sich weder Patienten noch kritische
Ärzte erfolgreich zur Wehr setzen konnten. Zahlreiche andere Beispiele eines
faktischen Benutzungs- und Preisgabezwangs liegen auf der Hand: So setzt z.B.
die Nutzung eines Online-Dienstes in der Regel die Registrierung des Nutzers und
den Nachweis einer Kreditkarte, die zur Abrechnung der Gebühren dient, voraus.
Die europäische Kommission in Brüssel geht in zunehmendem Maße dazu über,

---

[599] Ein triviales, aber besonders anschauliches Beispiel zeigt der Film "Das Netz" (USA 1995):
Die Identität einer Telefernarbeiterin, die ihre Wohnung fast nie verläßt, weil sie ihr Essen online
beim Pizza-Service bestellt und ihre persönlichen Kontakte ausschließlich über die Netzkommunikation pflegt, wird ausgetauscht, indem ihre persönlichen Merkmale durch die einer anderen
lebenden Person ersetzt werden.

öffentliche Anhörungen per e-mail durchzuführen [600]. Ergänzende Informationen zu Fernsehsendungen sind oft ausschließlich auf der Internet-Homepage des Senders erhältlich. Entsprechend diesen Beispielen wird zukünftig die Nutzung neuer Kommunikationsformen in zunehmendem Maße mangels tatsächlicher Alternativen nicht auf freiwilligen Entscheidungen der Benutzer beruhen. Denkbar ist z.b. langfristig die vollständige Umstellung des Zahlungsverkehrs auf das Homebanking und die Abschaffung der Überweisungsformulare, vielleicht sogar die Schließung der Kundenschalter in den Geschäftsräumen der Banken.

II. Inhaltliche Problemfelder

Grundsätzlich können alle Persönlichkeitsrechtsverletzungen, die durch Inhalte der herkömmlichen Medien begangen werden, auch in den neuen Informations- und Kommunikationsdiensten realisiert werden [601], insbesondere durch deren "elektronische Ableger". Zu denken ist an die bekannten Fallgruppen:

- Persönlichkeitsrechtsverletzungen durch unwahre Tatsachenbehauptungen [602]

- Persönlichkeitsrechtsverletzungen durch Preisgabe zutreffender Tatsachen, die einer geschützten Sphäre entstammen (Indiskretionen) [603]

- Persönlichkeitsrechtsverletzungen durch Verletzung des Rechts am eigenen Bild [604]

- Ehrverletzungen durch Schmähkritik und Verwirklichung der Beleidigungstatbestände [605]

---

[600] So z.B. bei der Anhörung zum Grünbuch zur Konvergenz, vgl. epd medien Dokumentation, Nr. 97/97 v.10.12.97, bei welcher Stellungnahmen "vorzugsweise" unter "convergencegp-@cec.be" eingereicht werden sollen.

[601] vgl. Engel, AfP 96, 220; er führt - aus der "Sicht des Pessimisten" - aus: "Im Internet findet man alle Verwirrungen, zu denen der Mensch fähig ist."

[602] Übersicht und Nachweise bei Wenzel, Recht der Wort- und Bildberichterstattung, Rn. 5.63 ff.; Soehring, Presserecht, Rn. 18.1 ff.; allgemein zu allen Fallgruppen Steffen, in Löffler, Presserecht, § 6 LPG, Rn. 153 ff.

[603] vgl. Wenzel, Recht der Wort- und Bildberichterstattung, Rn. 5.29 ff.; Soehring, Rn. 19.1 ff.

[604] vgl. Wenzel, Recht der Wort- und Bildberichterstattung,Rn. 7.1 ff.; Gerstenberg, in: Schricker, Urheberrecht, Anhang zu § 60; Helle, S. 45 ff.; Soehring, Rn. 21.1 ff.

- Kommerzielle Ausnutzung der Persönlichkeit [606]

Es steht nicht zu erwarten, daß Persönlichkeitsrechtsverletzungen aus diesen Fallgruppen mit der zunehmenden Nutzung elektronischer Systeme für kommerzielle publizistische Zwecke abnehmen werden. Vielmehr kann eine quantitative und qualitative Zunahme prognostiziert werden, denn zum einen bringt die Digitalisierung eine Vervielfachung der Übertragungswege mit sich, die eine Vermehrung der kommerziellen Anbieter und eine Verschärfung deren Konkurrenzsituation bedingt. Damit wird die Entwicklung zu einem rücksichtsloseren Umgang mit den Persönlichkeitsrechten forciert, die schon im Bereich der klassischen Medien zu verzeichnen ist (hierzu 1.). Zum anderen kann die mögliche Anonymität im Netz im nicht-kommerziellen Bereich ebenfalls die Verbreitung verletzender Inhalte, z.B. aus ideologischer Motivation, fördern (hierzu 2.) [607]. Der weltweite Zugriff auf Datenbanken erleichtert auch die Recherche über einzelne Personen, mithin auch die Preisgabe geschützter Tatsachen durch indiskrete Beiträge und die unkontrollierte Weitergabe falscher Informationen (hierzu 3.). Ferner schaffen digitale Bildbearbeitungsmöglichkeiten neue Verletzungsformen des Rechts am eigenen Bild (hierzu 4.). Durch die Möglichkeit des individuellen, zeitunabhängigen, auch wiederholten weltweiten Abrufs von Netzinformationen erhöht sich die Verletzungsintensität falscher, herabsetzender oder indiskreter Beiträge (hierzu 5.).

1. Vermehrung äußerungsrechtlicher Verletzungstatbestände durch die verschärfte Konkurrenzsituation

In der Informationsgesellschaft wird aufgrund der Digitalisierung und der Nutzung neuer Netze die Anzahl der Übertragungswege steigen. Dies gilt vor allem für den Bereich des digitalen Fernsehens. Die rundfunkrechtliche Prämisse des "Frequenzmangels" wird entfallen. Auch die technischen Kosten für die Veranstaltung eines Rundfunkprogramms werden sinken [608]. Aus diesen Gründen ist eine Vermehrung des Programmangebots zu erwarten, womit jedoch keinerlei Aussage über die künftigen Programminhalte und deren journalistische Qualität verbunden ist.

---

[605] vgl. Wenzel, Recht der Wort- und Bildberichterstattung, Rn. 5.80 ff., 5.152 ff.; Soehring, Rn. 20.9 ff.

[606] vgl. Wenzel, Recht der Wort- und Bildberichterstattung, Rn. 5.25 ff.

[607] Seit dem Inkrafttreten des IuKDG und des MDStV besteht jedoch gem. § 6 TDG/§ 6 MDStV die Verpflichtung der "Diensteanbieter" i.S.d. § 3 Abs. 1 TDG/§ 3 Abs. 1 MDStV zur Bekanntgabe einer "Anbieterkennzeichnung"; siehe hierzu unten in diesem Kapitel unter § 2 V.

[608] vgl. Engel, Multimedia, S. 161

Eine weitere Verbreiterung des Medienangebots ergibt sich aus der zunehmenden Anzahl von Print-Medien, die einen elektronischen Ableger in die Netze einspeisen. Zahlreiche Zeitschriften und Zeitungen bieten bereits redaktionell gestaltete Inhalte über das Internet an. Auch Fernseh- und Hörfunkveranstalter sind mit ergänzenden Angeboten zu ihrem Gesamtprogramm oder einzelnen Sendungen im Internet vertreten[609]. Gänzlich neu treten die sogenannten Online-Dienste als Anbieter von redaktionell gestalteten Seiten hinzu, da sie neben Internet-Zugang und Diensten auch eigene Informationsangebote zum individuellen Abruf bereitstellen[610].

Es bedarf angesichts dieser objektiven Veränderungen in der Medienlandschaft und in den technischen Voraussetzungen der Verbreitung von Medienangeboten keiner euphorischen Prognose über die wirtschaftliche Entwicklung der Medienmärkte, um zu der Feststellung zu gelangen, daß die Gesamtanzahl aller Angebote steigen wird. Da diese überwiegend kommerzieller Natur sind bzw. sein werden, ist die Wiederholung einer Entwicklung zu erwarten, welche sich im Rundfunkbereich nach Einführung des Privatfernsehens und -hörfunks abgespielt hat. Durch die Konkurrenzsituation der um Einschaltquoten und Marktanteile kämpfenden Anbieter wird die Information zur Ware und der Mensch zum Objekt kommerzieller Berichterstattung. Dies hat zur Verringerung der Qualitätsverantwortung bei einem Teil der Anbieter geführt[611] und gleichzeitig eine Abnahme des Respekts vor Privatheit und Intimsphäre erzeugt. "Reality-TV, Beicht-Shows, sensationell aufgemachtes Infotainment, die Ausweidung des Privatlebens von Menschen, die aus Sensationsgründen in der Fernseharena zur Schau gestellt werden"[612] sind tägliche Programminhalte geworden. Derartige Sendungen sind für die breite Masse der Zuschauer offenbar interessanter als sachliche Nachrichten oder nüchterne Reportagen und beeinflussen maßgeblich den kommerziellen Erfolg eines Angebots, der sich an Verkaufszahlen, Marktanteilen und Reichweiten bemißt. Die Programmverantwortlichen sind jedoch heute ungleich stärker als früher an den Erfolg ihres Angebots gebunden. Die Ursachen liegen hierfür u.a. in der Vertragsgestaltung der Sendeunternehmen und Verlage. Mittlerweile ist es z.B. im Fernsehbereich üblich geworden, ganze Sendungen in Auftragsproduktion herstellen zu lassen. Auftragnehmer sind häufig Firmen der Hauptakteure der

---

[609] Beispiele und Nachweise s.o. Kapitel 2, § 3, III.

[610] Der Online-Dienst AOL bietet z.B. tagesaktuelle Nachrichten, sowie weitere eigene redaktionell gestaltete Angebote zu ausgewählten Themengruppen, vgl. hierzu oben, Kapitel 2, § 3 II, III

[611] Zum Verlust journalistischer Qualität angesichts des Konkurrenzdrucks und der "Verschlankung" der redaktionellen Produktionsabläufe vgl. die Ausführungen des Professors für Journalistik und ehemaligen Spiegel- und Zeit-Redakteurs *Haller*, FS Engelschall, S. 233 ff. .

[612] Glotz, Journalist 6/94, Seite 51 ff.

jeweiligen Sendungen. In den Verträgen zwischen diesen Produktionsfirmen und dem Sendeunternehmen, teilweise auch in den Verträgen zwischen den Moderatoren und den Produktionsfirmen sind heutzutage regelmäßig Zuschauerzahlen oder Marktanteile vorgegeben, deren Erreichen Voraussetzung für die Höhe des Honorars, die Vertragsverlängerung oder sonstige zentrale Vertragsbestandteile ist. Dies bedeutet, daß die programmveranwortlichen Redakteure und ggf. auch die Moderatoren bei jeder Einzelsendung einem unmittelbaren wirtschaftlichen Zwang unterliegen, die vereinbarte Marge zu erreichen. Liegt das meßbare Zuschauerinteresse darunter, so führt dies zu direkten Folgen im Budget der Produktionsfirmen bzw. Moderatoren und/oder hinsichtlich der zukünftigen Zusammenarbeit mit dem Sendeunternehmen. Die Bereitschaft, aufgrund kommerzieller Erwägungen Persönlichkeitsrechte der Betroffenen bei der redaktionellen Gestaltung der Berichterstattung zu mißachten, wächst entsprechend.

Diese Entwicklung des Fernsehens im dualen System ist schon von der sog. Weizsäcker-Kommission in ihrem Bericht zur Lage des Fernsehens für den damaligen Bundespräsidenten bemängelt worden. Im Zuge der "Boulevardisierung" werde der Umgang mit der Wahrheit lässig, der Waren-Charakter der Information nehme zu. Im Wettbewerb um die Aufmerksamkeit des Publikums zeige sich eine Tendenz zum Sensationalismus. Das Bildermedium Fernsehen setze zunehmend auf den Effekt "starker Bilder", bei der Jagd nach Sensationen komme es so zu journalistischen Grenzüberschreitungen, bei denen durch voyeurhaftes Zeigen auch die Würde von Opfern verletzt wird [613]. Auch Bundespräsident Roman Herzog hat öffentlich "Verfallserscheinungen des Journalismus" in den elektronischen und den Printmedien bemängelt, die sich in einer "Abflachungsspirale" und einem "perfiden Voyeurismus" in Veröffentlichungen des Privaten von Mächtigen oder Prominenten ausdrücken würden [614]. Ausdruck dieser Entwicklung ist z.B. die immer häufigere Veröffentlichung von sogenannten "Paparazzi"-Fotos (d.h. heimlich hergestellten Aufnahmen aus dem Privatleben Prominenter), die nicht erst seit dem tragischen Unfalltod von Prinzessin Diana im August 1997 in Paris zu einer anhaltenden öffentlichen Diskussion über den Schutz der Privatsphäre und die Aufgaben der Medien geführt haben [615].

---

[613] vgl. Hoffmann-Riem u.a., Weizsäcker-Bericht, S. 11,15

[614] vgl. Herzog, Ansprache im Rahmen des Medientreffs in Berlin am 29.5.96 vor geladenen Spitzenvertretern der Medien, abgedruckt in: Journalist 7/96, S. 55 ff.

[615] vgl. hierzu z.B. die Pressemitteilungen des deutschen Presserats vom 31.8.97, 1.9.97 und 17.9.97, in welchen an die "publizistische Verantwortung der Medien" erinnert wurde, verbunden

178

Eine entsprechende Boulevardisierung der Medienkultur ist wegen des steigenden publizistischen Wettbewerbs auch im Bereich der Printmedien zu verzeichnen [616]. Persönlichkeitsrechtsverletzungen zum Zwecke der Auflagensteigerung und Gewinnmaximierung sind hier seit langem zu beobachten [617]. Dies gilt gerade für den naturgemäß für Persönlichkeitsrechtsverletzungen besonders anfälligen Bereich der "Yellow-Press", der auf dem deutschen Markt mit rund 20 wöchentlich erscheinenden Titeln im europäischen Vergleich am dichtesten besiedelt ist und bereits seit mehreren Jahren mit sinkenden Auflagenzahlen zu kämpfen hat [618]. Für die Verlage sind gerade diese Publikumstitel bedeutende Werbeträger, weshalb Auflagenverluste in diesem Bereich besonders schmerzen [619]. Insgesamt gilt daher auch für den Print-Bereich: Je härter der Wettbewerb, desto rücksichtsloser ist der Umgang mit den Persönlichkeitsrechten [620]. Mit der zunehmenden Integration der neuen Informations- und Kommunikationsdienste in das Mediensystem ist zu erwarten, daß der Konkurrenzkampf dort und in den um ihren Fortbestand kämpfenden herkömmlichen Medien zu einer weiteren Verschärfung der Wettbewerbssituation führen wird [621].

---

mit einem Appell an die Medien, "die Persönlichkeitsrechte und die Würde des Menschen, über die sie berichten, höher zu bewerten, als kommerzielle Interessen. Zur Verbreitung solcher Fotos im Internet vgl. unten unter 4.

[616] vgl. Steffen, ZRP 94, 196 ff.; Prinz, NJW 95, 817; ders. NJW 96, 953; Kriele, NJW 94, 1897 ff.; ;aus Sicht der Journalisten: Haller, FS Engelschall, S. 233 f.; Augstein, Spiegel-Special 1/95, S.3; Kilz, Spiegel-Special 1/95, S.12 ff.; für die Schweiz: Minelli, ZUM 96, 73, 75

[617] vgl. Hübner, S. 10

[618] Übersicht über alle Titel des Yellow-Press-Bereichs und deren Auflagenzahlen in Journalist 10/96, S. 18; Zur Entwicklung des Marktes dort: Koschnick, S. 14 (17)

[619] Ferner ist die Summe aller Werbeaufwendungen im Verhältnis zur Anzahl der Werbeträger auf dem Zeitschriftenmarkt durch die Pluralisierung der Titel seit 1995 gesunken, vgl. Haller, FS Engelschall, S. 233.

[620] vgl. Prinz, NJW 95, 817; ders. NJW 96, 953

[621] Zur wachsenden Bedeutung des Internet, insbesondere der Online-Dienste als Werbeträger vgl. die Meldungen im Branchendienst "Der Kontakter" Nr. 10/98 v. 2.3.98, S. 49 und 59, wonach der in der Vermarktung von Online-Werbeflächen größte und erfolgreichste Online-Dienst AOL im 4. Quartal 1997 in den USA rund 100 Mio. US-$ Umsatz mit Online-Werbung erzielt hat, was ca. 20 % des Gesamtumsatzes ausmachte - bei steigender Tendenz. Zukünftig will AOL, der sich bisher primär über die Gebühren der Nutzer finanzierte, Werbeerlöse als Einnahmequelle weiter ausbauen. Der Bundesverband Deutscher Zeitungsverleger (BDZV) hat sich angesichts der steigenden Bedeutung der "elektronischen Presse" bereits für einheitliche Größen der sog. "Werbebanner" in Online-Medien ausgesprochen, um so übersichtliche Preisstrukturen und Vergleichsmöglichkeiten wie in den Printmedien zu schaffen.

2. Die enthemmende Anonymität

Im Gegensatz zu den klassischen Medien, bei denen sich die Erkennbarkeit des Anbieters bereits aus der Natur der Sache ergibt bzw. durch die gesetzliche Impressumspflicht gewährleistet ist, kann das Angebot einer Informationsseite im Netz anonym erfolgen [622]. Fast schon traditionell benutzen Privatpersonen für alle ihre Netzaktivitäten Pseudonyme, kaum einer wird jemals seinen wahren Namen, geschweige denn seine Wohnadresse (und damit seinen allgemeinen Gerichtsstand) preisgeben. Durch diese "enthemmende Anonymität" [623] werden vorsätzliche Persönlichkeitsrechtsverletzungen erleichtert. Verletzende Inhalte, die niemand öffentlich vorzutragen wagen würde, können direkt vom heimischen PC dem weltweiten Millionenpublikum zugänglich gemacht werden [624]. Die Gefahr, sich hierfür zivil- oder strafrechtlich verantworten zu müssen, ist schon mangels der tatsächlichen Verfolgbarkeit äußerst gering.

Derartige Problemlagen sind außerhalb elektronischer Netze nur in Form anonymer Briefe, Flugblätter etc. aufgetreten. Der Verbreitung gezielt an die Medien lancierter persönlichkeitsverletzender Inhalte ist durch die Verbreiterhaftung der Presse und des Rundfunks [625], sowie einer strengen Rechtsprechung zur journalistischen Sorgfaltspflicht [626] wirksame Grenzen gesetzt worden. Mit dem Internet oder anderen weltweiten Datennetzen steht dem potentiellen Verletzer jetzt sein eigenes Medium zur Verfügung, in dem er anonym ohne vorhergehende Zulassung als Nutzer und Anbieter agieren kann. Er ist Leser, Redakteur, Verleger und Herausgeber in einer Person, ohne seine Identität offenbaren zu müssen. Ein bekanntes Beispiel für die Gefährdungen des Persönlichkeitsrechts, die aus dieser Konstellation folgen, ist die Verbreitung des Buches "Le grand secret" über das Internet. Trotz einer gerichtlichen Unterlassungsverfügung, wonach das von

---

[622] Hieran hat auch die - bereits am Beginn dieses Abschnitts erwähnte - Pflicht zur Bekanntgabe einer "Anbieterkennzeichnung" gem. § 6 TDG/§ 6 MDStV nichts geändert, da diese Vorschrift nur die "geschäftsmäßigen Angebote" der "Diensteanbieter" i.S.d. § 3 Abs. 1 TDG/§ 3 Abs. 1 MDStV erfaßt.

[623] so Engel, AfP 96, 220

[624] siehe hierzu auch das oben genannte Beispiel zur Funktion des Internet bei der sog. "Lewinsky-Affaire" um Bill Clinton (in diesem Kapitel § 1 I 6.), sowie die "Entschließung zur Mitteilung der Kommission über illegale und schädigende Inhalte im Internet" (KOM (96) 0487), BR-Drucksache 393/97 v. 16.5.97, dort insb. S. 7 ff.

[625] hierzu Wenzel, Recht der Wort- und Bildberichterstattung, Rn. 12.51 ff.; Flechsig, S. 70 ff, jeweils m.w.N. aus der Rspr.

[626] hierzu Steffen, in Löffler, Presserecht, § 6 LPG, Rn. 21 ff.; Peters, NJW 97, 1334; Wenzel, Wort- und Bildberichterstattung, Rn. 6.107 ff., jeweils m.w.N. aus der Rspr.

einem der behandelnden Ärzte Mittérrands [627] geschriebene Buch u.a. wegen der Verletzung der Privatsphäre des ehemaligen französischen Staatspräsidenten Mittérrand nicht mehr verkauft werden darf, wurde das Werk auf einem französischen Internet-Server hinterlegt und ist seither dort abrufbar [628]. Der Netzserver, auf welchem die Schrift gespeichert wird, ist jederzeit leicht austauschbar, weshalb alle Verfolgungsversuche fehlschlugen.

Freiwillige Einschränkungen der grenzenlosen Anonymität in den Netzen ergeben sich jedoch aus dem kommerziellen Charakter einiger Angebote. Zumindest zum Zwecke der Eigenwerbung sind die ergänzenden Angebote etablierter Printmedien, sowie der Rundfunkveranstalter deutlich als Ableger des Hauptprodukts (der Zeitung, Zeitschrift, der Sendung oder des Programms) gekennzeichnet. In diesen Fällen ist die Anonymität aufgehoben. Probleme bei der Verfolgung etwaiger Verletzungen ergeben sich aber auch dann aus formalrechtlichen Gründen [629].

3. Datenbanken als Quelle der Indiskretion und Verbreitungsweg für Falschinformationen

Die Bereithaltung umfangreichen Datenmaterials für beliebige Zwecke stieß bis vor einiger Zeit auf technische und praktische Grenzen. Speicherplatz war ein teures Gut, das nur bei Großrechenanlagen in größerem Maße zur Verfügung stand. Außerdem setzte auch die Informationsbeschaffung einen höheren Aufwand voraus, da die überwiegende Anzahl von Informationen nicht in digitaler Form vorlagen, sondern aus vielfältigen Quellen (z.B. Zeitungen, Zeitschriften, Büchern) zusammengetragen werden mußten und erst dann in elektronischen Systemen erfaßt werden konnten. Dies erforderte einen nicht unbeachtlichen Personal- und Zeiteinsatz, weshalb der Aufbau elektronischer Informationssysteme nur wenigen Stellen möglich war und von diesen in der Regel nur erfolgte, wenn dies für ihre Aufgabenerfüllung im Rahmen ihres unmittelbaren Bedarfs notwendig war.

Mit der flächendeckenden Einführung vernetzter PC haben sich die Grundvoraussetzungen für die Einrichtung umfangreicher Datenbanken in öffentlicher und privater Hand wesentlich verbessert. Hierzu kann in erster Linie auf die obigen Darlegungen zum Gefährdungspotential durch die gesteigerten Verarbeitungskapazitäten verwiesen werden [630]. Aufgrund der vielfältigen Zugriffsmöglichkeiten

---

[627] Claude Gubler

[628] vgl. Engel, AfP 96, 220; n.n., NJW-Wochenspiegel Heft 9/96, S. XLV

[629] Hierauf wird sogleich in diesem Kapitel unter III. 2. eingegangen.

[630] vgl. soeben in diesem Kapitel I. 5.

auf Informationen im Netz und der großen Speicherkapazitäten auf handelsüblichen PC steigt die Verlockung, Datensammlungen auf Vorrat anzulegen [631]. Die potentielle "Sammelleidenschaft" vieler PC-Nutzer wird insbesondere durch die bequeme Recherche von Informationen im Internet erleichtert. Es gibt bereits Suchprogramme für spezielle Zwecke, insbesondere auch eines, das speziell zur Recherche nach personenbezogenen Daten von Internet-Nutzern entwickelt worden ist [632]. Zahlreiche leistungsfähige Datenbank-Programme erleichtern die Systematisierung des Datenmaterials und gewährleisten einen zielgerichteten Zugriff auf die gespeicherten Informationen. Hinzu kommen immer mehr gewerbliche Anbieter von Datenbanken zu den unterschiedlichsten Themenbereichen, die ihre Informationen über die Netze zum direkten Abruf bereithalten. Insbesondere ist die Befürchtung geäußert worden, daß die in Medienarchiven gespeicherten umfassenden Dossiers über einzelne Personen kommerziell genutzt und öffentlich zugänglich gemacht werden könnten. Damit drohe das in verschiedenen Rechtsgebieten vorgesehene "Recht auf Vergessen" wirkungslos zu werden, das z.B. durch die Löschungsvorschriften für das Bundeszentralregistergesetz gewährleistet werden soll [633]. Ferner kann die Speicherung personenbezogener Informationen auch zu einer andauernden Bereithaltung falscher und rechtswidriger Informationen führen, auch wenn die Verbreitung dieser Informationen dem Erstveröffentlichungsmedium bereits untersagt wurde. Dies zeigt das nachfolgende Beispiel aus der Praxis auf:

Einem Nachrichtenmagazin wurde gerichtlich die zukünftige Verbreitung mehrerer falscher, ehrenrühriger und kreditschädigender Behauptungen untersagt. Rund 2 1/2 Jahre nach dem Verbot konnten die Betroffenen durch Zufall feststellen, daß der streitige Artikel unverändert, d.h. ohne Weglassung der verbotenen Passagen im Angebot einer Wirtschaftsdatenbank, in der das Nachrichtenmagazin alle seine Beiträge im Volltext veröffentlichte, hinterlegt war. Der Beitrag konnte über das Internet von jedermann weltweit über einen Zeitraum von mehr als zwei Jahren trotz eines gerichtlichen Verbots abgerufen werden. Eine umfangreiche Suchhilfe ermöglichte dabei den zielgerichteten Abruf des Beitrags durch einfache Eingabe des Namens der Betroffenen, ihrer Firmenbezeichnung oder sonstiger einschlägiger Begriffe, so daß der Beitrag auch als "Zufallsfund" allen Nachfragern zugespielt wurde, die vom Ursprungsartikel keine Kenntnis hatten oder dessen Fundstelle nicht wußten. Es handelt sich bei der Speicherung des Beitrags offenbar um ein "Redaktionsversehen", da die streitigen Passagen bei der Offline-Archivausgabe

---

[631] vgl. Hassemer, DuD 95, 195 (196)

[632] vgl. Schaar, CR 96, 170 (171)

[633] vgl. Entschließung der 49. Konferenz der Datenschutzbeauftragten des Bundes und der Länder am 9./10.3.95 in Bremen zu den Anforderungen an den Persönlichkeitsschutz im Medienbereich, in: Jahresbericht 1995 Dsb Bln, S. 212; 15. TB des LfD Rh.-Pf., S. 99; vgl. auch Roßnagel/Bizer, DuD 96, 209 (210)

des Nachrichtenmagazins auf CD-ROM - entsprechend dem gerichtlichen Verbot - entfernt worden waren [634].

Dieses Beispiel verdeutlicht, daß durch elektronische Archive die Flüchtigkeit und die zeitlich begrenzte Aktualität und Verfügbarkeit von Informationen aus den herkömmlichen Medien aufgehoben wird. Hierdurch besteht u.a. die Gefahr, daß Falschinformationen zukünftig eine wesentlich langfristigere und weitreichendere Verbreitung finden, als bisher.

Die gesteigerte Verfügbarkeit von systematisch aufbereiteten Informationen in Datenbanken kann sich auch auf die Verletzungspotentiale durch die inhaltliche Gestaltung von Beiträgen in mehrfacher Hinsicht auswirken. Bei der Ausarbeitung journalistischer Beiträge bieten solche Datenbanken auch dem einzelnen Autor ohne Einbindung in ein großes Verlagshaus o.ä. bisher nicht erreichbare Informationsmöglichkeiten. Damit eröffnen sich auch gesteigerte Möglichkeiten für Indiskretionen durch die ungenehmigte Preisgabe von Informationen aus der Privat- oder Intimsphäre des Betroffenen. Aufgrund der Konzentration von personenbezogenen Informationen in Datenbanken steigt die Informationsdichte und -tiefe auch hinsichtlich indiskreter Daten. Die Schilderung von Vorgängen, die einer geschützten Sphäre angehören, führt zu um so schwereren Persönlichkeitsrechtsverletzungen je detaillierter sie ist. Daher erhöht sich durch die Datenbankrecherche nicht nur die Gefahr von Persönlichkeitsverletzungen, sondern auch deren Intensität.

Die hier angesprochene Problematik der Sammlung und Verbreitung indiskreter Informationen ist nicht auf Journalisten und andere beruflich mit der Verbreitung von Informationen in gestalteten Beiträgen beschäftigte Personen beschränkt. Vielmehr kann sich jede Person eigene oder öffentlich zugängliche Datensammlungen zunutze machen, um personenbezogene Daten zu sammeln und auf Internet-Seiten, in Mailboxen oder sonstigen an die Allgemeinheit gerichteten Angeboten preiszugeben. Hierdurch besteht eine bislang nicht gegebene Möglichkeit, den (politischen) Gegner öffentlich bloßzustellen und durch gezielte Enthüllungen zu diskreditieren. Da der gewöhnliche Antrieb für Indiskretionen durch die Medien aber in der Regel kommerzieller Natur ist, wird diese Möglichkeit wohl nur eine Randerscheinung bleiben. Zu erwarten ist hingegen, daß mit dem kommerziellen Vertrieb von Medien über die Netze der bisher bereits im Print-

---

[634] Dieses Beispiel aus der Praxis beruht auf Verfahren, welche in den Jahren 1995 bis 1998 vor dem Landgericht Hamburg und dem Hanseatischen Oberlandesgericht zwischen einem Verlag und zwei Unternehmern anhängig waren. Die Verfahren, in denen der Verfasser auf Seiten der Unternehmer anwaltlich tätig war, wurden im Rahmen eines Gesamtvergleichs beendet, bevor es zu einer richterlichen Beurteilung der Online-Verbreitung des Artikels kam.

und Rundfunkbereich ausgetragene Konkurrenzkampf auch in den elektronischen Systemen dazu führt, die Möglichkeiten der Datenbankrecherche verstärkt für die Erstellung von indiskreten Beiträgen zu nutzen.

4. Die neuen technischen Möglichkeiten der Bildbearbeitung

"Multimedia" lebt von der gemeinsamen Nutzung von Schrift, Ton und Bildern. Alle digitalisierbaren Äußerungsformen können über Datennetze, wie z.b. das Internet, verbreitet werden [635]. Die optische und grafische Gestaltung ist ein zentraler Punkt der Informationsvermittlung durch die neuen Informations- und Kommunikationsdienste, da diese Möglichkeit gerade den Charakter dieses Mediums ausmacht. Die Berichterstattung durch Bilder gewinnt weiter an Bedeutung.

Die Digitaltechnik hat auch im Bereich der Bildverarbeitung Einzug gehalten. Neue digitale Kameras speichern die Aufnahmen in binären Codes. So können sie schnell und verlustfrei kopiert, übertragen und in multimedialen Produktionen verarbeitet werden. Eine Archivierung ist platzsparend in jedem Computerspeichermedium möglich.

In Datenform gespeicherte Bilder können mit entsprechenden Bildverarbeitungsprogrammen am Computer verändert werden. Möglich sind nicht nur elektronische Fotomontagen, bei denen die Montage mit bloßem Auge nicht mehr zu erkennen ist, sondern auch weitaus sensiblere Eingriffe in den Bildinhalt. So können bei Personengruppen Einzelpersonen entfernt oder hinzugesetzt werden, Gesichter verändert oder ganze Bildhintergründe ausgewechselt werden, ohne daß der Betrachter dieser "Aufnahme" das Foto als Ergebnis eines manipulativen Datenverarbeitungsvorgangs erkennen kann. Aus diesem Grund haben sich verschiedene Verbände von Berufsfotografen und Journalisten zusammengefunden, die im Rahmen einer "Initiative [M]" eine generelle Kennzeichnung von manipulierten, d.h. nach der Belichtung veränderten Aufnahmen fordern [636].

Durch derart manipulierte Bilder können die Persönlichkeitsrechte der abgebildeten Personen in besonderer Weise verletzt werden. Hierbei geht es nicht nur um die Zulässigkeit der Bildnisverbreitung im Sinne des KUG, also um die Frage, unter welchen Bedingungen Personenbildnisse ohne Einwilligung des Betroffenen veröffentlicht werden dürfen. Aufnahmen von einer Person beinhalten auch immer die Tatsachenbehauptung, daß sich die abgebildete Person in der fixierten

---

[635] vgl. Schwarz, FS Engelschall, S. 183

[636] vgl. hierzu die Mitteilung in AfP 97, 878

Situation befunden hat und dabei so ausgesehen hat, wie sie auf der Aufnahme zu sehen ist. Manipulierte Aufnahmen sind deshalb als visuelle Lügen einzustufen, wenn nicht bei der Verbreitung auf die vorgenommenen Veränderungen hingewiesen wird [637].

Digitale visuelle Lügen können weltweit anonym in den Netzen verbreitet werden. Im Internet sind z.b. angebliche Nacktaufnahmen von prominenten Personen erhältlich, die durch eine elektronische Montage ihres bekannten Kopfes auf einen unbekleideten Körper hergestellt wurden [638]. In der rechtswissenschaftlichen Literatur ist das Problem der elektronischen Bildmanipulation bisher - soweit ersichtlich - nicht aufbereitet worden. Es wurde lediglich darauf hingewiesen, daß die Verbreitung eines fremden Bildnisses über die eigene Homepage ohne die Einwilligung des Abgebildeten eine Persönlichkeitsrechtsverletzung darstellen könne [639]. Bildrechtsverletzungen aufgrund von Angeboten in Homepages sind auch dadurch denkbar, daß das dort gespeicherte Bild des Anbieters von Dritten für andere Zwecke mißbraucht wird. Wer sein Bild ins Internet einstellt, muß berücksichtigen, daß er damit die Kontrolle über die Verwendung faktisch aufgibt.

Die Probleme um den Bildnisschutz werden in rechtlicher Hinsicht anhand der umfangreichen Judikatur zum Recht am eigenen Bild [640] zu lösen sein, in welcher die Gerichte den Bildnisschutz seit mehreren Jahrzehnten facettenreich ausge-

---

[637] Dies entspricht der Hamburger Rspr. zu herkömmlichen Fotomontagen: Hans. OLG, Beschluß vom 22.2.93, 3 W 37/93; die Vorinstanz LG Hamburg, Beschluß vom 4.2.93, 324 0 43/93, vertrat im konkreten Fall noch die Auffassung, daß neben der einer Fotomontage stets immanenten Lüge durch diese Unwahrheit zugleich eine Persönlichkeitsrechtsverletzung "von einigem Gewicht" vorliegen müsse, um zur Rechtswidrigkeit der Veröffentlichung zu gelangen.

[638] Diese Persönlichkeitsrechtsverletzung muß u.a. eine erfolgreiche deutsche Schwimmerin erdulden. Die rechtliche Ahndung dieses Vorfalls ist bisher an der mangelnden Verfolgbarkeit gescheitert, da der "Urheber" der Montage nicht identifiziert werden konnte und der Speicherungsort (Server) ständig wechselt. Nach einem Bericht des "Spiegel" (Ausgabe 38/97 v. 15.9.97, S. 86) hat sich der Internet-Anbieter "INC" ("International Nude Celebrity") darauf spezialisiert, gegen Gebühr manipulierte Aufnahmen und Paparazzi-Fotos von nackten oder halbnackten Prominenten anzubieten. Dort sollen u.a. Aufnahmen von Hillary Clinton und der Moderatorin Birgit Schrowange zu sehen sein, deren (echte) Köpfe auf andere, nackte Körper montiert wurden. Bei einem Foto der Tennisspielerin Monica Seles, der beim Spiel der Rock hochweht, soll der Slip elektronisch wegretuschiert worden sein. Ferner sind im Internet auch regelmäßig Paparazzi-Fotos zu finden, deren Verbreitung bereits gerichtlich untersagt wurde, z.B. von Claudia Schiffer oben ohne beim Sonnenbaden. Sogar Fotos vom Unfallort der Prinzessin Diana in Paris - die bisher von keiner Zeitschrift auf der ganzen Welt veröffentlicht wurden - sollen im Netz abrufbar sein.

[639] vgl. Flechsig, S. 65

[640] Nachweise bei Helle, S. 45 ff., 356 ff.

185

formt haben. Der tatsächlichen Umsetzung des Rechtsschutzes stehen aber häufig die Anonymität des Verletzers und Unklarheiten hinsichtlich der Verantwortlichkeit für Netzinhalte entgegen [641]. Probleme bereitet auch hierbei - wie bei allen Persönlichkeitsrechtsverletzungen im Netz - die Flüchtigkeit der Verletzungshandlungen, da rechtswidrige Bildnisse ebenso wie alle anderen Netzinhalte auf ständig unterschiedlichen Speichern und in ständig anderen Angeboten zum Abruf bereitgehalten werden können.

5. Erhöhung der Verletzungsintensität

Die Intensität durch Persönlichkeitsverletzungen kann durch die Verbreitung in Datennetzen und die individuelle Abrufbarkeit höher als bei den herkömmlichen Verbreitungen durch Printmedien und Rundfunk sein. Zwar ist den herkömmlichen wie den neuen Medien gemein, daß sie sich an einen unbestimmten Personenkreis richten. Durch den weltweiten zeitgleichen Zugriff einer unbegrenzten Anzahl von Empfängern auf die im Netz bereitgehaltenen Inhalte und deren beliebige Speicherung in jedem vernetzten Rechner erreicht der Verbreitungsgrad aber eine neue Qualität. In diesem Zusammenhang ist zur Veranschaulichung zunächst auf das soeben unter 3. dargestellte Beispiel zum Abruf von rechtswidrigen Inhalten aus dem Internet-Archiv eines Nachrichtenmagazins zu verweisen. Während die Verbreitung der untersagten Textpassagen in der gedruckten Ausgabe des Magazins zeitlich und räumlich begrenzt war, da deutsche Zeitschriften nur in vergleichsweise geringer Stückzahl im Ausland vertrieben werden (und auch dann in der Regel nicht weltweit) und ferner die "Laufzeit" einer Ausgabe naturgemäß auf wenige Wochen nach der Erstveröffentlichung beschränkt ist, konnte der Artikel mit den verbotenen Behauptungen über Jahre hinweg weltweit abgerufen werden. Die bereits oben dargestellte Suchfunktion erlaubte hierbei auch "Zufallsfunde", also die Kenntnisnahme durch Personen, die mangels Kenntnis der Existenz des Ausgangsartikels oder dessen Fundstelle nicht gezielt nach dieser Information gesucht haben, sondern sich nur allgemein über die Betroffenen informieren wollten. Die Rechtsgutsverletzung konnte also auch gegenüber einer anderen und weitaus größeren Personenzahl eintreten, als dies mit der Veröffentlichung des streitigen Artikels bereits geschehen war. Durch die technische Möglichkeit, diesen Beitrag selbst zu speichern und wiederum zum Abruf bereit zu halten - sei es im Original oder als Teil eines eigenen Beitrags - wurden weitere Rezipientenkreise erschlossen, die Falschbehauptungen konnten trotz eines gerichtlichen Verbots weiterverbreitet werden.

---

[641] zu den neuen Vorschriften zur Verantwortlichkeit im TDG und MDStV siehe unten in diesem Kapitel, § 2 V.

Ein weiteres Beispiel für die Erhöhung der Verletzungsintensität ist die bereits oben unter 4. skizzierte weltweite Verbreitung von (auch gerichtlich verbotenen) Paparazzi-Fotos und manipulierten (Nackt-)Aufnahmen.

Auch die Flüchtigkeit der Medien Hörfunk und Fernsehen wird durch die Möglichkeit des zeitunabhängigen Abrufs und der beliebigen Wiederholung aufgehoben. Hinzu kommt, daß die Angebote derzeit zumeist unentgeltlich abrufbar sind und verletzende Inhalte somit auch hier als "Zufallsfunde" beim "Netzsurfen" zur Kenntnis der Nutzer gelangen. Dies entspricht der Entwicklung des häufigen Programmwechsels ("Zapping") mit der Fernbedienung des Fernsehgerätes. Im Vergleich zu den Printmedien ist der Rezipient so gestellt, als ob er täglich alle Zeitungen und Zeitschriften der Welt durchblättern könnte. Die Verbreitung redaktioneller Inhalte über die Netze verbindet die spielerisch-zufällige Kenntnisnahmemöglichkeit des Mediums Rundfunk mit dem Charakter der Printmedien, die dem Rezipienten die Möglichkeit bieten, frei zu entscheiden, welche Informationen er in welcher Reihenfolge und zu welchem Zeitpunkt - ggf. auch wiederholt - zur Kenntnis nehmen will [642]. Zugleich bieten die Netze ein globales Verbreitungsgebiet, mit dem eine bisher unerreichte Anzahl an Rezipienten angesprochen werden kann. Die „Projektionsfläche" für Persönlichkeitsrechtsverletzungen ist größer geworden.

III. Rechtliche Problemfelder

In den vorstehenden Abschnitten ist bereits angeklungen, daß im Umgang mit den neuen Datennetzen anfänglich erhebliche rechtliche Unsicherheiten aufgetreten sind. Hinsichtlich des Persönlichkeitsschutzes machte sich diese Rechtsunsicherheit in erster Linie hinsichtlich der Anwendbarkeit strafrechtlicher Normen bemerkbar, welche partiell den Schutz besonderer Persönlichkeitsrechte (z.B. den Schutz des gesprochenen und geschriebenen Wortes) realisieren. Ferner war die Anwendung zahlreicher einfachgesetzlicher Vorschriften mit (zumindest mittelbar) persönlichkeitsschützender Wirkung ungeklärt. Vor allem war das allgemeine Persönlichkeitsrecht, dessen Schutz sich in zivilrechtlichen Streitigkeiten über die §§ 823, 1004 BGB entfaltet, von rechtlichen Unsicherheiten betroffen, da es insoweit an klarstellenden Regelungen über die Verantwortlichkeit für Netzinhalte mangelte. Diese Fragestellungen können seit Inkrafttreten der "Multimediagesetze" (d.h. des TDG und der anderen Vorschriften des IuKDG sowie des MDStV, vgl. hierzu unten in diesem Kapitel unter § 2 V.) weitgehend

---

[642] vgl. zur publizistischen Vergleichbarkeit der Printmedien mit den Online-Diensten Flechsig, S. 69

beantwortet werden [643]. Mit dem IuKDG ist z.b. der Schriftenbegriff in § 11 III StGB und §§ 116, 119 OWiG um "Datenspeicher" erweitert worden, wodurch die Anwendung zahlreicher Straf- und Ordnungswidrigkeitstatbestände auf Online-Angebote ermöglicht wird [644].

In rechtlicher Hinsicht mangelt es seitdem vor allem an einschlägiger Judikatur, die den Schutz des allgemeinen Persönlichkeitsrechts in der bewährten Tradition einzelfallbezogener Entscheidungen an die neuen Gefährdungslagen und technischen Grundbedingungen anpaßt und die neuen Rechtsgrundlagen auf der Anwendungsebene auslegt und erprobt.

1. Rechtliche Einordnung der Dienste und Angebote und die rechtliche Verantwortlichkeit

Nur rückblickend und zur Abgrenzung des neuen "Multimediarechts" von den bereits vor dessen Inkrafttreten bestehenden Vorschriften im Bereich der "neuen Medien" ist kurz auf die Diskussion um die Anwendbarkeit der Vorschriften des Btx-Staatsvertrages (Btx-StV) [645] und des Rundfunkstaatsvertrages, der Landesmediengesetze, der Landespressegesetze, sowie die telekommunikationsrechtlichen Vorschriften einzugehen. Die Anwendbarkeit dieser Vorschriften war für den Persönlichkeitsschutz vor Inkrafttreten des TDG und des MDStV insoweit von Belang, als sie z.B. Gegendarstellungsansprüche normieren (vgl. z.B. § 7 Btx-StV, § 11 HmbPresseG) und datenschutzrechtliche Regeln enthalten (z.B. § 10 Btx-Stv, § 28 RfStV, §§ 3 ff. TDSV). Übereinstimmend sind mehrere Autoren zu der Auffassung gelangt, daß die scheinbar einschlägigen Vorschriften auf das Internet und die Online-Dienste nicht anwendbar sind [646], woraus sich die Rechtsunsicherheit und der Regulierungsbedarf ergab [647]. Ohnehin wäre auch bei der Subsumtionsfähigkeit der neuen Datendienste unter die bestehenden Vorschriften deren Anwendung kritisch zu hinterfragen gewesen. Die technische Entwicklung hat erst in den letzten Jahren den Stand der heutigen Nutzungsmöglichkeiten erreicht. Online-Dienste werden ebenfalls erst seit kurzer Zeit angebo-

---

[643] womit natürlich noch keinerlei Feststellung darüber verbunden ist, ob das so geschaffene Schutzniveau ausreicht

[644] vgl. hierzu Roßnagel, NVwZ 98, 1(7)

[645] Der Btx-StV ist mit Inkrafttreten des MDStV außer Kraft getreten. Wegen zahlreicher Parallelen kann er als Vorläufer des MDStV angesehen werden.

[646] vgl. Schaar, CR 96, 170 (173 ff.); Moritz/Winkler NJW-CoR 97, 43 ff.; Flechsig, S. 66 ff.

[647] vgl. Roßnagel, NVwZ 98, 1 (1 f.);

ten. Somit werden die Gesetzgebungsorgane diese Erscheinungen der Informationsgesellschaft nicht in ihren legislativen Willen aufgenommen haben.

Im Anwendungsbereich des Rechts auf informationelle Selbstbestimmung im engeren Sinne (Datenschutz) wurden die Regelungsdefizite durch die partielle Anwendbarkeit des BDSG in gewissem Umfang aufgefangen [648]. Schutzlücken bestanden aber insbesondere hinsichtlich der Datenverarbeitung durch Private, die nur vom Regelungsbereich des BDSG erfaßt wird, wenn sie geschäftsmäßig oder für berufliche oder gewerbliche Zwecke erfolgt (vgl. § 27 Abs. 1 BDSG). Ferner regelte das BDSG den im Zeitalter der weltweiten Datennetze besonders wichtigen Aspekt des grenzüberschreitenden Datenverkehrs nicht und findet auf ausländische Anbieter von Online-Diensten nur in engen Grenzen Anwendung [649].

Auch nach dem Inkrafttreten des TDG und des MDStV erscheint es nicht ausgeschlossen, daß Angebote im Internet oder anderen Datennetzen so gestaltet werden, daß sie die Legaldefinition des Rundfunks erfüllen, mithin die rundfunkrechtlichen Vorschriften zu Anwendung gelangen [650]. Im Bereich des Rundfunks herrscht eine hinreichende Rechtsklarheit durch die differenzierten Vorschriften des Rundfunkstaatsvertrags, der Landesmediengesetze und der gesetzlichen Bestimmungen zu den öffentlich-rechtlichen Rundfunkanstalten, die neben inhaltlichen Vorschriften über unzulässige Sendungen und journalistische Sorgfaltspflichten auch besondere Datenschutzvorschriften enthalten. Der Rundfunkstaatsvertrag (RfStV) enthält z.B. besondere Regelungen über den Datenschutz bei privaten Rundfunkveranstaltern. Diese Vorschriften werden für den Persönlichkeitsschutz in der Informationsgesellschaft angesichts neuer Angebotsformen wie z.B. video on demand und pay per view eine steigende Bedeutung erleben, da bei jeder Form des individuellen Abrufs zahlreiche Sekundärdaten anfallen, die von den Rundfunkanbietern zweckentfremdet werden könnten.

§ 47 Abs. 2 RfStV (vormals § 28 RfStV) [651] schreibt vor, daß personenbezogene Daten über die Inanspruchnahme einzelner Programmangebote nur erhoben, verarbeitet und genutzt werden dürfen, soweit und solange dies erforderlich ist,

---

[648] vgl. Moritz/Winkler, NJW-CoR 97, 43 (45)

[649] vgl. Moritz/Winkler, NJW-CoR 97, 43 (45 ff.)

[650] vgl. zur Abgrenzung Hochstein, NJW 97, 2977 (2978 f.); Engel-Flechsig/Maennel/Tettenborn, Rahmenbedingungen, S. 13 f.

[651] Nachfolgend wird von der Fassung nach dem dritten Rundfunkänderungstaatsvertrag (Hamb. GVBl. 96, 329), in Kraft seit dem 1.1.97, ausgegangen.

um den Abruf von Programmangeboten zu vermitteln oder die Abrechnung der Entgelte zu ermöglichen. Die Speicherung der Abrechnungsdaten darf Zeitpunkt, Dauer, Art, Inhalt und Häufigkeit bestimmter vom einzelnen Teilnehmer in Anspruch genommener Programmangebote nicht erkennen lassen, es sei denn, der Teilnehmer beantragt die Einzelabrechnung. Eine Übermittlung der Abrechnungs- und Verbindungsdaten an Dritte ist grundsätzlich unzulässig. Sie sind zu löschen, sobald ihre Speicherung nicht mehr erforderlich ist, d.h. bei den Verbindungsda- ten immer bereits unmittelbar nach dem Ende der jeweiligen Verbindung. Der Verstoß gegen diese Datenschutzbestimmungen stellt eine Ordnungswidrigkeit dar (§ 49 Abs. 1 Nr. 25 RfStV). Die Durchführung der Löschungsbestimmungen ist durch geeignete technische und organisatorische Maßnahmen abzusichern.

Ungeachtet der Frage, welche Rechtsnormen auf die einzelnen Erscheinungsfor- men der Informationsgesellschaft Anwendung finden, war die Diskussion um den erforderlichen Rechtsrahmen übergreifend von der Diskussion geprägt, ob die Betreiber der Verbreitungswege, die Online-Dienste und/oder die Internet- Provider als Verantwortliche für rechtswidrige Netzinhalte herangezogen werden können. Dieses Problem wurde in erster Linie für das Strafrecht erörtert [652]. Trotz unterschiedlicher Lösungsvorschläge haben in dieser Phase zahlreiche Normen mit (zumindest faktisch) persönlichkeitsschützender Funktion [653] keine Wirkung entfaltet. Ob die Grundsätze der Verbreiterhaftung der Medien [654] für die delikti- schen Ansprüche des Äußerungsrechts (Unterlassung, Berichtigung, Schadenser- satz, Geldentschädigung/Schmerzensgeld) gem. §§ 823, 847, 1004 BGB Anwen- dung finden wurde kontrovers diskutiert, gleichwohl wurde dieser Aspekt in der rechtswissenschaftlichen Literatur kaum behandelt [655]. Angemerkt wurde jedoch zutreffend, daß in vielen Fällen wegen des globalen Bezugs die Regeln des internationalen Deliktsrechts zu beachten seien [656]. Das Problem der "multizentrischen Verantwortungslosigkeit" [657] stellt sich insbesondere angesichts der globalen Dimension der Datennetze. Der weltweiten Informationsgesellschaft mit ihren internationalen Strukturen steht bis heute keine entsprechende einheitli-

---

[652] vgl. Sieber, JZ 96, 429 und 494; Collardin, CR 95, 618; Ackermann, S. 99 ff.; rückblickend Roßnagel, NVwZ 98, 1 (2) m.w.N.

[653] zu denken ist hier z.B. an die Ehrenschutznormen des StGB, aber auch an die Vorschriften des KUG zum Recht am eigenen Bild

[654] vgl. Wenzel, Recht der Wort- und Bildberichterstattung, Rn. 12.51 ff.; Flechsig, S. 70 ff., jeweils m.w.N.

[655] grundsätzlich bejahend Flechsig, S. 75

[656] vgl. hierzu bezogen auf das Internet Spindler, ZUM 96, 533 (555)

[657] so 18. TB LfD Bre, S. 11

che Rechtsordnung gegenüber. Hierdurch wird es möglich, rechtswidrige Netzaktivitäten in Länder zu verlagern, in denen das entsprechende gesetzliche Verbot nicht besteht. Solange es keinen weltweiten Konsens über die strafrechtliche Relevanz bestimmter Handlungen, über die Datenschutzgrundsätze beim Umgang mit den neuen Informations- und Kommunikationsdiensten und über das Persönlichkeitsrecht gibt, wird es immer möglich sein, landesrechtliche Verbote und Sanktionen zu umgehen [658].

In datenschutzrechtlicher Hinsicht ergaben sich die Probleme hinsichtlich der Verantwortlichkeit aufgrund der Konzeption der Datenschutzgesetze, die die Einhaltung der Vorschriften über die Datenverarbeitung und die Datensicherheit den "datenverarbeitenden" oder den "speichernden" Stellen auferlegen. In den heutigen Netzstrukturen nimmt die Anzahl der speichernden und verarbeitenden Stellen exponentiell zu, da - wie bereits beschrieben wurde - jeder private PC-Nutzer zu Verarbeitungsvorgängen in der Lage ist, die technisch früher nur mit Großrechnern möglich waren. Die Verantwortung für die Datenverarbeitung wird auf immer mehr verschiedene Personen verteilt und die externe Kontrolle durch die Datenschutzbeauftragten und Aufsichtsbehörde faktisch unmöglich [659].

2. Fehlende Ausgestaltung des Persönlichkeitsschutzes und der Haftungsgrundsätze hinsichtlich der Informations- und Kommunikationsdienste durch die Judikatur

Der Persönlichkeitsschutz ist im deutschen Recht maßgeblich durch Leitentscheidungen der Gerichte entwickelt und ausgeformt worden. Bis heute bestimmt sich der Umfang des vom allgemeinen Persönlichkeitsrecht gewährten Schutzes nach den von der Rechtsprechung allgemeingültig getroffenen Aussagen. Dies gilt für das Datenschutzrecht genauso wie für die sonstigen Aspekte des Schutzes des allgemeinen Persönlichkeitsrechts, welches bis heute nur in wenigen Ausprägungen normiert ist und in der Vielzahl aller Fälle über die zivilrechtlichen Normen

---

[658] Instruktiv und anschaulich insofern die kleine Anfrage nebst Antwort der Bundesregierung zur Sperrung der Zugänge zum Anbieter "XS4ALL", BT-Drucksache 13/8153 v. 2.7.97. Im Zuge eines Ermittlungsverfahrens der Generalbundesanwaltschaft wegen des Inhalts einer Ausgabe der Zeitschrift "radikal", die u.a. auch im Internet über den niederländischen Provider "XS4ALL" abrufbar war, wurden zahlreiche deutsche Internet-Provider auf eine mögliche Strafbarkeit ihrer Zugangsvermittlung als Beihilfehandlung hingewiesen. Auf diesen Hinweis hin reagierten einige Provider mit der (teilweise nur vorübergehenden) Sperrung des Zugangs zu "XS4ALL" über ihren Dienst. Gegen andere Provider wurden sodann weitere Ermittlungsverfahren eingeleitet. Als Reaktion darauf wurden die inkriminierten Inhalte auf weltweit über 40 andere Server "gespiegelt", d.h. dort zum Abruf bereitgehalten.

[659] vgl. 18.TB LfD Bre., S. 11

des Deliktsrechts zur Anwendung gelangt [660]. Hinsichtlich des Schutzes des allgemeinen Persönlichkeitsrechts in Bezug auf die besonderen Gefährdungen durch Datennetze fehlt eine solche gestaltende Judikatur nahezu völlig, insbesondere zur Anwendung und Auslegung der neuen Vorschriften des TDG und des MDStV [661]. Zur vorhergehenden Rechtslage ist in der Literatur eine Entscheidung des LG Stuttgart [662] aus dem Jahre 1987 erschlossen. Diese beschäftigt sich mit der Verantwortlichkeit eines nicht kommerziellen Mailbox-Betreibers für rufschädigende Inhalte und ist schon deshalb nur begrenzt geeignet, Schlußfolgerungen für die Haftung gewerblicher Online-Dienste zu ziehen. Ferner ist diese Entscheidung durch das Inkrafttreten des TDG und des MDStV überholt, da mit diesen Gesetzen neue einschlägige Rechtsgrundlagen für Online-Dienste geschaffen wurden.

Das LG Stuttgart kam - weitgehend im Einklang mit der Rechtslage nach Inkrafttreten des TDG/MDStV - zu der Überzeugung, daß ein Mailbox-Betreiber grundsätzlich als Verbreiter der in der Mailbox abrufbaren Inhalte verantwortlich sei. Diese "Verbreiterhaftung" wurde aber dahingehend eingeschränkt, daß er nur für die Inhalte hafte, die er kenne oder - etwa auf einen Hinweis hin - hätte kennen müssen. Ihm obliege keine rechtliche Verpflichtung, jede gespeicherte Nachricht zu prüfen. Eine solche zeitaufwendige und im Einzelfall rechtlich schwierige Prüfungspflicht könne einem nicht gewerblichen Betreiber nicht zugemutet werden.

Einschlägige Judikatur zur Haftung von Online-Diensten lag vergleichsweise frühzeitig von amerikanischen Gerichten vor [663]. Diese kann jedoch aufgrund der unterschiedlichen Rechtssysteme nicht ohne weiteres ins deutsche Recht übertragen werden [664]. Außerdem ist auch dort noch keine einheitliche Rechtsprechung zu erkennen. Während in einem Fall ähnlich der vom LG Stuttgart vertretenen Auffassung die Verbreiterhaftung für beleidigende Inhalte darauf beschränkt wurde, daß der Online-Dienst von dem beleidigenden Inhalt Kenntnis hatte oder

---

[660] vgl. oben, 3. Kapitel, § 2 f.

[661] BGBl. I 97, 1870 vom 28.7.97 (TDG) bzw. Hmb.GVBl. 97, 254 (MDStV)

[662] LG Stuttgart, Urteil vom 17.11.87, 17 O 478/87, Jur PC 92, 1714; Bortloff, ZUM 97, 167 (168); ders. GRUR Int. 97, 387 (398) weist zusätzlich auf die Entscheidung des AG Nagold von 22.6.95 hin, die wegen ihres urheberrechtlichen Einschlags aber keine weiteren Erkenntnisse bietet.

[663] Zusammenfassende Darstellungen bei Flechsig, S. 75 ff.; Engel, AfP 96, 220 (226); Bortloff ZUM 97, 167; ders. GRUR Int. 97, 387 (388 ff.)

[664] Zum Verhältnis von Persönlichkeitsschutz und Pressefreiheit im US-amerikanischen Recht vgl. Kötz, FS Engelschall, S. 25 ff.; zum right of privacy vgl. Götting, GRUR Int. 95, 656

hätte haben können [665], wurde es in einem anderen Fall als Rechtspflicht des Online-Dienstes angesehen, eine inhaltliche Kontrolle über alle dort gespeicherten Inhalte auszuüben. Dieser Entscheidung lag aber der besondere Sachverhalt zugrunde, daß der Anbieter selbst mit einer solchen Kontrolle für sich geworben hatte [666]. Aus der Rechtsprechung deutscher Gerichte kann auf folgende Fundstellen zurückgegriffen werden:

Das LG München I hat rechtskräftig über einen Fall von Schmähkritik via Internet entschieden [667]. Allerdings handelte es sich um eine wettbewerbsrechtliche Streitsache zwischen zwei Computer-Händlern über eine herabsetzende und anschwärzende Mitteilung im Internet gem. §§ 1, 14 UWG, weshalb die Entscheidung keine Rückschlüsse auf die Verbreitung persönlichkeitsrechts- und ehrverletzender Äußerungen im Internet zuläßt. Sie ist in prozessualer Hinsicht aber auch für den Persönlichkeitsschutz relevant, da das LG München die Auffassung vertreten hat, daß die örtliche Zuständigkeit bei Mitteilungen im Internet überall dort gegeben ist, wo sie abgerufen werden können [668].

Die gleiche Auffassung hat das KG Berlin in einer Entscheidung zur Verletzung des Namensrechts im Internet nach §§ 12, 823 BGB vertreten [669]. Als Erfolgs- und damit Tatort im Sinne des § 32 ZPO sei bei der Verletzung von Firmen- und Namensrechten durch die Verwendung von "domain-names" im Internet jeder Ort anzusehen, wo der "domain-name" bestimmungsgemäß abrufbar ist (im Streitfall somit auch Berlin bei Sitz des "Verletzers" in Kansas City, USA).

Angesichts dieser Rechtsauffassung, die im Einklang mit der herrschenden Meinung und der Rechtsprechung zur örtlichen Zuständigkeit bei der Durchsetzung presserechtlicher Unterlassungs-, Richtigstellungs-, Schadensersatz- und Geldentschädigungsansprüche steht [670], ist auch hinsichtlich der Durchsetzung

---

[665] Entscheidung Cubby vs. Compuserve Inc. des United States District Court von New York vom 29.10.91, 776 F.Supp.135,p. 785 ff (S.D.N.Y. 1991), zit. nach Flechsig, S. 76

[666] Entscheidung in Sachen Investmentbank Stratton Oakmont Inc. vs. Online Prodigy Services Co. des US Supreme Court of New York, 91063/94 vom 24.5.96, zit.: nach Flechsig, S. 77

[667] LG München I, Urteil vom 17.10.96, 4 HKO 12190/96, CR 97, 155 = NJW-CoR 98, 51

[668] vgl. LG München I, a.a.O., CR 97, 155 (156); Grundlage dieser Entscheidung war § 24 Abs. 2 UWG, wonach die örtliche Zuständigkeit auch dort gegeben ist, wo die Handlung begangen wurde. Insoweit entspricht § 24 Abs. 2 UWG dem "fliegenden Gerichtsstand" der unerlaubten Handlung gem. § 32 ZPO.

[669] KG Berlin, Urteil vom 25.3.97, 5 U 659/97, KuR 98, 36

[670] vgl. z.B. Soehring, Rn. 30.18; Wenzel, Recht der Wort- und Bildberichterstattung, Rn. 12.106 ff., jeweils m.w.N.; derartige Ansprüche können gem. § 32 ZPO überall dort anhängig gemacht

solcher Ansprüche bei Persönlichkeitsrechtsverletzungen im Internet davon auszugehen, daß § 32 ZPO anwendbar ist, mithin die Gerichte an jedem Ort zuständig sind, wo der Beitrag abgerufen werden kann. Aufgrund der weltweiten Allgegenwärtigkeit der Informationen im Internet wird es also in der Regel möglich sein, Rechtsschutz vor dem Gericht am Sitz des Betroffenen in Anspruch zu nehmen, auch hinsichtlich ausländischer Angebote. Dies wird die Wahrnehmung persönlichkeitsrechtlicher Schutzrechte erheblich erleichtern und so zur einem effektiven Rechtsschutz beitragen [671]. Eine Ausnahme besteht insoweit aber - wie im Presserecht - beim Anspruch auf Gegendarstellung nach der Neuregelung des § 10 MDStV, der gemäß der allgemeinen Vorschriften über die örtliche Zuständigkeit am Sitz des Anbieters durchgesetzt werden muß.

Die Entscheidung des KG Berlin ist hinsichtlich ihres Auslandsbezugs auch materiell-rechtlich bedeutsam, da sie klarstellt, daß auch bei deliktischen Rechtsverletzungen im Internet Art. 38 EGBGB Anwendung findet. Es gilt das Rechts des Tatortes, der - wie im Zusammenhang mit der örtlichen Zuständigkeit bereits dargelegt - auch in Deutschland belegen ist. Somit gilt deutsches Recht [672]. Für Persönlichkeitsrechtsverletzungen im Internet bedeutet dies, daß das allgemeine Persönlichkeitsrecht auch bei Angeboten ausländischer Anbieter uneingeschränkt über § 823 Abs. 1 BGB Wirkung entfaltet.

Ungeachtet dieser partiellen Klarstellungen durch die Rechtsprechung besteht derzeit (noch) eine Rechtsunsicherheit bei der Durchsetzung persönlichkeitsrechtlicher Schutzansprüche bei Verletzungen innerhalb der neuen Dienste, die sich auch nach dem Vorliegen des TDG und MDStV aus dem Fehlen einschlägiger Gerichtsentscheidungen und der damit verbundenen Unsicherheit über die Anwendungsbereiche der neuen Normen ergibt. Somit kommt der Klärung der offenen Fragen durch Präzedenzentscheidungen für die Umsetzung des verfassungsrechtlich garantierten allgemeinen Persönlichkeitsrechts hinsichtlich der spezifischen Probleme der Datennetze eine erhebliche Bedeutung zu. Solange keine gerichtliche Auslegung der Normen erfolgt ist, muß in dem Fehlen ein-

---

werden, wo das Presseerzeugnis auf dem üblichen Vertriebsweg erhältlich ist, also "bestimmungsgemäß" vertrieben wird. Unabhängig vom Sitz des Verlags kann z.B. ein Prozeß gegen eine Münchner Tageszeitung auch in Hamburg geführt werden, wenn sie (auch nur mit wenigen Exemplaren) regelmäßig in Hamburg erworben werden kann, z.B. am Flughafen, Bahnhof etc. Dies gilt auch für ausländische Presseerzeugnisse.

[671] Da die Vollziehung von einstweiligen Verfügungen bzw. schon die Durchführung eines Klagverfahrens die förmliche Zustellung voraussetzt (§§ 936, 928, 922 Abs. 2 bzw. 253 Abs. 1 ZPO), wird dieser Effekt allerdings durch die bei Auslandszustellungen häufig auftretenden Verzögerungen und Schwierigkeiten relativiert.

[672] vgl. KG, a.a.O., KuR 98, 36

schlägiger Judikatur eine Gefährdung des Persönlichkeitsrechtsschutzes gesehen werden, insbesondere weil Betroffene angesichts der Rechtsunsicherheit davon abgehalten werden, ihre Schutzrechte auszuüben und die verfassungsrechtlichen Gewährleistungen damit faktisch leerlaufen.

IV. Zusammenfassung

Die soeben beschriebenen Problemfelder [673] zeigen auf, daß das allgemeine Persönlichkeitsrecht in allen seinen bisher entwickelten Ausprägungen in der Informationsgesellschaft neuen Gefahren ausgesetzt ist. Dabei handelt es sich zum Teil um neue Gefährdungspotentiale, die sich unmittelbar aus der Nutzung vernetzter Computersysteme und der dabei anfallenden bisher unerreichten Quantität und Qualität personenbezogener Daten ergeben. Dies ist z.B. bei der Verlagerung neuer Lebenssachverhalte auf die netz- und computergestützte Kommunikation der Fall, bei denen die unterschiedlichen Kategorien anfallender Daten die Persönlichkeit der Nutzer bis in die inhaltliche Ebene hinein dokumentieren. Zum Teil führen die Veränderungen beim Übergang in die vernetzte Informationsgesellschaft auch zu einer günstigeren Ausgangslage für die schon in der Vergangenheit aufgetretenen Persönlichkeitsverletzungen und erhöhen deren Verletzungsintensität. Hinsichtlich dieses Aspekts soll hier beispielhaft an die erweiterten Möglichkeiten erinnert werden, unentdeckt Unwahrheiten und Indiskretionen über Dritte weltweit jederzeit abrufbar zu verbreiten und vielfältige persönliche Daten aus den Netzen und Datenbanken zusammenzutragen.

Es kann an dieser Stelle festgestellt werden, daß sich Grundbedingungen des Persönlichkeitsschutzes in der Informationsgesellschaft tendenziell verschlechtern. Mit dem nahezu ungebremsten Informationsfluß in weltweiten Computernetzen ist zwangsläufig die Gefahr verbunden, die verfassungsrechtlich gewährleistete Selbstbestimmung über den Umgang mit der eigenen Person zu verlieren und zum Objekt fremder Interessen gemacht zu werden. Der Einzelne verliert die Kontrolle über die Erhebung, die Verbreitung und die Nutzung der über seine Person vorliegenden Informationen. Gleichzeitig wird sich der Einzelne in steigendem Maße nicht mehr gegen die Preisgabe seiner Daten innerhalb von elektronischen Systemen wehren können, je mehr Vorgänge des täglichen Lebens über die Datennetze abgewickelt werden. Bereits heute ist nahezu jede Aufnahme einer geschäftlichen Beziehung mit einer Einwilligung in die elektronische

---

[673] Die in diesem Kapitel beschriebenen Mißbrauchs- und Verletzungsmöglichkeiten haben das Gefährdungspotential nur beispielhaft umschreiben können. Zahlreiche Beschreibungen einzelner Mißbrauchsmöglichkeiten sind in den jeweils genannten Fundstellen zu finden, auf welche ergänzend verwiesen wird. Auch die Berichterstattung in den Medien greift häufig aktuelle Fälle auf, wodurch der soeben erfolgte Überblick ständig aktualisiert werden kann.

Verarbeitung der Daten verbunden, ohne daß dem Betroffenen hierbei Entscheidungsalternativen zur Verfügung stehen. Um so wichtiger wird es, durch hinreichend bestimmte und klar gefaßte Rechtsnormen die Zweckbestimmung der auf diese Weise erhobenen Daten zu regeln und die Voraussetzungen für die Einhaltung dieser Vorgaben in der täglichen Praxis zu schaffen.

Für die Beantwortung der zentralen Frage dieser Arbeit, ob das bisherige Verständnis des allgemeinen Persönlichkeitsrechts in der Informationsgesellschaft noch zum Schutz der Grundbedingungen der Menschenwürde und der freien Entfaltung der Persönlichkeit ausreicht, ist daher zu untersuchen, welche Lösungsmöglichkeiten gegeben sind und inwieweit deren Realisierung, insbesondere durch den neuen Rechtsrahmen für Multimediaangebote (TDG und MDStV) fortgeschritten ist. Ferner ist festzustellen, inwieweit die Rechtswissenschaft bereits zur Klärung der damit verbundenen Fragen beitragen konnte und so vor der Ausgestaltung durch die Judikative eine hinreichende Rechtssicherheit schaffen konnte, um den Hemmungseffekt bei der Wahrnehmung und Durchsetzung des Persönlichkeitsschutzes durch die Betroffenen hinsichtlich neuer Verletzungsformen abzubauen.

§ 2 Aktuelle Lösungsansätze

I. Der europäische Rahmen

Wie bereits dargelegt worden ist, ist bei den europäischen Bemühungen zur Errichtung der Informationsgesellschaft bereits frühzeitig der Aspekt der Wahrung der Persönlichkeitsrechte berücksichtigt worden [674]. Schon im Weißbuch wurde empfohlen, die rechtlichen Voraussetzungen zum Schutz persönlicher Daten und der Privatsphäre zu schaffen [675]. In den Empfehlungen der Bangemann-Gruppe wurde deutlich, daß der Persönlichkeitsschutz im europäischen Rahmen mit den Regelungen des Datenschutzrechts gewährleistet werden soll. Die Bangemann-Gruppe vertrat die Ansicht, daß ohne die rechtliche Sicherheit eines einheitlichen Ansatzes innerhalb der Europäischen Union der Vertrauensmangel auf seiten des Verbrauchers einer raschen Entwicklung der Informationsgesellschaft im Wege stehen würde. Da es sich beim Schutz der Privatsphäre um einen sehr wichtigen und sensiblen Bereich handele, sei eine rasche Verabschiedung des Richtlinienvorschlags der Kommission über allgemeine Prinzipien des Datenschutzes durch die Mitgliedsstaaten erforderlich [676]. Im Aktionsplan "Europas Weg in die

---

[674] Die einzelnen Schritte der Entwicklung wurden oben unter § 1 I. nachgezeichnet.

[675] vgl. Weißbuch, S. 107 f.

[676] vgl. Bangemann-Bericht, S. 18

Informationsgesellschaft" wurde diese Empfehlung aufgenommen. Neben der Datenschutzrahmenrichtlinie solle mit der Richtlinie zum Schutz personenbezogener Daten und der Privatsphäre in digitalen Kommunikationsnetzen (im folgenden: ISDN-Datenschutzrichtlinie) die erforderliche Rechtsgrundlage für einen ausreichenden Schutz geschaffen werden [677].

1. Die allgemeine Datenschutzrichtlinie

Die Richtlinie 95/46/EG des Europäischen Parlaments und des Rates zum Schutz natürlicher Personen bei der Verarbeitung personenbezogener Daten und zum freien Datenverkehr [678] wurde am 24. 10. 1995 erlassen. Ihr waren schwierige Beratungen der Mitgliedsstaaten vorausgegangen, die bereits im Jahre 1990 begonnen hatten [679]. Mit der allgemeinen Datenschutzrichtlinie wurde erstmals auf der Welt supranationales Recht für den Schutz personenbezogener Daten gesetzt [680]. In den Erwägungsgründen der Richtlinie wird deutlich, daß sie im Bewußtsein der besonderen Gefährdungslagen der entstehenden Informationsgesellschaft abgefaßt wurde [681].

Während der Beratungen der ersten Entwürfe zur Richtlinie wurde aufgrund der Orientierung an dem hohen deutschen Datenschutzniveau davon ausgegangen, daß die Umsetzung der Datenschutzrichtlinie in nationales deutsches Recht nur zu geringfügigen Anpassungen des BDSG führen würde. Der Vergleich des Richtlinientextes mit den geltenden Vorschriften des BDSG zeigt aber, daß grundlegende strukturelle Änderungen notwendig sein werden. Dies beruht auf dem Umstand, daß die Richtlinie sich schwerpunktmäßig auf die Datenverarbeitung im nicht-öffentlichen Bereich richtet, während das BDSG ebenso wie die Datenschutzgesetze der Länder vor allem auf die Regelung der Datenverarbeitung durch den Staat zielt [682]. Die Mitgliedsstaaten der EU sind verpflichtet, die Umsetzung der Richtlinie binnen drei Jahren nach ihrer Annahme, also bis zum 24.10.1998, vorzunehmen (Art. 32 Abs.1 [683]). Die anstehende Novellierung des BDSG, der

---

[677] vgl. Aktionsplan, S. 9 f.

[678] ABl. L 281/31 vom 23.11.95

[679] Die Entwicklung wird nachgezeichnet bei Simitis, NJW 97, 281

[680] vgl. Brühann, RDV 96, 12 (14)

[681] vgl. insbesondere Erwägungsgründe 14 und 4 ff. der Richtlinie; zu ihren Auswirkungen auf das Internet vgl. Geis, NJW 97, 288 (289)

[682] vgl. Simitis, NJW 97, 281 (287); Gounalakis/Mand, CR 97, 431 (433 f., 504)

[683] Diese Vorgabe wurde nicht eingehalten. Art. ohne Benennung in diesem Abschnitt sind solche der allgemeinen Datenschutzrichtlinie.

Landesdatenschutzgesetze und der bereichsspezifischen Regelungen des Datenschutzes bieten eine Chance, diese Vorschriften den neuen Gegebenheiten in der Informationsgesellschaft anzupassen. Hierauf wurde auch von Vertretern aus der Europäischen Kommission hingewiesen [684].

Für den Schutz der Persönlichkeit in der Informationsgesellschaft ist die Richtlinie insbesondere deshalb bedeutsam, weil sie die Rechtslage für die Datenverarbeitung innerhalb der Union harmonisiert und zusätzlich ein Regelungsgefüge für den Datentransfer in Drittländer sowie dort vorgenommene Datenverarbeitungsvorgänge einführt (Art. 25 ff.). Damit werden für weite Teile des weltweiten Netzes einheitliche Rechtsgrundlagen der Datenverarbeitung geschaffen. Ferner kann davon ausgegangen werden, daß die Richtlinie eine Leitlinie für die Konzeption neuer Techniken und Dienstleistungen wird [685] und sie auf diese Weise auch eine steuernde Wirkung hinsichtlich der zukünftigen technischen Gestaltung neuer Informations- und Kommunikationsdienste entfaltet.

Ohne auf die Einzelheiten des Umsetzungsbedarfs [686] einzugehen, können die Grundprinzipien des neuen europäischen Datenschutzrechts wie folgt zusammengefaßt werden:

Die Verarbeitung personenbezogener Daten, wozu - anders als in § 3 BDSG - auch das Erheben und das Nutzen der Daten gezählt wird (vgl. Art. 2b), ist grundsätzlich nur unter bestimmten Voraussetzungen zulässig, die in Art. 7 aufgezählt werden. An erster Stelle steht hier die Einwilligung der betroffenen Person (Art. 7a). Die Zulässigkeit der Datenverarbeitung kann sich ferner aus ihrer Erforderlichkeit zur Erfüllung eines Vertrages, einer rechtlichen Verpflichtung oder zur Wahrung lebenswichtiger Interessen der betroffenen Person ergeben (Art. 7 b, c, d). Art. 7 e und f nennen zwei weitere, sehr allgemein gehaltene Zulässigkeitsvoraussetzungen, bei denen dem Betroffenen jedoch ein Widerspruchsrecht nach Art. 14 zusteht.

Insgesamt läßt sich also sagen, daß die allgemeine Datenschutzrichtlinie das Prinzip eines Datenverarbeitungsverbotes mit Erlaubnisvorbehalt mit dem BDSG teilt [687]. Allerdings sind die in Art. 7 genannten Zulässigkeitsvoraussetzungen sehr

---

[684] vgl. Brühann/Zerdick, CR 96, 429 (435)

[685] vgl. Brühann RDV 96, 12 (14)

[686] vgl. hierzu ausführlich Gounalakis/Mand, CR 97, 431 und 497; Brühann/Zerdick, CR 96, 429 (430 ff.); Simitis, NJW, 97, 281 (285 ff.)

[687] vgl. Gounalakis/Mand, CR 97, 431 (433)

weit und generalklauselartig gehalten, wodurch den Mitgliedsstaaten bei der Umsetzung in nationales Recht ein erheblicher Spielraum eingeräumt wird.

Besondere Vorschriften gelten für die sogenannten sensiblen Daten, Art. 8. Hierunter sollen persönliche Daten verstanden werden, aus denen die rassische und ethnische Herkunft, politische Meinungen, religiöse oder philosophische Überzeugungen oder die Gewerkschaftszugehörigkeit hervorgehen, sowie Daten über Gesundheit oder Sexualleben (Art. 8 Abs. 1). Die Verarbeitung solcher Daten soll grundsätzlich untersagt sein, allerdings sind auch hier zahlreiche Ausnahmen vorgesehen, an deren Spitze wiederum die Einwilligung steht (Art. 8 Abs. 2). Den Mitgliedstaaten bleibt es aber freigestellt, die Einwilligung zur Verarbeitung sensibler Daten auszuschließen (Art. 8 Abs. 2 a).

Die Unterscheidung zwischen sensiblen und unsensiblen Daten steht im Widerspruch zu den Aussagen des BVerfG im Volkszählungsurteil [688]. Die Auffassung des BVerfG zur Schutzbedürftigkeit im Umgang mit personenbezogenen Daten steht unter dem Dogma, daß es aufgrund der technischen Verarbeitungs- und Verknüpfungsmöglichkeiten der automatischen Datenverarbeitung kein belangloses Datum mehr gebe. Die Sensibilität eines Datum ergebe sich erst aus seinem Verwendungszusammenhang, weshalb eine vorweggenommene Kategorisierung unmöglich sei [689]. Hieraus könnte für die Umsetzung der Richtlinie in deutsches Recht gefolgert werden, daß die engeren Vorgaben für den Umgang mit sensiblen Daten aus Art. 8 für alle Datenverarbeitungsvorgänge zugrunde gelegt werden müssen.

Mittelpunkt der Vorschriften über die Art und Weise der Datenverarbeitung ist der Grundsatz der Zweckbindung der Daten und der Reduktion der Verarbeitungsvorgänge auf das erforderliche Minimum. Daten dürfen nur für festgelegte eindeutige und rechtmäßige Zwecke erhoben und nicht in einer mit diesen Zweckbestimmungen unvereinbaren Weise weiterverarbeitet werden. Ausdrücklich ist es untersagt, über den Verarbeitungszweck hinausgehende Daten zu erheben oder die Daten länger als erforderlich gespeichert zu halten (Art. 6 Abs. 1). Diesen Grundsatz sichern Vorschriften über die Transparenz der Datenverarbeitung durch Informations- und Auskunftspflichten, sowie über die Verarbeitungskontrolle ab.

Der nach den zuvor vorgestellten Grundsätzen gewährte Schutz vor der Verarbeitung personenbezogener Daten ist unabhängig von einer Zuordnung des Tätigkeitsbereiches, in welchem die Datenverarbeitung stattfindet. Die bisherige

---

[688] vgl. Gounalakis/Mand, CR 97, 431 (437)

[689] vgl. BVerfGE 65, 1 (45) - Volkszählungsurteil

Unterscheidung der Vorschriften über die Datenverarbeitung öffentlicher oder nichtöffentlicher Stellen [690] wird in dieser Form nicht aufrecht erhalten werden können [691]. Die außerordentliche Zunahme der Verarbeitung personenbezogener Daten im nicht-öffentlichen Bereich gefährdet die Privatsphäre mindestens in gleichem Maße wie die der öffentlichen Stellen. Dem Betroffenen dürfte es hinsichtlich seines Schutzbedürfnisses in der Regel gleichgültig sein, von wem, wo und auf welche Weise seine Daten verarbeitet werden [692]. Mit einem wachsenden Datenbestand in privaten Händen wächst auch die Gefahr des Zugriffs Dritter - auch öffentlicher Stellen - auf diese Sammlungen. Der Datenschutz muß daher in zunehmendem Maße nicht mehr nur vor der unverhältnismäßigen Speicherung personenbezogener Daten, sondern auch vor der unberechtigten Übermittlung schützen, gerade auch zwischen öffentlichen und nicht-öffentlichen Stellen [693].

Der von der Richtlinie vorgegebene Datenschutz ist unabhängig von der Art der benutzten Informationstechnik, umfaßt also automatisierte und nicht automatisierte Dateien gleichermaßen. Für den Schutz unbedeutend ist auch der Ort der Verarbeitung und die Art der Daten, so daß Daten aller Art einschließlich Bilder und Ton dem Schutzregime unterfallen [694]. Diese flexible Anbindung der Schutzvoraussetzungen wurde gerade deshalb gewählt, um den besonderen Gegebenheiten der Informationsgesellschaft begegnen zu können [695]. Hervorzuheben ist, daß die Datenschutzrichtlinie einige bislang nach deutschem Recht unbekannte Ansprüche des von einer Datenverarbeitung Betroffenen vorsieht, die insbesondere unter den Gegebenheiten der vernetzten Informationsgesellschaft relevant werden. So begründen die Artt. 10, 11 und 12 Informations- und Auskunftsansprüche über Art und Ausmaß der Verarbeitungsvorgänge inklusive des Rechts auf Kenntnis der Herkunft der Daten in den Fällen, in denen die Daten nicht bei der betroffenen Person erhoben wurden. Diese Informationspflichten und Aus-

---

[690] §§ 12 ff. bzw. 27 ff. BDSG

[691] vgl. Simitis, NJW 97, 281; aus dem für die Umsetzung zuständigen BMI verlautete Ende 1995 jedoch, daß die Trennung zwischen öffentlichem und nicht-öffentlichem Bereich aufrecht erhalten werden soll, vgl. Jaspers, RDV 96, 18. Hierfür hat auch - primär aus formalen Gründen - Laicher, DuD 96, 409 das Wort erhoben. Gounalakis/Mand, CR 97, 431 (434) halten die Gleichbehandlung von öffentlichem und privaten Sektor nach den Vorgaben der Datenschutzrichtlinie nicht für zwingend, aber für vorzugswürdig.

[692] vgl. Brühann, RDV 96, 12 (15), der zusätzlich die Tendenz zur Privatisierung bei der Erfüllung öffentlicher Aufgaben ins Feld führt.

[693] hierauf hat auch Lavranos, DuD 96, 400 (402) hingewiesen; im Mittelpunkt der Befürchtungen steht der Zugriff des Staates auf die bei privaten Stellen angelegten Datensammlungen.

[694] vgl. Brühann, RDV 96, 12 (13)

[695] vgl. Erwägungsgründe 14, 4 ff.

kunftsrechte sind zentraler Bestandteil der von der Richtlinie aufgestellten Grundsätze über die Qualität der Datenverarbeitung, namentlich der Datenverarbeitung nach Treu und Glauben i.S.d. Art. 6 I a. Im 38. Erwägungsgrund heißt es hierzu, die Datenverarbeitung nach Treu und Glauben setze voraus, daß die betroffenen Personen in der Lage sind, das Vorhandensein einer Verarbeitung zu erfahren und ordnungsgemäß und umfassend über die Bedingungen der Erhebung informiert zu werden. Das Informationsrecht ist allerdings weitreichenden Beschränkungen unterworfen, z.B. aus Gründen der öffentlichen Sicherheit (Artt. 11 Abs. 2, 13) [696].

Als weiterer Anspruch ist das bereits erwähnte Widerspruchsrecht hinsichtlich der zulässigen, aber einwilligungslosen Datenverarbeitung zu nennen, Art. 14. Aus dem französischen Datenschutzgesetz wurde das Recht übernommen, nicht einer Entscheidung unterworfen zu werden, die ausschließlich auf der Grundlage der Bewertung der Persönlichkeit durch die automatisierte Datenverarbeitung erfolgt. Genannt werden beispielsweise die berufliche Leistungsfähigkeit, die Kreditwürdigkeit, die Zuverlässigkeit und das Verhalten (Art. 15). Allerdings erfährt auch das Verbot "automatisierter Einzelentscheidungen" in Art. 15 Abs. 2 eine bedeutende Einschränkung, da bei der Anbahnung oder Abwicklung von Vertragsverhältnissen in die automatisierte Bewertung eingewilligt werden kann.

Angesichts der für die Informationsgesellschaft geradezu idealtypischen Möglichkeit, von jedem Ort aus weltweite Datenübermittlungen vorzunehmen, erlangen die in Art. 25 f. niedergelegten Vorschriften für die Übermittlung personenbezogener Daten in Drittländer, d.h. Länder außerhalb der EU, besondere Bedeutung. Die Richtlinie setzt für die Zulässigkeit der Drittlandtransfers ein angemessenes Schutzniveau voraus, wobei die Angemessenheit des Schutzniveaus unter Berücksichtigung aller Umstände beurteilt werden soll, die bei einer Datenübermittlung oder einer Kategorie von Datenübermittlungen eine Rolle spielen. Insbesondere sollen die Art der Daten, die Zweckbestimmung und Dauer der Verarbeitung und die im Drittland geltenden Datenverarbeitungsvorschriften berücksichtigt werden (Art. 25 Abs. 2). Nähere Vorgaben zur Umsetzung und Anwendung des Kriteriums der Angemessenheit enthält die Richtlinie nicht. Ferner wird auch das Gebot, Übermittlungen in Drittländer ohne angemessenes Schutzniveau zu untersagen [697], durch zahlreiche Ausnahmevorschriften durchbrochen (Art. 26).

---

[696] siehe hierzu auch Erwägungsgründe 40 ff.; dazu kritisch Simitis, NJW 97, 281 (286)

[697] so ausdrücklich 57. Erwägungsgrund

Die Vorgaben der Richtlinie über die Rechtmäßigkeit der Datenverarbeitung und die soeben genannten Ansprüche werden durch eine Rechtsbehelfsgarantie (Art. 22) und Haftungs- sowie Sanktionsvorschriften abgesichert (Artt. 23, 24). Unabhängig davon, ob es sich um eine Person des Privatrechts oder des öffentlichen Rechts handelt, sollen die von den Mitgliedstaaten vorzusehenden Sanktionen jeden treffen, der die einzelstaatlichen Vorschriften zur Umsetzung dieser Richtlinie nicht einhält. Die Mißachtung der Rechte des Betroffenen durch den für die Datenverarbeitung Verantwortlichen muß im Wege einer gerichtlichen Überprüfungsmöglichkeit festgestellt werden können. Mögliche Schäden, die den Personen aufgrund einer unzulässigen Verarbeitung entstehen, sind zu ersetzen [698]. Da die Richtlinie nicht zwischen materiellen und immateriellen Schäden unterscheidet, die Verletzung der Privatsphäre durch unzulässige Datenverarbeitung aber regelmäßig in erster Linie zu immateriellen Schäden führt, kann hieraus gefolgert werden, daß die deutschen Umsetzungsgesetze auch für geringfügige immaterielle Schäden einen Anspruch auf Geldentschädigung vorsehen müssen [699].

Abschließend ist bezüglich des Anwendungsbereiches der Richtlinie noch auf einige entscheidende Beschränkungen aufmerksam zu machen. Gemäß Art. 3 Abs. 2 findet die Richtlinie keine Anwendung auf die in den Titeln V und VI des Vertrages über die Europäische Union genannten Tätigkeiten [700], sowie alle weiteren Tätigkeiten, die nicht in den Anwendungsbereich des Gemeinschaftsrechts fallen. Auf keinen Fall soll die Richtlinie auf Datenverarbeitungen Anwendung finden, die die öffentliche Sicherheit, die Landesverteidigung, die Sicherheit des Staates oder seine Tätigkeit im Bereich des Strafrechts betreffen (Art. 3 Abs. 2) [701].

Die Richtlinie findet ferner keine Anwendung auf die Datenverarbeitung, die von einer natürlichen Person zur Ausübung ausschließlich persönlicher oder familiärer Tätigkeiten vorgenommen wird (Art. 3 Abs. 2). Die Erwägungsgründe nennen hierzu als Beispiele Schriftverkehr und Anschriftenverzeichnisse [702]. Angesichts der technischen Möglichkeiten, die ein vernetzter häuslicher PC bietet, muß diese

---

[698] vgl. 55. Erwägungsgrund

[699] so auch Brühann/Zerdick, CR 96, 429 (435)

[700] Vertrag über die Europäische Union (EU) vom 7.2.1992, BGBl. 1992 II, S. 1253; Titel V: Bestimmungen über die gemeinsame Außen- und Sicherheitspolitik (GASP), Titel VI: Bestimmungen über die Zusammenarbeit in den Bereichen Justiz und Inneres

[701] vgl. hierzu auch den 13. Erwägungsgrund

[702] vgl. 12. Erwägungsgrund

Beschränkung zunächst auf Bedenken stoßen. Privat genutzte Datenverarbeitungsanlagen erzeugen wegen ihrer Leistungsfähigkeit ein erhebliches Gefährdungspotential hinsichtlich unzulässiger Datensammlungen, -auswertungen, -recherchen und sonstigen Verarbeitungen personenbezogener Daten. Das Gefährdungspotential ergibt sich auch aus der in praktischer Hinsicht kaum durchführbaren Kontrolle, ob es sich tatsächlich um "persönliche oder familiäre Tätigkeiten" handelt, oder ob diese Schwelle bereits überschritten wurde. Verständlich wird diese Einschränkung, wenn man sich vor Augen hält, daß der durch die Richtlinie gewährte Datenschutz nicht auf die automatisierte Datenverarbeitung beschränkt ist (Art. 3) und keine Unterscheidung zwischen dem staatlichen und dem privaten Bereich trifft. Anknüpfungspunkt für die Anwendung der Richtlinie ist einzig und allein die Verarbeitung personenbezogener Daten in Dateien, worunter jede strukturierte Sammlung zu verstehen ist, die den Zugang zu Informationen nach bestimmten Kriterien ermöglicht (Art. 2 c)[703]. Wegen dieses weiten Anwendungsbereichs wären ohne die Ausklammerung persönlicher und familiärer Tätigkeiten auch solche Handlungen von den Vorgaben der Richtlinie erfaßt, die gerade in den geschützten Bereich des Privatlebens fallen. Ein Datenschutzrecht, das in diesen Bereich eingreift und z.B. Dritten Auskunfts- und Kontrollrechte einräumt, würde den Persönlichkeitsschutz (hier der Person, die die Daten verwendet) konterkarieren[704]. Es ist aber durch eine tendenziell restriktive Auslegung der Ausnahme des Art. 3 Abs. 2 zu gewährleisten, daß sie nicht zu unvertretbaren Freiräumen führt.

In der Gesamtschau ist festzustellen, daß die allgemeine Datenschutzrichtlinie sich am Maßstab eines hohen Schutzniveaus in den Mitgliedsstaaten orientiert und hinreichende Möglichkeiten für einen effektiven Schutz der Persönlichkeit in der Informationsgesellschaft enthält. Zu nennen sind in erster Linie der gewählte Ansatz, die Verarbeitung von personenbezogenen Daten dem Grundsatz des Verbots mit Erlaubnisvorbehalt zu unterstellen und auf das erforderliche Mindestmaß zu beschränken. Die auf der Basis der Richtlinie zu novellierenden Datenschutzgesetze werden sich an einem hohen Schutzniveau[705] auch im nicht-öffentlichen Bereich und der strikten Zweckbindung der Daten orientieren müssen. Aufgrund der vielfältigen Ausnahmemöglichkeiten und der oft generalklauselartig offenen Formulierungen der Richtlinie bestehen allerdings erhebliche Spielräume der Mitgliedsstaaten bei der Umsetzung. Da die Angleichung der Rechtsvorschriften in den Mitgliedsstaaten nicht zu einer Verringerung

---

[703] vgl. Simitis, NJW 97, 281 (283)

[704] vgl. Simitis a.a.O.

[705] vgl. 10. Erwägungsgrund

des bisherigen Datenschutzniveaus führen darf[706], ist insoweit eine restriktive Auslegung der Ausnahmetatbestände geboten. Ferner müssen die sich ergebenden Umsetzungsspielräume im Hinblick auf die vom BVerfG im Volkszählungsurteil getroffenen Grundsätze zugunsten des Rechts auf informationelle Selbstbestimmung genutzt werden.

2. Die ISDN-Datenschutzrichtlinie

Mit der "Richtlinie zum Schutz personenbezogener Daten und der Privatsphäre in digitalen Telekommunikationsnetzen, insbesondere im diensteintegrierenden digitalen Telekommunikationsnetz (ISDN) und digitalen Mobilfunknetzen" (im folgenden kurz: ISDN-Richtlinie)[707] will die Europäische Union in Ergänzung zu der soeben besprochenen allgemeinen Datenschutzrichtlinie besondere Vorschriften schaffen, die den Anforderungen an den Datenschutz in den öffentlichen digitalen Telekommunikationsnetzen genügen. Bislang liegen zwei Vorschläge der Kommission aus den Jahren 1990 und 1994 vor[708]. Da die ISDN-Richtlinie auf die allgemeine Datenschutzrichtlinie Bezug nehmen soll, wurden die Beratungen des zweiten Entwurfes zunächst zurückgestellt und erst im Oktober 1995 wieder aufgenommen. Auf der Arbeitsebene wurde im Dezember 1995 erneut ein geänderter Vorschlag vorgelegt[709]. Im August 1996 waren die Beratungen so weit fortgeschritten, daß der Entwurf eines gemeinsamen Standpunktes des Rates erstellt werden konnte (im folgenden: Entwurf 1996)[710]. Beide Entwürfe enthal-

---

[706] vgl. 10. Erwägungsgrund

[707] Richtlinie 97/66/EG, ABl. L 24 vom 30.1.98; Die ISDN-Datenschutzrichtlinie ist nach Abschluß dieser Arbeit in Kraft getreten. Sie ist bis zum 24.10.98 in nationales Recht umzusetzen. Hiervon werden in Deutschland die Datenschutzvorschriften im TKG und die TDSV betroffen sein. Das TDG geht in seinem Anwendungsbereich jedoch über den der Richtlinie hinaus, da sie gem. Art. 3 auf die Verarbeitung personenbezogener Daten im Zusammenhang mit der Erbringung öffentlich zugänglicher Telekommunikationsdienste in öffentlichen Netzen beschränkt ist, der Anwendungsberich des TKG aber auch nicht öffentliche Netze, z.B. sog. "corporate networks" erfaßt (§ 89 TKG). Vgl. hierzu und allgemein zum Inhalt der Richtlinie und zum Umsetzungsbedarf die erste Stellungnahme von Felixberger, DSB 2/98, S. 1 ff.

[708] ABl. C 277/12 v. 5.11.1990 und ABl. C 200/4 v. 22.7.1994 = KOM (94) 128 endg. v. 13.6.1994. An dem ersten Entwurf aus dem Jahre 1990 wurde vor allem von Seiten des Europäischen Parlaments die fehlende Berücksichtigung des Subsidiaritätsprinzips kritisiert, wonach die Gemeinschaft nur dann tätig wird, wenn die Ziele der in Betracht gezogenen Maßnahmen auf Ebene der Mitgliedsstaaten nicht ausreichend erreicht werden können (Art. 3 b EG-V). Der zweite Entwurf aus dem Jahre 1994 trägt dem Subsidiaritätsgedanken in formaler Hinsicht in verstärktem Maße Rechnung.

[709] General secretariat of the council, working document no. 17/95 (telecommunications) vom 7.11.95

[710] Ratsdokument 8937/96 vom 27.8.96; vgl. hierzu DSB 7+8/96, S. 5 f.

ten diverse redaktionelle Anpassungen an die allgemeine Datenschutzrichtlinie. Schon im Entwurf 1994 waren allgemeine Vorschriften über die Erhebung, Speicherung und Verarbeitung von Telekommunikationsdaten nicht mehr enthalten, da insoweit die Bestimmungen der allgemeinen Datenschutzrichtlinie als ausreichend erachtet wurden [711]. Der Entwurf 1996 sieht in Art. 14 umfangreiche Bezugnahmen auf die allgemeine Datenschutzrichtlinie vor.

Nachfolgend wird anhand der allgemein zugänglichen Entwurfsfassung 1994 unter Berücksichtigung der aus dem Entwurf 1996 ersichtlichen Änderungen dargestellt, welche persönlichkeitsrechtlich relevanten Aspekte die ISDN-Richtlinie enthält [712].

Der zentrale Ansatzpunkt für die Aktivitäten der Kommission ist die Erkenntnis, daß digitale Telekommunikationsnetze ein wesentliches Charakteristikum der modernen Informationsgesellschaft sind und als solche spezielle rechtliche, ordnungspolitische und technische Vorschriften erfordern, um die personenbezogenen Daten und die Privatsphäre der Benutzer gegenüber den zunehmenden Risiken der elektronischen Speicherung und Verarbeitung personenbezogener Daten in diesen Netzen zu schützen. In den Erwägungsgründen zur Richtlinie wird darauf hingewiesen, daß zu den neuen Telekommunikationsdiensten auch "video on demand" und interaktives Fernsehen gezählt werden [713].

Der Entwurf 1996 schreibt in Art. 4 an erster Stelle der Vorschriften über die Beschaffenheit der Netze und der dort vorgenommenen Verarbeitungsvorgänge die Sicherheit der Kommunikation vor. Die technischen und organisatorischen Schutzvorkehrungen müssen nach dem Stand der Technik dem Risiko angemessen sein und die Benutzer müssen über das Restrisiko informiert werden. Grundsätzlich sei von der Übermittlung sehr sensibler Daten auszugehen, woraus sich entsprechend hohe Sicherheitsanforderungen ergeben. Allerdings dürfen die Anbieter bei ihrer Entscheidung über die zu treffenden Schutzvorkehrungen die daraus resultierenden Kosten berücksichtigen [714]. Art. 5 formuliert das Gebot der Vertraulichkeit der Kommunikation. Es müssen von den nationalen Gesetzgebern

---

[711] vgl. zum Verhältnis der beiden Richtlinien zueinander und insgesamt zur Entstehungsgeschichte Haag, DSB 9/94, S. 1 ff.; Rihaczek, DuD 94, 489

[712] Auf Übereinstimmungen und Abweichungen zur Richtlinie in ihrer verabschiedeten Fassung wird in den Fn. hingewiesen.

[713] vgl. 2. und 8. Erwägungsgrunde des Entwurfs 1996

[714] Nach Felixberger, DSB 2/98, S. 1 (2) gehen die Anforderungen des Art. 4 nicht über die des § 87 TDG hinaus, so daß hier kein Anpassungsbedarf besteht. Zum aktuellen Stand der Datenschutzregeln im deutschen Datenschutzrecht vgl. Schaar, TK-Datenschutz, S. 22 ff.

Schutzvorschriften geschaffen werden, die das Fernmeldegeheimnis gewährleisten. Das Mithören, Aufnehmen und Speichern der Kommunikation soll ohne Einwilligung des Betroffenen oder besondere gesetzliche Ermächtigung unzulässig sein [715]. Ferner geht der Entwurf 1996 von einem strengen Zweckbindungsgrundsatz hinsichtlich der Verarbeitung der Verbindungs- und Abrechnungsdaten aus. Es muß sichergestellt werden, daß diese Daten nur solange gespeichert werden, wie es zur Erbringung des Dienstes unbedingt erforderlich ist [716]. Diese Prämisse wird in Art. 6 des Entwurfes 1996 umgesetzt. Verkehrsdaten, zu denen ausdrücklich diejenigen Daten gezählt werden, die für den Verbindungsaufbau verarbeitet werden und die in den Vermittlungsstellen der Telekommunikationsorganisationen gespeichert werden, müssen gelöscht oder anonymisiert werden, sobald sie nicht mehr für die Bereitstellung des entsprechenden Dienstes erforderlich sind. Die Speicherung von Abrechnungsdaten [717] soll nur solange zulässig sein, wie die Gebührenrechnung aufgrund gesetzlicher Fristen angefochten werden kann. Der Zugang zu diesen Daten ist auf die Personen zu beschränken, die zur Ausübung ihrer Tätigkeit den Zugriff benötigen (Art. 6 des Entwurfs 1996). Art. 7 des Entwurfes sieht vor, daß die Mitgliedstaaten im Falle des Einzelgebührennachweises gewährleisten, daß die Privatsphäre der Anrufer gewahrt bleibt [718]. Die Möglichkeit der Rufnummernanzeige muß gemäß Art. 8 des Entwurfs so gestaltet werden, daß der Anrufer die Möglichkeit hat, die Anzeige im Einzelfall oder permanent auszuschließen. Ferner steht auch dem Anschlußinhaber das Recht zu, auf die Anzeige zu verzichten. Art. 9 sieht einige Ausnahmen zum Ausschluß der Rufnummernanzeige vor, so z.B. zur Feststellung belästigender Anrufe oder aufgrund gerichtlicher Anordnung zur Verhinderung von Straftaten [719].

---

[715] Die Vertraulichkeit wird in Deutschland durch das Fernmeldegeheimnis (§§ 85, 89 Abs.3, 4 TKG) und die Strafvorschriften §§ 201 ff. StGB, insbesondere den neugeschaffenen § 206 StGB gewährleistet, vgl. Felixberger, DSB 2/98, S. 1 (3)

[716] vgl. 6. und 10. Erwägungsgrund des Entwurfs 1994, 2. und 15. Erwägungsgrund des Entwurfs 1996

[717] genannt werden z.B. Nummer oder Identifikation des Teilnehmerendgerätes, Teilnehmeranschrift und Art des Endgerätes, Gesamtzahl der Einheiten, Nummern der angerufenen Teilnehmer, Art und Dauer der Anrufe und/oder übermitteltes Datenvolumen, ebenso Art. 6 der endgültigen Fassung. Zur Realisierung dieser Vorgaben im deutschen Recht (z.B. durch §§ 4, 6 TDSV und § 89 TKG) vgl. Felixberger, a.a.O., S.4

[718] Die Neufassung dieser Vorschrift in Art. 7 des Entwurfes 1996 ergänzt die Regelung um ein Recht auf einzelgebührennachweisfreie Rechnungen.

[719] Die Art. 7, 8 und 9 sind in die endgültige Fassung der Richtlinie nahezu unverändert übernommen worden. Umsetzungsbedarf besteht hinsichtlich der Rufnummernunterdrückung

Hinsichtlich des Inhalts der Teilnehmerverzeichnisse soll den Teilnehmern das Recht zustehen, nicht oder nur mit den zur Identifizierung des Anschlusses erforderlichen Daten aufgenommen zu werden (Art. 11 des Entwurfes). Teilnehmer sollen außerdem verlangen können, daß ihr Eintrag mit einer Kennzeichnung versehen wird, aus welcher ein Verbot zur anderweitigen Verwendung, z.b. im Direktmarketing, hervorgeht.

Insgesamt läßt sich feststellen, daß die ISDN-Richtlinie in der Entwurfsfassung 1996 zahlreiche Einzelaspekte des Datenschutzes im Telekommunikationsbereich aufgreift und in einer dem deutschen Datenschutzverständnis entsprechenden Weise regelt. Zu begrüßen ist insbesondere auch hier die Verankerung des Zweckbindungsgrundsatzes. Allerdings befinden sich viele Regelungsdetails noch in der Diskussion. Es steht zu erwarten, daß einige Gefährdungslagen offen bleiben werden und somit den Mitgliedstaaten die hohe Verantwortung überlassen bleibt, die Richtlinie nicht nur umzusetzen, sondern die ausgeklammerten Aspekte selbst zu regeln [720]. Hierbei wird es erforderlich sein, einheitliche Regelungen zu entwickeln. Für Deutschland liegen mit der Telekommunikationsdienstunternehmen-Datenschutzverordnung (TDSV) [721] und dem Telekommunikationsgesetz (TKG) [722] bereits auf die neuen digitalen Telekommunikationsnetze abgestimmte Regelungen vor, die in wesentlichen Teilen der ISDN-Richtlinie entsprechen [723].

3. Sonstige Aktivitäten auf europäischer Ebene

Obgleich es zur Konzeption des Datenschutzes auf der europäischen Ebene zählt, neben der allgemeinen Datenschutzrichtlinie ggf. weitere Richtlinien für besondere Bereiche zu erlassen, sind derzeit keine weiteren bereichsspezifischen Richtlinien in Arbeit. Das Arbeitsprogramm der Kommission für das Jahr 1996 [724] sah z.B. keine neuen Legislativvorschläge im Datenschutzbereich vor. Auch das "Grünbuch zur Konvergenz der Branchen Telekommunikation, Medien und Informationstechnologie" der europäischen Kommission [725], mit welchem im Dezember 1997 eine fünfmonatige Konsultationsphase über den zukünftigen

---

(Art. 9), da die TDSV noch Ausnahmen im Falle der "technischen Unmöglichkeit" vorsieht, vgl. Felixberger, a.a.O., S. 4

[720] vgl. Rihaczek, DuD 94, 489 (489, 492)

[721] BGBl. I 96, 982

[722] BGBl. I 96, 1120, dort §§ 85 ff.

[723] vgl. Schaar, TK-Datenschutz, S. 22 ff.

[724] KOM (95) 512 endg. vom 10.11.1995

[725] KOM (97) 623, veröffentlicht u.a. in epd medien Dokumentation, Nr. 97/97 v. 10.12.97

rechtlichen und politischen Handlungsbedarf im Bereich "Multimedia" eingeleitet wurde, geht davon aus, daß mit der allgemeinen Datenschutzrichtlinie und der ISDN-Datenschutzrichtlinie ausreichende rechtliche Grundlagen zum "Schutz der Privatsphäre" und zur "Sicherheit" der netzgebundenen Übermittlung personenbezogener Daten geschaffen worden sind [726].

Ergänzende (bereichsbezogene) Datenschutzregelungen können sich aber aus Richtlinien ergeben, die mit ihrem Regelungsziel nicht primär den Datenschutz betreffen, sondern aus anderen Gründen, wie z.B. dem Verbraucherschutz oder zur Regelung des Gesundheitswesens, erlassen werden sollen. Derartige Regeln für besondere Konstellationen sind beispielsweise in dem geänderten Vorschlag einer Richtlinie über den Verbraucherschutz bei Vertragsabschlüssen im Fernabsatz [727] enthalten. Diese Richtlinie betrifft alle Verträge über Waren und Dienstleistungen, bei denen Fernkommunikationstechniken zum Einsatz gelangen. Dort ist vorgesehen, daß der Einsatz von bestimmten Fernkommunikationstechniken von den Verbrauchern abgelehnt werden darf, um deren Privatsphäre zu schützen. Diese Regelung zielt auf den Einsatz von Telefonautomaten und automatischen Faxgeräten im Direktmarketing ab. In anderen Fällen wird bewußt auf sektorale Vorschriften verzichtet. So wird z.B. im Telekommunikationsbereich innerhalb der Richtlinie zur Einführung des offenen Netzzuganges beim Sprachtelefondienst [728] schlicht auf die allgemeine Datenschutzrichtlinie verwiesen [729].

Anfang 1998 hat die EU-Kommission auf Anregung des zuständigen EU-Kommissars Bangemann angesichts der globalen Dimension der Datennetze, insbesondere des Internets, eine internationale Charta zur elektronischen Kommunikation vorgeschlagen. Darin sollen u.a. einheitliche Standards zum Daten- und Verbraucherschutz, sowie zur gerichtlichen Zuständigkeit gesetzt werden. Die Unterzeichnung dieser Charta wird für das Jahr 1999 angestrebt [730].

Zur Problematik rechtswidriger Inhalte im Internet ist auf die "Entschließung zur Mitteilung der Kommission über illegale und schädigende Inhalte im Internet"

---

[726] vgl. a.a.O., epd medien Dokumentation Nr. 97/97, S. 16 f.

[727] ABl. C 308 vom 15.11.1993, S. 18; Die Richtlinie ist mittlerweile in Kraft (ABl. L 144/19 v. 4.6.97) und muß binnen drei Jahren in nationales Recht umgesetzt werden, vgl. Schmittmann/ de Vries, AfP 97, 879 (890).

[728] Vorschlag zur Richtlinie 95/62/EG, ABl. L 321 v. 30.12.95, S. 6 ff.

[729] vgl. a.a.O., 44. Erwägungsgrund

[730] vgl. NJW-Mitteilungen, Heft 10/98, S. XLIII unter Bezugnahme auf FAZ v. 5.2.98.

vom 24.4.97 hinzuweisen [731]. In der Erwägung, "daß illegale und schädigende Inhalte schon immer in den Medien anzutreffen waren, daß es aber eine Besonderheit von Computernetzen ist, Medien ohne Mediatoren und ohne Grenzen zu sein, und daher Staaten und Regierungen diese Netze kaum oder gar nicht kontrollieren können" [732], wurden u.a. die nationalen Behörden zur Zusammenarbeit aufgefordert, um international einheitliche Vereinbarungen über illegale Inhalte zu schaffen. Gleichzeitig wurde die Kommission aufgefordert, Vorschläge über einheitliche Regelungen zur Haftbarkeit für Inhalte im Internet vorzulegen, wobei unterstrichen wurde, daß die Verantwortung der Zugangs- und Diensteanbieter auf Gemeinschafts- und internationaler Ebene geregelt werden sollte. Hierzu wurde die Zusammenarbeit mit internationalen Organisationen (z.B. UNO, OECD, WTO, ITU) angeregt. Es solle zunächst mit konkreten Regelungen auf der Ebene der EU begonnen werden, die für alle Internet-Anbieter eine eindeutige Anbieterkennzeichnung vorschreiben und die Zugangs- und Diensteanbieter zu folgenden Mindeststandarts verpflichten:

- uneingeschränkte Haftung für eigene Inhalte

- Haftung für Inhalte fremder Dienste, wenn ihnen die einzelnen (strafwürdigen) Inhalte konkret bekannt sind und es ihnen technisch möglich und zumutbar ist, deren Nutzung zu verhindern

- Vorhaltung einer freiwilligen Selbstkontrolle hinsichtlich nicht strafwürdiger, aber sonst schädigender (z.B. jugendgefährdender) Inhalte.

Zur Vorbereitung des Einsatzes von Filtertechniken, mit denen schädigende und illegale Inhalte auf der Nutzerebene aus dem Gesamtangebot des Internet automatisch vom Abruf gesperrt, d.h. "herausgefiltert" werden können, wurde die Entwicklung eines gemeinsamen internationalen Bewertungssystems gefordert, welches jedoch flexibel sein sollte, "kulturelle Unterschiede" zu berücksichtigen. Gleichzeitig solle die Einrichtung solcher Bewertungssysteme, der Einsatz von Filter- und Kontrollsystemen und die Errichtung von Selbstkontrollstellen gefördert werden [733].

---

[731] KOM (96) 0487 - C-0592/96, BR-Drucksache 393/97 v. 16.5.97

[732] Ziffer I der Entschließung, BR-Drucksache 393/97, S. 4

[733] Zu den technischen Möglichkeiten individueller Filter durch Sperrungen, insbesondere zur Bewertung von Inhalten durch sog. "ratings", vgl. Köhntopp/Köhntopp/Seeger, KuR 98, 25; Sieber CR 97, 581 (588 ff.).

Übergreifend wurde auf den "vorläufigen Charakter" der Entschließung hingewiesen. Angesichts des raschen technologischen Wandels wurde z.b. eine ständige Überprüfung der Wirksamkeit von Filter- und Bewertungssystemen gefordert, über deren Ergebnis das Europäische Parlament zu informieren sei.

Der Schwerpunkt dieser Entschließung liegt erkennbar in der Bekämpfung strafrechtlich relevanter und aus Gründen des Jugendschutzes bedenklicher Inhalte im Internet, z.b. (Kinder-)Pornografie und rassistischer Angebote. Sie zielt nicht unmittelbar auf die Bekämpfung persönlichkeitsrechtsverletzender Inhalte, die wegen ihres individuellen Charakters z.b. kaum mit Filter- und Bewertungssystemen zu erfassen sein werden. Gleichwohl können sich einige der vorgeschlagenen Maßnahmen auch günstig auf den effektiven Schutz der Persönlichkeitsrechte auswirken, so z.B. die Schaffung einheitlicher Verantwortlichkeitsregeln[734]. Es ist damit zu rechnen, daß die Anregungen aus der Entschließung spätestens gemeinsam mit den Ergebnissen aus der Konsultation zum "Grünbuch Konvergenz" aufgegriffen und umgesetzt werden.

4. Zusammenfassung

Zusammenfassend ist festzustellen, daß im europäischen Rahmen auf mehreren Ebenen an der Lösung der persönlichkeitsrechtlichen Probleme in der Informationsgesellschaft gearbeitet wird. Aufgrund der Verpflichtung der Mitgliedsstaaten zur Umsetzung der Richtlinien in nationales Recht wird auch der deutsche Gesetzgeber gezwungen sein, neue bereichsspezifische Regelungen zu schaffen, bzw. bestehende Datenschutzvorschriften auf ihre Vereinbarkeit mit den Vorgaben der Richtlinien zu überprüfen. Durch diesen gesetzgeberischen Handlungsbedarf wird die öffentliche wie parlamentarische Diskussion über den Persönlichkeitsschutz in Gang gehalten werden. Hierbei bieten sich für die zuständigen Stellen, insbesondere die Datenschutzbeauftragten, zahlreiche Möglichkeiten, sich für eine Umsetzung der europäischen Vorgaben und der Grundsätze aus dem Volkszählungsurteil einzusetzen, um auf diese Weise dem allgemeinen Persönlichkeitsrecht hinreichende Geltung zu verschaffen. Angesichts des internationalen Charakters der Probleme sind die europäischen Initiativen zur Schaffung weltweiter Regelungen zu begrüßen.

---

[734] Angesichts der Dynamik der Materie zeichnet sich ab, daß es auf europäischer Ebene zukünftig weitere Initiativen und Maßnahmen geben wird, die im Zusammenhang mit der Thematik dieser Arbeit stehen. Insoweit kann auf die regelmäßigen Übersichten über die europäische audiovisuelle Politik von Schmittmann/de Vries in AfP, zuletzt AfP 97, 879, und auf die Zusammenfassungen "Multimedia und Kommunikation" von Esser-Wellie/Hufnagel in AfP, zuletzt AfP 97, 893, verwiesen werden.

II. Die Ergebnisse der Arbeitsgruppen in Deutschland

In Deutschland haben sich in den letzten Jahren mehrere Arbeitsgruppen unter verschiedenen Aspekten mit dem Regelungsbedarf der Informationsgesellschaft beschäftigt. Hierdurch wurde nicht nur das öffentliche Bewußtsein für die Problematik geweckt, sondern auch Grundlagen der parlamentarischen Beratungen zu den "Multimediagesetzen" geschaffen.

1. Die Enquete-Kommission des Landtages von Baden-Württemberg

Als erstes Land hat Baden-Württemberg bereits Ende 1994 eine Enquete-Kommission zum Thema "Entwicklung, Chancen und Auswirkungen neuer Informations- und Kommunikationstechnologien" eingesetzt [735], die im Herbst 1995 ihren Bericht und ihre Empfehlungen vorgelegt hat [736]. Der frühe Zeitpunkt der Untersuchung, zu dem nur wenige praktische Erfahrungen im Umgang mit den neuen Diensten vorlagen, hat sich auf die Ergebnisse niedergeschlagen. So hat die Kommission eine abwartende Haltung eingenommen und deshalb dem Gesetzgeber hinsichtlich des rechtlichen Regelungsbedarfes zunächst Zurückhaltung empfohlen. Technische Entwicklungen und Innovationen sollten nicht durch vorschnell gezogene rechtliche Schranken und Vorgaben beeinträchtigt oder gar verhindert werden. Es biete sich an, erst die Erfahrungen bei den Pilotversuchen abzuwarten und sodann die Frage des Regelungsbedarfes auf der Basis von rechtswissenschaftlichen Begleituntersuchungen zu entscheiden [737].

Nur am Rande hat sich die Enquete-Kommission auch mit dem Aspekt rechtswidriger Inhalte in den Netzen beschäftigt. Sie befaßte sich mit den Gesetzesinitiativen, die in den USA zur Regelung der Inhalte des Internet ergriffen wurden, und lehnte sie seinerzeit für Deutschland ab [738].

---

[735] vgl. LT-Drucksache (BW) 11/5026 vom 1.10.94

[736] vgl. LT-Drucksache (BW) 11/6400 vom 20.10.95

[737] vgl. LT-Drucksache (BW) 11/6400, Teil II C 2. m)

[738] In den USA hat die Regierung Clinton Anfang 1996 ein Gesetz zur Neuregelung des Telekommunikations- und Medienmarktes vorgelegt, welches u.a. die wissentliche Übermittlung von "obzönen und unanständigen" Inhalten über Netzwerke mit hohen Geldstrafen oder bis zu 5 Jahren Gefängnis belegt, soweit Jugendliche auf diese Inhalte Zugriff erhalten konnten ("Communications decency act of 1996"); vgl. hierzu Flechsig, S. 82 f.; Wemmer, AfP 96, 241 (245); Bortloff GRUR Int. 387 (392 f.). Nach Auffassung des United States District Court of Pennsylvania verstößt der "Decency act" gegen die in der amerikanischen Verfassung verankerte Meinungs- und Redefreiheit ("First Amendment's guarantee of free speech"), vgl. hierzu Bortloff, a.a.O., S. 393

Trotz der Empfehlung zur vorläufigen gesetzgeberischen Zurückhaltung wurden von der Enquete-Kommission mehrere Unzulänglichkeiten in der damaligen Situation des Datenschutzes benannt:

Im Verhältnis zu der besonderen Bedeutung, die dem Datenschutz und der Datensicherheit hinsichtlich der neuen Möglichkeiten der Manipulation und der Überwachung zukomme, sei - so die Enquete-Kommission - die derzeitige Rechtslage des Datenschutzes im Bereich der Informations- und Kommunikationstechnologie in mehrfacher Hinsicht unbefriedigend. Erforderlich sei ein einheitliches Recht für alle Netzbetreiber und Diensteanbieter, unabhängig davon, wo sie im Bundesgebiet ihren Sitz haben und ob sie ihre Dienste bundesweit oder nur regional anbieten. Anzustreben sei deshalb eine bundesweit einheitliche Länderregelung für Multimediadienste mit entsprechenden Datenschutzbestimmungen nach Vorbild der Datenschutzbestimmungen des Landesmediengesetzes für Baden-Württemberg [739] und des Btx-Staatsvertrages. Unbefriedigend sei ferner die Kontrollsituation, da die Einhaltung des Datenschutzes bisher nur im öffentlichen Bereich von den Landesbeauftragten und dem Bundesbeauftragten für den Datenschutz kontrolliert wird, im privaten Bereich dagegen von den zuständigen Ministerien. Es sei erforderlich, die Einhaltung der Datenschutzbestimmungen in diesem Bereich bundesweit durch eine einheitliche effektive Datenschutzkontrolle zu sichern [740]. Desweiteren wurden technische Absicherungen zur Wahrung des Datenschutzes für erforderlich gehalten. Bei der Inanspruchnahme von Multimediadiensten sollte der Anfall personenbezogener Daten technisch so weit wie möglich reduziert werden. Soweit technisch vertretbar und möglich, müßten daher Abrechnungsverfahren gewählt werden, die die Speicherung personenbezogener Daten überflüssig machen, etwa durch die Bezahlung mit Chipkarten [741]. In Betracht kämen sogenannte "prepaid-cards" bei denen - ähnlich den Telefonwertkarten - der Geldtransfer anonym erfolgt.

---

[739] BW. GBl.1992, S. 189; das Landesmediengesetz Baden-Württemberg hat als erstes Landesrundfunkgesetz auch umfangreiche Vorschriften für "rundfunkähnliche Kommunikationsdienste auf Zugriff oder Abruf" aufgenommen (§§ 39 ff.) und besondere Datenschutzvorschriften normiert (§ 80 ff.). Diesem Beispiel sind zahlreiche andere Länder gefolgt, vgl. z.B. §§ 45 f., 53 ff. des Hamburgischen Mediengesetzes (Hmb. GVBl. 1994, S.113).

[740] vgl. LT-Drucksache (BW) 11/6400, Teil II C 2. i)

[741] vgl. LT-Drucksache (BW) a.a.O.

2. Petersberg-Kreis

Der Petersberg-Kreis [742] hat Ende 1995 seinen Zwischenbericht zu den Ergebnissen der Arbeitsgruppe "Ordnungspolitische und rechtliche Rahmenbedingungen der Informationsgesellschaft" vorgelegt. Für den Bereich Datenschutz wurden darin folgende Empfehlungen abgegeben [743]:

Die Benutzung der Multimediadienste soll soweit wie möglich unter Wahrung der Anonymität des Verbrauchers erfolgen können. Die Zwecke, zu denen personenbezogene Daten gespeichert oder weitergegeben werden dürfen, seien zu spezifizieren. Grundsätzlich sollten die Daten nur der Abwicklung des Rechtsgeschäfts dienen. Die interne Nutzung der Daten durch den Diensteanbieter sei so zu reglementieren, daß keine Verhaltensprofile der Benutzer erstellt werden können. Die Daten seien zu löschen, sobald der ihre Verarbeitung rechtfertigende Zweck entfällt. Es müsse verhindert werden, daß Anbieter von Multimediadiensten, die in ihrem Land geltende Datenschutzgesetzgebung dadurch umgehen, daß sie sich in Ländern ohne entsprechende Schutzgesetze niederlassen.

Den Beratungen des Petersberg-Kreises lagen die Vorschläge des Bundesministers des Inneren (BMI) und des Bundesbeauftragen für den Datenschutz (BfD) vor. Im Bericht des BMI [744] wurde davon ausgegangen, daß die geltenden Regelungen zum Schutz personenbezogener Daten im Telekommunikationsbereich einer Revision bedürften, die anhand der europäischen Richtlinien zu erfolgen habe. Hinsichtlich der Wahrung der Anonymität wurde in dem Bericht entsprechend der Vorschläge der Enquete-Kommission des Landtages von Baden-Württemberg ebenfalls die Bezahlung von Multimediaangeboten mittels "prepaid cards" empfohlen. Sofern die Aufhebung der Anonymität nicht zwingend erforderlich sei, solle sie von vornherein gewahrt werden. Es dürfe z.B. nicht gespeichert werden, wer sich wann und wie lange über bestimmte Angebote informiert habe, ohne daß er diese in rechtlich relevanter Weise in Anspruch genommen hat. Sofern Daten erhoben werden müßten seien sie stets unverzüglich nach Wegfall des Verarbeitungszwecks, z.B. einer Gewährleistungsfrist bezüglich des zugrundeliegenden Rechtsgeschäfts, zu löschen.

Während festzustellen ist, daß die Vorschläge des BMI in den Empfehlungen des Petersberg-Kreises fast vollständig ihren Niederschlag gefunden haben, wurden

---

[742] vgl. oben Kapitel 2, § 1 II

[743] vgl. RDV 96, 149

[744] Datenschutz in der Informationsgesellschaft, Bericht des BMI vom 5.7.95, abgedruckt in RDV 96, 149

die Thesen des Bundesbeauftragten für den Datenschutz (BfD) [745] nur zum Teil berücksichtigt. Unberücksichtigt blieben insbesondere seine Hinweise darauf, daß die Ungewißheit über die tatsächliche Verbreitung der Inhalte in den Datennetzen neue Lösungen hinsichtlich des Rechts auf Gegendarstellung, Widerruf und Auskunft für die Betroffenen erfordere. Hierfür sei die Verantwortlichkeit in den Netzen zu regeln. Restriktive Vorgaben für die Erhebung und Speicherung personenbezogener Daten mit enger Zweckbindung und extrem kurzen Löschungsfristen seien als Mittel gegen den Mißbrauch der Verbindungsdaten geboten. Weiterhin hat er darauf hingewiesen, daß die neuen Informationssysteme auch für alte und neue Arten der Kriminalität eingesetzt werden können. Notwendige Maßnahmen zur Kriminalitätsbekämpfung müßten jedoch so durchgeführt werden, daß nach sorgfältiger Planung die Eingriffe in die Rechte der Bürger so gering wie möglich und damit auch für die Bürger akzeptabel sind.

3. Der Rat für Forschung, Technologie und Innovation

Der Bericht des Rates für Forschung, Technologie und Innovation der Bundesregierung [746] verfolgt einen eher technisch geprägten Ansatz zur Lösung der Problemlagen in der Informationsgesellschaft [747]. Hier wird davon ausgegangen, daß neue Informations- und Kommunikationstechniken dazu zwingen, den Schwerpunkt der Verwirklichung verfassungsrechtlicher Datenschutzgrundsätze mehr und mehr von normativen Vorgaben auf die technische Ausgestaltung zu verschieben. Die Entwicklung einer geeigneten risikospezifischen Datenschutztechnologie setze aber eine Korrektur der Datenschutzgesetze voraus. Eine Novellierung des BDSG solle aufgrund der technischen Veränderungen (Vernetzung und Dezentralisierung) möglichst bald erfolgen. Die anstehende Umsetzung der europäischen Datenschutzrichtlinie solle hierzu zum Anlaß genommen werden. Dabei sollten die bisherigen Vorschriften zur Datensicherheit, insbesondere § 9 BDSG und die Anlage zum BDSG, den Anforderungen der modernen Informations- und Kommunikationstechnik angepaßt werden. An dem bislang geltenden Grundprinzip, die allgemeingültigen Datenschutzgesetze durch bereichsspezifische Normen zu ergänzen, solle festgehalten werden. Besondere Datenschutzvorschriften seien z.B. für den Telekommunikationssektor, das Gesundheitswesen und den Zahlungsverkehr notwendig. Normative Vorgaben

---

[745] veröffentlicht in DuD 95, 383

[746] vgl. oben Kapitel 2, § 1 II

[747] Die Feststellungen und Empfehlungen des Rats sind in der Broschüre "Informationsgesellschaft Chancen, Innovationen und Herausforderungen", Dezember 1995, hrsg. vom BMBF, veröffentlicht worden. Ferner sind die datenschutzrechtlich relevanten Auszüge in DuD 96, 150 abgedruckt.

sollten sich an den folgenden Grundprinzipien orientieren: Erstes Ziel solle die Vermeidung der Verarbeitung personenbezogener Daten sein; Vorrang verdienten alle Verfahren, die die Anonymität gegenüber Netzbetreibern und Dienstleistern aufrechterhalten. Soweit dennoch personenbezogene Daten anfallen, sei das Zweckbindungsgebot zu beachten und die Transparenz der Verarbeitung sei durch entsprechende Informationsrechte für die Betroffenen abzusichern. Unabhängige Kontrollstellen müßten auch zukünftig die Datenverarbeitung überwachen. Für den grenzüberschreitenden Datenverkehr sei zu fordern, daß im Empfängerland ein dem europäischen Datenschutz entsprechendes Schutzniveau gewährleistet wird.

Ergänzend hat sich der Technologierat für "Experimentierklauseln" ausgesprochen. Der Gesetzgeber solle innerhalb des Verfassungsrahmens die Erprobung neuer technischer und organisatorischer Sicherungsvorkehrungen für genau umrissene Anwendungsbereiche und für einen klar befristeten Zeitraum zulassen.

4. Bericht des Büros für Technologiefolgenabschätzung beim Deutschen Bundestag

Im Mai 1995 hat das Büro für Technologiefolgenabschätzung beim Deutschen Bundestag (TAB) eine Studie zu Chancen und Herausforderungen der Multimediaanwendungen vorgelegt [748]. Der Bundestagsausschuß für Bildung, Wissenschaft, Forschung, Technologie und Technikfolgenabschätzung hat zu diesem Bericht Mitte 1996 einen Beschluß gefaßt [749], der die Grundsätze des Deutschen Bundestages für die rechtlichen Rahmenbedingungen formuliert. In Bezug auf den Persönlichkeitsschutz wird auch in diesem Beschluß in erster Linie auf das Prinzip der Vermeidung personenbezogener Daten gesetzt. Die Anonymität der Betroffenen solle soweit wie möglich gewahrt bleiben. Es sei sicherzustellen, daß Daten nicht ohne ausdrückliche Einwilligung erhoben oder gegen den Willen der Betroffenen verarbeitet werden dürfen.

Die Durchsetzung des Rechts auf informationelle Selbstbestimmung im grenzüberschreitenden Datenverkehr sei eine der wichtigsten Voraussetzungen für die Nutzung und Verbreitung neuer Informations- und Kommunikationsdienste. Insbesondere bei sensiblen privaten, medizinischen oder betrieblichen Daten müsse der Schutz vor unzulässigen Eingriffen durch Behörden wie Unternehmen gleichermaßen gewährleistet sein. Soweit derartige Daten mittels Telekommuni-

---

[748] Der Abschlußbericht zur Vorstudie ist in BT-Drucksache 13/2475 veröffentlicht.

[749] abgedruckt in DuD 96, 490

kation übertragen würden, werde das Fernmeldegeheimnis zum "strategischen Grundrecht".

Zur Frage der Verantwortlichkeit vertritt der Bundestag in diesem Beschluß die Auffassung, daß diejenigen, die auf technischer Ebene Zugang und Funktion der Datennetze sichern, nicht als Verantwortliche heranzuziehen seien, "da in den internationalen Computernetzen wie dem Internet Betreiber fehlen und die Verbreitung von Information räumlich nicht begrenzbar ist". Auch sei es nicht möglich, "den Geltungsbereich des deutschen Strafrechts in den Fällen der Verbreitung strafbarer Inhalte über die Grenzen des völkerrechtlich anerkannten hinaus auszudehnen. Eine Übertragung der Verantwortlichkeitsregeln und Mechanismen aus dem Bereich der Presse, der Filmwirtschaft und dem Jugendschutz würde ebenfalls ohne die gewünschte Wirkung bleiben" [750]. Als Lösung dieses Problembereiches setzt der Bundestag auf eine freiwillige Selbstkontrolle von Anbietern und Nutzern mit einer Vereinbarung über Identifikationspflichten und den freiwilligen Aufbau von Qualifikationssystemen. Nähere Einzelheiten zur Umsetzung dieses Ansatzes enthält der Beschluß nicht.

5. Die Enquete-Kommission des Bundestages

Die Enquete-Kommission des Deutschen Bundestages "Zukunft der Medien in Wirtschaft und Gesellschaft - Deutschlands Weg in die Informationsgesellschaft" will sich mit Zukunftsdiskursen an der gesellschaftlichen und ordnungspolitischen Begleitung des Strukturwandels hin zur Informationsgesellschaft beteiligen [751]. Mit der Einsetzung der Kommission im Dezember 1995 wurde das Ziel verfolgt, unabhängig und zusätzlich zu den aktuellen Gesetzgebungsverfahren auf der Basis ihrer Untersuchungsergebnisse aufzuzeigen, welche Folgen sich aus der Nutzung der Informations- und Kommunikationstechnologien ergeben und welche parlamentarischen Initiativen notwendig sind, um die Chancen der Informationsgesellschaft zu nutzen und ihre Risiken zu bewältigen [752]. Der Deutsche Bundestag will sich so eine zusätzliche Möglichkeit verschaffen, externe Sachverständige in die Vorbereitung politischer Entscheidungen einzubeziehen [753].

---

[750] So Ziffer 4 des Beschlusses, veröffentlicht in DuD 96, 490 (491), ohne daß diese These näher ausgeführt oder begründet wurde.

[751] vgl. MdB Mosdorf, Vorsitzender der Enquete-Kommission, in: FAZ v. 27.8.96, Verlagsbeilage Kommunikation & Medien, S. B 1

[752] vgl. BT-Drucksache 13/3219, S. 5

[753] Der Kommission gehören 12 Abgeordnete und 12 Sachverständige an. Aus der Rechtswissenschaft sind im Kreise der Sachverständigen Prof. Möschel und Prof. Ricker vertreten.

Die Enquete-Kommission hat Ende 1996 ihren ersten Zwischenbericht zu allgemeinen Fragen des Regulierungsbedarfs und der Gesetzgebungskompetenzen vorgelegt [754], der jedoch keine Ausführungen zum Aspekt des Persönlichkeitsschutzes enthält. Das Arbeitsprogramm sieht aber vor, daß die Themen Daten-, Jugend- und Verbraucherschutz sowie Datensicherheit behandelt werden sollen. Der erste Zwischenbericht verweist insoweit ausschließlich zu Fragen des Datenschutzes auf die nachfolgenden, noch ausstehenden Berichte [755].

6. Zusammenfassung und Bewertung

In den Ergebnissen der Arbeitsgruppen findet sich übereinstimmend die Ansicht, daß sich die Gestaltung neuer Dienste am Prinzip der Vermeidung personenbezogener Daten orientieren soll. Mehrfach wurde hierzu die Verwendung anonymer Abrechnungsverfahren in Form von "prepaid cards" vorgeschlagen. Dies zeigt, daß die Arbeitsgruppen - ohne es in dieser Deutlichkeit zu formulieren - zu der Erkenntnis gelangt sind, daß in tatsächlicher Hinsicht die Einhaltung von datenschutzrechtlichen Vorschriften in Datennetze nicht gewährleistet werden kann und deshalb ein präventiver Schutz durch das Prinzip der Datenvermeidung erforderlich wird.

Gleichzeitig haben sich alle Arbeitsgruppen im Grundsatz für ein Festhalten am bisherigen Prinzip der datenschutzrechtlichen Regelungen ausgesprochen. Insbesondere wurde übereinstimmend gefordert, dem Zweckbindungsgrundsatz auch in den neuen Datennetzen und -diensten Geltung zu verschaffen, damit die Selbstbestimmung über die angefallenen personenbezogenen Daten gewahrt bleibt. Auffällig ist, daß sich die Arbeitsgruppen nur am Rande und ausschließlich unter dem Aspekt der Verantwortlichkeit mit dem Problem der Persönlichkeitsrechtsverletzungen durch die Inhalte der Datennetze beschäftigt haben. Entsprechende Vorschläge knüpfen konkret nur an den Aspekt des Jugendschutzes an und berücksichtigen die breite Facette der Persönlichkeitsrechtsverletzungen z.B. durch unwahre oder indiskrete Inhalte in den Netzangeboten zumindest nicht ausdrücklich.

Neben den aufgezeigten Übereinstimmungen haben sich die Arbeitsgruppen den Problemstellungen jeweils unter unterschiedlichen Aspekten genähert, weshalb

---

[754] BT-Drucksache 13/6000 vom 7.11.96

[755] vgl. BT-Drucksache 13/6000, S. 17; mittlerweile wurde ein weiter Zwischenbericht vorgelegt, der sich mit dem Anpassungsbedarf des Urheberrechts beschäftigt, vgl. hierzu Esser-Wellié/Hufnagel, AfP 97, 692 (693), und das Thema Persönlichkeitsschutz naturgemäß ebenfalls unberührt läßt.

die Ergebnisse nicht unmittelbar miteinander vergleichbar sind. Ihre Ergebnisse zeigen aber auf, wie vielfältig die Probleme sind, die sich aus der multifunktionalen Nutzung der Datennetze ergeben. Tendenziell wurden technische Datenschutzvorkehrungen nach dem Prinzip der Datenvermeidung bevorzugt, um angesichts der sich abzeichnenden faktischen Kontrollosigkeit der Datenverarbeitung in den Netzen der (datenschutz-) rechtlichen "Ohnmachtssituationen" mit tatsächlichen Mittel zu begegnen ("Datenschutz durch Technik").

III. Veröffentlichungen und Entschließungen der Datenschutzbeauftragten

Die Datenschutzbeauftragten des Bundes und der Länder haben sich in ihren letzten Tätigkeitsberichten mit Fragen des Persönlichkeitsschutzes in der Informationsgesellschaft beschäftigt und sich teilweise auch mit ergänzenden Veröffentlichungen an der öffentlichen Diskussion beteiligt. Ferner wurden mehrere gemeinsame Entschließungen zu Einzelaspekten gefaßt. An erster Stelle ist die Entschließung der Datenschutzbeauftragten vom 29.4.96 zu den Eckpunkten für die datenschutzrechtliche Regelung von Mediendiensten zu nennen[756]. Hierin haben sie den Grundsatz der Datenvermeidung und Datenminimierung betont und daraus die Forderung nach einer Pflicht abgeleitet, anonyme oder datensparsame Nutzungsverfahren anzubieten. Gegebenenfalls sollte auch die Benutzung von Pseudonymen vorgeschrieben werden, um einen unmittelbaren Personenbezug zu vermeiden. Es wurde auch gefordert, eine strenge Zweckbindung für die bei der Verbindung, Nutzung und Abrechnung anfallenden Daten sicherzustellen. Hierbei haben die Datenschutzbeauftragten für einzelne Datenarten gesonderte Forderungen aufgestellt:

- Bestandsdaten sollen nur in dem Maße erhoben, verarbeitet und genutzt werden, als sie für die Begründung und Abwicklung eines Vertragsverhältnisses oder für die Systempflege erforderlich sind. Sofern der Betroffene nicht widersprochen hat, soll es den Betreibern auch gestattet werden können, diese Daten für die bedarfsgerechte Gestaltung von Diensten und Dienstleistungen, sowie für die eigene Werbung und Marktforschung zu nutzen. Für die Nutzung der Daten zur Werbung und Marktforschung durch Dritte sei ein ausdrücklicher Einwilligungsvorbehalt zu normieren.

- Verbindungs- und Abrechnungsdaten sollen nur so lange gespeichert werden dürfen, wie sie zur Vermittlung einer Dienstleistung oder der Abrechnung erforderlich sind; danach sollen sie unverzüglich zu löschen sein. Die Auswertung dieser Daten zu Einzelabrechnungen, die Zeitpunkt, Dauer und Inhalt der in

---

[756] abgedruckt in DuD Report 96, 441

Anspruch genommenen Dienste erkennen lassen, soll nur nach Einwilligung zulässig sein. Gleiches gilt für die Nutzung der Verbindungs- und Abrechnungsdaten zu anderen Zwecken als denen, für die sie erhoben wurden.

- Daten aus interaktiven Systemen, die dokumentieren, welche Eingaben der Teilnehmer während der Nutzung des Angebots zur Beeinflussung des Ablaufs getätigt hat ("Interaktionsdaten" [757]), so z.B. die Eingabe einer Abfrage, sollen nur in Kenntnis und nach ausdrücklicher Einwilligung erhoben werden dürfen. Hierbei soll unbefugten Nutzungen dieses Datenmaterials durch eine Löschungspflicht unmittelbar bei Beendigung des interaktiven Vorgangs begegnet werden. Gespeicherte "Interaktionsdaten" sollen einer strikten Zweckbindung unterliegen.

Für alle Einwilligungen in eine Verarbeitung oder Nutzung der Daten außerhalb der zulässigen Zweckbestimmung soll gelten, daß der Abschluß oder die Erfüllung des Vertragsverhältnisses nicht von ihrer Erteilung abhängig gemacht werden darf [758]. Einwilligungen sollen fälschungssicher und jederzeit widerrufbar sein sowie dokumentiert werden. Die Betroffenen sollen vor der Einwilligung über den Inhalt und die Folgen informiert werden. Nach der Einwilligung soll die Möglichkeit gewährleistet werden, auf die Verträge und sonstige Informationen über die Bedingungen der Nutzung in deutscher Sprache zuzugreifen und diese auch in schriftlicher Form zu erhalten.

Um die Zweckbindung und die Einwilligungsvorbehalte in technischer Hinsicht abzusichern, haben die Datenschutzbeauftragten besondere Forderungen zur Transparenz der Dienste und der automatischen Übermittlung von Daten aufgestellt. Sie weisen darauf hin, daß es teilweise nicht möglich ist zu erkennen, in welchem Dienst sich der Teilnehmer befindet, zu welchem Dienst oder Netz er gegebenenfalls durchgeschaltet wird und welche Daten bei der Nutzung anfallen, übertragen und gespeichert werden. Hierüber soll der Betroffene vor Beginn umfassend informiert werden. Dem Teilnehmer soll auch die Möglichkeit gewährt werden, den gesamten Strom der ein- und ausgehenden Daten für sich vollständig protokollieren zu lassen. Von ihm eingeleitete Nutzungsvorgänge müßten jederzeit abgebrochen werden können.

---

[757] Der Begriff der "Interaktionsdaten" entspricht also in etwa dem oben im 4. Kapitel unter § 1 I. 1. definierten Begriff der Nutzungsdaten.

[758] So auch schon die Entschließung des Dsb vom 9./10.3.95 zu den Anforderungen an den Persönlichkeitsschutz im Medienbereich, abgedruckt z.B. im Jahresbericht 1995 des Dsb Bln, Anlage 2.5 (S. 212), dort unter Stichwort "Interaktive Dienste und Mediennutzungsprofile"

Ergänzend zu den Rechten der Betroffenen wurde eine effektive, unabhängige und nicht anlaßgebundene Datenschutzaufsicht gefordert, die jederzeit kostenfrei auf die Dienste zugreifen könne und freien Zugang zu den technischen Einrichtungen haben soll. Ferner sei die Fortentwicklung der europäischen und internationalen Rechtsordnung dringend erforderlich. In erster Linie sei hierzu die Verabschiedung der ISDN-Datenschutzrichtlinie zu fordern [759]. Auch die Durchsetzung der Rechte der Betroffenen gegenüber ausländischen Betreibern und Dienstleistern sei zu regeln. In Deutschland aktive Diensteanbieter aus Staaten außerhalb der EU müßten gezwungen werden, im Inland einen verantwortlichen Vertreter zu benennen.

Die Datenschutzbeauftragten haben in ihrer Entschließung zur Regelung von Mediendiensten darauf hingewiesen, daß auch durch die über Mediendienste verbreiteten Inhalte datenschutzrechtliche Belange tangiert werden können. Zu diesem Punkt haben sie es bei der Forderung belassen, daß bei presseähnlichen Diensten ein Gegendarstellungsanspruch sichergestellt wird. Als "presseähnlich" sollen diejenigen Dienste angesehen werden, für die das datenschutzrechtliche Medienprivileg gilt. Auf eine weitergehende Stellungnahme zu den rechtlichen Problemen durch Inhalte von Mediendiensten wurde in der Entschließung ausdrücklich verzichtet. Ergänzend ist insoweit die Entschließung vom 9./10.3.95 zu den Anforderungen an den Persönlichkeitsschutz im Medienbereich [760] heranzuziehen. In dieser Entschließung haben sich die Datenschutzbeauftragten speziell mit den Gefährdungen des Rechts auf informationelle Selbstbestimmung beschäftigt, die von der Öffnung der Medienarchive für jedermann und der Verbreitung journalistischer Informationen über Netze und elektronische Datenträger ausgehen [761]. Die Datenschutzbeauftragten vertreten die Auffassung, daß das Medienprivileg in den Datenschutzgesetzen (vgl. z.B. § 41 BDSG) [762] den tatsächlichen Entwicklungen angepaßt werden müsse. Die datenschutzrechtliche

---

[759] Diese Forderung wurde auch in der Stellungnahme der Europäischen Konferenz der Datenschutzbeauftragten am 6./7.4.95 zur Telekommunikation und zur Informationsgesellschaft erhoben (abgedruckt u.a. im Jahresbericht 1995 des Berliner Dsb, Anlage 3.3., S. 238 f.; vgl. zur ISDN-Richtlinie auch die Entschließung der Dsb vom 26./27.9.94 (abgedruckt u.a. im 17. Jahresbericht des LfD Bremen unter 20.11, S. 117 f.), die gemeinsame Erklärung der Europäischen Konferenz der Datenschutzbeauftragten vom 23.12.94 (abgedruckt im Jahresbericht 1994 des Berliner Dsb, Anlage 3.4.), sowie die zweite gemeinsame Erklärung der Europäischen Konferenz der Datenschutzbeauftragten vom 22.12.95 (abgedruckt im Jahresbericht 1995 des Berliner Dsb, Anlage 3.7 (S.242 ff.).

[760] abgedruckt im Jahresbericht 1995 des Dsb Bln, Anlage 2.5., S. 212 ff.

[761] Dieser Problembereich wurde oben unter § 1 II 3. dargestellt.

[762] hierzu grundlegend Hubert, S. 185 ff.; Wegel, S. 124 ff.; vgl. auch Binder, ZUM 94, 259 (260 f.); Tillmanns, FS Engelschall, S. 217 ff.; jetzt auch Bruns, S. 27 f., 33 ff.

Sonderstellung der Medien könne und dürfe nicht für kommerzielle Archive gelten, die auch medienfremden Nutzern zugänglich gemacht werden.

Nach § 41 BDSG und den entsprechenden Vorschriften in den Landesdatenschutzgesetzen sind Unternehmen und Hilfsunternehmen der Presse und des Films und die Hilfsunternehmen des Rundfunks von den Beschränkungen der Datenschutzgesetze weitgehend befreit, soweit sie ausschließlich zu eigenen journalistischen Zwecken verarbeitet oder genutzt werden. Insoweit gelten für sie nur die Vorschriften über das Datengeheimnis und die Datensicherheit. Damit wurde hinsichtlich der medialen Informationsverarbeitung das Prinzip des Verbots mit Erlaubnisvorbehalts aufgehoben. Die Medien unterliegen nicht dem üblichen Begründungs- und Rechtfertigungszwang, wenn sie personenbezogene Daten verarbeiten [763]. Diese Sonderstellung der Medien ist auch in Art. 9 der allgemeinen EU-Datenschutzrichtlinie verankert worden. Die Konferenz der Datenschutzbeauftragten des Bundes und der Länder hat in ihrer Entschließung gefordert, die Reichweite des Medienprivilegs hinsichtlich der kommerziellen Nutzung von Pressedatenbanken zu überdenken. Dem liegt die Überlegung zugrunde, daß Presseunternehmen über Jahre hinweg große Sammlungen von Personendaten gebildet haben, die sie jetzt über die Netze und mittels elektronischer Datenträger auch medienfremden Nutzern kommerziell zur Verfügung stellen. Diese verstärkte Verbreitung der Datenbestände stellten besonders deshalb eine Bedrohung für die Persönlichkeitsrechte der Betroffenen dar, weil auf diese Weise auch lang zurückliegende Informationen jederzeit für jedermann präsent seien. Das "Recht auf Vergessen", wie es sich z.B. aus den Löschungsvorschriften des BZRG ergibt, würde damit wirkungslos. Ferner werde die tatsächliche Abgrenzung der Unternehmen, die dem Medienprivileg unterfallen, von medienfremden Unternehmen immer schwieriger [764].

Auch in dieser Entschließung wurde zur Vermeidung von Mediennutzungsprofilen bei interaktiven Diensten empfohlen, datenschutzfreundliche Techniken einzusetzen, die personenbezogene Nutzungs- und Verbindungsdaten möglichst vermeiden. Die Bundesregierung wurde aufgefordert, sich für entsprechende internationale Regelungen einzusetzen, die strikte Verarbeitungsrahmen für notwendigerweise anfallende Daten enthalten sollen.

---

[763] vgl. Eberle, Symposium Multimedia, S. 43.

[764] vgl. Bericht der 49. Konferenz der Datenschutzbeauftragten des Bundes und der Länder am 9./10.3.95 in Bremen zu Medien und Persönlichkeitsschutz, dort Ziff. I.2. und 3., abgedruckt in Materialien zum Datenschutz, Bd. 23, des Dsb Bln.

Der BfD hat seine Forderungen hinsichtlich der ordnungspolitischen und rechtlichen Rahmenbedingungen der Informationsgesellschaft in Thesen niedergelegt, die dem Petersberg-Kreis vorgelegen haben und bereits in diesem Zusammenhang dargestellt wurden [765]. Ergänzend hat er mehrfach die Bedeutung der vom BVerfG im Volkszählungsurteil [766] aufgestellten Grundsätze über den Umgang mit personenbezogenen Daten hinsichtlich der in der Informationsgesellschaft stattfindenden und zu erwartenden gesellschaftlichen Veränderungen betont [767]. Es sei empfehlenswert, das Recht auf informationelle Selbstbestimmung in den Grundrechtskatalog des GG aufzunehmen. Zwar sei der verfassungsrechtliche Rang und die grundrechtliche Qualität aufgrund der Judikatur des BVerfG unbestritten. Es sei aber aus rechts- und gesellschaftspolitischen Gründen erforderlich, der zunehmenden Bedeutung der Informationstechnik für das tägliche Leben mit einer im GG verankerten Aussage zugunsten des Datenschutzes als freiheitlichem Grundwert zu begegnen [768]. Es sei daher zu begrüßen, daß eine Reihe von Verfassungen anderer europäischer Staaten und deutscher Länder Regelungen zum Datenschutz aufweisen [769]. Auch die Konferenz der Datenschutzbeauftragten des Bundes und der Länder hat sich mehrfach dafür eingesetzt, ein "Grundrecht auf Datenschutz" in das GG sowie in einen zu erlassenden Grundrechtskatalog für die Verträge zur EU aufzunehmen [770].

Der BfD hält ferner die fortschreitende Harmonisierung des europäischen Datenschutzrechts auf einem hohen Schutzniveau für dringend erforderlich und hat alle Beteiligten im weiteren europäischen Gesetzgebungsverfahren aufgefordert, für einen zügigen Erlaß ausstehender Richtlinien zu sorgen [771]. In diesem Zusammenhang hat er mehrfach vor einer "Aufweichung" der ISDN-Richtlinie "durch interessierte Kreise", insbesondere hinsichtlich der Zweckbindung der Vermittlungs- und Verbindungsdaten, gewarnt und die Forderung nach einer zurückhaltenden Datenerhebung und engen und klaren Vorschriften zur Zweck-

---

[765] vgl. oben in diesem Kapitel unter § 2 II. 2.

[766] BVerfGE 65, 1 - Volkszählung

[767] vgl. 15. TB des BfD, S. 27; Jacob, VuM 96, 334 f.

[768] vgl. 15. TB des BfD, S. 28, 429 f.

[769] Es handelt sich um die Länder Brandenburg, Berlin, Mecklenburg-Vorpommern, Nordrhein-Westfalen, Saarland, Sachsen, Sachsen-Anhalt und Thüringen, vgl. hierzu Vogelgesang, CR 95, 554 (556 ff.)

[770] vgl. zuletzt in der Entschließung vom 9./10.11.95 zur Weiterentwicklung des Datenschutzes in der EU (abgedruckt im Jahresbericht 1995 des Dsb Bln, Anlage 2.11, S. 224 ff.).

[771] vgl. 15. TB des BfD, S. 29 f., 451; Jacob, RDV 96, 1(4); ders. VuM 96, 334 (337)

bindung in allen zukünftigen Regelungen wiederholt [772]. Zur Ausgestaltung des Zweckbindungsgrundsatzes wurden vom BfD präzise Forderungen erhoben: Die ausschließliche Datennutzung im Rahmen des legitimen Erhebungszwecks müsse durch ein Verwertungsverbot abgesichert werden. Eine Ausnahme könne nur gelten, wenn der Nutzer eine freiwillige Einwilligung auf der Basis eines ausreichenden Informationsstands erteile. Dem Betroffenen müsse das Recht zugestanden werden, die Löschung derjenigen Daten, die aufgrund seiner Einwilligung erhoben wurden, zu verlangen. Durch kostenfreie Auskunftsrechte müsse gesichert werden, daß der Betroffene Umfang und Richtigkeit der über ihn gespeicherten Daten überprüfen kann [773].

Zur Problemvermeidung seien technische Ausgestaltungen, die keine "Datenspur" erzeugen, zu bevorzugen. Auch der BfD hält insoweit "prepaid cards" für ein geeignetes Mittel, Verbindungs- und Vermittlungsdaten von vornherein anonym zu halten [774].

Zur Frage der Verantwortlichkeit für unrichtige, beleidigende oder verletzende Inhalte hält es der BfD für angemessen, den Betreibern die rechtliche Einstandspflicht für alle in seinem System anonym veröffentlichen Beiträge, z.B. an elektronischen schwarzen Brettern, aufzuerlegen. Alternativ schlägt er vor, die Betreiber zu verpflichten, im Streitfalle die Anonymität der Autoren aufzudecken und die hierzu erforderlichen Daten bereitzuhalten [775]. Ferner sei der Verantwortliche zum Schadenersatz für Rechtsverletzungen zu verpflichten. Die Ansprüche der Betroffenen müßten effektiv, international und praktikabel durchsetzbar, also "bürgerfreundlich" ausgestaltet sein [776].

Die Forderungen nach engen Zweckbindungsvorgaben, nach einer datenschutzfreundlichen Technik, die die Erhebung von personenbezogenen Daten weitgehend vermeidet, und nach einheitlichen europäischen und internationalen Regeln auf einem hohen Schutzniveau sind übereinstimmend auch von fast allen Landesdatenschutzbeauftragten erhoben worden [777]. Alleingeblieben ist hingegen die

---

[772] Jacob, RDV 96, 1 (3), ders., VuM 96, 334 (336)

[773] Jacob a.a.O.

[774] vgl. Jacob, RDV 96, 1 (4); ders. VuM 96, 334 (337)

[775] vgl. Jacob, RDV 96, 1 (4); ders. VuM 96, 334 (336)

[776] vgl. Jacob, VuM 96, 334 (337)

[777] vgl. Vetter (LfD Bay), Aktuelle Aspekte, S. 3, 6f., 10, 20f.; LfD BW, 16. TB, S. 45, 52; Leuze (LfD BW), VuM 95, 341; LfD SH, 18. TB, S.115 ff.; Hmb Dsb, 14. TB, S. 7, 11, 33 ff.; Jahresbericht 1995 Dsb Bln, S. 61, 67; 18. Jahresbericht des LfD Bre, S. 11 ff.

Forderung des Hamburgischen Datenschutzbeauftragten, ein "Grundrecht auf unbeobachtete Mediennutzung" in Art. 5 oder in Art. 10 GG aufzunehmen [778].

Mehrfach ist das Erfordernis einer effektiven Ausgestaltung der Datenschutzaufsicht betont worden. Insbesondere müsse die Aufsicht auch ohne konkreten Anlaß Kontrollen durchführen dürfen [779]. Im Hinblick auf die immer größer werdenden privaten Datensammlungen und der auch im privaten Bereich enorm gesteigerten Verarbeitungs- und Übermittlungsmöglichkeiten ist mehrfach angeregt worden, die Vorschriften über den Datenschutz im öffentlichen Bereich und über den nicht-öffentlichen Bereich anzugleichen [780].

IV. Lösungsansätze in der Literatur

Zahlreiche Autoren haben sich mit dem Regelungsbedarf der neuen Informations- und Kommunikationstechnologien beschäftigt, bevor das IuKDG und der MDStV vorlagen. Hierbei sind vorrangig rundfunkrechtliche und urheberrechtliche Fragestellungen diskutiert worden, die im Rahmen dieser Darstellung keine Bedeutung haben. Hinsichtlich des Aspekts der Persönlichkeitsrechte ist aus dieser Phase der rechtswissenschaftlichen Diskussion nur auf folgende Lösungsansätze hinzuweisen:

Flechsig hat sich zum Problem der Haftung für unwahre Tatsachenbehauptungen und ehrverletzende Inhalte dafür ausgesprochen, auch die Anbieter von Online-Diensten nach den von der Rechtsprechung zur Haftung von Presse und Rundfunk entwickelten Grundsätzen der Verbreiterhaftung in Anspruch zu nehmen [781]. Einschränkungen der Haftung seien aber aus Sachzwängen vorzunehmen. Ein Service-Provider könne nicht täglich die Vielzahl der über seinen Dienst verbreiteten Informationen und Mitteilungen daraufhin überprüfen, ob möglicherweise Rechte Dritter verletzt sein können. Eine Haftung könne ihm aber zugemutet

---

[778] so Hmb Dsb, 14. TB, S. 32 f.; auch der Dsb Bln hat nach DuD Report 96, 441 von einem "Grundrecht auf unbeobachtete Kommunikation" gesprochen, dies aber wohl nur als Ausprägung des informationellen Selbstbestimmungsrechts und nicht als eigenständiges Grundrecht verstanden.

[779] vgl. Vetter (LfD Bay), Aktuelle Aspekte, S. 10; Leuze (LfD BW), VuM 95, 341; LfD SH, 18. TB, S. 115

[780] vgl. Vetter (LfD Bay), Aktuelle Aspekte, S. 19; LfD BW, 16. TB, S. 52; Hmb Dsb, 14. TB, S. 6; zum aktuellen Diskussionsstand, insbesondere im Hinblick auf den Umsetzungsbedarf durch die allgemeine EU-Datenschutzrichtlinie und die ISDN-Richtlinie bei der anstehenden Novellierung des BDSG vgl. Gola, NJW 97, 3411 (3411 f.); ders., NJW 96, 3312 (3312 f.)

[781] vgl. Flechsig, S. 69 ff.

werden, wenn ihm aus besonderem Anlaß Umstände bekannt werden, aus denen sich Anhaltspunkte für die rechtliche Unzulässigkeit des Inhalts ergeben [782].

Hieraus hat er gefolgert, daß eine Haftung für Äußerungen Dritter und damit eine Verbreiterhaftung analog der Verbreiterhaftung anderer Medien besteht, wenn er die Beeinträchtigung kennt oder sie auf einen Hinweis hin erkennen konnte oder es unterlassen hat, derartigen Hinweisen nachzugehen. Eine Haftung greife auch dann ein, wenn er sonstwie in fahrlässiger Weise den an ihn zu stellenden Anforderungen bezüglich einer Überwachung der Nutzer nicht nachkommt [783]. Unabhängig von dieser deliktsrechtlichen Haftung müsse den Betroffenen gegenüber den Verbreitern von Tatsachenbehauptungen ein Anspruch auf Gegendarstellung in entsprechender Anwendung der für Presse und Rundfunk gültigen Regeln zugestanden werden. Hierbei solle es nicht darauf ankommen, ob die Erstmitteilung dem Dienst zugerechnet werden kann [784].

Einige Autoren haben auf die Bedeutung der Selbstkontrolle der Medien [785] hingewiesen [786]. Wiederholt wurde insofern die sogenannte "Netiquette" als Mittel der Selbstregulierung der Internet-Nutzer ins Feld geführt. Die Netiquette spiegelt die Sitten und Gebräuche wieder, die sich mit der Zeit im Internet eingebürgert haben. Allerdings gibt es kein standarisiertes Regelwerk, welches in allen Anwendungsbereichen auf internationale Akzeptanz stößt [787]. Zum Teil handelt es sich auch nur um "ungeschriebene Spielregeln" [788]; Ge- oder Verbote entstehen spontan nach Bedarf, wobei die Urheberschaft der im Internet niedergelegten

---

[782] vgl. Flechsig, S. 75

[783] vgl. Flechsig, S. 86

[784] vgl. Flechsig, S. 81, 86

[785] Neben den Selbstkontrollgremien der Presse und der Filmwirtschaft hat sich bereits zum 1.8.97 eine Arbeitsgemeinschaft Selbstkontrolle Multimedia (FSM) gegründet; hierzu sogleich am Ende dieses Anschnitts.

[786] Bundespräsident Herzog hat ebenfalls eine wirksame Selbstkontrolle gefordert, die notfalls mit Maßnahmen wirtschaftlicher, gesellschaftlicher und politischer Ächtung gestärkt werden soll. Ausdrücklich genannt wurden Werbeentzug, Anprangerung und "alleräußerstenfalls" der Boykott einzelner Medien, die sich nicht an die journalistische Sorgfalt halten und sich auch in sonstiger Weise ihrer Verantwortung nicht gerecht erweisen, vgl. Ansprache im Rahmen des Medientreffs am 29.5.96 in Berlin, abgedruckt in Journalist 7/96 S. 55 (62); zur Kooperation von staatlicher Regulierung und Selbstregulierung des Internet vgl. Ladeur, ZUM 97, 372.

[787] vgl. Hoeren, Internationale Datennetze, S. 36

[788] so Flechsig, S. 63 f.

Fassungen häufig verborgen bleibt [789]. Es handelt sich also nicht um ein gefestigtes Normengefüge, sondern um eine in der Entwicklung befindliche "Netzethik" [790].

Das als "klassische Netiquette" bezeichnete Regelungswerk der Amerikanerin Arlene Rinaldi von der Florida Atlantic University [791] enthält nur wenige Vorschriften, die den Schutz der Persönlichkeitsrechte im weitesten Sinne betreffen. Die Mehrzahl der Verhaltensgebote betreffen Gebote, die die Betriebssicherheit der Systeme sichern und Überlastungen der Netze vermeiden sollen. In den Vorschriften zum Umgang mit der elektronischen Post findet sich immerhin die Anregung, keine Post mit sensiblem Inhalt zu senden und empfangene Post mit sensiblem Inhalt nicht gespeichert zu lassen [792]. Für die Gruppenkommunikation wird geraten, bei Verlautbarungen über Dritte "vorsichtig" zu sein [793]. Ferner wird dazu angehalten, keine beleidigenden Inhalte in die Diskussionsrunden einzubringen und keine Post, die nur für einen bestimmten Empfänger gedacht war, öffentlich zugänglich zu machen [794]. In den ebenfalls zur klassischen Netiquette zu zählenden "Zehn Geboten für Computerethik" wird außerdem zur Verantwortung und Respekt bei der Benutzung von Computern aufgefordert. Insbesondere soll ein Computer niemals dazu benutzt werden, um Unwahrheiten zu verbreiten oder in anderer Leute Dateien zu spionieren. Während aus dem Kreise der Datenschützer angeregt wurde, diesen Prozeß der Wertfindung zu unterstützen und als förderungswürdiges Instrument für die Belange des Persönlichkeitsschut-

---

[789] hierzu Engel, AfP 96, 220 (223, 227); Hoeren, a.a.O.; es sind etwa 50 verschiedene Fassungen der "Netiquette" bekannt

[790] vgl. Dsb Bln, Jahresbericht 1995, S. 62

[791] Im Internet unter http://www.fau.edu/rinaldi/netiquette.html erhältlich; deutschsprachige Übersetzung von Christian Reiser unter: http://www.ping.at /guides/ netmayer.html#classic; einige Auszüge sind auch bei Hoeren, Internationale Datennetze, S. 36 f. abgedruckt

[792] "Gehe niemals davon aus, daß nur Du Deine e-mail lesen kannst. Andere können unter Umständen Deine mail lesen. Schicke nie und hebe nie etwas auf, was Dich stören würde, wenn Du es in den Abendnachrichten siehst."

[793] "Sei professionell und vorsichtig, was Du über andere schreibst. E-mail kann leicht weitergeleitet werden."

[794] "Nimm nicht an Diskussionen teil, um beleidigende Nachrichten zu posten. Dir könnte der Netzzugang entzogen werden. (...) Widerstehe der Versuchung, direkt in der Gruppe zu flamen (beleidigende oder zurechtweisende Nachrichten zu schicken). Bedenke, die Gruppe ist öffentlich und für den konstruktiven Meinungsaustausch gedacht. Behandele die anderen, wie Du von ihnen behandelt werden möchtest. (...) Wenn Du auf eine Nachricht in einer Gruppe antwortest, überprüfe die Adresse (Person direkt oder Gruppe). Es kann sehr unangenehm sein, wenn eine Antwort, die an eine bestimmte Person gerichtet ist, in der Gruppe erscheint."

zes nutzbar zu machen [795], haben sich mehrere Stimmen gegen eine "Netiquette" als alleiniges Regelungsinstrument ausgesprochen. Die bekannten Regeln der Selbstkontrolle und Selbstbeschränkung seien als Schutz gegen vorsätzliche Persönlichkeitsrechtsverletzungen untauglich [796]. Zumindest die traditionellen Regelungsfelder im Medienbereich, zu denen u.a. der Ehrenschutz und der Schutz der informationellen Selbstbestimmung zählen, bedürften rechtlicher Lösungen [797]. Nationalstaatlicher Regelungsbedarf ergebe sich schon daraus, daß die in der Netiquette zugrunde gelegten Wertvorstellungen der Internet-Benutzer nicht immer mit denen der Staaten übereinstimmten [798]. Die freiwillige Selbstkontrolle müsse daher jedenfalls mit einem rechtlichen Regelungsnetz ergänzt werden, das im Falle des Versagens der Selbstregulierung eingreife [799].

Praktische Erfahrungen mit der Wirksamkeit der Selbstkontrolle im Multimediabereich liegen noch nicht vor. Insbesondere ist über die Beschwerdepraxis vor der seit dem 1.8.97 eingerichteten "Freiwillige Selbstkontrolle Multimedia-Diensteanbieter e.V." (FSM) bisher wenig bekannt geworden. Bei der FSM handelt es sich um einen freiwilligen Zusammenschluß von Verbänden und Unternehmen der Multimediabranche, dessen Arbeit auf einer selbstgegebenen Beschwerdeordnung beruht [800]. Ziel der Arbeit der FSM, deren Vorstandsmitglieder zahlreichen namhaften Medienunternehmen und Branchenverbänden angehören [801], ist primär die Kontrolle über pornographische, rassistische, gewaltverherrlichende und in sonstiger Weise jugendgefährdende Inhalte, auf deren Verbreitung die Mitglieder der FSM verzichten wollen. Ferner soll eine Beschwerdestelle nach den Vorgaben der Beschwerdeordnung beanstandete Inhalte prüfen und gegebenenfalls anhand eines gestuften Sanktionskatalogs (Hinweise auf schädigende Inhalte mit Abhilfeersuchen, Mißbilligung, Rüge und Ausssschluß) ahnden [802].

---

[795] vgl. Dsb Bln, Jahresbericht 1995, S. 62

[796] vgl. Flechsig, S. 64

[797] vgl. Scherer, AfP 96, 213 (214)

[798] vgl. Engel, AfP 96, 220 (227)

[799] so Hoffmann-Riem, Jahrbuch 1995, S. 101 (106)

[800] abzurufen unter http://www.fsm.de; Eingaben können von jedermann per e-mail getätigt werden: hotline@fsm.de

[801] z.B. Telekom, Gruner & Jahr, Pro 7, Microsoft, BDZV (Bundesverband der Zeitschriftenverleger), DMMV (Deutscher Multimediaverband), VPRT (private Rundfunkanbieter)

[802] vgl. Esser-Wellié/Hufnagel, AfP 97, 692 (692 f.); sowie Mitteilung in AfP 97, 699

Gegenüber Nicht-Mitgliedern der FSM besteht naturgemäß keine durchsetzbare Sanktionsmöglichkeit; die FSM will jedoch auch in diesen Fällen zumindest durch Hinweise und Abhilfeempfehlungen tätig werden. Kritisiert wurde bereits zu Recht, daß das Beschwerdegremium der FSM bisher auf externen Sachverstand verzichtet. Aus der Zielsetzung der FSM ergibt sich ferner, daß diese Einrichtung nicht auf die Verfolgung von individuellen Persönlichkeitsrechtsverletzungen ausgerichtet ist, sondern primär gegen "schädliche" und strafbare Netzinhalte (entsprechend etwa der „Entschließung der europäischen Kommission über illegale und schädigende Inhalte im Internet" [803] vorgehen will. Ob die FSM darüber hinaus eine Selbstkontrollfunktion bezüglich individueller Eingaben bei Persönlichkeitsrechtsverletzungen von Einzelpersonen ausüben wird bleibt abzuwarten. Jedenfalls bleibt die Zuständigkeit des Selbstkontrollorgans der Presse (Presserat) unberührt. Der Presserat hat mittlerweile seine Satzung dahingehend geändert, daß er sich ausdrücklich auch für "zeitungs- oder zeitschriftenidentische" Inhalte in Online-Medien für zuständig erklärt hat [804]. Der Presserat dient als Vorbild für die Arbeit der FSM [805].

Die Forderung der Datenschutzbeauftragten nach einer Begrenzung des Medienprivilegs in den Datenschutzgesetzen [806] ist vereinzelt auf Kritik gestoßen. Datenschutz dürfe nicht dazu führen, daß die journalistische Verarbeitung personenbezogener Daten eine rechtfertigungsbedürftige Ausnahme und die informationelle Abschottung die Regel darstelle. In der Arbeit der Medien komme die Gemeinschaftsbezogenheit des Individuums zum Ausdruck, weshalb die informationelle Selbstbestimmung ihre Grenzen in der Sozialbindung des Einzelnen finde, deren Reichweite durch das legitime Unterrichtungsinteresse der Allgemeinheit bestimmt werde [807]. Diesem besonderen Interessenkonflikt beim Persönlichkeitsschutz im Medienbereich sei mit dem Medienprivileg in den Datenschutzgesetzen Rechnung getragen worden, indem der starre Grundsatz des generellen Verarbeitungsverbots mit Erlaubnisvorbehalten zugunsten der freien und ungebundenen Recherche durchbrochen wurde. Der medienrechtliche Persönlichkeitsschutz berücksichtige die Kollisionslage zwischen dem Persönlichkeitsschutz und den Belangen der Rundfunk-, Presse- und Meinungsfreiheit, da hier die beteiligten Grundrechte in einem am Einzelfall orientierten Abwägungsprozeß zum Ausgleich gebracht würden. Daher seien auch rigide gesetzliche

---

[803] BR-Drucksache 393/97 v. 16.5.97; vgl. hierzu oben, § 2 I 3. in diesem Kapitel

[804] vgl. Mitteilung in AfP 97, 614

[805] zu den Defiziten der Presse-Selbstkontrolle vgl. Wiedemann, RuF 94, 82

[806] vgl. soeben in diesem Kapitel unter III.

[807] vgl. Eberle, Symposium Multimedia, S. 44; vgl. auch Tillmanns, FS Engelschall, S. 217 ff.

Löschungspflichten (z.B. nach dem Beispiel des BZRG) entsprechend der Forderung der Datenschutzbeauftragten nach einem "Recht auf Vergessen" bei Medienarchiven verfassungsrechtlich nicht vertretbar[808]. Aus den gleichen Gründen müßte das Medienprivileg auch für solche neuen Dienste gelten, die eine "rundfunkmäßige Prägung" besitzen und durch journalistische Tätigkeit gekennzeichnet sind[809].

Neben der Diskussion um das Medienprivileg ist in datenschutzrechtlicher Hinsicht in der Literatur vor allem die Forderung nach einer umfassenden Novellierung des Datenschutzrechts thematisiert worden. Wiederholt wurde dafür eingetreten, die anstehende Umsetzung der EU-Datenschutzrichtlinie zu einer Modernisierung des Datenschutzes zu nutzen[810]. Dabei sei der konzeptionelle Ansatz grundsätzlich zu überdenken, um bei der Ausgestaltung des novellierten Datenschutzrechts den tatsächlichen Gegebenheiten der Informationsgesellschaft gerecht werden zu können. Hierbei wird davon ausgegangen, daß sich die Prognose des Gesetzgebers der siebziger Jahre über zukünftige Gefährdungen der Persönlichkeit durch die Datenverarbeitung überholt hat, weil sie vom Leitbild der zentralen Datenverarbeitung in staatlicher Hand geprägt war. Heute seien es hingegen vornehmlich die dezentralen, vernetzten Datenverarbeitungsstationen in privater Hand, die immer leistungsfähiger und billiger werden. Da diese privaten Tätigkeiten das Grundrecht auf informationelle Selbstbestimmung nicht weniger bedrohen als eine staatliche Kontrolltätigkeit, sei es sinnlos, an einem Datenschutzkonzept festzuhalten, das sich auf den Staat als Informationsverarbeiter konzentriert und die private Datenverarbeitung nur am Rande erwähnt[811].

Unter den Bedingungen der Informationsgesellschaft müsse es darum gehen, Lebensbereiche der privaten Autonomie vorzubehalten und die Voraussetzungen zu erhalten, unter denen die Menschen furchtlos und geschützt an öffentlicher

---

[808] vgl. Eberle, Symposium Multimedia, S. 47

[809] vgl. Eberle, GRUR 95, 790 (794); dementgegen Schaar, CR 96, 170 (173); Der LfD Bremen, Walz, hat mittlerweile in seinem Vortrag auf dem 5. Hamburger Datenschutzkolloquium am 7.3.97 unter Bezugnahme auf die Vorgaben des Art. 9 der EU-Datenschutzrichtlinie eine erhebliche Einschränkung des Medienprivilegs bei der Novellierung des BDSG gefordert. Anders als § 41 BDSG in der gültigen Fassung lasse Art. 9 der EU-Datenschutzrichtlinie auch im Medienbereich Ausnahmen von den allgemeinen Datenschutzvorschriften nur dann zu, wenn dies notwendig sei, um den Persönlichkeitsschutz in Übereinstimmung mit der Presse- und Rundfunkfreiheit zu bringen. Die generelle Freistellung des Medienbereichs von den Vorschriften des BDSG könne nicht aufrecht erhalten werden, vgl. Ellger/Geis (Tagungsbericht), AfP 97, 695.

[810] vgl. Dammann, DSB 10/96, S. 2; Hassemer, DuD 96, 195 f.; vgl. auch die Entschließung der Dsb v. 14./15.3.96, DuD 96, 425

[811] vgl. Hassemer, DuD 96, 195 (196)

Auseinandersetzung und Meinungsbildung teilnehmen können. Dafür sei es nicht ausreichend zu sichern, daß der Bürger - entsprechend den Forderungen des BVerfG im Volkszählungsurteil - darüber informiert sei, wer, was, wann, bei welcher Gelegenheit über ihn weiß [812]. Den Bürgern müsse darüber hinaus die Fähigkeit vermittelt werden, die Möglichkeit, die Bedeutung und die Gefährdungen durch die Datenverarbeitung abzuschätzen, damit er souverän mit den neuen Techniken umgehen könne. Zu fordern sei daher ein neues Datenschutzkonzept, das sich nicht auf die Abwehr von Eingriffen in die informationelle Selbstbestimmung beschränkt. In der Informationsgesellschaft müsse der Schutz viel früher einsetzen und umfassender sein, um den Bürgern eine verläßliche Orientierung zu garantieren [813].

In eine ähnliche Richtung gehen die von *Bull* formulierten Thesen zum Wandel des Datenschutzes in der multimedialen Ära [814]. *Bull* geht davon aus, daß sich die neuen Informations- und Kommunikationstechniken aufgrund ihrer "flüchtigen Speicherungen" und ihrer weltweiten Reichweite einer Kontrolle weitgehend entziehen und damit "offenbar" nicht rechtlich beeinflußbar sind. Da das Ziel des Datenschutzrechts, die Gewährleistung der informationellen Selbstbestimmung dementgegen jedoch keinesfalls an Bedeutung verliere, müßten "neue strategische Ansatzpunkte" gefunden werden. Dies gelte insbesondere vor dem Hintergrund, daß das Recht auf informationelle Selbstbestimmung von vielen als Behinderung wirtschaftlicher oder behördlicher Aktivitäten angesehen werde und die bestehenden Regelungswerke, auch und gerade wegen immer weiterer bereichsspezifischer Datenschutzvorschriften, zum Teil sehr schwer verständlich seien.

Bei der Suche nach neuen Ansätzen spiele eine datenschutzfreundliche Systemgestaltung ("Datenschutz durch Technik") eine bedeutsame Rolle. Auch das Prinzip der (technischen) Datenvermeidung gewinne an Bedeutung, da eine flächendeckende Kontrolle der Einhaltung der Datenschutzvorschriften zukünftig bei der "massenhaften Nutzung" der neuen Dienste nicht möglich sei. Um so empfehlenswerter sei aber eine systematische Stichprobenkontrolle, für die die rechtlichen Voraussetzungen zu schaffen seien. Von zentraler Bedeutung sei dabei die Schaffung klarer Verantwortungsregelungen mit ausreichender Verantwortungszuweisung [815].

---

[812] vgl. BVerfGE 65, 1 (43) - Volkszählung

[813] vgl. Hassemer, DuD 96, 195 (196 f., 199)

[814] vgl. Bull, Thesen, Hamburger Datenschutzhefte, S. 1 ff.

[815] vgl. Bull, Thesen, These 7., S. 2; in diesem Zusammenhang geht Bull davon aus, daß die neuen Vorschriften zur Verantwortlichkeit in § 5 TDG "offenbar" nicht die datenschutzrechtliche

Insgesamt sei jedoch zu berücksichtigen, daß in einer vernetzten Kommunikationswelt nicht die vollkommene Abschottung der Teilnehmer von einander gesichert werden könne. Unter der Prämisse, daß es überwiegend der Bestimmungsgewalt des einzelnen überlassen bleibe, welche und wieviele Informationen über eine Person im Netz vorliegen, führt *Bull* aus: "Wer nicht auf die Vorteile des weltweiten Verbundes verzichten will, muß ein gewisses Risiko laufen, daß Dritte etwas über ihn oder sie erfahren"[816]. Soziales Geschehen sei nicht allein durch Recht zu steuern. Auch die ordnende Kraft des Marktes führe nicht notwendig zu gesellschaftlich erwünschten Ergebnissen. Unter Anspielung auf die "Netiquette" setzt *Bull* auf soziale Regeln. Die "virtuelle Gemeinschaft der Internet-Nutzer" scheine eigene Regeln für den Umgang mit unerwünschten Inhalten zu entwickeln. Solche Mechanismen dürfe die Rechtswissenschaft nicht übersehen.

V. Die "Multimediagesetze" des Bundes und der Länder

Am 1.8.97 sind das Informations- und Kommunikationsdienstegesetz des Bundes (IuKDG)[817] und der Mediendienste-Staatsvertrag der Länder (MDStV)[818] in Kraft getreten. Während das IuKDG als Artikelgesetz in insgesamt 9 Gesetze untergliedert ist und hierbei neben dem eigentlichen "Multimediagesetz", dem Gesetz über die Nutzung von Telediensten (Teledienstegesetz - TDG, Art. 1 IuKDG), ein bereichsspezifisches Datenschutzgesetz (Gesetz über den Datenschutz bei Telediensten, Teledienstedatenschutzgesetz - TDDSG, Art. 2 IuKDG) sowie das bereits zuvor erwähnte Gesetz zur digitalen Signatur (Signaturgesetz - SigG, Art. 3 IuKDG[819]) enthält, verzichtet der MDStV auf diese Untergliederung und beinhaltet gleichermaßen Vorschriften über die inhaltliche Gestaltung der Dienste und die damit korrespondierenden Pflichten der Anbieter wie auch besondere Datenschutzbestimmungen.

Beide Gesetze verfolgen den Zweck, einheitliche wirtschaftliche Rahmenbedingungen für die verschiedenen Nutzungsmöglichkeiten der elektronischen Infor-

---

Verantwortung betreffen. Gleichzeitig kritisiert er die "zurückhaltende" Verantwortungszuweisung.

[816] Bull, Thesen, These 10, S. 2

[817] BGBl. I 97, 1870; allgemein zu diesem Gesetz: Engel-Flechsig/Maennel/Tettenborn, NJW 97, 2981; dies., Rahmenbedingungen, S. 9 ff. (dort auch zum MDStV)

[818] Hmb. GVBl. 97, 254; allgemein zu diesem Gesetz: Gounalakis, NJW 97, 2993; dort in Fn. 1 auch weitere Fundstellen des Gesetzestextes in den Landes-GVBl.

[819] vgl. hierzu oben in diesem Kapitel, § 1 I 3.

mations- und Kommunikationsdienste zu schaffen (vgl. § 1 TDG, § 1 MDStV) [820]. Sie sind daher in zahlreichen zentralen Vorschriften, z.B. hinsichtlich der Verantwortlichkeit, wortgleich gehalten. Der MDStV enthält aber zusätzliche Vorschriften nach Art der Presse- und Rundfunkgesetze über die inhaltliche Ausgestaltung von Angeboten, Sorgfaltspflichten, unzulässige Angebote etc. und normiert einen Gegendarstellungsanspruch (hierzu im Einzelnen sogleich unter 3.).

An beiden Gesetzen ist bereits kurz nach ihrem Inkrafttreten bzw. schon anhand der gleichlautenden Entwurfsfassungen Kritik geäußert worden [821]. Während die Kritik zum einen in ganz grundsätzlicher Weise darauf gestützt wird, daß die neuen Vorschriften "in eklatanter Weise hinter den Anforderungen zurückbleibt, die an eine moderne Regulierung komplexer dynamischer Märkte gestellt werden müssen" [822], richtet sich eine größere Anzahl kritischer Stimmen gegen die mangelnde Abgrenzbarkeit der Teledienste i.S.d. TDG von den Mediendiensten i.S.d. MDStV und die daraus resultierenden Rechtsunsicherheiten [823]. Im gleichen Zusammenhang wurde bereits im Detail dargelegt, daß sich einzelne Nutzungsmöglichkeiten der neuen Dienste nicht schlüssig den Tatbestandsmerkmalen der Teledienste (vgl. § 2 TDG) bzw. der Mediendienste (vgl. § 2 MDStV) zuordnen lassen. Dies gilt insbesondere für den - besonders praxisrelevanten - Bereich der Nutzung des Internet im world wide web (www) [824].

Die Existenz paralleler Rechtsnormen ist ebenso wie die soeben genannte Abgrenzungsproblematik u.a. eine Folge des die Multimedia-Gesetzgebung begleitenden Streits zwischen Bund und Ländern um die Gesetzgebungskompetenz. Insoweit bedarf es eines kurzen Rückblicks auf das Gesetzgebungsverfahren, bevor sodann die nach gültiger Rechtslage anzuwendende Abgrenzung zwischen Telediensten, Mediendiensten und Rundfunk nachvollzogen werden kann.

---

[820] Zum IuKDG und MDStV vgl. auch die ersten Stellungnahmen von Seiten der Ländervertreter: Kuch (Bayern), ZUM 97, 225; Knothe (Schleswig-Hostein), AfP 97, 494; sowie die ersten Einschätzungen von Ladeur, ZUM 97, 372 (382 ff.); Röger, ZRP 97, 203 (209 f.); Engel-Flechsig, ZUM 97, 231

[821] vgl. Ladeur, AfP 97, 598 (605); Kröger/Moos, AfP 97, 675 (680); Kröger/Moos, ZUM 97, 462 (463 ff.); Esser-Wellié, AfP 97, 608 (609); Depenheuer, AfP 97, 669 (672); Hochstein, NJW 97, 2977 (2979 ff.); Gounalakis, NJW 97, 2993 (3000)

[822] so z.B. Ladeur, AfP 97, 598 (605) zum Entwurf des MDStV

[823] vgl. Kröger/Moos, AfP 97, 675 (679 f.); Kröger/Moos, ZUM 97, 462 (463 ff.); Gounalakis, NJW 97, 2993 (3000); insbesondere zur Abgrenzungsproblematik Mediendienst/Rundfunk: Hochstein, NJW 97, 2977 (2979 ff.)

[824] vgl. Kröger/Moos, AfP 97, 675 (679 f.)

1. Die Abgrenzung der Geltungsbereiche

Die Vorbereitung der neuen gesetzlichen Regelungen zu den Tele- und Mediendiensten war geprägt von Kompetenzstreitigkeiten zwischen Bund und Ländern. Darin spiegelte sich die Erscheinungsvielfalt der neuen Dienste wider, bei denen die Grenzen zwischen Individualkommunikation und Massenkommunikation, also z.B. zwischen Telekommunikation und Rundfunk, verschwimmen. Diese Konvergenz der Medien führt zu Schwierigkeiten, die vielfältigen Anwendungen der neuen Informations- und Kommunikationstechnologien in das bestehende Rechtssystem - hier in die Verteilung der Gesetzgebungskompetenz nach Artt. 70 ff. GG - einzuordnen [825].

Am 1.7.96 wurde bei einem Bund-Länder-Gespräch im Bundeskanzleramt in Bonn auf politischer Ebene eine grundsätzliche Einigung erzielt [826], die am 18.12.96 vom Bundeskanzler und den Ministerpräsidenten der Länder in einer gemeinsamen Erklärung bestätigt wurde [827] und auf der die jetzt vorliegenden Gesetze beruhen. Nach dieser Einigung soll die Zuständigkeit für solche Dienste, die an die Allgemeinheit gerichtet sind, aufgrund ihrer Sachnähe zu den Bereichen Rundfunk und Presse bei den Ländern liegen. Der Bund soll für die Dienste, die nicht an die Allgemeinheit gerichtet sind, zuständig sein (Individualkommunikationsdienste). Gleichzeitig wurde ein Einvernehmen darüber erzielt, daß sowohl der Bund als auch die Länder im Rahmen dieser grundsätzlichen Kompetenzabgrenzung Regelungen zum Bereich Multimedia treffen, wobei die Begriffsbestimmungen in beiden Regelungswerken wortgleich gefaßt werden sollen.

In einer näheren Zuordnung der konkret bekannten Nutzungsformen zu der obengenannten Kompetenzteilung wurde festgelegt, daß in die Zuständigkeit des Bundes die folgenden Bereiche fallen:

---

[825] grundlegend zu den kompetenzrechtlichen Fragen: Bullinger/Mestmäcker, S.135 ff. (basierend auf einem Gutachten für das BMBF vom Mai 1996)

[826] An diesem Gespräch haben u.a. für den Bund Bundesjustizminister Schmidt-Jortzig und Bundesforschungsminister Rüttgers, sowie von der Länderseite die Ministerpräsidenten Beck und Stolpe teilgenommen. Die nachführenden Ausführungen beziehen sich auf einen unveröffentlichten Erinnerungsvermerk der Länder vom 2.7.96; vgl. hierzu auch NJW-Wochenspiegel Heft 30, 1996, S. XXIX

[827] Die Erklärung vom 18.12.96 ist abgedruckt bei Engel-Flechsig, ZUM 97, 231. Sie enthält keine näheren Angaben zur Abgrenzung der Zuständigkeitsbereiche, sondern im wesentlichen eine politische Absichtserklärung, wonach Bund und Länder gegenwärtig und zukünftig einvernehmlich bei der Gestaltung der Multimediagesetzgebung kooperieren werden.

- Elektronische Post (e-mail)

- Telebanking

- Telearbeit

- Telemedizin

- Videokonferenzen

- Telelearning in geschlossenen Benutzergruppen und

- Elektronische Buchungsdienste.

Als "Rundfunk" und damit der Regelungskompetenz der Länder unterliegend wurden eingeordnet:

- Pay-TV

- Pay-per-view und

- Near video on demand.

Einige der hinsichtlich der Gefährdungen der Persönlichkeit besonders problemträchtigen Bereiche waren zwischen Bund und Ländern bis zum Schluß umstritten. Hierbei handelt es sich um Übertragungsdienste, die nach ihrer technischen Ausgestaltung den Nutzern die Möglichkeit eröffnen, sie gleichermaßen beliebig für individuelle und massenkommunikative Zwecke einzusetzen, wie dies gerade bei der großen Anzahl der gegenwärtig am Markt präsenten Online-Dienste der Fall ist. Bezüglich dieses sogenannten "Grenzbereiches" einigte man sich im Zuge des Gesamtkompromisses auf folgende Formel:

"Datendienste" und Telespiele werden dem Regelungsbereich des Bundes zugeordnet. Elektronische Presse und video on demand unterfallen der Ländern, soweit es sich im Falle des video on demand nicht um einen Individualdienst handelt [828].

---

[828] Die Einschränkung bzgl. der Individualdienste meint z.B. individuelle Übertragung von Krankheitsbildern im medizinischen Bereich zwischen zwei konkreten Kommunikationspartnern (Sender/Empfänger) unter Ausschluß weiterer Empfänger.

Umstritten blieb der Bereich Teleshopping. Hierzu verständigte man sich darauf, daß der Bund eine Protokollerklärung der Länder, in welcher diese entsprechend den bisherigen Regelungen im Btx-Staatsvertrag die Regelungskompetenz für sich beanspruchen, zur Kenntnis nehmen werde. Von Seiten der Länder wurde dies in der Sache als Zustimmung bewertet.

Offengelassen wurde die Kompetenzzuordnung hinsichtlich der Dienste aus dem "Grenzbereich" insoweit, als daß im Einvernehmen festgestellt wurde, daß Dienste durch die Aufnahme redaktionell gestalteter Inhalte zum Rundfunk hin mutieren können und dann veränderten Regelungsnotwendigkeiten unterfallen können. Hinsichtlich des Auftretens völlig neuer Dienste, die nicht in eine der genannten Bereiche einzuordnen sind, hat sich die politische Runde ergänzende Vereinbarungen vorbehalten.

Bei der nachfolgenden Abstimmung der Gesetzentwürfe hat sich schnell gezeigt, daß zahlreiche Einzelaspekte der Abgrenzung trotz der politischen Einigung umstritten geblieben sind [829]. Diese Unklarheiten haben sich auch in den Vorschriften über die Geltungsbereiche des TDG und des MDStV niedergeschlagen.

Der MDStV gilt für die sogenannten Mediendienste. Hierunter versteht der MDStV das Angebot und die Nutzung von an die Allgemeinheit gerichteten Informations- und Kommunikationsdienste in Text, Ton oder Bild, die unter Benutzung elektromagnetischer Schwingungen ohne Verbindungsleitung oder längs oder mittels eines Leiters verbreitet werden. Hinsichtlich dieser Beschreibung der Übertragungstechnik orientiert sich der Regelungsentwurf der Länder an der bekannten Formulierung des Rundfunkbegriffs im Rundfunkstaatsvertrag (RfStV) [830]. Dessen Bestimmungen bleiben unberührt, vgl. § 2 Abs. 1 Satz 2 MDStV. Ebenso grenzt der MDStV seinen Geltungsbereich in formaler Weise

---

[829] Auf der Arbeitsebene der Rundfunkreferenten der Länder und der Referenten der Bundesministerien wurde die Abgrenzung des Anwendungsbereiches noch Ende August 1996 als grundlegende offene Frage behandelt (vgl. "Katalog offener Fragen zur Abgrenzung des TDG und des MDStV", (unveröffentlichter) Vermerk des BMBF vom 30.8.96). Nachgedacht wurde insbesondere über weiteren Abgrenzungskriterien, z.B. nach inhaltlichen Merkmalen (publizistische Relevanz).

[830] § 2 RfStV: "Rundfunk ist die für die Allgemeinheit bestimmte Veranstaltung und Verbreitung von Darbietungen aller Art in Wort, in Ton und in Bild unter Benutzung elektromagnetischer Schwingungen ohne Verbindungsleitung oder längs oder mittels eines Leiters. (...) ."

gegenüber dem Teledienstegesetz und dem TKG ab (§ 2 Abs. 1 Satz 3 MDStV [831]).

Präzisierend werden in § 2 Abs. 2 MDStV einige Formen der Mediendienste aufgezählt:

1. Verteildienste in Form von direkten Angeboten an die Öffentlichkeit für den Verkauf, den Kauf oder die Miete oder Pacht von Erzeugnissen oder die Erbringung von Dienstleistungen (Fernseheinkauf),

2. Verteildienste, in denen Meßergebnisse und Datenermittlungen in Text oder Bild mit oder ohne Begleitton verbreitet werden,

3. Verteildienste in Form von Fernsehtext, Radiotext und vergleichbaren Textdiensten

und

4. Abrufdienste, bei denen Text-, Ton- oder Bilddarbietungen auf Anforderung aus elektronischen Speichern zur Nutzung übermittelt werden, mit Ausnahme von solchen Diensten, bei denen der individuelle Leistungsaustausch oder die reine Übermittlung von Daten im Vordergrund steht, ferner von Telespielen [832].

Die Regelungen des Bundes im TDG gelten für die sogenannten Teledienste. Diese werden in § 2 Abs. 1 TDG definiert als elektronische Informations- und Kommunikationsdienste, die für eine individuelle Nutzung von kombinierbaren Daten wie Zeichen, Bilder oder Töne bestimmt sind und denen eine Übermittlung mittels Telekommunikation zugrunde liegt. Die Vorschriften des TDG gelten aber aufgrund ausdrücklichen Ausschlusses nicht für Telekommunikationsdienstleistungen und das geschäftsmäßige Erbringen von Telekommunikationsdiensten im

---

[831] Der hierzu in § 23 Abs. 2 MDStV vorgesehene Vorbehalt ist gegenstandslos geworden, da in § 2 Abs. 4 Nr. 3 TDG eine entsprechende Abgrenzung zugunsten des MDStV formuliert wurde. Die Aufnahme des Vorbehaltes in den Wortlaut des MDStV zeigt jedoch deutlich, daß die Abgrenzungsfrage "bis zum letzten Moment" streitig war und die Verhandlungen von einem gegenseitigen Mißtrauen geprägt waren.

[832] Nach Ansicht des BMBF kommen aufgrund dieser Definition und der Absprache vom 1.7.96 als Mediendienste folgende Angebote in Betracht: 1. Angebot von Rundfunksendungen auf Abruf (video und audio on demand), 2. Teleshopping im Rahmen von Rundfunk mit indirekter Bestellmöglichkeit (hier als Teleselling bezeichnet), 3. elektronische Verbreitung von Zeitungen und Zeitschriften auf Abruf, 4. Fernsehtext und Radiotext (d.h. Angebot von an die Allgemeinheit gerichteten Informationen in der Austastlücke des Fernsehsignals, bzw. im Radiotext (RDS) des Hörfunksignals, vgl. "Mediendiensteliste" des BMBF vom 30.8.96

Sinne des Telekommunikationsgesetzes (TKG) [833], ferner nicht für Rundfunk i.S.d. § 2 RfStV und Mediendienste (§ 2 Abs. 4 Nr. 1- 3 TDG). Außerdem bleiben presserechtliche Vorschriften unberührt (§ 2 Abs. 5 TDG). Diese Definition wird in § 2 Abs. 2 TDG durch einzelne Angebotsgruppen präzisiert. Teledienste sollen insbesondere sein:

1. Angebote im Bereich der Individualkommunikation (zum Beispiel Telebanking, Datenaustausch),

2. Angebote zur Information und Kommunikation, soweit nicht die redaktionelle Gestaltung zur Meinungsbildung für die Allgemeinheit im Vordergrund steht (Datendienste, zum Beispiel Verkehrs-, Wetter-, Umwelt- und Börsendaten, Verbreitung von Informationen über Waren und Dienstleistungsangebote),

3. Angebote zur Nutzung des Internets oder weiterer Netze,

4. Angebote zur Nutzung von Telespielen,

5. Angebote von Waren und Dienstleistungen in elektronisch abrufbaren Datenbanken mit interaktivem Zugriff und unmittelbarer Bestellmöglichkeit.

§ 2 Abs. 3 TDG stellt klar, daß es bei der Einordnung als Teledienst nicht darauf ankommt, ob diese entgeltlich oder unentgeltlich zur Nutzung angeboten werden.

Der Bund und die Länder haben die Zuordnung der einzelnen heute bekannten Dienste nach dem gegenwärtigen Kenntnisstand vorgenommen. Hierbei stimmen sie darin überein, daß eine abschließende, alle Dienste umfassende Festlegung der jeweiligen Anwendungsbereiche zur Zeit nicht sinnvoll möglich sei [834]. Der Bund und die Länder wollen die Entwicklung neuer Dienste und die Anwendung der gesetzlichen Regelungen fortlaufend beobachten und notwendige Anpassungen

---

[833] Das neue TKG vom 25.7.96 (BGBl. 1996 I, 1120) definiert die Telekommunikation in § 3 Nr. 16 als den "technischen Vorgang des Aussendens, Übermittelns und Empfangens von Nachrichten jeglicher Art in der Form von Zeichen, Sprache, Bildern oder Tönen mittels Telekommunikationsanlagen".

[834] vgl. Protokollerklärung aller Länder zum MDStV, Hmb. Bürgerschafts-Drucksache 15/7276 vom 8.4.97, S. 10; so auch schon die gemeinsame Erklärung vom 18.12.96, abgedruckt bei Engel-Flechsig, ZUM 97, 231

einvernehmlich durchführen [835]. Die Gesetze sollen für künftige Entwicklungen im Bereich der neuen Dienste offen sein [836].

Die Gesetze zeichnen sich in ihrer Gesamtheit durch das gemeinsam verfolgte Ziel aus, alle Erscheinungsformen neuer elektronischer Dienste, die nicht bereits als Rundfunk oder Telekommunikation den jeweils bestehenden Rechtsgrundlagen unterfallen, zu erfassen. Unabhängig von der - wohl nur in Bezug auf die spezifischen Eigenarten jedes Angebots im Einzelfall zu klärenden - Frage, ob es sich um einen Mediendienst oder Teledienst handelt [837], soll es zukünftig keinen elektronischen Dienst geben, der keiner der beiden Regelungen unterfällt, also im "rechtsfreien Raum" betrieben wird.

Ungeachtet der praktischen Zuordnungsprobleme im Einzelfall, die sich aus der Unbestimmtheit der Vorschriften über die Geltungsbereiche ergeben, ist festzustellen, daß sich die gefundene Abgrenzung am Leitbild des Gegensatzpaares Individualkommunikation - Massenkommunikation orientiert [838]. In der Begründung zum TDG heißt es hierzu ausdrücklich:

"Das Gesetz regelt die erweiterten Formen der Individualkommunikation, d.h., die neuen, vom Benutzer individuell im Wege der neuen Informations- und Kommunikationstechnologien nutzbaren Dienste (...). Prägend (...) sind insbesondere die hierdurch möglichen Anwendungen im Sinne eines individuellen und frei kombinierbaren Umgangs mit digitalisierten Informationen verschiedener (interaktiv verwendbarer) Darstellungsformen (z.B. Text, Grafik, Sprache, Bild, Bildfolgen usw.). (...) Aus dieser Wesensbeschreibung ergibt sich, daß Zielrichtung der Informations- und Kommunikationsdienste nicht die auf öffentliche Meinungsbildung angelegte massenmediale Versorgung ist, sondern die durch den Nutzer bestimmbare Kommunikation." [839]

Die Begründung zum MDStV enthält nur eine formale, deklaratorische Erklärung zu der Abgrenzung Mediendienst/Teledienst, beschäftigt sich aber mit dem Merkmal der Allgemeinheit und der Abgrenzung der Mediendienste zum Rundfunk:

---

[835] a.a.O.

[836] so ausdrücklich zum TDG in der Begründung zum Gesetzentwurf, BR-Drucksache 966/96 vom 20.12.96, dort S.20.; ähnlich die Begründung zum MDStV, Hmb. Bürgerschafts-Drucksache 15/7276, dort S. 12

[837] zur einzelfallbezogenen Abgrenzung vgl. Engel-Flechsig/Maennel/Tettenborn, Rahmenbedingungen, S. 12 f.

[838] so auch Hochstein, NJW 97, 2977 (2979); dort auch zur - ebenfalls problematischen - Abgrenzung der Massenkommunikationsmittel Mediendienste/Rundfunk.

[839] BR-Drucksache 966/96, S. 19

"Bei den Mediendiensten handelt es sich - anders als bei den Telediensten nach dem Teledienste-gesetz des Bundes - um solche Informations- und Kommunikationsdienste, die an die Allgemein-heit, d.h. an eine beliebige Öffentlichkeit gerichtet sind. (...) Anders als bei der Definition des Rundfunks nach § 2 Absatz 1 des Rundfunkstaatsvertrages fehlt bei den Mediendiensten das Merkmal der "Darbietung", durch das die besondere Rolle des Rundfunks als Medium und Faktor der öffentlichen Meinungsbildung gekennzeichnet wird." [840]

Auch hinsichtlich der Abgrenzung Mediendienst/Rundfunk dürfte somit auf der Basis der Gesetzesformulierungen in naher Zukunft keine hinreichende Rechtssi-cherheit gewonnen werden können. Dies führt insbesondere zu einer Planungsun-sicherheit bei den Anbietern, da Medien- und Teledienste ausdrücklich zulas-sungs- und anmeldefrei sind (vgl. § 4 TDG, § 4 MDStV), d.h. keiner medienrechtlichen Erlaubnis bedürfen, während die Veranstaltung von Rundfunk traditionell der Zulassung durch die Landesmedienanstalten unterworfen ist. Aus der - hier interessierenden - Sicht des Persönlichkeitsschutzes ist dieses Abgren-zungsproblem jedoch irrelevant, da sowohl der MDStV als auch die einzelnen rundfunkrechtlichen Vorschriften Normen mit persönlichkeitsschützender Wirkung, z.B. das Recht auf Gegendarstellung, aufweisen [841].

Anders stellt sich die Situation hinsichtlich der Abgrenzung von Mediendiensten und Telediensten dar. Hierbei ist festzustellen, daß die Einordnung eines Dienstes als Teledienst i.S.d. § 2 TDG potentiell zu einer Reduzierung des normativen Persönlichkeitsschutzes führt, da im TDG - aufgrund der gedanklichen Zuordnung der Teledienste zur individuellen (Tele-)Kommunikation - besondere Schutzvor-schriften fehlen [842]. Insoweit hat die von großer Unklarheit behaftete Abgrenzung von Telediensten und Mediendiensten hinsichtlich des Persönlichkeitsschutzes eine nicht zu unterschätzende Bedeutung [843].

Dieses theoretisch begründete Problem wird jedoch auf der Ebene der praktischen Normanwendung fast vollständig ausgeglichen. Es ist nämlich festzustellen, daß - wie bereits eingangs dargelegt - nach der gegenwärtigen Fassung von § 2 MDStV und § 2 TDG eine Vielzahl der heutzutage angebotenen Online-Dienste - je nach tatsächlicher Ausgestaltung des einzelnen Angebots - beiden Rechtsvorschriften unterfallen werden. Zahlreiche Dienste lassen sich generell wegen ihrer Nutzungs-

---

[840] Hmb. Bürgerschafts-Drucksache 15/7276, S. 12; kritisch zu dieser Abgrenzung: Hochstein, NJW 97, 2977 (2978 ff.)

[841] zum MDStV vgl hierzu sogleich unter 3. in diesem Abschnitt

[842] hierzu sogleich unter 2./3.

[843] ebenso von Heyl, ZUM 98, 115 hinsichtlich der besonderen Vorschriften im MDStV über unzulässige Inhalte und zum Jugendschutz

und Erscheinungsvielfalt sowohl unter § 2 Abs. 2 TDG als auch unter § 2 Abs. 2 MDStV subsumieren. Dies gilt insbesondere für den Bereich der Internet-Angebote im Bereich des world wide web (www), dem aufgrund der weiterhin stark ansteigenden Nutzung dieses Mediums praktisch eine besonders hohe Relevanz zukommt. Die mangelnde Abgrenzbarkeit wurde bereits frühzeitig nach dem Inkrafttreten des MDStV und des TDG im Detail nachgewiesen [844]. Gleichwohl wurde bereits zutreffend angemerkt, daß sich in der Praxis taugliche Abgrenzungskriterien bei definitionsmäßigen Überschneidungen je nach dem Schwerpunkt des jeweiligen Angebots ergeben werden, wobei die gesetzlichen "Regelbeispiele" als Abgrenzungshilfe verstanden werden können [845].

Dieses vom Gesetzgeber nicht beabsichtigte, aber mangels Alternativen offenbar stillschweigend geduldete Ergebnis [846] ist unmittelbarer Ausdruck der Konvergenz der Medien, durch die sich "Multimedia" gerade auszeichnet. Es bleibt abzuwarten, wie die Judikatur mit dieser Problematik umgehen wird, wobei die Abgrenzungsprobleme in der Praxis durch eine wortgleiche Ausgestaltung zahlreicher zentraler Vorschriften begrenzt wurden. Dies wird nachfolgend dargestellt.

2. Das Informations- und Kommunikationsdienstegesetz (IuKDG) des Bundes

Beim Informations- und Kommunikationsdienstegesetz (IuKDG) des Bundes [847] handelt es sich um ein Artikelgesetz, welches neben dem Gesetz über die Nutzung von Telediensten (Art. I: Teledienstegesetz - TDG) auch das Teledienstunternehmendatenschutzgesetz (TDDSG) enthält. Ferner enthält das IuKDG ein Gesetz

---

[844] vgl. Krüger/Moos, AfP 97, 675 (677 ff.), dort inbesondere S. 679 zum www; Gounalakis, NJW 97, 2993 (2994 f.); Hochstein, NJW 97, 2977 (2978 ff.); von Heyl, ZUM 98, 115 (116 ff.); von Bonin/Köster, ZUM 97, 821 (821 ff.); Roßnagel, NVwZ 98, 1 (3). Früher bereits (unter dem Aspekt der Datenschutzvorschriften) Wuermeling, DSB 12/96, S. 1 (2).

[845] vgl. Roßnagel, NVwZ 98, 1 (3)

[846] In den Expertenanhörungen wurde bereits während des Gesetzgebungsverfahrens auf dieses Problem hingewiesen, vgl. z.B. Esser-Wellié, AfP 97, 608 (609).

[847] allgemein zum IuKDG Engel-Flechsig/Maennel/Tettenborn, NJW 97, 2981; die Autoren waren im BMBF/Referat "M 1 - Multimedia-Gesetzgebung" an der Entstehung des IuKDG beteiligt.

über digitale Unterschriften (Art. III: Gesetz zur digitalen Signatur - SigG [848]) und mehrere Änderungsgesetze [849].

Im TDG wird u.a. wortgleich mit der entsprechenden Vorschrift im MDStV die Verantwortlichkeit für die Inhalte der Dienste geregelt (§ 5 TDG, § 5 MDStV), wobei beide Gesetzgeber ein gestuftes Verantwortlichkeitsmodell gewählt haben. Die Gesetze differenzieren hierbei zwischen eigenen und fremden Inhalten, die zur Nutzung bereitgehalten werden, und solchen Inhalten, zu denen lediglich der Zugang vermittelt wird. Diese Unterscheidung zielt auf die unterschiedliche Ausgestaltung von Online-Diensten als Content-Provider (mit eigenen Inhalten) und Service-Providern (also solchen, die nur den Zugang ermöglichen und die Auswahl und Abfrage vereinfachen) [850].

Einigkeit dürfte trotz anfänglicher Unsicherheiten darin bestehen, daß § 5 TDG nicht nur die Verantwortlichkeit für die Einhaltung der Vorschriften des TDG erfaßt, sondern übergreifend die zivilrechtliche, strafrechtliche und verwaltungsrechtliche Verantwortlichkeit regelt [851], wobei durch § 5 TDG keine Haftung begründet wird, sondern diese Vorschrift nur als "akzessorischer Filter" festlegt, wann überhaupt eine Haftung nach dem allgemeinen Recht eingreifen kann [852]. Dies ergibt sich auch unmittelbar aus dem Gesetzeswortlaut: Diensteanbieter [853] sind für eigene Inhalte, die sie zur Nutzung bereithalten, nach den allgemeinen Gesetzen verantwortlich, § 5 Abs. 1 TDG. In diesen Fällen greift kein besonderer "Filter" ein. Rechtswidrige Inhalte, für deren Verbreitung "offline", also z.B. innerhalb gedruckter Medien, eine originäre Verantwortlichkeit des Anbieters besteht, können haftungsrechtlich auch "online" nicht privilegiert werden [854]. Eine Begrenzung der Verantwortlichkeit tritt erst auf der Stufe der Service-Provider

---

[848] hierzu Geis, NJW 97, 3000

[849] Die Änderungen betreffen u.a. das StGB (Art. 4), das OWiG (Art. 5), das GjS (Art. 6; hierzu Reinwald, ZUM 97, 450), das UrhG (Art. 7). Hinzuweisen ist insbesondere auf die Änderung des StGB, wonach in § 11 Abs. 3 (Schriftenbegriff) die Datenspeicher aufgenommen werden sollen.

[850] vgl. Eberle, FS Engelschall, S. 156; hierzu auch Sieber, CR 97, 581 (583 ff.)

[851] vgl. Sieber, CR 97, 581 (583); Engel-Flechsig/Maennel/Tettenborn, Rahmenbedingungen, S. 15 ff.; dies ergibt sich auch aus der Gesetzesbegründung, obgleich es dort an einer expliziten Klarstellung mangelt, vgl. BR-Drucksache 966/96, S. 21 f.

[852] vgl. Engel-Flechsig/Maennel/Tettenborn, NJW 97, 2981 (2984 f.)

[853] Hierunter versteht das Gesetz alle natürlichen und juristischen Personen, die eigene oder fremde Teledienste zur Nutzung bereithalten oder den Zugang zur Nutzung vermitteln, § 3 Nr. 1 TDG, gleichlautend § 3 Nr. 1 MDStV.

[854] vgl. Sieber, CR 97, 581 (583)

ein: Sie sind gem. § 5 Abs. 2 TDG für fremde Inhalte in ihrem Netz (also für von Dritten auf ihren Datenspeichern hinterlegte Inhalte) nur dann verantwortlich, wenn sie von diesen fremden Inhalten Kenntnis haben und es ihnen technisch möglich und zumutbar ist, die Nutzung zu verhindern. Für fremde Inhalte, zu denen lediglich der Zugang zur Nutzung vermittelt wird (also Inhalte auf fremden Datenspeichern), schließt § 5 Abs. 3 TDG die Verantwortlichkeit aus, wobei die automatische und kurzzeitige Vorhaltung fremder Inhalte auf dem eigenen Datenspeicher aufgrund einer Nutzerabfrage kraft gesetzlicher Definition als Zugangsvermittlung angesehen wird, § 5 Abs. 3 Satz 2 TDG. Verpflichtungen zur Sperrung der Nutzung rechtswidriger Inhalte nach den allgemeinen Gesetzen sollen wiederum unberührt bleiben, sofern der Diensteanbieter unter Wahrung des Fernmeldegeheimnisses gemäß § 85 TKG von diesen Inhalten Kenntnis erlangt und eine Sperrung technisch möglich und zumutbar ist, § 5 Abs. 4 TDG. Nach dem Willen des Gesetzgebers soll diese Vorschrift jedoch keine selbständige, verschuldensunabhängige Verpflichtung begründen, Störungen der öffentlichen Ordnung oder rechtswidrige Verletzungen privater Rechte zu unterlassen [855].

Die unbestimmten Merkmale der "Zumutbarkeit" und der "technischen Möglichkeit" sind somit in doppelter Funktion von entscheidender Bedeutung für die Verantwortlichkeit für fremde, rechtswidrige Inhalte (§ 5 Abs. 2 TDG) und die Sperrung rechtswidriger Inhalte (§ 5 Abs. 4 TDG). Hierbei handelt es sich notwendigerweise um unbestimmte Rechtsbegriffe, die § 5 TDG flexibel auf sich technisch ständig und in rasantem Tempo verändernde Sachverhalte anwendbar macht, ohne daß es ständiger Novellierungen bedarf [856]. Während das Merkmal der "technischen Möglichkeit" also ständig neu zu definieren sein wird, kann hinsichtlich der Zumutbarkeit auf eine gefestigte (verfassungsrechtliche) Definition zurückgegriffen werden. Als zumutbar sind solche Maßnahmen anzusehen, die geeignet und erforderlich sind, die rechtswidrige Störung zu beseitigen und gleichzeitig nicht außerhalb jedes vernünftigen Verhältnisses zum Wert des verletzten Rechtsgutes stehen [857]. Der Sache nach ist also eine Güterabwägung zwischen den schutzwürdigen Interessen des Anbieters, des Verletzten und der

---

[855] vgl. BR-Drucksache 966/96, S. 23

[856] vgl. Sieber, CR 97, 581 (583); dort auch zur Auslegung des Begriffs der Zumutbarkeit und zu den technischen Möglichkeiten der Einflußnahme auf Netzinhalte. Zur Zumutbarkeit vgl. auch Gounalakis, NJW 97, 2993 (2995); Engel-Flechsig/Maennel/Tettenborn, NJW 97, 2981 (2985); zu den technischen Möglichkeiten bei Sperrungen im Internet (und deren Umgehungsmöglichkeiten), vgl. Köhntopp/Köhntopp/Seeger, KuR 98, 25

[857] vgl. Gounalakis, NJW 97, 2993 (2995); ähnlich auch die Begründung zu § 5 TDG, vgl. BR-Drucksache 966/96, S. 22 und zu § 5 MDStV, vgl. Hmb. Bürgerschafts-Drucksache 15/7276, S. 13; detailliert zu der damit einhergehenden Güterabwägung: Sieber, CR 97, 581 (584 ff.)

Allgemeinheit durchzuführen, wie sie dem Medienrecht von jeher nicht fremd ist [858].

Zur praktischen Absicherung der Verantwortlichkeitsregeln schreibt das TDG in § 6 vor, daß die Diensteanbieter ihren Namen und ihre Anschrift, ggf. bei Personenvereinigungen auch Namen und Anschrift des Vertretungsberechtigten, anzugeben haben. Diese Pflicht ist jedoch auf die "geschäftsmäßigen Angebote" begrenzt, was sich daraus erklärt, daß die Vorschrift nach der Gesetzesbegründung dem Verbraucherschutz dienen soll [859]. Sie soll ein "Mindestmaß an Transparenz und Information" über den Vertragspartner sicherstellen und so auch einen Anknüpfungspunkt für eine etwaig gebotene Rechtsverfolgung bieten [860]. Ob mit dieser Eingrenzung auch die notwendige Voraussetzung der Rechtsverfolgung von Persönlichkeitsrechtsverletzungen geschaffen wurde, erscheint fraglich. Die Anwendung des TDG in der Praxis wird hier zeigen müssen, ob und in welchem Umfange die Rechtsverfolgung an der Anonymität des Verletzers oder des nach § 5 verantwortlichen Diensteanbieters scheitert.

Im Gegensatz zu den Vorentwürfen sind in der jetzt gültigen Fassung die Datenschutzvorschriften in ein besonderes Gesetz, das Gesetz über den Datenschutz bei Telediensten (Teledienstedatenschutzgesetz, TDDSG, Art. 2 des IuKDG) ausgelagert worden. Bei den Vorschriften des TDDSG handelt es sich um bereichsspezifische Datenschutzvorschriften, die die telekommunikationsrechtlichen Datenschutzvorschriften und das BDSG ergänzen [861]. Soweit das TDDSG besondere Vorschriften aufweist, gehen diese dem BDSG vor. In Bezug auf den telekommunikationsrechtlichen Datenschutz (TKG) regelt dieser den Umgang mit Daten über den technischen Telekommunikationsvorgang, während das TDDSG ergänzend besondere Vorschriften auf der inhaltlichen Ebene aufstellt [862]. Im TDDSG werden neben den Grundsätzen für die Verarbeitung personenbezogener Daten und den sonstigen datenschutzrechtlichen Pflichten des Diensteanbieters (§§ 3, 4 TDDSG) auch besondere Vorschriften für Bestandsdaten (§ 5

---

[858] so z.B. bei der ständig wiederkehrenden Güterabwägung zwischen dem allgemeinen Persönlichkeitsrecht und der Pressefreiheit in Presserechtsstreitigkeiten über die Reichweite des Schutzes der Privatsphäre und des Rechts am eigenen Bild, grundlegend BVerfGE 35, 202 - Lebach

[859] vgl. BR-Drucksache 966/96, S. 23

[860] vgl. a.a.O.

[861] vgl. Engel-Flechsig/Maennel/Tettenborn, NJW 97, 2981 (2985 f.)

[862] vgl. Engel-Flechsig/Maennel/Tettenborn, Rahmenbedingungen, S. 22 f.; Schrader, Datenschutzregelungen, S. 16

TDDSG) [863], sowie Nutzungs- und Abrechnungsdaten (§ 6 TDDSG) [864] aufgestellt. Die jeweils einschlägigen Vorschriften gelten auch dann, wenn die Daten nicht in Dateien verarbeitet oder genutzt werden, sofern im Einzelfall nichts anderes bestimmt ist (§ 1 Abs. 2 TDDSG) [865]. Bei der Schaffung des TDDSG wurden bereits die Vorgaben der EU-Datenschutzrichtlinie beachtet [866]. Der Entwurf folgt dem Prinzip der (technischen) Datenvermeidung ("Systemdatenschutz" [867]). Dieser Grundsatz findet seinen Ausdruck u.a. dadurch, daß den Diensteanbietern auferlegt wird, die Inanspruchnahme und Bezahlung von Telediensten anonym oder unter Pseudonym erfolgen zu lassen, "soweit dies technisch möglich und zumutbar ist". Der Nutzer ist über diese Möglichkeit zu informieren (§ 4 Abs. 1 TDDSG). Der Diensteanbieter hat durch technische und organisatorische Vorkehrungen sicherzustellen, daß die anfallenden Daten über den Ablauf des Abrufs oder des Zugriffs oder der sonstigen Nutzung unmittelbar nach deren Beendigung gelöscht werden. Ausnahmen gelten nur für die (besonderen Vorschriften unterfallenden) Abrechnungsdaten, §§ 4 Abs. 2 Nr. 2, 6 TDDSG [868]. Die Gestaltung und Auswahl technischer Einrichtungen hat sich an dem Ziel zu orientieren, keine oder so wenig wie möglich personenbezogene Daten zu erheben, zu verarbeiten und zu nutzen (§ 3 Abs. 4 TDDSG). Hieraus folgt u.a., daß die Verarbeitung von Daten, die bei Einhaltung des Grundsatzes der Datenvermeidung gar nicht erhoben worden wären, rechtswidrig ist und insoweit die allgemeinen Kontroll- und Sanktionsmittel des BDSG Anwendung finden [869].

Das TDDSG hält auch das dem deutschen Datenschutzrecht zugrunde liegende Prinzip des Verbots mit Erlaubnisvorbehalt im Umgang mit der Verarbeitung personenbezogener Daten aufrecht. Die Erhebung, Verarbeitung und Nutzung von

---

[863] Hierunter versteht das TDDSG personenbezogene Daten, die für die Begründung, inhaltliche Ausgestaltung oder Änderung des Vertragsverhältnisses mit ihm über die Nutzung von Telediensten erforderlich sind, vgl. § 5 Abs. 1 TDDSG.

[864] Dies sind Daten über die Inanspruchnahme von Telediensten zum Zwecke der Nutzung der Dienste und der Abrechnung, vgl. § 6 TDDSG.

[865] Damit erfüllt das TDDSG die Vorgaben des Art. 3 der allgemeinen Datenschutzrichtlinie der EU, vgl. Wuermeling DSB 12/96, S. 1 (2)

[866] vgl. Engel-Flechsig/Maennel/Tettenborn, Rahmenbedingungen, S. 22; Gounalakis, NJW 97, 2993 (2998)

[867] hierzu Engel-Flechsig/Maennel/Tettenborn, NJW 97, 2981 (2987); dies., Rahmenbedingungen, S. 22, 25 f.; Roßnagel, NVwZ 98, 1 (4)

[868] Ähnlich enge Vorschriften zur zeitnahen Löschung sind hinsichtlich der Nutzungs- und Abrechnungsdaten in § 6 Abs. 2 TDDSG geregelt.

[869] vgl. Wuermeling, DSB 12/96, S. 1 (3)

personenbezogenen Daten durch die Diensteanbieter bedarf einer gesetzlichen Ermächtigung oder einer eindeutigen, bewußten und freiwilligen Einwilligung des Betroffenen (vgl. § 3 TDDSG). Die §§ 5 und 6 TDDSG formulieren die gesetzliche Ermächtigung hinsichtlich der Bestands-, Nutzungs- und Abrechnungsdaten im Sinne einer engen Bindung an die Erforderlichkeit der Datenerhebung, -verarbeitung und -nutzung.

Auch das Gebot der Zweckbindung hat im TDDSG seinen Ausdruck gefunden. Da das TDDSG uneingeschränkt auch im nicht öffentlichen Bereich gelten soll, geht es über den Zweckbindungsgrundsatz des BDSG hinaus [870]. Der Diensteanbieter darf für die Durchführung von Telediensten erhobene Daten für andere Zwecke nur aufgrund gesetzlicher Erlaubnis oder Einwilligung verarbeiten. Die Erteilung einer solchen Einwilligung darf nicht zur Bedingung der Erbringung von Telediensten gemacht werden (§ 3 Abs. 2, 3 TDDSG). Ausdrücklich untersagt ist die Übermittlung von Nutzungs- und Abrechnungsdaten an Dritte (§ 6 Abs. 3 TDDSG). Unter dem Vorbehalt der ausdrücklichen Einwilligung des Betroffenen soll die Verarbeitung und Nutzung von Bestandsdaten für Zwecke der Beratung, der Werbung, der Marktforschung oder zur bedarfsgerechten Gestaltung der Technik zulässig sein.

Ausdrücklich verboten ist es gemäß § 4 Abs. 4 bzw. § 6 Abs. 5 TDDSG, personenbezogene Nutzungsprofile und entsprechende Gebührenabrechnungen (also solche, die Anbieter, Zeitpunkt, Dauer, Art, Inhalt und Häufigkeit der Inanspruchnahme von Telediensten erkennen lassen) zu erstellen [871].

Die praktische Einhaltung der Vorschriften des TDDSG wird außer durch die Vorschriften zur Datenschutzkontrolle gem. § 8 TDDSG i.V.m. § 38 BDSG vor allem durch Informationspflichten und Auskunftsrechte des Nutzers abgesichert. Jeder Nutzer ist vor der Erhebung über Art, Umfang, Ort und Zwecke der Erhebung, Verarbeitung und Nutzung seiner Daten zu unterrichten (§ 3 Abs. 5 TDDSG). Er ist u.a. berechtigt, jederzeit die zu seiner Person gespeicherten Daten einzusehen (§ 7 TDDSG).

Im Hinblick auf die Dynamik der Regelungsmaterie wurde dem Bundesdatenschutzbeauftragten in § 8 Abs. 2 TDDSG ausdrücklich auferlegt, die Entwicklung des Datenschutzes bei Telediensten zu beobachten und darüber im Tätigkeitsbericht zu berichten. Mit dieser Aufgabenzuweisung soll sichergestellt werden, daß die praktischen Erfahrungen in evtl. erforderliche Gesetzesänderungen münden

---

[870] vgl. Wuermeling, DSB 12/96, S. 1 (4)

[871] hierzu Engel-Flechsig/Maennel/Tettenborn, NJW 97, 2981 (2987)

und auf diese Weise Regelungsdefizite zeitnah behoben werden. Diese Vorschrift steht somit in einem engen Zusammenhang mit einer Entschließung des Deutschen Bundestags anläßlich der Verabschiedung des IuKDG, in welcher die Bundesregierung aufgefordert wurde, die tatsächliche Entwicklung bei den neuen Diensten zu beobachten, den Ergänzungs- und Anpassungsbedarf der rechtlichen Rahmenbedingungen zu erkunden und hierüber bis zum 1.8.99 einen Bericht vorzulegen [872]. Diese Vorgehensweise trägt dem Erfordernis einer fortlaufenden Überwachung der praktischen Entwicklungen im Bereiche der neuen Medien Rechnung.

3. Der Staatsvertrag der Länder über Mediendienste

Der Staatsvertrag der Länder über Mediendienste (MDStV), welcher den Bildschirmtext-Staatsvertrag (Btx-StV) ersetzt (§ 23 Abs. 3 MDStV), geht in Teilen über die Regelungen des Bundes hinaus und enthält zusätzliche "medienspezifische" [873] Vorschriften. Er sieht z.B. eine staatliche Aufsicht vor und enthält zusätzliche Vorschriften, welche den Besonderheiten des presse- und rundfunkrechtlichen Bezugs der an die Allgemeinheit gerichteten Mediendienste Rechnung tragen sollen. So sind im MDStV insbesondere Vorschriften zur namentlichen Kennzeichnung journalistisch-redaktionell gestalteter Angebote nach Art der "Impressumspflicht" in den Pressegesetzen und zum Recht auf Gegendarstellung vorgesehen (§§ 6 Abs. 2, 10 MDStV), die in der Praxis zur Wahrung des Persönlichkeitsschutzes von Bedeutung sind. Ferner sind im Unterschied zum TDG Regelungen über unzulässige Inhalte, Werbung und Sponsoring vorgesehen, die sich an den Vorschriften des Presserechts und des RfStV orientieren.

Infolge des von politischer Seite angestrebten Einklangs zwischen den Vorschriften der Länder und denen des Bundes sind die soeben unter 2. dargestellten Regelungen zur Verantwortlichkeit im MDStV und im TDG wortgleich gefaßt (§ 5 MDStV, § 5 TDG), so daß hierzu auf die obigen Ausführungen verwiesen werden kann. Eine Einschränkung besteht insoweit aus kompetenzrechtlichen Gründen [874] für den Geltungsbereich des MDStV. In der Begründung zu § 5 MDStV heißt es:

---

[872] vgl. BT-Drucksache 13/7935; hierzu auch unten unter 4.; vgl. auch Engel-Flechsig/Maennel/Tettenborn, NJW 97, 2981 (2992); dies., Rahmenbedingungen, S. 40; Roßnagel, NVwZ 98, 1 (8)

[873] vgl. Engel-Flechsig/Maennel/Tettenborn, Rahmenbedingungen, S. 20

[874] vgl. Gounalakis, NJW 97, 2993 (2995); Spindler, NJW 97, 3193 (3194)

"§ 5 legt die Verantwortlichkeiten der Anbieter fest. Es geht dabei um die Verantwortlichkeit für die Einhaltung der Bestimmungen des Staatsvertrages. Die Prüfung dieser medienrechtlichen Verantwortlichkeit ist der straf- und zivilrechtlichen Prüfung vorgelagert. Die allgemeinen bundesrechtlichen Grundsätze des Strafrechts, namentlich zu Täterschaft und Teilnahme, sowie des Zivilrechts (z.b. Unterlassungsansprüche) bleiben unberührt." [875]

Es ist deshalb davon auszugehen, daß auch nach Inkrafttreten des MDStV hinsichtlich der Inhalte von an die Allgemeinheit gerichteten "presseähnlichen" Mediendiensten - also in einem für den effektiven Persönlichkeitsschutz besonders relevanten Bereich - die bewährten Grundsätze der Verbreiterhaftung zur zivilrechtlichen Haftung (z.b. bei äußerungsrechtlichen Unterlassungs- und Schadenersatzansprüchen nach §§ 823, 847, 1004 BGB [876]) weiterhin Anwendung finden werden. Allerdings ist bereits der Gedanke geäußert worden, daß die Verantwortlichkeitsregelungen des § 5 MDStV zur Auslegung zivil- und strafrechtlicher Tatbestandsmerkmale herangezogen werden könnten [877]. Neben der sowohl im TDG als auch im MDStV enthaltenen Pflicht zur Anbieterkennzeichnung müssen nach § 6 Abs. 2 MDStV Anbieter von journalistisch-redaktionell gestalteten Angeboten, in denen vollständig oder teilweise Inhalte periodischer Druckerzeugnisse in Text oder Bild wiedergegeben werden, zusätzlich einen inländischen Verantwortlichen mit Namen und Anschrift benennen. Gleiches gilt, wenn journalistisch-redaktionell gestaltete Texte in periodischer Folge verbreitet werden. Diese Vorschrift ist der "Impressumspflicht" aus den Landespressegesetzen für die Printmedien nachempfunden [878] und dient wie diese der Transparenz über die Herkunft, aber auch der Durchsetzbarkeit zivilrechtlicher Ansprüche. Sie ist somit auch für die Realisierung der aus dem allgemeinen Persönlichkeitsrecht folgenden Schutzansprüche notwendig. Bedenklich erscheint insoweit die auslegungsbedürftige Begrenzung der "Impressumspflicht" auf journalistisch-

---

[875] Begründung zu § 5 MDStV, Hmb. Bürgerschafts-Drucksache 15/7276, S. 12; zur Anwendung der allgemeinen strafrechtlichen Vorschriften auf die Inhalte von Computernetzen vgl. Altenhain, CR 97, 485 (486 ff.)

[876] zur Verbreiterhaftung im Presse- und Äußerungsrecht vgl. Wenzel, Recht der Wort- und Bildberichterstattung, Rn. 12.51 ff. m.w.N.; eingehend zur Anwendbarkeit dieser Grundsätze auf die "neuen Medien" Spindler, NJW 97, 3193 (3196), der vorschlägt, im Rahmen der Abgrenzung "eigener" und "fremder" Inhalte i.S.d. § 5 TDG/MDStV die Rechtsprechung zur Distanzierung von Presseorganen gegenüber übernommenen Informationen "vorsichtig und mit Modifikationen" heranzuziehen.

[877] so Gounalakis, NJW 97, 2993 (2995); weiter geht die von Regierungsvertretern aus dem BMBF vertretene Auffassung, daß insoweit § 5 TDG als bundesrechtliche Norm analog auch auf Mediendienste Anwendung findet, vgl. Engel-Flechsig/Maennel/Tettenborn, Rahmenbedingungen, S. 17

[878] vgl. Gounalakis, NJW 97, 2993 (2996)

redaktionell gestaltete Angebote, die in der Praxis dazu führen kann, daß aufgrund unterschiedlicher Auslegungen dieser Vorschrift "impressumspflichtige" Anbieter kein "Impressum" führen [879]. Angesichts des Umstands, daß die "Impressumspflicht" - wie auch die Pflicht zur Anbieterkennzeichnung - als Ordnungswidrigkeit bußgeldbewehrt ist (§ 20 Nr. 1 MDStV), stellt sich hier die Frage nach der Einhaltung des Gebots der Normenklarheit.

Von dieser Problematik ist auch die Vorschrift über den Gegendarstellungsanspruch betroffen, da der Kreis der Gegendarstellungsverpflichteten auf die Anbieter von Angeboten nach § 6 Abs. 2 MDStV beschränkt wird. § 10 MDStV regelt einen Anspruch auf Gegendarstellung gegenüber Anbietern elektronischer Zeitungen und Zeitschriften und anderen presseähnlichen Textdiensten. Die Voraussetzungen des Gegendarstellungsanspruchs sind den Anspruchsvoraussetzungen der einschlägigen Regelungen in den Landespressegesetzen nachempfunden [880]. Jede Person oder Stelle, die von einer aufgestellten Tatsachenbehauptung betroffen ist, kann kostenfrei die Verbreitung einer Gegendarstellung in gleicher Aufmachung verlangen, die sich auf tatsächliche Angaben beschränken muß und ihrem Umfang nach nicht unangemessen über die Erstmitteilung hinausgehen darf. Den besonderen Gegebenheiten der Mediendienste wird durch eine Reihe von Vorschriften über die Verbreitung der Gegendarstellung entsprochen. Sie muß in unmittelbarer Verknüpfung mit der Erstmitteilung angeboten werden und ist auf Wunsch des Betroffenen auch nach der Löschung der Erstmitteilung bis zu einem Monat an vergleichbarer Stelle zum Abruf bereitzuhalten, wenn die Löschung vor Ablauf eines Monats nach der Aufnahme der Gegendarstellung erfolgt (§ 10 Abs. 1 MDStV). § 16 Abs. 2 MDStV sieht ergänzend vor, daß Gegendarstellungen ebenso wie Unterlassungsverpflichtungserklärungen und -verfügungen, sowie Widerrufs- und Unterlassungsurteile zu den gespeicherten Daten zu nehmen und dort für dieselbe Zeitdauer aufzubewahren sind, sowie bei einer Übermittlung der Daten gemeinsam mit diesen zu übermitteln sind.

Für die Durchsetzung eines nicht freiwillig erfüllten Gegendarstellungsanspruchs ist wie im Presserecht das Verfahren der einstweiligen Verfügung vor den

---

[879] Es wurde bereits oben darauf aufmerksam gemacht, daß in der Praxis die Durchsetzung materiell bestehender Ansprüche oftmals an der Anonymität der Angebote scheitert. Da § 6 Abs. 2 MDStV jedoch nur die Benennung eines zusätzlichen Verantwortlichen fordert, aber jeder Anbieter darüber hinaus ohnehin die Anbieterkennzeichnung nach § 6 Abs. 1 MDStV führen muß, dürfte sich die Sachlage nach Inkrafttreten des MDStV diesbezüglich trotz der Auslegungsfragen um die "Impressumspflicht" nach § 6 Abs. 2 MDStV verbessert haben. Allerdings besteht der Gegendarstellungsanspruch (§ 10 MDStV) nur gegenüber Anbietern von Angeboten nach § 6 Abs. 2 MDStV, weshalb sich auch hier die Auslegungsfrage stellt.

[880] vgl. Gounalakis, NJW 97, 2993 (2997)

ordentlichen Gerichten gegeben. Ein Verfahren zur Hauptsache findet nicht statt (§ 10 Abs. 3 MDStV). Systemwidrig und wenig zeitgemäß erscheint es, daß auch das (schon im Presserecht im Zeitalter der Telefaxkommunikation) überkommene Erfordernis der schriftlichen und original unterschriebenen Zuleitung der Gegendarstellung unverändert in den MDStV übernommen wurde (§ 10 Abs. 2 Nr. 4 MDStV). Dies ist vor allem vor dem Hintergrund, daß an anderer Stelle (§ 12 Abs. 8 MDStV) elektronische Erklärungen unter bestimmten Voraussetzungen ausdrücklich zugelassen wurden, kritikwürdig [881].

Die Vorschriften über die Gestaltung der Inhalte von Mediendiensten sind den entsprechenden Vorschriften zum Rundfunk nachempfunden. § 7 Abs. 1 MDStV schreibt generalklauselartig vor, daß für die Angebote die verfassungsmäßige Ordnung, die allgemeinen Gesetze und die Bestimmungen zum Schutz der persönlichen Ehre gelten. Abs. 2 verpflichtet die Anbieter von Berichterstattung und Informationen zur Beachtung der anerkannten journalistischen Grundsätze [882]. Nachrichten über das aktuelle Tagesgeschehen sind vor der Verbreitung mit der nach den Umständen gebotenen Sorgfalt auf Inhalt, Herkunft und Wahrheit zu prüfen. § 8 MDStV nennt einen Katalog von unzulässigen Mediendiensten, der sich an den einschlägigen Passagen des RfStV (§ 3 RfStV) orientiert. Angebote sind unzulässig, wenn sie die Straftatbestände der Volksverhetzung, der Gewaltdarstellung oder der Verbreitung pornographischer Schriften verwirklichen [883], den Krieg verherrlichen oder offensichtlich geeignet sind, Kinder oder Jugendliche sittlich schwer zu gefährden. § 8 Abs. 2 und 3 MDStV sehen unter besonderen Vorkehrungen Ausnahmen vom Verbot jugendgefährdender Inhalte vor. Menschen, die sterben oder schweren körperlichen Leiden ausgesetzt sind oder waren, dürfen nicht in einer die Menschenwürde verletzenden Weise dargestellt werden. Hierbei soll eine Einwilligung der Betroffenen unbeachtlich sein. Ferner ist das Verbot, welches auf Beiträge nach Art des "Reality-TV" zielt, auf die Wiedergabe tatsächlichen Geschehens beschränkt und steht unter dem Vorbehalt eines überwiegenden berechtigten Interesses gerade an dieser Form der Berichterstattung.

Die bereichsspezifischen Datenschutzvorschriften im MDStV (§§ 12-17) entsprechen mit wenigen Ausnahmen den Vorschriften des TDDSG [884], so daß auch

---

[881] vgl. Gounalakis, NJW 97, 2993 (2997)

[882] zur journalistischen Sorgfaltspflicht allgemein vgl. Peters, NJW 97, 1334; Steffen, in Löffler, Presserecht, § 6; bezogen auf § 7 MDStV vgl. Gounalakis, NJW 97, 2993 (2996)

[883] §§ 130, 131, 134 StGB

[884] vgl. Engel-Flechsig/Maennel/Tettenborn, Rahmenbedingungen, S. 28; Schrader, Datenschutzregelungen, S. 15, der anmerkt, daß erstmals in dieser Form Bundes- und Landesdatenschutzvor-

insoweit - vorbehaltlich der nachfolgenden Hinweise - auf die oben unter 2. getroffenen Feststellungen verwiesen werden kann. Insbesondere sind auch im MDStV die Grundsätze der Datenvermeidung, des Zweckbindungsgebots und des generellen Verarbeitungsverbots mit Erlaubnisvorbehalt in derselben Weise umgesetzt worden wie im TDDSG. In datenschutzrechtlicher Sicht gelten somit identische Normen unabhängig davon, ob es sich um einen Teledienst oder einen Mediendienst handelt.

Der MDStV sieht in § 16 Abs. 3 ein besonderes Auskunftsrecht und Berichtigungsrecht hinsichtlich derjenigen personenbezogenen Daten vor, die ausschließlich zu eigenen journalistisch-redaktionellen Zwecken des Anbieters verarbeitet werden. Der Betroffene kann die Berichtigung unrichtiger Daten oder die Hinzufügung einer eigenen Darstellung von angemessenem Umfang verlangen. Allerdings darf die Auskunft nach Abwägung der schutzwürdigen Interessen der Beteiligten aus bestimmten Gründen, z.B. des Informantenschutzes, verweigert werden, § 16 Abs. 3 Satz 2 MDStV. Diese Ausnahme orientiert sich am Gedanken des Medienprivilegs (§ 41 BDSG).

Ein weiterer Unterschied zwischen dem TDDSG und dem MDStV liegt in einer Absicherung der Datenschutzvorschriften durch besondere Ordnungswidrigkeitstatbestände, § 20 MDStV. Wer die Datenschutzvorschriften der §§ 12 ff. nicht einhält, kann nach § 20 Abs. 1 Nr. 9 ff., Abs. 2 MDStV mit einer Geldbuße von bis zu fünfhunderttausend Deutsche Mark belegt werden. Als Ordnungswidrigkeitstatbestände sind z.B. die Nichteinhaltung der Vorschriften zur anonymen Nutzungsmöglichkeit (§ 20 Abs. 1 Nr. 11 MDStV), die unzulässige Erstellung von Nutzungsprofilen (§ 20 Abs. 1 Nr. 13 MDStV), aber auch Verstöße gegen die Vorschriften über unzulässige Inhalte von Angeboten vorgesehen (§ 20 Abs. 1 Nr. 2 ff. MDStV).

Als letzte Besonderheit des MDStV ist auf § 17 hinzuweisen, der die Anbieter auf die Möglichkeit der Durchführung eines Datenschutz-Audit [885] verweist.

---

schriften aufeinander abgestimmt wurden; vgl. beide Nachweise auch zu Einzelfragen zu den Datenschutzvorschriften im TDDSG und MDStV.

[885] Hierunter wird die Möglichkeit verstanden, ein Datenschutzkonzept und die technischen Einrichtungen gutachterlich prüfen und nach einem in einem besonderen Gesetz zu regelnden Verfahren bewerten zu lassen, sowie dieses Ergebnis zu veröffentlichen, § 17 MDStV. Vgl. Engel-Flechsig/Maennel/Tettenborn, Rahmenbedingungen, S. 27 f.; Schrader, Datenschutzregelungen, S. 19; Gounalakis, NJW 97, 2993 (2999)

4. Evaluierung

Die Gesetzgeber des Bundes und der Länder waren sich bei der Schaffung des IuKDG bzw. MDStV bewußt, daß sie mit ihren legislatorischen Maßnahmen in tatsächliche Entwicklungen eingreifen, die von einer anhaltenden Dynamik geprägt sind. Zum IuKDG wurde ausdrücklich betont, daß dieses Regelungswerk - das erste seiner Art im europäischen Raum [886] - ein Experiment sei, welches in seiner Umsetzung beobachtet und je nach Praxiserfahrung korrigiert werden muß [887]. Bei der Verabschiedung des IuKDG hat der Deutsche Bundestag deshalb einen Entschließungsantrag angenommen, der die Bundesregierung auffordert, bei Bedarf, spätestens aber nach Ablauf von zwei Jahren nach Inkrafttreten des Gesetzes (also bis Ende Juli 1999) einen Erfahrungsbericht vorzulegen. Hierbei sollen dem Bundestag gegebenenfalls Anpassungs- und Ergänzungsvorschläge unterbreitet werden [888]. Unter Berücksichtigung der Erfahrungen der Länder mit dem MDStV sollen hierbei insbesondere die im Rahmen der vorliegenden Untersuchung relevanten Aspekte überprüft und bewertet werden:

- die Abgrenzung der Teledienste von den Mediendiensten, mithin der Anwendungsbereiche des TDG und des MDStV

- die Regelungen zur Verantwortlichkeit (§§ 5 TDG/MDStV) unter Berücksichtigung neuer technischer Entwicklungen

- die Datenschutzregelungen, dort insbesondere deren Akzeptanz und die Umsetzung der Grundsätze des Prinzips der Datenvermeidung und des Systemdatenschutzes

- die praktische Bedeutung der freiwilligen Selbstkontrolle und die Entwicklung der Gefährdungspotentiale angesichts des internationalen Informationsflusses (Stichwort Internet) [889].

Mit diesem Prüfungs- und Bewertungsvorbehalt wurde sichergestellt, daß die "entwicklungsoffenen Strukturprinzipien" [890] der neuen "Multimediagesetze"

---

[886] vgl. Engel-Flechsig/Maennel/Tettenborn, NJW 97, 2981 (2981)

[887] vgl. BT-Drucksache 13/7385, S. 17; Roßnagel, NVwZ 98, 1 (8); Engel-Flechsig/Maennel/Tettenborn, Rahmenbedingungen, S. 40; ähnlich die Begründung zum MDStV, vgl. Hmb. Bürgerschafts-Drucksache 15/7276 v. 8.4.97, S. 2

[888] vgl. BT-Drucksache 13/7935; abgedruckt u.a. auch bei Engel-Flechsig/Maennel/Tettenborn, Rahmenbedingungen, Anlage 4 (S. 63 f.)

[889] vgl. BT-Drucksache 13/7935

während ihrer ersten Umsetzungsphase kritisch beobachtet und innerhalb eines angemessenen Zeitraums bewertet werden [891].

§ 3 Bewertung und Zusammenfassung

Die Darstellung der Gefährdungspotentiale hat aufgezeigt, daß sich unter den Bedingungen der Informationsgesellschaft bereits heute zahlreiche Detailprobleme hinsichtlich des Schutzes des allgemeinen Persönlichkeitsrechts erkennen lassen. Gleichzeitig wurde aber deutlich, daß sich diese Gefahrenlagen ungeachtet ihrer vielfältigen Realisierungsmöglichkeiten in ihrem wesentlichen Kern in zwei Bereiche zusammenfassen lassen.

Die erste Gefährdungsquelle ist in den sogenannten Sekundärdaten zu erkennen, die das Verhalten des Menschen in fast allen Lebensbereichen in "computergerechter" Form dokumentieren. Damit wird der Mensch datenmäßig erfaßt, sein Verhalten wird speicherbar und kann mittels der Möglichkeiten der modernen Datenverarbeitung ausgewertet werden. Es entstehen unbemerkt bei jeder Benutzung eines Computers personenbezogene Daten, die die Lebensverhältnisse des Einzelnen widerspiegeln und Dritten detaillierte Informationen über den Betroffenen vermitteln können. Diese Gefahr besteht nicht nur hinsichtlich der elektronischen Kontrolle durch den Staat, sondern in verstärktem Maße auch in der gezielten Auswertung solcher Sekundärdaten durch Private, die sich den so erlangten "Wissensvorsprung" für ihre eigenen (wirtschaftlichen) Belange zunutze machen könnten. In beiden Fällen verliert der Betroffene seine verfassungsrechtlich garantierte Dispositionsbefugnis über den Umgang mit seiner Persönlichkeit (Recht auf informationelle Selbstbestimmung und Recht auf Selbstbestimmung über die Darstellung der eigenen Person in der Öffentlichkeit) und wird potentiell zum Objekt fremder Interessen. Dieser Gefährdungsquelle ist mit dem Instrumentarium des Datenschutzrechts zu begegnen.

Die zweite Gefährdungsquelle liegt in der Nutzung der weltweiten Kommunikationsnetze als Massenmedien, die eine globale Projektionsfläche für Indiskretionen, Unwahrheiten und Ehrverletzungen schaffen. Hierbei wird der Kreis möglicher Verletzer gegenüber der bisherigen Lage, in der Persönlichkeitsrechtsverletzungen mit hohem Verbreitungsgrad nur in den Printmedien und dem Rundfunk möglich waren, stark vergrößert. Durch die Verbreitungsmöglichkeiten der internationalen Datennetze kann jedermann mit geringem finanziellen Aufwand redaktionell

---

[890] vgl. Hochstein, NJW 97, 2977 (2981)

[891] zustimmend zu dieser Vorgehensweise - auch im Hinblick auf ausstehende internationale Bestimmungen - Roßnagel, NVwZ 98, 1 (8)

gestaltete Inhalte einem weltweiten Empfängerkreis zugänglich machen. Die Intensität einer Persönlichkeitsrechtsverletzung in den globalen Netzen liegt hinsichtlich ihrer Verbreitung und ihrer individuellen und wiederholten Kenntnisnahmemöglichkeit deutlich über dem der herkömmlichen Massenmedien. Während Persönlichkeitsrechtsverletzungen durch Privatpersonen voraussichtlich Einzelfälle bleiben werden und deshalb in der Gesamtbewertung des Gefährdungspotentials nur eine vergleichsweise geringe Bedeutung haben, steht zu erwarten, daß mit der zunehmenden Verlagerung der herkömmlichen Medien auf die Datennetze (Stichworte "elektronische Presse" und Online-Angebote von Rundfunkanbietern) und der damit einhergehenden Kommerzialisierung der Netze Persönlichkeitsrechtsverletzungen durch die neuen elektronischen Medien zu einer ständigen Verletzungsquelle des allgemeinen Persönlichkeitsrechts werden. Zur Aufrechterhaltung des bisherigen Standards des Persönlichkeitsschutzes, der als Mindestanforderung zur Umsetzung der Gewährleistungen des allgemeinen Persönlichkeitsrechts aus Art. 2 Abs. 1 i.V.m. Art. 1 Abs. 1 GG anzusehen ist, wird es darauf ankommen, ob es gelingt, den zivilrechtlichen Schutz des Persönlichkeitsrechts adäquat auf die neuen Informations- und Kommunikationsdienste zu übertragen. Seit dem Inkrafttreten des TDG und des MDStV beurteilt sich dies danach, ob die gestuften Verantwortlichkeitsregeln in § 5 TDG/MDStV und die Gegendarstellungsnorm in § 10 MDStV auf der Ebene der praktischen Rechtsanwendung ein ausreichendes Schutzniveau gewährleisten können.

Die Gegenüberstellung der im einzelnen näher aufgezeigten Gefährdungspotentiale mit den anerkannten Ausprägungen des allgemeinen Persönlichkeitsrechts hat gezeigt, daß dieses flexible Grundrecht einen umfassenden Schutz gegenüber allen erkennbaren Gefährdungslagen gewährt. Allerdings ist auch zu verzeichnen, daß es hinsichtlich der zahlreichen Detailprobleme einer umfassenden Umsetzung seiner Vorgaben auf der Ebene des einfachen Rechts bedarf, da der Schutz des allgemeinen Persönlichkeitsrechts häufig erst durch die Judikative realisiert wird. Der zentrale Ansatzpunkt für die effektive Gewährleistung des Persönlichkeitsschutzes in der Informationsgesellschaft muß darin liegen, die Selbstbestimmung über den Umgang mit der eigenen Person zu garantieren. Die Sichtung der Lösungsansätze ergibt, daß auf verschiedenen Ebenen konstruktive Vorschläge zur Ausgestaltung eines effektiven Persönlichkeitsschutzes vorgelegt worden sind. Hinsichtlich der dem datenschutzrechtlichen Bereich zuzuordnenden Problematik des Umgangs mit den Sekundärdaten wird es auf die strikte Umsetzung der Vorgaben des Rechts auf informationelle Selbstbestimmung ankommen, die das BVerfG im Volkszählungsurteil aufgestellt hat. Hierzu sind im europäischen Rahmen durch die allgemeine Datenschutzrichtlinie und die ISDN-Datenschutzrichtlinie bereits positive Ansätze zu verzeichnen, die bei einer adäquaten Umsetzung in nationales Recht zu einem ausreichenden Schutz führen könnten. Die Datenschutzvorschriften im TDDSG und MDStV, die sich am Prinzip der Datenvermeidung und der engen Zweckbindung der Daten orientieren und auf diese Weise den Vorgaben des Volkszählungsurteils und der europäischen

Datenschutzrichtlinien entsprechen, scheinen hierfür grundsätzlich geeignet. Mit ihnen wurden auch die zahlreichen Anregungen aus den vorangegangenen Diskussionen aufgegriffen und umgesetzt, insbesondere die Forderung der Datenschutzbeauftragten nach ergänzenden technischen Schutzvorkehrungen im Sinne des Systemdatenschutzes.

Hinsichtlich der Probleme des medienrechtlichen Persönlichkeitsschutzes war hingegen bei der Diskussion des Regelungsbedarfes eine eher abwartende Haltung zu verzeichnen. Bereits früh zeichnete sich die Tendenz ab, diese Gefährdungspotentiale ohne besondere Schutznormen mittels der Anwendung der Strafgesetze und der deliktsrechtlichen Vorschriften des Zivilrechts zu lösen und dem allgemeinen Persönlichkeitsrecht wie bisher auf diese Weise Geltung zu verschaffen. Der insoweit einschlägige MDStV hat diesen Lösungsweg übernommen. Ob die so geschaffene einfachgesetzliche Rechtslage ausreicht wird davon abhängen, ob die offenen Fragen um die Verantwortlichkeit für die Netzinhalte (§ 5 MDStV) und der Kennzeichnungspflicht der Herkunft der Inhalte in ausreichender Weise (§ 6 MDStV) von der Rechtsprechung adäquat gelöst werden können, da die bestehenden Schutznormen sonst leerlaufen würden. Nach den bisher vorliegenden ersten Bewertungen dieser Vorschriften erscheint dies nicht ausgeschlossen, da es insbesondere möglich erscheint, das bisherige System der medienrechtlichen Verbreiterhaftung auf die Inhalte in den neuen Diensten entsprechend zur Anwendung zu bringen. Aus der Sicht des Persönlichkeitsschutzes ist der Ansatz des MDStV zu begrüßen, die bewährten Vorschriften über die inhaltliche Gestaltung der Programme und die Verpflichtung auf die journalistische Sorgfaltspflicht auf die Angebote in den Datennetzen zu übertragen.

Mittels der vorgesehenen fortlaufenden Beobachtung und Überprüfung der praktischen Auswirkungen der neuen "Multimediagesetze" wurde sichergestellt, daß eventuellen Schutzlücken oder Fehlentwicklungen, die die Gewährleistungen des allgemeinen Persönlichkeitsrechts ernsthaft in Frage stellen würden, zeitnah mit weiteren legislativen Maßnahmen begegnet werden kann. Die europäischen Initiativen zu internationalen Regelungen über die Datennetze lassen erwarten, daß es auch insoweit innerhalb eines angemessenen Zeitraumes zu ergänzenden globalen Vorschriften kommt.

5. Kapitel: Schlußfolgerungen zum allgemeinen Persönlichkeitsrecht in der Informationsgesellschaft

§ 1 Die Schutzpflicht des Staates

Als Vorfrage der Beurteilung des von der Verfassung geforderten Handlungsbedarfs zur Gewährleistung des allgemeinen Persönlichkeitsrechts in der Informationsgesellschaft ist zu klären, ob und in welchem Maße der Staat verpflichtet ist, die in den Grundrechten verankerten Freiheiten der Bürger zu schützen. Während sich die grundsätzliche Frage nach dem "ob" der staatlichen Schutzpflicht in einfacher Weise positiv beantworten läßt (hierzu I.), bedarf die Frage nach der Reichweite und der Form der praktischen Umsetzung dieser Schutzpflicht einer differenzierten Betrachtung der Möglichkeiten staatlichen Handelns (hierzu II.).

I. Grundrechte als staatliche Schutzpflicht

Nach ständiger Rechtsprechung des BVerfG enthalten die grundrechtlichen Verbürgungen nicht lediglich Abwehrrechte des Einzelnen gegen die öffentliche Gewalt, sondern stellen zugleich objektivrechtliche Wertentscheidungen der Verfassung dar. Diese Wertentscheidungen erstrecken ihre Wirkung auf alle Bereiche der Rechtsordnung. Als objektive Wertordnung beinhalten die Grundrechte Richtlinien für Gesetzgebung, Verwaltung und Rechtsprechung [892]. Hieraus ergeben sich in einem gewissen Umfang verfassungsrechtliche Schutzpflichten, die es gebieten, rechtliche Regelungen so auszugestalten, daß schon die Gefahr von Grundrechtsverletzungen eingedämmt wird [893].

Die Ableitung verfassungsrechtlicher Schutzpflichten aus den Grundrechten ist allgemein anerkannt [894]. Die Grundrechte definieren die Staatsaufgabe, ihre Wirkung durch die Schaffung ihrer rechtlichen, sozialen und bildungsmäßigen Voraussetzungen zu gewährleisten, insbesondere durch Rechtsnormen und Verfahrensgarantien [895]. Die Staatsaufgabe besteht zum einen darin, den objektiven Bedarf der Grundrechte zu erfüllen und Sicherheit als Gesamtzustand des Gemeinwesens zu wahren, zum anderen darin, den subjektiven Schutzbedürfnissen der Grundrechtsträger zu genügen. Die Aufgabe umfaßt den repressiven Schutz gegen akute Rechtsverletzungen sowie den präventiven gegen drohende

---

[892] vgl. BVerfGE 49, 89 (141 f.) - Kalkar; 7, 198 (205) - Lüth

[893] vgl. BVerfGE 49, 89 (142) - Kalkar

[894] vgl. Isensee, HdbSt, § 111, Rn. 82 m.w.N.

[895] vgl. Isensee, HdbSt, § 57, Rn. 148, 170; § 111, Rn. 84 f.

Gefahren. Der Staat ist gehalten, die ihm rechtlich wie tatsächlich verfügbaren Mittel so effektiv wie möglich einzusetzen, um dieses Ziel zu erreichen. Legislative, Exekutive und Judikative haben in ihrem jeweiligen Funktionskreis geeignete und ausreichende Mittel einzusetzen [896]. Diese grundrechtlichen Schutzpflichten realisieren das Staatsziel, die von der Verfassung geschützten Rechtsgüter zu sichern [897]. Im Schutz der Grundrechte liegt gerade der fundamentale Zweck des modernen Staates [898]. Dies gilt auch hinsichtlich des Geltungsanspruches der Grundrechte für die Zukunft. Der Staat trägt Verantwortung für die von der Verfassung geschützten Lebensbedingungen zukünftiger Generationen. Er hat den Grundrechtsschutz in der Gegenwart so zu gewährleisten, daß die Voraussetzungen des menschlichen Lebens in Freiheit und Würde erhalten bleiben [899]. Diese Belange hat er insbesondere bei seiner Entscheidung über die Zulässigkeit irreversibler Entwicklungen, z.B. im Bereich des technologischen Fortschritts, zu berücksichtigen.

Die staatliche Schutzpflicht bezieht sich auf die Schutzgüter aller Grundrechte, also auch auf das allgemeine Persönlichkeitsrecht [900]. Allerdings entspricht die Reichweite der Schutzpflicht dem Inhalt des betroffenen Grundrechts und ist deshalb individuell zu bestimmen. In Bezug auf die Menschenwürde hat die Verfassung die Schutzpflicht des Staates ausdrücklich formuliert (Art. 1 Abs. 1 Satz 2 GG) [901] und damit eine konkrete Aufgabenzuweisung vorgenommen [902]. Die Verpflichtung des Staates, die Menschenwürde zu schützen, gilt gerade als Verdeutlichung der Existenz objektiv-rechtlicher Schutzpflichten hinsichtlich aller Grundrechte [903]. Das BVerfG hat bereits entschieden, daß sich aus Art. 1 Abs. 1 Satz 2 GG i.V.m. Art. 2 Abs. 2 Satz 1 eine umfassende Schutzpflicht hinsichtlich des Lebens ergibt. Diese Schutzpflicht gebiete dem Staat, sich schützend und fördernd vor das Leben zu stellen und es vor allem auch vor rechtswidrigen Eingriffen Dritter zu bewahren. An diesem Gebot haben sich alle Staatsorgane in ihrem jeweiligen Aufgabenbereich zu orientieren. Da das menschliche Leben

---

[896] vgl. Isensee, HdbSt, § 111, Rn. 137 ff.

[897] vgl. Isensee, HdbSt, § 57, Rn. 123

[898] vgl. Roßnagel, ZRP 97, 26 (28) m.w.N.

[899] vgl. Isensee, HdbSt, § 111, Rn. 95 m.w.N.

[900] vgl. Roßnagel, ZRP 97, 26 (28); Isensee, HdbSt, § 111, Rn. 93

[901] vgl. Art. 1 Abs. 1 Satz 2 GG: "Sie (die Würde des Menschen, *Ergänzung des Verfassers*) zu achten und zu schützen ist Verpflichtung aller staatlichen Gewalt."

[902] vgl. Herzog, HdbSt, § 58, Rn. 31

[903] vgl. BVerfGE 49, 89 (142) - Kalkar; Isensee, HdbSt, § 111, Rn. 80

einen Höchstwert darstelle, müsse diese Schutzpflicht besonders ernst genommen werden [904].

Hieraus ist zu folgern, daß der Staat ebenfalls in besonderem Maße verpflichtet ist, Vorkehrungen hinsichtlich der Gewährleistung "menschenwürdiger" Lebensbedingungen zu treffen. Diese Feststellung muß auch Folgen für die Reichweite des staatlichen Schutzes des allgemeinen Persönlichkeitsrechts haben. Dieses Grundrecht ist aus der allgemeinen Handlungsfreiheit und der Menschenwürde zusammengesetzt und schützt die Grundbedingungen des menschenwürdigen Lebens in einer freiheitlichen Gesellschaftsordnung. Der Schutz des Lebens würde wertlos, wenn nicht gleichzeitig auch die Lebensbedingungen in gleichem Maße verfassungrechtlichem Schutz unterstellt wären.

II. Die Ausführung der staatlichen Schutzpflichten

Aus der staatlichen Schutzpflicht für die Gewährleistungen der Grundrechte folgt, daß der Staat gehalten ist, die grundrechtlichen Güter mit zwecktauglichen Mitteln entsprechend dem jeweiligen Bedarf wirksam zu schützen. Der Bedarf ist dabei grundsätzlich anhand von Art, Reichweite und Intensität der potentiellen Eingriffe und den Möglichkeiten legitimer und zumutbarer Abhilfe durch die Grundrechtsträger selbst zu bestimmen [905].

Ob, wann und mit welchem Inhalt er aus verfassungsrechtlichen Gründen rechtliche Regelungen ausgestalten muß, die die Gefahr von Grundrechtsverletzungen begrenzen, hängt von der Art, der Nähe und dem Ausmaß möglicher Gefahren, der Art und dem Rang des verfassungsrechtlich geschützten Rechtsguts sowie von den schon vorhandenen Regelungen ab [906].

Jede Staatsgewalt hat in ihrem Funktionskreis (Legislative, Exekutive und Judikative) geeignete und ausreichende Mittel einzusetzen [907]. Die Legislative muß die Rechtsnormen bereitstellen, die in jedem Rechtsgebiet, auch in den bürgerlich-rechtlichen Streitigkeiten, einen ausreichenden Schutzstandard gewährleisten. Der Rechtsstaat ist auf die Umsetzung der verfassungsrechtlichen Vorgaben durch Gesetze angewiesen. Die Gesetze dienen als Medium der

---

[904] vgl. BVerfGE 46, 160 (164) - Schleyer

[905] vgl. Isensee, HbdSt, § 111, Rn. 90

[906] vgl. BVerfGE 49, 89 (142) - Kalkar

[907] vgl. Isensee, HdbSt, § 111, Rn. 139

Schutzpflicht [908]. Der Schutzauftrag der Verfassung an den Gesetzgeber entspricht der Dynamik des betroffenen Grundrechts. Ebenso wie die Grundrechte ihre Gewährleistung nur generell und formelhaft umschreiben, um flexible Reaktionen auf die unterschiedlichsten Beeinträchtigungen zu ermöglichen, müssen auch die gesetzlichen Schutzvorkehrungen weit und "elastisch" gehalten sein, um veränderte Sachlagen zu erfassen [909]. Zu konkret auf erkannte Gefährdungspotentiale zugeschnittene Normen führen im Falle ihrer Unanwendbarkeit auf unvorhergesehene Verletzungs- und Eingriffstatbestände zu Regelungslücken, die die Effektivität des Schutzes beeinträchtigen würden. Derartige Schutzlücken sind vom Gesetzgeber unverzüglich zu füllen, da der unmittelbare Rückgriff auf die die Schutzpflicht begründenden Grundrechte nur als ultima ratio und Notbefugnis im Ausnahmefall in Betracht kommt, um die verfassungsrechtlichen Gewährleistungen umzusetzen [910].

Die Exekutive hat für eine effektive Durchsetzung der schutzpflichtrelevanten Normen Sorge zu tragen. Die Judikative realisiert den Schutz im Verhältnis der Bürger untereinander und im Verhältnis des Bürgers gegenüber dem Staat, falls dieser durch Maßnahmen in den grundrechtlich geschützten Bereich eingreift. Gerade im Anwendungsbereich des allgemeinen Persönlichkeitsrechts kommt der praktischen Umsetzung des verfassungsrechtlichen Schutzes in unmittelbar "wirksames" Recht große Bedeutung zu, da es aufgrund seiner strukturellen Weite und Unbestimmtheit erst im Streitfalle konkretisiert wird [911].

Die Verpflichtung des Staates steht unter dem Vorbehalt des faktisch und verfassungsrechtlich Möglichen. Die Gewährleistung absoluter Sicherheit für einzelne Grundrechtsgüter wird schon wegen der Kollisionen mit entgegenstehenden Grundrechten häufig nicht verlangt werden können und auch nicht erreichbar sein. Die ihm möglichen Maßnahmen muß der Staat aber zum Schutz seiner Bürger ergreifen [912].

Wie die staatlichen Organe ihre Verpflichtung zu einem effektiven Schutz erfüllen, ist von ihnen in eigener Verantwortung zu entscheiden. Sie können selbst darüber befinden, welche Schutzmaßnahmen zweckdienlich und geboten sind [913].

---

[908] vgl. Isensee, HdbSt, § 111, Rn. 151

[909] vgl. Isensee, HdbSt, § 111, Rn. 154

[910] vgl. Isensee, HdbSt, § 111, Rn. 161

[911] vgl. oben, 3. Kapitel, § 1

[912] vgl. Roßnagel, ZRP 97, 26 (30); Isensee, HbdSt, § 111, Rn. 144

[913] vgl. BVerfGE 46, 160 (164) - Schleyer

Das BVerfG billigt dem Gesetzgeber einen weiten Einschätzungs-, Wertungs- und Gestaltungsbereich zu [914]. Dieses Gestaltungsermessen ist jedoch durch ein von der Schutzpflicht abgeleitetes "Untermaßverbot" begrenzt [915]. Ziel des Ermessens ist die effektive Erfüllung der Schutzpflicht. Im Ergebnis muß ein verfassungskonformer Mindeststandard an Grundrechtssicherheit erreicht sein. Das Ermessen kann sich auf Null reduzieren mit der Folge, daß nur noch eine bestimmte Schutzmaßnahme grundrechtlich geboten ist. Jede Maßnahme, die nicht den höchstmöglichen Effektivitätsgrad erreicht, muß verfassungsrechtlich gerechtfertigt werden können (grundrechtlicher Rechtfertigungszwang) [916].

Aus dem Gebot des dynamischen Rechtsgüterschutzes folgt auch, daß der Staat seine Gesetze nachbessert, wenn diese sich als unzureichend erwiesen haben oder unzureichend geworden sind. Regelungen, die zum Zeitpunkt ihres Erlasses geeignet und angemessen gewesen sind, können sich durch veränderte Rahmenbedingungen als unzulänglich erweisen. Insoweit trifft den Staat eine Überprüfungspflicht, ob seine ursprüngliche Ermessensentscheidung auch unter den veränderten Umständen aufrechtzuerhalten ist [917]. Dies gilt in besonderem Maße hinsichtlich technisch dominierter Sachverhalte, da die technische Evolution häufig auch neue Gefahrenlagen mit sich bringt. Dies gilt aber auch, wenn sich neue Erkenntnisse über schädliche Folgen ergeben, neue Möglichkeiten der Gefahrenabwehr zur Verfügung stehen oder sich die gesellschaftliche Sensibilität bezüglich bestimmter Gefährdungspotentiale gewandelt hat [918]. Diese Faktoren stehen oft miteinander in einem engen Zusammenhang. Gerade die Entwicklung der elektronischen Datenverarbeitung ist ein geeignetes Beispiel dafür, wie neue technische Möglichkeiten das Bewußtsein der Bevölkerung über die Gefährdung ihrer Grundfreiheiten beeinflussen können. Vor der öffentlichen Diskussion um die Volkszählung hatte der Schutz der eigenen Daten für viele mangels eines Problembewußtseins nur eine untergeordnete Bedeutung. Mit der steigenden Präsenz der Computer in nahezu allen Lebensbereichen scheint auch das Datenschutzinteresse gewachsen zu sein.

Der Staat ist im Rahmen seiner Schutzpflichten gehalten, normative Grundsatzentscheidungen über die rechtliche Zulässigkeit von Technologien zu treffen, die weitreichende Auswirkungen auf den Freiheits- und Gleichheitsbereich der Bürger

---

[914] vgl. z.B. BVerfGE 56, 54 (80 f.); 77, 170 (214 f.); 77, 381 (405)

[915] vgl. Isensee, HdbSt, § 111, Rn. 90

[916] vgl. Isensee, a.a.O.

[917] vgl. BVerfGE 49, 89 (Ls. 3) - Kalkar

[918] vgl. Isensee, HdbSt, § 111, Rn. 155

und ihre allgemeinen Lebensverhältnisse haben. Diese Entscheidungen unterliegen wegen ihrer grundsätzlichen und wesentlichen Bedeutung dem Gesetzesvorbehalt [919]. Der Staat wird bei der Beurteilung des Gefahrenpotentials technischer Entwicklungen im Gesetzgebungsverfahren immer auf eine Prognoseentscheidung angewiesen sein. Hierzu hat das BVerfG in einer Grundsatzentscheidung zum Gesetz über die friedliche Nutzung der Kernenergie entschieden, daß die Abschätzung anhand "praktischer Vernunft" zu erfolgen habe. Vom Gesetzgeber im Hinblick auf seine Schutzpflicht eine Regelung zu fordern, die mit absoluter Sicherheit Grundrechtsgefährdungen ausschließt, hieße die Grenzen des menschlichen Erkenntnisvermögens zu verkennen. Außerdem würde diese Zielsetzung nahezu die Genehmigung jeder Nutzung neuartiger Technologien verbieten. Deshalb müssen Ungewißheiten, die ihre Ursache in den natürlichen Grenzen des menschlichen Erkenntnisvermögens haben, akzeptiert und geduldet werden. Solche unvermeidbaren Restrisiken sind auch dann, wenn sie das Leben oder die freiheitlichen Lebensbedingungen berühren, als sozial-adäquate Lasten von allen Bürgern zu tragen [920]. Den Staat trifft in solchen Lagen in erster Linie also die Verpflichtung zu einer sachgerechten Technologiefolgenabschätzung und einer gesetzgeberischen Steuerung der grundsätzlichen Rahmenbedingungen anhand seiner Erkenntnisse über Gefährdungspotentiale [921].

Nach den gesetzgeberischen Grundsatzentscheidungen zu noch nicht abgeschlossenen technischen Entwicklungen zwingt die staatliche Schutzpflicht anschließend zu verstärkten Überwachungs- und Beobachtungspflichten, damit gegebenenfalls rechtzeitig ergänzende Maßnahmen ergriffen werden können. Bei der Beurteilung des Handlungsbedarfs kommt es dabei nicht allein auf die Existenz einschlägiger Schutznormen an, sondern maßgeblich auf die Schutzwirkung, die sie bei ihrer praktischen Umsetzung durch die Exekutive und vor allem die Judikative entfalten [922]. Sofern sich also herausstellt, daß ursprünglich zum Schutze der Grundrechte erlassene Gesetze in der Praxis "leerlaufen", ergibt sich auch insoweit aus der Schutzpflicht des Staates ein legislativer Handlungsbedarf. Dies gilt insbesondere auch hinsichtlich des Geltungsanspruchs der Grundrechte für die Zukunft [923].

---

[919] vgl. BVerfGE 49, 89 (Ls. 2) - Kalkar

[920] vgl. BVerfGE 49, 89 (143) - Kalkar; ähnlich Isensee, HdbSt, § 111, Rn. 145

[921] vgl. hierzu auch Roßnagel, Technik und Recht, S. 13 f.; Roßnagel u.a., Digitalisierung, S. 8 f.

[922] vgl. Isensee, HdbSt, § 111, Rn. 166

[923] vgl. oben § 1 I

§ 2 Schlußfolgerungen für die Anforderungen der staatlichen Schutzpflicht bei der Entwicklung der Informationsgesellschaft

Nachdem soeben die Grundsätze der staatlichen Schutzpflichten für die Gewährleistungen der Grundrechte geklärt worden sind (§ 1), sollen diese nunmehr auf den Schutz des allgemeinen Persönlichkeitsrechts unter den Bedingungen der Informationsgesellschaft zur Anwendung gebracht werden. Es ist bereits festgestellt worden, daß sich die Schutzpflicht des Staates auch auf das allgemeine Persönlichkeitsrecht aus Art. 2 Abs. 1 i.V.m. Art. 1 Abs. 1 GG bezieht. Aufgrund der ausdrücklichen Aufgabenzuweisung in der Verfassung (Art. 1 Abs. 1 Satz 2 GG), die den Schutz und die Achtung der Menschenwürde zur Verpflichtung aller staatlichen Gewalt erklärt, haben alle Staatsgewalten in ihren Zuständigkeitsbereichen effektive Maßnahmen zu treffen. Diese besondere Schutzpflicht hinsichtlich der Wahrung der Menschenwürde strahlt auch auf das allgemeine Persönlichkeitsrecht aus, da dieses Grundrecht die der Menschenwürde entsprechenden Lebensbedingungen in der freiheitlichen Gesellschaft unseres Grundgesetzes schützt. Gerade zu diesem Zweck ist das allgemeine Persönlichkeitsrecht aus Art. 1 Abs. 1 GG und der allgemeinen Handlungsfreiheit (Art. 2 Abs. 1 GG) abgeleitet worden. Die Umsetzung der Schutzpflicht bedarf unterschiedlicher Handlungen in den verschiedenen Phasen der Entwicklung der Informationsgesellschaft. Zum gegenwärtigen Zeitpunkt trifft die staatlichen Organe in erster Linie eine Pflicht zur Technikfolgenabschätzung (hierzu sogleich unter I.) und zu einer verfassungsverträglichen Technikgestaltung (hierzu II.). Ferner sind die grundsätzlichen Bedingungen der Rechtsvorschriften rund um die Erscheinungsformen der Informationsgesellschaft zu klären und die Grundzüge der rechtlichen Rahmenbedingungen zu schaffen (hierzu III.). Wenn diese Aufgaben bewältigt sind, ist der Staat nicht aus seiner Pflicht zur Erhaltung eines effektiven Schutzes des allgemeinen Persönlichkeitsrechts entlassen. Angesichts der Dynamik der tatsächlichen Entwicklung trifft ihn in besonderem Maße die Pflicht, eine wirkungsvolle Umsetzung der Rechtsnormen durch die Exekutive und die Judikative zu gewährleisten. Diese Verpflichtung steht in einem engen praktischen Zusammenhang mit der Aufgabe, die Maßnahmen der Legislative in ihren tatsächlichen Auswirkungen kritisch zu beobachten und den Rechtsrahmen anhand der so gewonnenen Kenntnisse über Defizite im Persönlichkeitsschutz fortzuentwickeln (hierzu IV.)

I. Technikfolgenabschätzung

Hinsichtlich der rechtlichen Gestaltung neuer Technologien trifft den Staat zum gegenwärtigen Zeitpunkt die Verpflichtung einer sachgerechten Technikfolgenabschätzung [924]. Dieser Verpflichtung ist durch die Einsetzung verschiedener Arbeitsgruppen nachgekommen worden [925]. Da die technische Ausgestaltung der Datennetze und der Angebote aber nach wie vor einer rasanten Entwicklung ausgesetzt sind, müssen die bisher gefundenen Ergebnisse vorläufigen Charakter haben. Den Staat trifft eine ständige Beobachtungs- und Prüfungspflicht, um seine Erkenntnisse über die Auswirkungen der Informationsgesellschaft auf die verfassungsrechtlichen Gewährleistungen und die Rechtsordnung aktuell zu halten. Zum Zeitpunkt des Abschlusses dieser Arbeit trifft diese Verpflichtung insbesondere die Enquete-Kommission des Bundestags [926], die ihren Abschlußbericht noch nicht vorgelegt hat und deshalb in der Lage ist, aktuelle Entwicklungstendenzen zu bewerten. Gegebenenfalls sind weiteren Gremien erneute Prüfungsaufträge zu erteilen.

Die Ergebnisse der Technikfolgenabschätzung sind im Rahmen der staatlichen Öffentlichkeitsarbeit auf allen politischen und gesellschaftlichen Ebenen bekanntzumachen, um das öffentliche Bewußtsein hinsichtlich der Gefährdungslagen und des Handlungsbedarfs zu stärken. Hierbei ist ein bewußtes Gegengewicht zu den Bestrebungen der Akteure aus dem Bereich der Privatwirtschaft zu setzen, die Risiken ihrer Produkte und Angebote naturgemäß nicht herausstellen werden. Nur die staatliche Aufklärungsarbeit versetzt die Bürger daher in die Lage, ihren persönlichen Schutzbedarf zu definieren und ihr Selbstbestimmungsrecht auszuüben.

Die Veröffentlichung der Ergebnisse der Technikfolgenabschätzung kann auch die im Ansatz erkennbare Entwicklung einer weltweiten freiwilligen Selbstkontrolle und der Schaffung supranationaler Regelungswerke forcieren. Sofern Selbstregulierungsmechanismen nach Art der "Netiquette" [927] oder der freiwilligen Selbstkontrolle der Anbieter dazu führen, daß sich Gefährdungspotentiale nur vereinzelt realisieren, darf der Staat diese günstige Entwicklung bei der Bestimmung seiner Handlungspflichten berücksichtigen. Für seine Handlungspflichten kommt es immer auf den tatsächlichen Grad der Gefährdungen des allgemeinen Persönlichkeitsrechts an, gleichgültig durch welche Faktoren diese hervorgerufen oder gemildert werden. Daher können die Entwicklungstendenzen der Selbstkontrolle den Staat ebenso von seiner Schutzpflicht entlasten wie auch die Schaffung wirksamer internationaler Vorschriften, wenn diese einen effektiven Grundrechts-

---

[924] vgl. Roßnagel u.a., Digitalisierung, S. 6 ff.

[925] Die Ergebnisse der Arbeitsgruppen wurden oben im 4. Kapitel, § 2 II dargestellt.

[926] vgl. oben, 4. Kapitel, § 2 II 5

[927] vgl. hierzu oben, 4. Kapitel, § 2 IV

schutz versprechen. Zum gegenwärtigen Zeitpunkt ist jedenfalls nicht auszu-schließen, daß freiwillige Selbstbeschränkungen dazu führen, daß sich technikbe-dingte Gefährdungspotentiale nicht realisieren. Keinesfalls kann der Staat die Ausübung seiner Schutzpflicht aber einseitig auf diese Form der Gefährdungs-vermeidung stützen, da jede Selbstkontrolle in Fällen deliktischen Handelns versagt.

II. Verfassungsverträgliche Technikgestaltung

Bei irreversiblen Entwicklungen trifft den Staat eine Verpflichtung zur frühzeiti-gen Einflußnahme, die auch vorbeugenden Charakter haben kann. Es sind alle Anstrengungen zu unternehmen, um mögliche Gefahren für Verfassungsgüter frühzeitig zu erkennen und ihnen mit den erforderlichen, verfassungsmäßigen Mitteln zu begegnen [928]. Die Schutzpflicht des Staates hinsichtlich der Gewähr-leistungen der Grundrechte bezieht sich auch auf zukünftige Generationen [929], weshalb präventive Maßnahmen auch auf solche Gefährdungen bezogen sein müssen, die aufgrund einer gegenwärtigen Entwicklung erkennbar werden, sich aber - wenn überhaupt - erst in einem zukünftigen Entwicklungsstadium realisie-ren.

Die technische Entwicklung der Informationsgesellschaft ist ein nicht umkehrba-rer Vorgang. Die Nutzung von PC im privaten, wirtschaftlichen und öffentlichen Bereich hat bereits einen Stellenwert erreicht, der es undenkbar erscheinen läßt, daß die bereits eingetretenen strukturellen Veränderungen zukünftig keine Fortsetzung finden. Die technische Entwicklung entfaltet insoweit eine "normative Kraft des Faktischen". Sobald vernetzte Datenverarbeitungsanlagen bestimmte Lebensbereiche für sich erobert haben, entsteht ein faktischer Benutzungszwang, da die herkömmlichen Kommunikations- und Abwicklungsverfahren ihre Bedeutung verlieren und zum Ende der Entwicklung schlicht nicht mehr angebo-ten werden [930].

Der Staat kann sich aufgrund dieser Sachzwänge nicht auf Reaktionen beschrän-ken. Er muß vielmehr im Rahmen seiner verfassungsrechtlichen Möglichkeiten versuchen, die Ausgestaltung der technischen Bedingungen des Persönlichkeits-schutzes in der Informationsgesellschaft im Sinne des allgemeinen Persönlich-keitsrechts, insbesondere im Sinne des Rechts auf informationelle Selbstbestim-mung, zu beeinflussen. Hierbei kommt es angesichts der aufgezeigten

---

[928] vgl. BVerfGE 49, 89 (132) - Kalkar

[929] vgl. oben, § 1 I

[930] vgl. hierzu auch oben, 4. Kapitel, § 1 I 7

Gefährdungslagen entscheidend darauf an, dem Entstehen einer unübersehbaren und unkontrollierbaren Flut von personenbezogenen Daten gegenzusteuern. Der auf diese Weise zu realisierende Schutz der Selbstbestimmung über den Umgang mit personenbezogenen Daten setzt an der Wurzel aller Gefährdungspotentiale an. Wenn schon die Existenz der Informationen durch eine datenarme Ausgestaltung der Technik weitestgehend vermieden wird, fehlt der persönlichkeitsrechtsverletzenden Datenverarbeitung ebenso wie dem vorsätzlichen Mißbrauch personenbezogener Daten bereits das "Tatobjekt" [931]. Die Grundbedingungen des Persönlichkeitsschutzes in der Informationsgesellschaft würden sich bei einer technischen Konfiguration, die Sekundärdaten nicht erhebt oder zumindest nicht speichert, im Hinblick auf das informationelle Selbstbestimmungsrecht nur geringfügig vom heutigen status quo unterscheiden. Ein technischer Verzicht auf die automatische Erhebung von Sekundärdaten hieße die Grundlage zahlreicher Gefährdungspotentiale vermeiden.

Die neuen Datenschutzvorschriften zu den Tele- und Mediendiensten im TDDSG und im MDStV sehen solche "datenschutzfreundlichen" Vorgaben zur technischen Ausgestaltung von Tele- und Mediendiensten vor, da sie das Prinzip der Datenvermeidung verfolgen [932]. Hierbei wird es sich aber zeigen müssen, ob die in den Gesetzesentwürfen formulierte Zielvorgabe [933] ausreicht, um dem Prinzip der Datenvermeidung in der Praxis hinreichend Geltung zu verschaffen. Gegebenenfalls werden die Gerichte dazu berufen sein, diese Vorschrift im Lichte des allgemeinen Persönlichkeitsrechts im Sinne einer Zulässigkeitsvoraussetzung auszulegen, so daß jede Verarbeitung von personenbezogenen Daten, die ohne zwingende Gründe erhoben worden sind, als rechtswidrig anzusehen wäre. Gleiches gilt für die in den Gesetzen normierte Verpflichtung, die Inanspruchnahme von Telediensten ohne Preisgabe der Identität zu ermöglichen, soweit dies "technisch möglich und zumutbar ist" [934]. Die Begrenzung der Verpflichtung zur Datenvermeidung auf das technisch Mögliche und Zumutbare verlagert die Verantwortung für eine effektive Gewährleistung des Persönlichkeitsschutzes auf die Judikative, die letztlich durch eine enge Auslegung dieser Begriffe einen adäquaten Schutz herstellen muß.

---

[931] Bull spricht in diesem Zusammenhang von der "Bekräftigung des alten Grundsatzes, daß es besser ist, keine personenbezogene Datenspur zu legen, als diese Spur zu überwachen (Prinzip der Datenvermeidung)", vgl. Bull, Thesen, These 5 (S. 1).

[932] vgl. oben, 4.Kapitel, § 2 V 2./ 3.

[933] vgl. z.B. § 3 Abs. 4 TDDSG: "Die Gestaltung und Auswahl technischer Einrichtungen für Teledienste hat sich an dem Ziel auszurichten, keine oder so wenige personenbezogene Daten wie möglich zu erheben, zu verarbeiten und zu nutzen"; ähnlich § 12 Abs. 5 MDStV

[934] vgl. § 4 Abs. 1 TDDSG, § 13 Abs. 1 MDStV

Hinsichtlich der technischen Voraussetzungen der Verfolgung rechtswidriger Inhalte in den neuen Kommunikations- und Informationsdiensten könnte sich aus dem Gebot der verfassungsverträglichen Technikgestaltung eine "Dokumentationspflicht" ergeben, die durch automatische Speicherungsvorgänge die Identifizierung des "Urhebers" rechtswidriger Inhalte ermöglicht, auch wenn dessen Inhalte auf einem anderen Datenspeicher (Server) hinterlegt sind und über den jeweiligen Dienst nur im Wege der Zugangsvermittlung abgerufen werden können. Sofern dies technisch möglich ist, könnte auf diese Weise die "enthemmende Anonymität" in den Netzen [935] vermieden werden und die praktische (technische) Voraussetzung für den repressiven medienrechtlichen Persönlichkeitsschutz geschaffen werden. Dieser Ansatz ist in den neuen Multimediagesetzen nur insoweit zu finden, als sie den Anbietern eine Kennzeichnungspflicht auferlegen [936]. Insoweit erscheint es bedenklich, daß das TDG im Bereich der Teledienste die Kennzeichnungspflicht auf "geschäftsmäßige Angebote" begrenzt (§ 6 TDG). § 6 MDStV sieht diese Einschränkung nicht vor. Da davon auszugehen ist, daß nahezu alle Angebote mit rechtswidrigen Inhalten "an die Allgemeinheit" gerichtet sein werden, mithin dem Anwendungsbereich des MDStV unterfallen (vgl. § 2 Abs. 1 MDStV), ist zu erwarten, daß diese Problematik in der Praxis keine Wirkung entfaltet. Insoweit ist die Judikative gefragt, den Anwendungsbereich durch zweckentsprechende Auslegung des § 2 Abs. 1 MDStV zu definieren. Bei der Verpflichtung zur Anbieterkennzeichnung handelt es sich jedoch nur um die Normierung einer Rechtspflicht des jeweiligen Anbieters, die in ihrer bisherigen Formulierung keine Verpflichtung enthält, die Identität eines anderen Anbieters bereitzuhalten, dessen rechtswidriger Inhalt über den eigenen Dienst abrufbar ist und der (entgegen § 6 TDG/MDStV) nach außen keine eigene Kennzeichnung führt. Dies wäre jedoch (sofern technisch möglich) erforderlich, um den Verletzten in die Lage zu versetzen, sich an den originären Verletzer zu halten. Der hierbei zu erwägende Widerspruch zur Forderung einer möglichst umfassenden anonymen Nutzungsmöglichkeit von Tele- und Mediendiensten ist nur scheinbarer Natur. Das Prinzip der Datenvermeidung soll die Persönlichkeit vor der heimlichen Erhebung von Nutzungsdaten schützen, die das Verhalten des Nutzers dokumentierbar und bewertbar machen. Die Schutzbedürftigkeit ergibt sich hierbei daraus, daß solche Daten auch bei Vorgängen anfallen, die keinen Bezug zu den geschützten Interessen Dritter aufweisen. Wer sich hingegen eines Datendienstes als Massenkommunikationsmittel zur Verbreitung eigener (rechtswidriger) Inhalte an einen unbestimmten Empfängerkreis bedient, wendet sich bewußt an die Öffentlichkeit, weshalb seine personenbezogenen Daten im begründeten Einzelfall zur Rechtsverfolgung ermittelbar (d.h. aus dem

---

[935] vgl. oben, 4. Kapitel, § 1 II, 2.

[936] vgl. oben, 4. Kapitel, § 2 V.

Speicher des zugangsvermittelnden Dienstes abrufbar) sein müßten. Die Frage, ob eine derartige technische Konfiguration möglich und aus Rechtsgründen erforderlich ist, kann erst anhand der zukünftigen Erfahrungen aus der Praxis beurteilt und entschieden werden. Sollte sich herausstellen, daß eine derartige Technikgestaltung aufgrund einer Häufung sonst praktisch nicht verfolgbarer Rechtsgutsverletzungen erforderlich erscheint, eine Speicherung der Identität der Urheber fremder Inhalte aber technisch nicht möglich ist, wäre unter dem Gesichtspunkt der verfassungsverträglichen Technikgestaltung hilfsweise zu erwägen, die Diensteanbieter zu verpflichten, eine anonyme Verbreitung von Inhalten durch geeignete technische Konfigurationen auszuschließen. Hierbei bedürfte es aber abgestufter Regeln und differenzierter praktischer Ausgestaltungen. Nur durch eine nutzungsartabhängige technische Konfiguration könnte dem Konflikt zwischen den Zielvorgaben des medienrechtlichen und des datenschutzrechtlichen Persönlichkeitsschutzes bei der verfassungsverträglichen Technikgestaltung entsprochen werden.

III. Gestaltung der rechtlichen Rahmenbedingungen

Der Staat hat bei der Erfüllung seiner Schutzpflicht für das allgemeine Persönlichkeitsrecht die Aufgabe, den grundrechtlichen Schutz in Gesetze umzusetzen, die die verfassungsrechtlichen Vorgaben für die Exekutive und die Judikative unmittelbar anwendbar machen. Im Bereich der Gestaltung dieser rechtlichen Rahmenbedingungen der Informationsgesellschaft trifft der Staat aber in starkem Maße auf die Grenzen seiner Möglichkeiten. Angesichts der globalen Datennetze sind steuernde Eingriffe eines Nationalstaates hinsichtlich zahlreicher Gefahrenlagen ohne Ergebnis. Die Durchsetzungsmacht des Staates ist auf seine Gebietshoheit im körperlichen Raum seines Staatsgebietes beschränkt. Unter den Bedingungen der Informationsgesellschaft wird der Staat deshalb häufig feststellen müssen, daß er seine Gesetze nicht vollziehen kann[937]. So können z.B. rechtswidrige Inhalte binnen Sekunden auf einen exterritorialen Datenserver verlagert werden, ohne daß sich hinsichtlich der Abrufbarkeit und Verfügbarkeit irgend etwas ändert. Auch wenn es dem Staat gelänge, durch eine weitreichende Regelung der Verantwortlichkeiten die inländischen Verbreiter in die Pflicht zu nehmen, stünde es trotzdem jedermann frei, sich über das internationale Telefonnetz in einen ausländischen Netzknoten einzuwählen. Dies ist nur ein Beispiel für unzählige denkbare Konstellationen, in denen nationale Gesetze ihre Schutzwirkung nicht oder nur unzulänglich entfalten.

---

[937] vgl. Roßnagel, ZRP 97, 26 (27), sowie oben 4. Kapitel, § 1 III 2.

Diese Feststellungen zur tatsächlichen Unmöglichkeit abschließender nationalstaatlicher Regulierungspotentiale entbinden den Staat aber nicht von der Pflicht
zum legislatorischen Handeln für sein Hoheitsgebiet. Das ihm Mögliche muß der
Staat stets zum Schutze der Grundrechte seiner Bürger realisieren. Hierbei muß er
zwar die Mißbrauchs- und Umgehungspotentiale in seine Gefahrenanalyse
einbeziehen, darf aber umgekehrt diese Faktoren nicht zur Begründung etwaiger
Untätigkeit heranziehen. Der lückenhafte Schutz von Individual- und Gemein-
wohlinteressen allein durch Ge- und Verbote hinsichtlich der globalen Dimension
der Probleme und der Flüchtigkeit der Verletzungshandlungen führt gerade zu
ergänzenden Pflichten[938]. Als ergänzende Pflicht zur Aufgabenerfüllung tritt
neben den bereits genannten Tätigkeitsfeldern (Technikfolgenabschätzung,
verfassungsverträgliche Technikgestaltung etc.) die Pflicht zur aktiven Mitwirkung an der Gestaltung der rechtlichen Bedingungen im internationalen Rahmen
hinzu.

In dieser Hinsicht hat der Staat mit den ihm zur Verfügung stehenden Mitteln zu
versuchen, die grundrechtlich geschützten Belange seiner Bürger bei der Schaffung supranationalen Rechts durchzusetzen und gegebenenfalls selbst für entsprechende Aktivitäten zu sorgen. Hierbei darf sich seine Mitwirkung nicht nur auf die
Rechtsetzungsakte der EU beschränken. Vielmehr ist er gehalten, den internationalen Bedrohungen für die Gewährleistungen des allgemeinen Persönlichkeitsrechts auch im Rahmen von internationalen Vereinbarungen zu begegnen.
Effektiver Grundrechtsschutz bedeutet hierbei, den Versuch zu unternehmen, das
nationale verfassungsrechtliche Verständnis eines wirksamen Persönlichkeitsschutzes in den internationalen Regelungswerken zum Standard zu erklären. Die
hierbei für den Schutz des allgemeinen Persönlichkeitsrechts erforderlichen
Eckwerte entsprechen den nachfolgend aufgezeigten Anforderungen an die
Gestaltung der rechtlichen Rahmenbedingungen innerhalb des Hoheitsgebietes
des nationalen Gesetzgebers.

1. Datenschutzrecht

In Bezug auf die Problemlagen im datenschutzrechtlichen Bereich hat der Staat
seine Schutzpflichten durch eine strikte Umsetzung der im Volkszählungsurteil
des BVerfG formulierten Vorgaben zu erfüllen[939]. Da sich das BVerfG in dieser
Entscheidung grundlegend und weit über die Grenzen des zu entscheidenden
Sachverhalts hinaus mit dem Problem des Persönlichkeitsschutzes unter den
Voraussetzungen elektronischer Datenverarbeitungssysteme beschäftigt hat, sind

---

[938] vgl. Roßnagel, ZRP 97, 26 (28)

[939] vgl. BVerfGE 65, 1 (42 ff.); hierzu oben, 3.Kapitel, § 3 und § 5, VII

die dortigen Ausführungen zum Recht auf informationelle Selbstbestimmung bis heute wegweisend und uneingeschränkt auf die datenschutzrechtlichen Gefährdungspotentiale in der Informationsgesellschaft anwendbar. Hieraus folgt:

Durch rechtliche Vorgaben zur Datenverarbeitung ist zu gewährleisten, daß jedermann die freie Selbstbestimmung über den Umgang mit seinen personenbezogenen Daten behält, also "Herr über seine Daten" bleibt. Diesem Erfordernis effektiven Persönlichkeitsschutzes wird der präventiv wirkende Schutz der Datenschutzgesetze gerecht, da sie das Prinzip des Verbots mit Erlaubnisvorbehalt realisieren und den Verarbeitern damit einen verfassungsrechtlichen Rechtfertigungszwang auferlegen. Bei der Normierung gesetzlicher Erlaubnistatbestände ist angesichts der Weite solcher abstrakt-genereller Vorgaben Zurückhaltung geboten. Sie sind vor dem Recht auf informationelle Selbstbestimmung nur dann verfassungsrechtlich legitimierbar, wenn sie in jeder denkbaren Anwendungssituation geeignet, erforderlich und angemessen sind, um entgegenstehende Interessen mit verfassungsrechtlichem Rang zu gewährleisten. Die Formulierung von Erlaubnistatbeständen sollte daher möglichst präzise auf den legitimen Nutzungszweck der Daten abgestimmt sein. Durch klagbare Ansprüche muß es den Betroffenen schnell und mit geringem Kostenrisiko ermöglicht werden, Streitfälle über die Anwendung eines Erlaubnistatbestandes durch die Judikative klären zu lassen, damit im konkreten Fall eine verfassungsrechtliche Güterabwägung durch eine unabhängige Gewalt erfolgen kann. Maßgeblicher Anknüpfungspunkt für die Verarbeitung von personenbezogenen Daten muß die bewußt und eindeutig abgegebene Einwilligung des Betroffenen als Ausdruck seiner Dispositionsbefugnis sein. Hierbei sind auch faktische Einwilligungszwänge zu vermeiden. Nach der Erhebung personenbezogener Daten hat sich die weitere Verwendung des Datenmaterials an der Zweckbindung zu orientieren. In dieser Form wirkt das Selbstbestimmungsrecht über die eigenen Daten fort, da nur die Verwendung im Rahmen des Erhebungszwecks von der autonomen Willenserklärung des Betroffenen gedeckt ist. Da sich aufgrund der vielfältigen verdeckten Verarbeitungsmöglichkeiten von personenbezogenen Daten in vernetzten Systemen insbesondere im privaten und privatwirtschaftlichen Bereich das autonome Bestimmungsrecht des Betroffenen nicht allein durch gesetzliche Vorgaben zur Nutzung der Daten gewährleisten läßt, ist bereits die Reglementierung der Erhebung am Prinzip der Datenminimierung auszurichten. Der Rahmen der zulässigen Speicherung erhobener Daten hat sich eng anhand des Erhebungs- und Speicherungszwecks zu orientieren und ist durch die Pflicht zur unverzüglichen Löschung abzusichern. Nur auf diese Weise kann ein gesetzlicher Rahmen geschaffen werden, der hilft, verdeckte unzulässige Nutzungen personenbezogener Daten zu vermeiden, und damit zur effektiven Sicherung der informationellen Selbstbestimmung beiträgt.

Für den Gesetzgeber bietet es sich an, die bisherige Systematik eines allgemeinen Datenschutzgesetzes mit ergänzenden bereichsspezifischen Datenschutzvorschriften für besondere Teilbereiche beizubehalten. Auf diese Weise können einerseits die verfassungsrechtlich erforderlichen Grundsätze in allgemeingültiger Form auf der Ebene einfachen Rechts festgeschrieben und Schutzlücken vermieden werden. Andererseits bieten bereichsspezifische Normen die Möglichkeit, diese Vorgaben hinsichtlich besonderer Problemlagen, wie z.B. bei den Tele- und Mediendiensten, näher zu konkretisieren. Durch das Ineinandergreifen dieser Normen wird für die Exekutive und die Judikative die notwendige Grundlage geschaffen, um für die erforderliche effektive Umsetzung des Schutzes im konkreten Einzelfall sorgen zu können. Ferner kann der Gesetzgeber durch die Schaffung ergänzender bereichsspezifischer Vorschriften flexibel auf neue Gefährdungen reagieren, ohne die gesamte Datenschutzgesetzgebung zu novellieren.

Mit der Normierung der bereichsspezifischen Datenschutzvorschriften im TDDSG und MDStV, die im Verbund mit den telekommunikationsrechtlichen Datenschutzvorschriften (TKG und TDSV) und dem BDSG stehen, hat der Gesetzgeber diese verfassungsrechtlichen Anforderungen - wie bereits ausgeführt wurde - grundsätzlich erfüllt. Die praktische Umsetzung dieser Normen bleibt abzuwarten.

Die anstehende Novellierung des BDSG angesichts der Umsetzung der EU-Datenschutzrichtlinie ist vom Staat zu nutzen, um die Ausgestaltung des verfassungsrechtlichen Datenschutzes nach den obigen Grundsätzen an die Bedingungen in der Informationsgesellschaft anzupassen. Mit der Harmonisierung des Datenschutzrechts in den Mitgliedstaaten der EU wird ein bedeutender Schritt in Richtung des erforderlichen internationalen Rechtsrahmens realisiert. Grundsätzliche Kollisionen mit den verfassungsrechtlichen Vorgaben des allgemeinen Persönlichkeitsrechts sind dabei nicht ersichtlich, da die Richtlinie auf ein hohes Schutzniveau zielt und die Grundprinzipien mit den Anforderungen des informationellen Selbstbestimmungsrechts teilt. Soweit die Ansätze der Richtlinie hinter den Erfordernissen des verfassungsrechtlichen Datenschutzes zurückbleiben (z.B. wenn in der Richtlinie ein unterschiedliches Schutzniveau für "sensible" und andere Daten vorgesehen wird [940]), steht es dem deutschen Gesetzgeber frei, über diese Vorgaben hinauszugehen, da die Umsetzung der Richtlinie in keinem Mitgliedstaat zu einer Verringerung des Schutzniveaus führen soll [941]. Mit der Umsetzung der Richtlinie wird auch die Aufgabe der bisherigen Systematik einer Trennung von Vorschriften über den öffentlichen (staatlichen) und nicht-öffentlichen (privatwirtschaftlichen) Bereich einhergehen müssen, was zu der erforderlichen Anhebung des Schutzniveaus im nicht-öffentlichen Bereich führen wird.

---

[940] vgl. Art. 8 der Richtlinie, hierzu oben, 4. Kapitel, § 2 I 1.

[941] vgl. hierzu oben, 4. Kapitel, § 2 I 1.

Insgesamt betrachtet läßt die absehbare Rechtsentwicklung im Datenschutzbereich erwarten, daß sie den verfassungsrechtlichen Belangen des Persönlichkeitsschutzes in Bezug auf die Umsetzung der staatlichen Schutzpflicht durch die Legislative genügen wird. Hierbei verbleiben Restrisiken, die sich aus der im Fluß befindlichen Materie ergeben und deshalb dem Bereich der "sozialadäquaten Lasten" zuzuordnen sind. Diese führen nach den Vorgaben des BVerfG zunächst nicht zu erweiterten Handlungspflichten des Staates, legen ihm aber eine besondere Beobachtungs- und Abschätzungspflicht bezüglich der weiteren Entwicklung auf [942].

Die Beobachtungspflicht erstreckt sich insbesondere auf solche Problembereiche, die von sachverständiger Seite bereits im Rahmen der öffentlichen Diskussion um die rechtliche Gestaltung der Informationsgesellschaft thematisiert worden sind. In erster Linie sind dies die Forderungen der Datenschutzbeauftragten, wie sie in den Entschließungen, Tätigkeitsberichten und sonstigen Veröffentlichungen niedergelegt worden sind [943]. Soweit dort eine Überprüfung oder Eingrenzung des datenschutzrechtlichen Medienprivilegs gefordert wird [944], ist mangels einschlägiger Erfahrungen noch kein Handlungsbedarf erkennbar, der sich unter dem Aspekt der Schutzpflicht des Staates zu einer verfassungsrechtlich gebotenen Handlungspflicht verdichtet hat. Vielmehr wird die nahe Zukunft zeigen müssen, ob "zweckfremde" Nutzungen der Archive der Presse- und Rundfunkunternehmen tatsächlich zu unverhältnismäßigen Beeinträchtigungen betroffener Personen führen, die nicht durch die Presse- und Rundfunkfreiheit abgedeckt sind und deren Selbstbestimmung über die Darstellung ihrer Person verletzen.

Die Beobachtungs- und Prüfungspflicht des Staates bezieht sich auch auf die Frage, ob und in welchem Umfang es einer Neuorganisation der Datenschutzaufsicht bedarf. Wegen der Undurchsichtigkeit der Datenverarbeitung für die Betroffenen und auch im Interesse eines vorgezogenen Rechtsschutzes durch rechtzeitige Vorkehrungen ist die Beteiligung unabhängiger Datenschutzbeauftragter von erheblicher Bedeutung für einen effektiven Schutz des Rechts auf informationelle Selbstbestimmung [945]. Während diese Kontrolle im öffentlichen Bereich durch die externen Datenschutzbeauftragten bereits seit mehreren Jahren

---

[942] Entsprechende Äußerungen der für die "Multimedia-Gesetzgebung" zuständiger Mitarbeiter machen deutlich, daß diese sich der Beobachtungspflicht bewußt sind, vgl. Kuch, ZUM 97, 225 (230); Engel-Flechsig, ZUM 97, 231 (239), Knothe, AfP 97, 494 (494, 496 f.)

[943] vgl. oben, 4. Kapitel, § 2 III.

[944] vgl. oben, 4. Kapitel, § 2 III.

[945] vgl. BVerfGE 65, 1 (46) - Volkszählung

Wirkung entfaltet, ist die Kontrolle im privatwirtschaftlichen Bereich weniger ausgeprägt, da sie in erster Linie nur von betrieblichen Datenschutzbeauftragten wahrgenommen wird und eine Kontrolle durch die externe Aufsichtsbehörde nur anlaßbezogen durchgeführt werden kann [946]. Sollten sich hierdurch Defizite bei der tatsächlichen Durchführung der datenschutzrechtlichen Vorschriften ergeben, so daß die einschlägigen Normen ihre verfassungsrechtlich gebotene Schutzwirkung nicht entfalten, müßte der Gesetzgeber geeignete Prüfungs- und Kontrollbefugnisse, z.B. durch systematische Stichprobenkontrollen, normieren.

Ob es erforderlich ist, ein "Grundrecht auf Datenschutz" nach dem Beispiel einiger Länderverfassungen in das Grundgesetz aufzunehmen, ist eine rechtspolitische Frage, die auch nur in dieser Weise beantwortet werden kann. Jedenfalls läßt sich eine solche Pflicht nicht zwingend aus der Schutzpflicht des Staates ableiten. Der grundrechtliche Charakter des Rechts auf informationelle Selbstbestimmung als Ausprägung des datenschutzrechtlichen Persönlichkeitsschutzes aus Art. 2 Abs. 1 i.V.m. Art. 1 Abs. 1 GG steht seit dem Volkszählungsurteil des BVerfG fest. An der rechtlichen Qualität des Schutzes würde sich somit durch eine ausdrückliche Normierung im Katalog der Grundrechte nichts ändern, sondern sie würde allenfalls eine klarstellende und aufklärende Funktion haben. Seine Aufklärungs- und Beratungspflichten kann der Staat aber auch durch andere Maßnahmen, z.B. im Bereich der Öffentlichkeitsarbeit und der Informations- und Bildungsangebote erfüllen.

Abzulehnen ist jedenfalls die Forderung nach einem "Grundrecht auf unbeobachtete Mediennutzung" [947]. Dieses Recht würde sich gegen die Dokumentation der Mediennutzungsgewohnheiten durch die Sekundärdaten richten und ist somit hinsichtlich seiner Zielrichtung als Mittel effektiven Persönlichkeitsschutzes grundsätzlich anzuerkennen. Allerdings wird dieser Schutz bereits durch die Gewährleistungen des Rechts auf informationelle Selbstbestimmung erreicht, da die Speicherung und Verarbeitung von Sekundärdaten nur im Rahmen der von der Einwilligung des Betroffenen umfaßten Zwecke (z.B. der nutzungsbezogenen Abrechnung) zulässig ist. Ein Bedarf zur Schaffung eines neuen Grundrechts mit sehr speziellem Anwendungsfeld besteht daher mangels Regelungslücke nicht. Dieses Beispiel zeigt gerade, daß - wie bereits mehrfach dargelegt wurde - das allgemeine Persönlichkeitsrecht aufgrund seines dynamischen Charakters auch auf

---

[946] vgl. § 38 BDSG

[947] vgl. oben, 4. Kapitel, § 2 III.

neue Gefährdungslagen anwendbar ist, ohne daß es legislativer Maßnahmen bedarf[948].

2. Medienrecht

Die verfassungsrechtliche Gewährleistung des allgemeinen Persönlichkeitsrechts verpflichtet den Gesetzgeber angesichts der Gegebenheiten der modernen Massenkommunikationsmittel zu einem wirksamen Schutz des Einzelnen gegen Einwirkungen der Medien. Er darf nicht anspruchslos zum bloßen Objekt öffentlicher Erörterung herabgewürdigt werden[949]. Das BVerfG hat diese aus dem allgemeinen Persönlichkeitsrecht folgende Schutzpflicht des Gesetzgebers unlängst im Beschluß vom 14.1.98 zum Gegendarstellungsrecht ausdrücklich bestätigt[950].

Der Gesetzgeber hat sich bei der Gestaltung der rechtlichen Rahmenbedingungen für die Mediendienste, also die an die Allgemeinheit gerichteten Informations- und Kommunikationsdienste[951], an der Konzeption des repressiven medienrechtlichen Persönlichkeitsschutzes im Bereich der Presse und des Rundfunks orientiert. Neben dem präventiv wirkenden Verbot bestimmter Inhalte (z.B. aus Gründen des Jugendschutzes) wird der individuelle Persönlichkeitsschutz primär auf die Initiative des Betroffenen durch eine von ihm veranlaßte gerichtliche Nachprüfung anhand der allgemeinen Vorschriften des Zivilrechts verlagert (repressiver medienrechtlicher Persönlichkeitsschutz). Dabei gelangt das allgemeine Persönlichkeitsrecht über die §§ 823, 1004 BGB zur Anwendung. Die über die zivilrechtlichen Vorschriften durchsetzbaren Schutzansprüche (Unterlassung, Widerruf/Richtigstellung, Schadensersatz und Geldentschädigung für immaterielle Persönlichkeitsrechtsverletzungen[952]) setzen voraus, daß der Anspruchsgegner identifizierbar und seine rechtliche Verantwortlichkeit geklärt ist. Aus dieser Notwendigkeit folgt die Verpflichtung des Staates, durch gesetzliche Vorgaben die Voraussetzungen für die Wahrnehmung des repressiven Schutzes durch die Betroffenen zu schaffen. Der MDStV trägt diesem Erfordernis durch die Verpflichtung zur Anbieterkennzeichnung (§ 6 Abs. 1 MDStV) und durch die der presserechtlichen Impressumspflicht nachgebildeten Pflicht zur Benennung eines

---

[948] zur dynamischen Struktur vgl. oben, 3. Kapitel, § 1, § 6

[949] vgl. BVerfGE 73, 118 (201) - 4.Rundfunkurteil; BVerfGE 63, 131 (142 f.) - Gegendarstellung;

[950] vgl. BVerfG NJW 98, 1381; vgl. hierzu in Bezug auf den Gegendarstellungsanspruch in § 10 MDStV Gounalakis, NJW 97, 2993 (2997)

[951] vgl. die Legaldefinition in § 2 Abs. 1 MDStV

[952] vgl. Prinz, NJW 95, 817

Verantwortlichen bei "journalistisch-redaktionell gestalteten" Angeboten (§ 6 Abs. 2 MDStV) Rechnung. Damit wird aber in einigen Fällen nur der Verbreiter fremder [953] persönlichkeitsrechtsverletzender Inhalte identifizierbar sein. Entsprechend der bereits oben [954] angestellten Überlegung, durch die technische Ausgestaltung der Dienste sicherzustellen, daß die originären Urheber von verbreiteten Inhalten dem Diensteanbieter bekannt sein müssen, wären gegebenenfalls ergänzende Auskunftsansprüche zu normieren, sofern die Judikative den Betroffenen solche Auskünfte nicht ohne besondere Anspruchsgrundlage zubilligt und sie zur zweckentsprechenden Rechtsverfolgung notwendig erscheinen.

Ob die bestehenden zivilrechtlichen Schutzansprüche auch in den Mediendiensten ausreichen, für eine adäquate Umsetzung des allgemeinen Persönlichkeitsrechts zu sorgen, muß ebenfalls unter den Prüfungsvorbehalt gestellt werden. Im Grundsatz bestehen aber angesichts der positiven Erfahrungen mit dem medienrechtlichen Persönlichkeitsschutz durch die Judikative in den Bereichen der Presse und des Rundfunks keine Bedenken gegen diese Form der Gewährleistung repressiven Schutzes. Vielmehr hat es sich als eine verfassungsrechtliche Notwendigkeit erwiesen, den Schutz im Medienbereich auf die Ebene der Judikative zu verlagern, da die Rechtsprechung die in jedem Einzelfall erforderliche Abwägung mit den betroffenen Grundrechten Dritter, insbesondere mit der Meinungs-, Presse- und Rundfunkfreiheit, gewährleistet. Die Gewährleistung eines ausreichenden Schutzniveaus wird jedoch maßgeblich davon bestimmt sein, wie die Judikative mit den Vorgaben der gestuften Verantwortlichkeit in § 5 MDStV umgeht. Nach der hier vertretenen Auffassung [955] läßt diese Vorschrift (schon aus kompetenzrechtlichen Gründen) die allgemeinen zivilrechtlichen Haftungsgrundsätze des Medienrechts unberührt, was der Rechtsprechung die Möglichkeit eröffnet, die gefestigten Grundsätze der Verbreiterhaftung adäquat zur Anwendung zu bringen. Da auch die Einhaltung der journalistischen Sorgfaltspflicht in § 7 Abs. 2 MDStV für Mediendienste normiert wurde, kann insgesamt davon ausgegangen werden, daß im Geltungsbereich des deutschen Rechts das bewährte, einzelfallbezogene Schutzniveau des Presse- und Rundfunkrechts bei Persönlichkeitsrechtsverletzungen in Mediendiensten aufrecht erhalten werden kann. Sollte die Rechtsprechung aufgrund von § 5 MDStV zu eklatanten Schutzlücken führen, wäre der Gesetzgeber gehalten, die Verantwortlichkeitsregelungen zu novellieren. Jedenfalls muß im

---

[953] d.h. rechtswidrige Inhalte eines Dritten, der seinerseits entgegen § 6 MDStV keine Anbieterkennung führt und zu dessen Angebot der Zugang über einen anderen Dienst vermittelt wird

[954] vgl. oben in diesem Kapitel unter § 2 II.

[955] die sich auf § 7 Abs. 1 MDStV und die amtliche Begründung zu § 5 MDStV stützen kann, vgl. Hmb. Bürgerschafts-Drucksache 15/7276, S. 12

Ergebnis der verschuldensunabhängige Unterlassungsanspruch bei Persönlich-keitsrechtsverletzungen (z.b. durch die Verbreitung von Unwahrheiten, Verlet-zungen der Privatsphäre/Indiskretionen und Ehrverletzungen) auch gegenüber Verbreitern gerichtlich durchsetzbar sein.

Gleiches gilt für die Durchsetzbarkeit des Anspruchs auf Gegendarstellung in allen Mediendiensten, die in ihrer publizistischen Wirkung Rundfunk und Presse entsprechen. Diese Feststellung ist durch das BVerfG präjudiziert. Das Fehlen einer ausreichenden gesetzlichen Regelung zur Gegendarstellung im Rundfunk und in der Presse stellt einen Verstoß gegen die grundrechtliche Schutzpflicht aus Art. 2 Abs. 1 i.V.m. Art. 1 Abs. 1 GG dar [956]. Jedem von einer Darstellung in den Medien Betroffenen muß die rechtlich gesicherte Möglichkeit eingeräumt werden, dieser mit seiner Darstellung entgegenzutreten, da er ansonsten seine Selbstbe-stimmung über die Darstellung seiner Person in der Öffentlichkeit nicht ausüben könnte [957]. Er muß sich selbst äußern können, damit sein Bild in der Öffentlichkeit nicht allein durch die Schilderungen Dritter gezeichnet wird. Gerade hierdurch würde sich die "Herabwürdigung zum Objekt" vollziehen, gegen die sich das allgemeine Persönlichkeitsrecht richtet.

Diese bedeutende Funktion des Rechts auf Gegendarstellung muß sich auch in der verfahrensrechtlichen Ausgestaltung des Anspruchs niederschlagen. Erfüllen die vom Gesetzgeber geschaffenen Anspruchsvoraussetzungen einschließlich des verbundenen Verfahrensrechts ihre Aufgabe nicht oder setzen sie der Rechtsaus-übung so hohe Hindernisse entgegen, daß die Gefahr einer Entwertung der materiellen Grundrechtsposition entsteht, dann ist die Norm nicht mit dem zu schützenden Grundrecht vereinbar [958]. Der Gesetzgeber hat in § 10 MDStV einen Gegendarstellungsanspruch geschaffen, der den einschlägigen Vorschriften des Rundfunk- und Presserechts nachgebildet ist. Offensichtliche Verstöße gegen die verfassungsrechtlichen Vorgaben zum Gegendarstellungsrecht sind nicht ersicht-lich [959]. Bedenklich ist jedoch die auslegungsbedürftige Beschränkung der

---

[956] so ausdrücklich BVerfG AfP 93, 474 (475) - Beschluß vom 19.2.93 unter Bezugnahme auf BVerfGE 73, 118 (201); 63, 131 (142 f.); bestätigt durch Beschluß vom 14.1.98, NJW 98, 1381; vgl. auch Gounalakis, NJW 97, 2993 (2997)

[957] vgl. BVerfGE 63, 131 (142 f.); 73, 118 (201);

[958] vgl. BVerfGE 63, 131 (142 f.)

[959] Gounalakis hält jedoch das Verbot der unmittelbaren Verknüpfung von Erwiderungen mit der Gegendarstellung gem. § 10 Abs. 1 MDStV unter Bezugnahme auf die rechtliche Diskussion um das neue saarländische Gegendarstellungsrecht für "bedenklich", vgl. NJW 97, 2993 (2997). Nachdem das BVerfG die Verfassungsbeschwerden gegen § 11 des saarländischen Pressegesetzes als unzulässig verworfen hat (Beschluß v. 14.1.98, 1 BvR 1995/94 und 1 BvR 2246/94 (noch unveröffentlicht), wird diese Frage bis auf weiteres nicht abschließend geklärt werden können.

Gegendarstellungspflicht auf "journalistisch-redaktionell gestaltete Angebote" (§§ 10 Abs. 1, 6 Abs. 2 MDStV), welche in der Rechtsanwendung nicht dazu führen darf, daß gegen Inhalte von Angeboten, die in ihrer publizistischen Wirkung Rundfunk und Presse entsprechen, kein Gegendarstellungsanspruch zugestanden wird.

IV. Umsetzung, Überwachung und Fortentwicklung des Rechtsrahmens

Der Staat ist auch nach dem Erlaß gesetzlicher Vorschriften zum Schutz des allgemeinen Persönlichkeitsrechts von seiner Schutzpflicht nicht entbunden. Da es auf die Effektivität des durch die Rechtsordnung gewährten Schutzes ankommt, obliegt ihm eine umfangreiche Überwachungs- und Beobachtungspflicht. Die Verpflichtung bezieht sich insbesondere konkret auf die im vorstehenden Abschnitt aufgezeigten Aspekte, die sich erst anhand der weiteren tatsächlichen Entwicklung beurteilen lassen werden.

In Bezug auf die Umsetzung der rechtlichen Rahmenbedingungen wird zu prüfen sein, ob die neuen "Multimediagesetze" die Exekutive und vor allem die Judikative in die Lage versetzen, den Gewährleistungen des allgemeinen Persönlichkeitsrechts in der Praxis Geltung zu verschaffen. Dies gilt hinsichtlich des Rechts auf informationelle Selbstbestimmung im engeren Sinne (Datenschutz) insbesondere für die Vorschriften im TDDSG, MDStV und der ergänzenden Rechtsnormen über die Datenvermeidung, die Zweckbindung der Daten und die Einhaltung der Löschungsvorschriften. Hierbei wird sich auch erweisen müssen, ob die Vorschriften zur Datenschutzkontrolle ausreichen, um der Exekutive hinreichende Prüfungsbefugnisse einzuräumen. Da für die Betroffenen der Umgang mit ihren Daten in aller Regel verborgen bleibt, kommt der Kontrolle durch unabhängige Datenschutzbeauftragte für einen effektiven Schutz des Rechts auf informationelle Selbstbestimmung erhebliche Bedeutung zu [960]. Ohne diese Überwachung würde die Durchführung der einschlägigen Vorschriften nicht gesichert werden können, weil Schutzlücken, Umgehungen und Mißbräuche vielfach unentdeckt blieben. Auf zahlreiche weitere überprüfungs- und beobachtungspflichtige Aspekte wurde im Rahmen dieser Arbeit bereits hingewiesen.

Im Bereich des medienrechtlichen Persönlichkeitsschutzes obliegt es dem Staat zu überprüfen, ob die von ihm gewählte Vorgehensweise des repressiven Schutzes durch die Judikative ausreicht, um Persönlichkeitsrechtsverletzungen nach Quantität und Qualität in einem verfassungsverträglichen Rahmen zu halten und jeden Einzelfall einer angemessenen rechtlichen Reaktion zuzuführen. Dabei wird

---

[960] vgl. BVerfGE 65, 1 (46)

es maßgeblich darauf ankommen, ob es der Rechtsprechung gelingt, auf der Basis der gesetzgeberischen Vorgabe zur Verantwortlichkeit in den Netzen eine den betroffenen Grundrechten entsprechende Haftungsabstufung nach Art der Verbreiterhaftung in Presse und Rundfunk zu entwickeln. Sofern sich hierbei Schutzlücken hinsichtlich der Wahrung des allgemeinen Persönlichkeitsrechts ergeben, wird der Gesetzgeber gehalten sein, durch die Nachbesserung der Rechtsnormen steuernd einzugreifen.

Hinsichtlich des nationalen Rechtsrahmens haben die staatlichen Organe diese Überwachungs- und Überprüfungspflicht erkannt und in verschiedener Weise, z. B. durch die Beobachtungs- und Berichterstattungspflicht des Bundesbeauftragten für den Datenschutz in § 8 Abs. 2 TDDSG und die Entschließung des deutschen Bundestags zur Evaluierung des IuKDG und des MDStV bis Ende Juli 1999 [961] niedergelegt.

Mit der Überprüfung des gesetzten Rechtsrahmens auf seine Effektivität und praktische Durchführbarkeit ist die Schutzpflicht des Staates nicht erfüllt. Angesichts der fortschreitenden technischen Entwicklung obliegt ihm in besonderem Maße die Pflicht, eine fortlaufende Technikfolgenabschätzung zu betreiben. Dabei ist auch zu überprüfen, ob die ergriffenen Maßnahmen zur verfassungsverträglichen Technikgestaltung Wirkung gezeigt haben und (noch) ausreichend sind. Der Staat hat sich in die Lage zu versetzen, neu auftretende Gefährdungspotentiale frühzeitig zu erkennen, um auf diese rechtzeitig mit allen Mitteln der Erfüllung seiner Schutzpflicht, also auf der Ebene der Exekutive, Legislative und Judikative, reagieren zu können. Wegen der globalen Dimension schließt dies auch die Verpflichtung ein, an den Initiativen auf europäischer und internationaler Ebene im Sinne des deutschen Verfassungsrechts, also auch hinsichtlich der Gewährleistungen des allgemeinen Persönlichkeitsrechts, aktiv und konstruktiv mitzuwirken. Die staatliche Aufgabe, kontinuierliche bedarfsbezogene Maßnahmen auf allen Ebenen staatlichen Handelns zu ergreifen, kann durch das problembewußte Handeln aller Beteiligten auf der Ebene der Rechtsanwendung (Betroffene, Rechtsanwaltschaft und Gerichte) unterstützt werden. Sie sind gefordert, in geeigneter Form Hinweise auf mögliche Fehlentwicklungen, Schutzlücken und Mißstände zu geben und so den Staat in seine Pflicht zu nehmen. Dies kann durch Stellungnahmen, Hinweise und Eingaben an die zuständigen Stellen, aber auch durch die Ausschöpfung des Rechtswegs bis hin zum BVerfG in Fällen der vermeintlich verfassungswidrigen Anwendung und Auslegung des Rechtsrahmens der Informationsgesellschaft erfolgen. Das allgemeine Persönlichkeitsrecht hat seine Konturen in den vergangenen vierzig Jahren im wesentlichen durch die

---

[961] vgl. BT-Drucksache 13/7934, hierzu oben, 4. Kapitel, § 2 V 4.

Leitentscheidungen der Rechtsprechung gewonnen. Den obersten Gerichten sollte im begründeten Einzelfall Gelegenheit gegeben werden, diese Rechtsprechung bezüglich der Erfordernisse unter den Bedingungen der Informationsgesellschaft weiterzuentwickeln.

§ 3 Schlußbetrachtung und Thesen

Die Entwicklung der Informationsgesellschaft hat unübersehbar begonnen, ist aber noch lange nicht abgeschlossen. Hieraus folgt, daß Untersuchungen der vorliegenden Art sowohl bezüglich der Erscheinungsformen der neuen Kommunikations- und Informationsdienste, als auch bezüglich der Gefährdungspotentiale in weiten Teilen nur prognostischen Charakter haben können. Die zur Zeit erkennbare Entwicklungstendenz zeichnet sich dadurch aus, daß immer mehr Lebensvorgänge über vernetzte Computer abgewickelt werden und hierdurch immer neue Lebensbereiche mit datenschutzrechtlichen Problemen in Berührung kommen. Gleichzeitig ist zu erkennen, daß sich auch für den medienrechtlichen Persönlichkeitsschutz neue Aufgaben stellen, da die neuen Informations- und Kommunikationsdienste neue Verbreitungswege für Verletzungen des allgemeinen Persönlichkeitsrechts durch ehrenrührige, unwahre oder indiskrete Inhalte schaffen. Noch scheinen deren Auswirkungen auf den Persönlichkeitsschutz - von Einzelfällen abgesehen - insgesamt vergleichsweise gering zu sein, da weltweite Netze wie das Internet zwar als Medium der Individualkommunikation bereits eine große praktische Bedeutung erlangt haben, ihre Funktion als Verbreitungsweg für Inhalte der meinungsbildenden Massenkommunikation nach Art von Presse und Rundfunk aber noch nicht auf allgemeine Akzeptanz stößt und in ihrer Wirkung noch nicht an die der etablierten Massenmedien heranreicht. Da die Aktivitäten bedeutender wirtschaftlicher Kräfte darauf gerichtet sind, dies zu ändern, wird es aller Voraussicht nach nur noch eine Frage der Zeit sein, bis die Datennetze einen gleichrangigen Verbreitungsweg für massenmediale Inhalte neben den traditionellen Erscheinungsformen des Rundfunks und der Presse darstellen - mit der Folge, daß auch hier die typischen "massenmedialen" Persönlichkeitsrechtsverletzungen zunehmen.

Der deutsche Gesetzgeber hat mit dem IuKDG und dem MDStV einschlägige Rechtsgrundlagen geschaffen, die im Zusammenwirken mit den allgemeinen Rechtsnormen des Zivil- und Strafrechts und den weiteren Datenschutzvorschriften grundsätzlich geeignet erscheinen, einen ausreichenden Schutz des allgemeinen Persönlichkeitsrechts in allen seinen Ausprägungen zu gewährleisten. Der Rechtsprechung kommt hierbei in den nächsten Jahren die entscheidende Aufgabe zu, den zahlreichen unbestimmten und auslegungsbedürftigen Rechtsnormen eine hinreichende Kontur zu geben und auf diese Weise Rechtssicherheit, Vertrauen und ein hinreichendes Schutzniveau zu schaffen. Soweit bereits jetzt Schutzlücken erkennbar sind, beruhen diese auf den besonderen Eigenschaften der neuen

Dienste, die nur - wenn überhaupt - mit internationalen Regelungen einer normativen Bewältigung zugänglich sind.

Die Evaluierungsphase der neuen Rechtsvorschriften hat bereits begonnen. Die staatlichen Organe sind heute und in den kommenden Jahren mehr denn je gefordert, ihrer verfassungsrechtlichen Schutzpflicht hinsichtlich der Verfassungsgüter, mithin auch und gerade des allgemeinen Persönlichkeitsrechts durch ihre Beobachtungs- und Prüfungspflichten nachzukommen. Die nunmehr seit rund fünf Jahren andauernde Diskussion um den Regulierungsbedarf bei "Multimedia", die mit den ersten Stellungnahmen zum IuKDG und zum MDStV hinsichtlich konkreter Problemlagen erst ihren Anfang genommen zu haben scheint, zeigt auf, daß die Rechtswissenschaft einen bedeutenden Beitrag zur Schaffung eines adäquaten Schutzniveaus leisten kann und leisten wird. Es wäre zu wünschen, daß im zukünftigen Diskurs der Aspekt des medienrechtlichen Persönlichkeitsschutzes, mithin in erster Linie der zivilrechtlichen Haftungsfragen, eine größere Berücksichtigung findet. Die wissenschaftliche Diskussion um den Persönlichkeitsschutz in der Informationsgesellschaft war in der Vergangenheit häufig zu sehr von datenschutzrechtlichen Fragestellungen geprägt. Vielleicht kann die vorliegende Arbeit hierzu einen Beitrag leisten. Die ersten Gerichtsentscheidungen zur Haftung nach § 5 MDStV bei Persönlichkeitsrechtsverletzungen werden einen ausreichenden Anlaß für weitere Beiträge, die sich schwerpunktmäßig mit Fragen auf der Ebene der einfachgesetzlichen Rechtsnormen beschäftigen, bieten.

Trotz der zahlreichen Gefährdungspotentiale, die diese Arbeit aufzeigen konnte, ist zu erwarten, daß die weitere Entwicklung der Informationsgesellschaft neue Problembereiche auftreten läßt, die derzeit noch nicht abzusehen sind. Bereichsspezifische Datenschutzprobleme können sich z.B. bei der Nutzung der Informations- und Kommunikationstechnik in neuen Anwendungsbereichen ergeben. Mißbrauchspotentiale können sich durch immer "bessere" Software zur Netzspionage erhöhen. Andererseits kann die technische Entwicklung auch zu einer höheren Netzsicherheit hinsichtlich der Vertraulichkeit oder der Integrität der Daten führen. Die rechtlichen Vorgaben zum Einsatz "datenarmer" Technologien im Sinne einer verfassungsverträglichen Technikgestaltung und des Prinzips der Datenvermeidung können dazu führen, daß die prognostizierte "Datenflut" nicht entsteht und insofern die Legislative nicht in dem Maße gefordert ist, wie es derzeit den Anschein hat. Die zunehmende Sicherheit und Souveränität der Nutzer im Umgang mit den neuen Diensten kann zu einem Problem- und Verantwortungsbewußtsein führen, das unnötige (Selbst-) Gefährdungen vermeidet. Vor allem kann auch die öffentliche Aufklärung über die Ergebnisse der Technikfolgenabschätzung und die aufgetretenen Probleme dazu beitragen, daß sich erkennbare Gefährdungen nicht oder nur in geringem Umfange realisieren. Gleichwohl ist davon auszugehen, daß sich die Ausgangslage für einen effektiven Persönlichkeitsschutz aufgrund der aufgezeigten Entwicklungen in datenschutzrechtlicher wie medienrechtlicher Hinsicht gegenüber der Vergangenheit durch den ansteigenden Einsatz vernetzter Datenverarbeitungstechnologien tendenziell verschlechtert.

Unter diesen hypothetischen Erwägungen sind die nachfolgenden Thesen zum Persönlichkeitsschutz in der Informationsgesellschaft aufzustellen:

1. Das allgemeine Persönlichkeitsrecht aus Art. 2 Abs. 1 i.V.m. Art. 1 Abs. 1 GG gewährleistet die Selbstbestimmung des Menschen über den Umgang mit den seine Person betreffenden Informationen. Dieses Recht ist unmittelbarer Ausdruck des aus der Garantie der Menschenwürde resultierenden sozialen Wert- und Achtungsanspruchs. Seine Schutzwirkung ist darauf gerichtet, daß der Mensch nicht zum Objekt fremder Handlungen und fremder Interessen herabgewürdigt wird.

2. In seiner Eigenschaft als dynamisches Grundrecht, dessen Ausprägungen und Anwendungsbereiche nicht abschließend fixiert sind, gewährt das allgemeine Persönlichkeitsrecht einen flexiblen Schutz der Persönlichkeit. Die Gewährleistungen des allgemeinen Persönlichkeitsrechts orientieren sich an den tatsächlichen Bedürfnissen effektiven Persönlichkeitsschutzes gegen Einwirkungen Dritter. Der Schutzbereich kann sich deshalb generell und fallbezogen an veränderte Grundbedingungen, insbesondere hinsichtlich technischer Entwicklungen, anpassen, ohne daß es legislativer Maßnahmen bedarf.

3. Diesem Charakter des allgemeinen Persönlichkeitsrechts trägt die Konzeption des zivilrechtlichen Persönlichkeitsschutzes Rechnung, indem das allgemeine Persönlichkeitsrecht fallbezogen über §§ 823, 1004 BGB zur Anwendung gebracht wird und der Gesetzgeber im Zivilrecht darauf verzichtet, den Persönlichkeitsschutz näher ausgeprägten Tatbestandsvoraussetzungen zu unterwerfen. Die Dynamik und Entwicklungsoffenheit des allgemeinen Persönlichkeitsrechts wirkt sich deshalb unmittelbar auch auf der Ebene bürgerlich-rechtlicher Streitigkeiten aus, ohne daß es dort einer gesetzgeberischen Anpassung an die Entwicklung des verfassungsrechtlichen Persönlichkeitsschutzes bedarf.

4. Unter den Bedingungen der Informationsgesellschaft kommt dem Selbstbestimmungsgedanken als zentrale Inhaltsbestimmung des Persönlichkeitsrechts besondere Bedeutung zu. Er ist nicht auf den verfassungsrechtlichen Datenschutz im Sinne des "Rechts auf informationelle Selbstbestimmung" im engeren Sinne beschränkt, sondern überlagert alle Ausprägungen des allgemeinen Persönlichkeitsrechts. Das Recht auf informationelle Selbstbestimmung gilt somit auch in zivilrechtlichen Streitigkeiten und dort insbesondere hinsichtlich des Schutzes der Persönlichkeit gegenüber rechtswidrigen Einwirkungen durch die Medien.

5. Im Bereich des medienrechtlichen Persönlichkeitsschutzes kann die Zuordnung des zu beurteilenden Sachverhalts zu einer Schutzsphäre im Sinne der von der

Rechtsprechung in langjähriger Kontinuität herangezogenen "Sphärenlehre" unter diesen Voraussetzungen nicht mehr sein als eine gedankliche Abwägungshilfe beim Ausgleich der entgegenstehenden Verfassungsgüter (z.B. allgemeines Persönlichkeitsrecht und Art. 5 Abs. 1 GG). Das Sphärendenken darf nicht verabsolutiert werden, da es Informationen aus bestimmten "öffentlichen" Bereichen generell der Dispositionsbefugnis des Betroffenen entzieht und damit den Aspekt der Selbstbestimmung in verfassungsrechtlich nicht hinnehmbarer Weise einengen würde. Die Güterabwägung zwischen dem Persönlichkeitsrecht und den Gewährleistungen aus Art. 5 Abs. 1 GG ist auch zukünftig nach den Grundsätzen vorzunehmen, die das BVerfG bereits in der Lebach-Entscheidung (BVerfGE 35, 202 [220 ff.]) niedergelegt hat. Es ist durch eine Güterabwägung im konkreten Fall zu prüfen, ob das mit dem Eingriff in das Selbstbestimmungsrecht des Betroffenen verfolgte Interesse generell und nach der Gestaltung des Einzelfalls den Vorrang verdient, ob der Eingriff nach Art und Reichweite durch dieses Interesse gefordert wird und im angemessenen Verhältnis zur Bedeutung der Sache steht. Somit kommt der Judikative auch zukünftig die Aufgabe zu, durch einzelfallbezogene Feststellungen zum Gewährleistungsgehalt des Persönlichkeitsrechts und durch individuelle Güterabwägungen einen effktiven Persönlichkeitsschutz zu gewährleisten. Dies gilt inbesondere auch für die ausstehende Klärung der Haftungsmaßstäbe der Verbreiter rechtswidriger Inhalte in den neuen Informations-, Kommunikations- und Mediendiensten anhand von § 5 TDG/MDStV.

6. Zum Selbstbestimmungsrecht zählt nicht nur das autonome Bestimmungsrecht über den Umgang mit personenbezogenen Daten und die Darstellung der Person in der Öffentlichkeit, sondern auch der Schutz vor der kommerziellen Benutzung der eigenen Person (wirtschaftliches Selbstbestimmungsrecht). Dieses Recht schützt den Betroffenen vor der Vereinnahmung seiner Person für fremde kommerzielle Interessen. In dem Maße, wie Angebote in Datennetzen (z.B. dem Internet) zum Wirtschaftsgut heranwachsen und der "Warencharakter der Daten" zunimmt, wird dieser Aspekt des Persönlichkeitsschutzes an Bedeutung gewinnen. Hierbei wird in jedem Einzelfall gesondert zu prüfen sein, ob die einwilligungslose Benutzung einer Person (durch ihr Bildnis, ihren Namen etc.) durch überwiegende öffentliche Informationsinteressen nach Art. 5 Abs. 1 GG gerechtfertigt ist oder nur einseitig den kommerziellen Interessen des Anbieters dient.

7. Die Anerkennung des Selbstbestimmungsgedankens als zentrale übergreifende Inhaltsbestimmung der Gewährleistungen des allgemeinen Persönlichkeitsrechts führt zu der unter den Bedingungen der Informationsgesellschaft erforderlichen Angleichung des datenschutzrechtlichen und des medienrechtlichen Persönlichkeitsschutzes. Beide Bereiche unterscheiden sich nicht in ihrem verfassungsrechtlichen Gehalt, sondern nur in ihrer Ausgestaltung im einfachen Recht. Das Zusammenwachsen der herkömmlichen Massenmedien mit den netzgebundenen Kommunikationsformen der neuen Dienste muß sich auch in der Rechtsordnung

widerspiegeln, da sich die Gefährdungen der Persönlichkeit durch die elektronische Datenverarbeitung mit den Gefährdungspotentialen der Massenmedien verbinden. Die bisherige Trennung zwischen dem datenschutzrechtlichen und dem medienrechtlichen Schutz der Persönlichkeit auf der Ebene einfachen Rechts wird sich langfristig nicht aufrecht erhalten lassen.

8. Wegen des engen Bezugs zur Menschenwürde besteht eine umfassende Schutzpflicht des Staates für die Gewährleistungen des allgemeinen Persönlichkeitsrechts. Diese Schutzpflicht umfaßt nicht nur die Verpflichtung, gegebenenfalls durch den Erlaß von Rechtsnormen für einen effektiven Persönlichkeitsschutz zu sorgen. Wegen der Irreversibilität technischer Möglichkeiten sind lenkende staatliche Maßnahmen bereits in der Entwicklung der Informationsgesellschaft in den Bereichen der Technikfolgenabschätzung, der Technikgestaltung, der Aufklärung und der Anbahnung internationaler Vereinbarungen erforderlich. Die Schutzpflicht des Staates bezieht sich auch auf die in Ziffer 6. beschriebene Aufgabe der Judikative, durch sachgerechte Auslegungen und Güterabwägungen einen effektiven Persönlichkeitsschutz, insbesondere auf der Ebene zivilrechtlicher Streitfälle, zu gewährleisten.

Literaturverzeichnis:

Ackermann, Stephan, Ausgewählte Probleme der Mailbox-Kommunikation, Dissertation, Saarbrücken 1995

Altenhain, Karsten, Die strafrechtliche Verantwortung für die Verbreitung mißbilligter Inhalte in Computernetzen, in: CR 97, 485

Arnauld, Andreas v., Strukturelle Fragen des allgemeinen Persönlichkeitsrechts, in: ZUM 96, 286

Augstein, Rudolf, Editorial Spiegel-Special 1/95, Ärgernis Presse - Die Journalisten, S. 3 (zit.: Augstein, Spiegel-Special 1/95)

Bangemann, Martin, Strategien für die Welt - Informationsgesellschaft, Rede auf der Konferenz "Strategien für die Welt-Informationsgesellschaft der neunziger Jahre" in Berlin am 17.9.1987, in: Bulletin Nr. 90 v. 18.9.1987, S. 777

Becker, Jürgen (Hrsg.), Rechtsprobleme internationaler Datennetze, UFITA-Schriftenreihe Band 137, 1996, Nomos - Verlag, Baden - Baden

Benda, Ernst, Privatsphäre und "Persönlichkeitsprofil", in: Leibholz/Faller /Mikat/Reis (Hrsg.), Menschenwürde und freiheitliche Rechtsordnung, Festschrift für Willi Geiger zum 65. Geburtstag, Verlag J.C.B. Mohr, Tübingen (zit.: Benda, FS Geiger)

Benda, Ernst, Das Recht auf informationelle Selbstbestimmung und die Rechtsprechung des Bundesverfassungsgerichts zum Datenschutz, in: DuD 2/84, 86 (zit.: Benda DuD)

Bergmann, Lutz; Möhrle, Roland; Herb, Armin, Datenschutzrecht, Handkommentar, Loseblatt Stand 17.Lieferung Oktober 1995,Stuttgart, Richard Boorberg Verlag, (zit.: Bergmann/Möhrle/Herb)

Binder, Reinhart, Freie Rundfunkberichterstattung und Datenschutz, in: ZUM 94, 257

Bonin, Andreas v.; Köster, Oliver, Internet im Lichte neuer Gesetze, in: ZUM 97, 821

Bortloff, Nils, Die Verantwortlichkeit von Online-Diensten, in: GRUR Int. 97, 387 (zit.: Bortloff, GRUR Int.)

Bortloff, Nils, Neue Urteile in Europa betreffend die Frage der Verantwortlichkeit von Online-Diensten, in: ZUM 97, 167 (zit.: Bortloff, ZUM)

Brandner, Hans Erich, Das allgemeine Persönlichkeitsrecht in der Entwicklung durch die Rechtsprechung, in: JZ 83, 689

Brühann, Ulf, EU - Datenschutzrichtlinie - Umsetzung in einem vernetzten Europa, in: RDV 96, 12

Brühann, Ulf; Zerdick, Thomas, Umsetzung der EG - Datenschutzrichtlinie, in: CR 96, 429 (zit.: Brühann/Zerdick)

Bühler, Wolfgang, Das Kaufhaus im Wohnzimmer, in: BMWi-Report Die Informationsgesellschaft Fakten Analysen Trends, hrsg. v. BMWI, Bonn, 1995

Bruhn, Manfred; Mehlinger, Rudolf, Rechtliche Gestaltung des Sponsoring, Band I, Allgemeiner Teil, 2. Aufl., München 1995, Verlag Beck (zit.: Bruhn/Mehlinger)

Bruns, Alexander, Informationsansprüche gegen Medien, Mohr Siebeck Verlag, Tübingen, 1997

Bull, Hans Peter, Datenschutz oder Die Angst vor dem Computer, Pieper Verlag, München, 1984 (zit.: Bull Datenschutz)

Bull, Hans Peter, Der Schutz der informationellen Selbstbestimmung in der multimedialen Aera – Thesen zum Wandel des Datenschutzes, in: Datenschutz bei Multimedia und Telekommunikation, Hamburger Datenschutzhefte, Hrsg. vom Hamburgischen Datenschutzbeauftragten, August 1997, S. 1 ff. (zit.: Bull, Thesen)

Bullinger, Martin; Mestmäcker, Ernst-Joachim, Multimediadienste, Nomos Verlag, Baden-Baden, 1997 (zit.: Bullinger/Mestmäcker)

Bundesministerium für Wirtschaft (Hrsg.), BMWi - Report Die Informationsgesellschaft Fakten Analysen Trends (zit.: Verfasser, in: BMWi - Report)

Collardin, Marcus, Straftaten im Internet, in: CR 95, 618

Dammann, Ulrich, Thesen zur Modernisierung des Datenschutzrechts, in: DSB 10/96, S. 1 (zit.: Dammann)

Degenhart, Christoph, Das allgemeine Persönlichkeitsrecht, Art. 2 I i.V.m. Art. 1 I GG, in: JuS 92, 361 ff.

Depenheuer, Otto, Informationsordnung durch Informationsmarkt, in: AfP 97, 669

Dolzer, Rudolf; Vogel, Klaus (Hrsg.), Bonner Kommentar zum Grundgesetz, Loseblatt Stand 76.Lfg., Mai 1996 (zit.: *Bearbeiter,* in: Dolzer/Vogel, BK)

Eberle, Carl-Eugen, Medien und Medienrecht im Umbruch, in: GRUR 95, 790 (zit.: Eberle GRUR)

Eberle, Carl-Eugen, Multimedia - Herausforderungen an den medienrechtlichen Persönlichkeitsschutz, in: Dokumentation zum Symposium Multimedia und Datenschutz, hrsg. vom Berliner Datenschutzbeauftragten, Materialien zum Datenschutz Band 22, S. 40 (zit.: Eberle Symposium Multimedia)

Eberle, Carl-Eugen, Aktivitäten der Europäischen Union auf dem Gebiet der Medien und ihrer Auswirkungen auf den öffentlich - rechtlichen Rundfunk, in: ZUM 95, 763 ff. (zit.: Eberle ZUM)

Eberle, Carl-Eugen, Digitale Rundfunkfreiheit - Rundfunk zwischen Couch-Viewing und Online-Nutzung, in: CR 96, 193 (zit.: Eberle CR)

Eberle, Carl-Eugen, Regulierung, Deregulierung oder Selbstregulierung ? Aktuelle Regelungsprobleme bei Online-Diensten, in: Medienrecht im Wandel, Festschrift für Manfred Engelschall, hrsg. v. Matthias Prinz, Butz Peters, Baden-Baden 1996, Nomos-Verlag (zit.: Eberle FS Engelschall)

Ehmann, Horst, Zur Struktur des Allgemeinen Persönlichkeitsrechts, in: JuS 97, 194 (zit.: Ehmann JuS)

Ehmann, Horst; Thorn, Karsten, Erfolgsort bei grenzüberschreitenden Persönlichkeitsverletzungen, in: AfP 96, 20 (zit.: Ehmann/Thorn)

Eichler, Alexander; Helmers, Sabine; Schneider, Torsten, Link(s) – Recht(s) Technische Grundlagen und Haftungsfragen bei Hyperlinks, in: KuR Erstausgabe, Beilage 18 zu Heft 48/97 des Betriebs-Beraters, S. 23

Ellger, Reinhard; Geis, Ivo, Datenschutzprobleme elektronischer Kommunikation und neuer Kommunikationsdienste, in: AfP 97, 695

Engel, Christoph, Multimedia und das deutsche Verfassungsrecht, in: Perspektiven der Informationsgesellschaft, hrsg. v. Hoffmann-Riem, Wolfgang; Vesting, Thomas, 1995, Nomos Verlagsgesellschaft, Baden-Baden, S. 155 ff. (zit.: Engel Multimedia)

Engel, Christoph, Inhaltskontrolle im Internet, in: AfP 96, 220 (zit.: Engel AfP)

Engel-Flechsig, Stefan, Das Informations- und Kommunikationsdienstegesetz des Bundes und der Mediendienstestaatsvertrag der Bundesländer, in: ZUM 97, 231

Engel-Flechsig, Stefan; Maennel, Frithjof A.; Tettenborn, Alexander, Neue gesetzliche Rahmenbedingungen für Multimedia, Sonderveröffentlichung des Betriebs-Beraters, 1. Aufl. 1998, Verlag Recht und Wirtschaft, Heidelberg (zit.: Engel-Flechsig/Maennel/Tettenborn, Rahmenbedingungen)

Engel-Flechsig, Stefan; Maennel, Frithjof A.; Tettenborn, Alexander, Das neue Informations- und Kommunikationsdienste-Gesetz, in: NJW 97, 2981 (zit.: Engel-Flechsig/Maennel/Tettenborn, NJW)

Erman, W./ Ehmann, H., Handkommentar zum BGB, 9. Auflage, 1993 (zit.: Erman/Ehmann, BGB)

Ernestus, Walter, Neue Kommunikationstechnologien - neue Datenschutzprobleme, in: DuD 6/94, S. 316 ff.

Esser, Michael, Internet: Begriffe und Erläuterungen (Teil I - III), in: RDV 96, 46, 100, 151 (zit.: Esser RDV)

Esser-Wellié, Michael, Multimedia und Telekommunikation Statusbericht, in: AfP 97, 608 (zit.: Esser-Wellié AfP)

Esser-Wellié, Michael; Hufnagel, Frank-Erich, Multimedia und Telekommunikation, in: AfP 97, 893

Fachverband Informationstechnik (Hrsg.), Wege in die Informationsgesellschaft Status quo und Perspektiven Deutschlands im internationalen Vergleich, hinterlegt im Internet-Angebot des BMWi unter "Aktuelles", Internet - Adresse http://www.bmwi-info2000.de (zit.: Dokumentation Fachverband Informationstechnik)

Felixberger, Stefan, EU regelt Datenschutz in der Telekommunikation, in: DSB 2/98, S. 2

Fischer, Roger A., Datenschutz bei Mailboxen, in: CR 95, 178

Flechsig, Norbert, Rechtsprobleme internationaler Datennetze im Lichte des Persönlichkeits- und Äußerungsrechts, in: Becker, Jürgen (Hrsg.), Rechtsprobleme internationaler Datennetze, UFITA-Schriftenreihe Band 137, 1996, Nomos - Verlag, Baden - Baden (zit.: Flechsig)

Flechsig, Norbert, Haftung von Online-Diensteanbietern im Internet, in: AfP 96, 333 (zit.: Flechsig AfP)

Frömming, Jens, Zur Haftung der Medien für persönlichkeitsverletzende Zitate, in: Medienrecht im Wandel, Festschrift für Manfred Engelschall, hrsg. v. Matthias Prinz, Butz Peters, Baden-Baden 1996, Nomos-Verlag (zit.: Frömming FS Engelschall)

Funke, Rainer, Neue Informations- und Kommunikationstechnologien – eine Herausforderung für die Rechtsordnung, in: Medienrecht im Wandel, Festschrift für Manfred Engelschall, hrsg. v. Matthias Prinz, Butz Peters, Baden-Baden 1996, Nomos-Verlag (zit.: Funke FS Engelschall)

Gallwas, Hans-Ullrich, Der allgemeine Konflikt zwischen dem Recht auf informationelle Selbstbestimmung und der Informationsfreiheit, in: NJW 92, 2785

Garstka, Hansjürgen (Hrsg.), Dokumentation zum Symposium Multimedia und Datenschutz am 28.8.95 in Berlin, Hrsg. vom Berliner Datenschutzbeauftragten, Materialien zum Datenschutz Band 22

Geis, Ivo, Individualrechte in der sich verändernden europäischen Datenschutzlandschaft, in: CR 95, 171 (zit.: Geis CR)

Geis, Ivo, Internet und Datenschutzrecht, in: NJW 97, 288 (zit.: Geis NJW 97, 288)

Geis, Ivo, Die digitale Signatur, in: NJW 97, 3000 (zit.: Geis NJW 97, 3000)

Geis, Max-Emanuel, Der Kernbereich des Persönlichkeitsrechts, in: JZ 91, 112 (zit.: Geis JZ)

Gersdorf, Hubertus, Multi-Media: Der Rundfunkbegriff im Umbruch ? in: AfP 95, 565

Glotz, Peter, Vor zehn Jahren - Abschied vom Balkon, Rede auf den XIX. Stendener Medientagen am 23.April 1994, in: Journalist 6/94, S. 51 ff.

Götting, Horst-Peter, Vom Right of Privacy zum Right of Publicity, in: GRUR Int. 95, 656

Gola, Peter, Die Entwicklung des Datenschutzrechts im Jahre 1994/95, in: NJW 95, 3283 ff. (zit.: Gola NJW 95)

Gola, Peter, Die Entwicklung des Datenschutzrechts im Jahre 1995/96, in: NJW 96, 3312 ff. (zit.: Gola NJW 96)

Gola, Peter, Die Entwicklung des Datenschutzrechts im Jahre 1996/97, in: NJW 97, 3411 ff. (zit.: Gola NJW 97)

Gola, Peter, Telearbeit in virtuellen Unternehmen, in: DSB 4/96, S. 1 (zit.: Gola DSB)

Gore, Al, Personal view: Plugged into the world's knowledge - US vice-president Al Gore explains how a global information system will aid development, in: Financial times v. 19.9.94, S. 22 (zit.: Gore Financial Times)

Gottwald, Stefan, Das allgemeine Persönlichkeitsrecht - ein zeitgeschichtliches Erklärungsmodell, Berlin / Baden-Baden 1996, Berlin Verlag Arno Spitz / Nomos Verlag (zit.: Gottwald)

Gounalakis, Georgios, Der Mediendienste-Staatsvertrag der Länder, in: NJW 97, 2993 (zit.: Gounalakis)

Gounalakis, Georgios; Mand, Elmar, Die neue EU-Datenschutzrichtlinie, in: CR 97, 431 und 497

Haag, Marcel, Telekommunikation und Europäischer Datenschutz, Geänderter Vorschlag für eine Richtlinie zum Datenschutz in digitalen Telekommunikationsnetzen, in: Datenschutz-Berater 9/94, S. 1 ff. (zit.: Haag)

Haller, Michael, Das allmähliche Verschwinden des journalistischen Subjekts, in: Medienrecht im Wandel, Festschrift für Manfred Engelschall, hrsg. v. Matthias Prinz, Butz Peters, Baden-Baden 1996, Nomos-Verlag (zit.: Haller FS Engelschall)

Harmgart, Friederike, Thesen zur gesellschaftlichen Verantwortung im freien Medienmarkt, in: Verantwortung im freien Medienmarkt, hrsg. v. Ingrid Hamm, Gütersloh 1996, Verlag Bertelsmann Stiftung

Harms, Jörg Menno, Computertechnik, Telekommunikation, Unterhaltungselektronik und Medien wachsen zusammen, in: BMWi-Report Die Informationsgesellschaft Fakten Analysen Trends, hrsg. v. BMWi, Bonn, 1995, S. 4

Hassemer, Winfried, Über die absehbare Zukunft des Datenschutzes, in: DuD 4/96, 195 (zit.: Hassemer)

Heinz, Karl Eckhart, Zur Rechtsprechung des Bundesgerichtshofs über die Verletzung von Persönlichkeitsrechten, in: AfP 92, 234 ff.

Helle, Jürgen, Besondere Persönlichkeitsrechte im Privatrecht, 1. Aufl. 1991, J.C.B. Mohr Verlag, Tübingen (zit.: Helle)

Hellmanzik, Wolfgang, Immer erreichbar Voice Messaging setzt sich durch, in: FAZ v. 27.8.96, Verlagsbeilage Kommunikation & Medien, S. B 8 (zit.: Hellmanzik)

Hensche, Detlef, Telearbeit - Die soziale Herausforderung, in: BMWi-Report Die Informationsgesellschaft Fakten Analysen Trends, hrsg. v. BMWI, Bonn, 1995

Herzog, Roman, Kommunikation der Zukunft, Ansprache im Rahmen des Medientreffs am 29.5.96 in Berlin, in: Journalist 7/96 (Dokumentation),S. 55 ff., (zit.: Herzog, Ansprache Medientreff Mai 1996)

Heyl, Cornelius v., Teledienste und Mediendienste nach Teledienstegesetz und Mediendienste-Staatsvertrag, in: ZUM 98, 115

Heymann, Thomas (Hrsg.), Informationsmarkt und Informationsschutz in Europa, Schriftenreihe der Deutschen Gesellschaft für Recht und Informatik Band 4, Verlag Otto Schmidt Köln, 1995

Hochstein, Reiner, Teledienste, Mediendienste und Rundfunkbegriff - Anmerkungen zur praktischen Abgrenzung multimedialer Erscheinungsformen, in: NJW 97, 2977 (zit.: Hochstein)

Hoeren, Thomas, Das Internet für Juristen - eine Einführung, in: NJW 95, 3295

Hoeren, Thomas, Internationale Netze und das Wettbewerbsrecht, in: Rechtsprobleme internationaler Datennetze, UFITA-Schriftenreihe Band 137, 1996, Nomos - Verlag, Baden - Baden (zit.: Hoeren, Internationale Netze)

Hoffmann-Riem, Wolfgang u.a., Bericht zur Lage des Fernsehens für den Präsidenten der Bundesrepublik Deutschland Richard von Weizsäcker, Februar 1994 (zit.: Hoffmann-Riem u.a., Weizsäcker-Bericht)

Hoffmann-Riem, Wolfgang; Simonis, Heide (Hrsg.), Chancen, Risiken und Regelungsbedarf im Übergang zum Multi-Media-Zeitalter - Dokumentation zum Medienworkshop am 21.8.1995 (Broschüre erhältlich über die Landesregierung Schleswig-Holstein, Kiel)

Hoffmann-Riem, Wolfgang; Vesting, Thomas (Hrsg.), Perspektiven der Informationsgesellschaft, 1995, Nomos Verlagsgesellschaft, Baden-Baden (zit.: Hoffmann-Riem/Vesting)

Hoffmann-Riem, Wolfgang, Von der Rundfunk- zur Multi-Medienkommunikation - Änderungen im Regulierungsbedarf, in: Jahrbuch Telekommunikation und Gesellschaft 1995, hrsg. v. Kubicek, Herbert, Verlag R. v. Deckers, Heidelberg, 1995 (zit.: Hoffmann-Riem Jahrbuch 1995)

Holznagel, Bernd, Probleme der Rundfunkregulierung im Multimedia-Zeitalter, in: ZUM 96, 16 (zit.: Holznagel)

Hubert, Thomas-Alexander, Das datenschutzrechtliche Presseprivileg im Spannungsfeld zwischen Pressefreiheit und Persönlichkeitsrecht, Baden-Baden 1993, Nomos-Verlag (zit.: Hubert)

Hubmann, Heinrich, Das Persönlichkeitsrecht, 2. Auflage 1967, Böhlau Verlag, Köln / Graz (zit.: Hubmann)

Hübner, Heinz (Mitverf.), Das Persönlichkeitsrecht im Spannungsfeld zwischen Informationsauftrag und Menschenwürde, Schriftenreihe des Instituts für Rundfunkrecht an der Universität zu Köln,1989, Verlag C.H.Beck, München

Hülsmann, Franz Werner, Datenschutzrechtliche Einordnung des Betriebs von Mailboxen, in: DuD 11/94, S. 621 ff.

Hüwel, Norbert, Gesundheit aus der Steckdose - Telemedizin zwischen Vision und Wirklichkeit, in: BMWi-Report Die Informationsgesellschaft Fakten Analysen Trends, hrsg. v. BMWi, Bonn, 1995, S. 28

Isensee, Josef; Kirchhof, Paul (Hrsg.), Handbuch des Staatsrechts, Band V Freiheitsrechte, Heidelberg, 1992 (zit.: *Bearbeiter,* HbdSt)

Isensee, Josef, Das Grundrecht als Abwehrrecht und als staatliche Schutzpflicht, in: Handbuch des Staatsrechts, Band V, § 111, hrsg. v. Josef Isensee, Paul Kirchhof, Heidelberg 1992, C.F.Müller Verlag (zit.: Isensee, HbdSt)

Jaeger, Andrea, Neue Entwicklungen im Kommunikationsrecht - juristische Probleme der Datenautobahn, in: NJW 95, 3273

Jacob, Joachim - W., Datenschutz in einer multimedialen Welt, in: RDV 96, 1 (zit.: Jacob RDV)

Jacob, Joachim - W., Datenschutz und Datensicherheit Verkehrsregeln auf dem Information Highway, in: Verwaltung und Management 96, 334 (zit.: Jacob VuM)

Jarass, Hans D., Das allgemeine Persönlichkeitsrecht im Grundgesetz, in: NJW 89, 857 (zit.: Jarass NJW)

Jarass, Hans D.; Pieroth, Bodo, Grundgesetz für die Bundesrepublik Deutschland, Kommentar, 3. Aufl. 1995 (zit.: Jarass/Pieroth)

Jaspers, Andreas, EU - Datenschutzrichtlinie - Umsetzungsbedarf strittig, in: RDV 96, 18

Kau, Wolfgang, Vom Persönlichkeitsschutz zum Funktionsschutz, Heidelberg 1989, C.F.Müller Juristischer Verlag

Kilz, Hans Werner, Das Amt des Wächters, in: Spiegel-Special 1/95, Ärgernis Presse - Die Journalisten, S. 12 (zit.: Kilz, Spiegel-Special 1/95)

Knothe, Matthias, Neues Recht für Multi-Media-Dienste, in: AfP 97, 494

Köhntopp, Marit, Datenschutz im Internet, Schriften der Datenschutzakademie Schleswig-Holstein Nr. 1995/75, zu beziehen über den Landesbeauftragten für den Datenschutz Schleswig-Holstein (zit.: Köhntopp)

Köhntopp, Kristian; Köhntopp, Marit; Seeger, Martin, Sperrungen im Internet, in: KuR 98, 25

Kötz, Hein, Persönlichkeitsschutz und Pressefreiheit im US-amerikanischen Recht, in: Medienrecht im Wandel, Festschrift für Manfred Engelschall, hrsg. v. Matthias Prinz, Butz Peters, Baden-Baden 1996, Nomos-Verlag, S. 25 (zit.: Kötz, FS Engelschall)

Kopper, Gerd, Orientierung und Schutz der Verbraucher im Multi-Media-Zeitalter, in: Chancen, Risiken und Regelungsbedarf im Übergang zum Multi-Media-Zeitalter - Dokumentation zum Medienworkshop am 21.8.1995, hrsg. v. Hoffmann-Riem, Wolfgang; Simonis, Heide, S. 96 (Broschüre erhältlich über die Landesregierung Schleswig-Holstein, Kiel; zit.: Kopper)

Krause, Peter, Das Recht auf informationelle Selbstbestimmung, in: JuS 84, 268

Kreile, Johannes; Neuenhahn, Stefan, Online-Angebote öffentlich-rechtlicher Rundfunkanstalten, in: KuR 98, 41

Kriele, Martin, Ehrenschutz und Meinungsfreiheit, in: NJW 94, 1897 ff. (zit.: Kriele)

Kröger, Detlef; Moos, Flemming, Regelungsansätze für Multimediadienste, in: ZUM 97, 462 (zit.: Kröger/Moos ZUM)

Kröger, Detlef; Moos, Flemming, Mediendienst oder Teledienst ? in: AfP 97, 675 (zit.: Kröger/Moos AfP)

Kubicek, Herbert u.a. (Hrsg.), Jahrbuch Telekommunikation und Gesellschaft 1995, Verlag R. v. Deckers, Heidelberg, 1995

Kuch, Hansjörg, Der Staatsvertrag über Mediendienste, in: ZUM 97, 225

Kuner, Christopher, Rechtliche Aspekte der Datenverschlüsselung im Internet, in: NJW-CoR 95, 413 (zit.: Kuner NJW-CoR 95)

Kuner, Christopher, Digitale Unterschriften im Internet-Zahlungsverkehr, in: NJW-CoR 96, 108 (zit.: Kuner NJW-CoR 96)

Kuner, Christopher, Das Signaturgesetz aus internationaler Sicht, in: CR 97, 643 (zit.: Kuner CR)

Lackner, Karl, Strafgesetzbuch mit Erläuterungen, 21. Aufl. 1995, München, Verlag Beck (zit.: Lackner)

Ladeur, Karl-Heinz, Zur Kooperation von staatlicher Regulierung und Selbstregulierung des Internet, in: ZUM 97, 372 (zit.: Ladeur ZUM)

Ladeur, Karl-Heinz, Die Regulierung von Multi-Media als Herausforderung des Rechts, in: AfP 97, 598 (zit.: Ladeur AfP)

Laicher, Eberhard, EU - Richtlinie zum Datenschutz und BDSG, in: DuD 96, 409

Langer, Margit, Informationsfreiheit als Grenze der informationellen Selbstbestimmung, Verlag Duncker & Humblot, Berlin, 1992 (zit.: Langer)

Larenz, Karl, Das "allgemeine Persönlichkeitsrecht" im Recht der unerlaubten Handlungen, in: NJW 55, 521 (zit.: Larenz)

Lavranos, Nikolaos, Datenschutz in Europa, in: DuD 96, 400

Leibholz, Gerhard; Rinck, Hans-Justus, Hesselberger, Dieter, Grundgesetz für die Bunderepublik Deutschland, Loseblatt, Stand 28. Lfg. Dez. 1995 (zit.: Leibholz/Rinck/Hesselberger)

Leibholz, Gerhard; Faller, Hans Joachim; Mikat, Paul; Reis, Hans (Hrsg.), Menschenwürde und freiheitliche Rechtsordnung, Festschrift für Willi Geiger zum 65. Geburtstag, Verlag J.C.B. Mohr, Tübingen

Leutheusser-Schnarrenberger, *Sabine*, Die Zukunft des allgemeinen Persönlich-keitsrechts: Der "Herrenreiter" auf dem Weg ins nächste Jahrtausend, in: Medienrecht im Wandel, Festschrift für Manfred Engelschall, hrsg. v. Matthias Prinz, Butz Peters, Baden-Baden 1996, Nomos-Verlag, S. 13 (zit.: Leutheusser-Schnarrenberger, FS Engelschall)

Leuze, *Ruth*, Multimedia und Datenschutz - wie soll das gehen ?, in: Verwaltung und Management 95, 338 (zit.: Leuze VuM)

Loewenheim, *Ulrich*, Urheberrechtliche Probleme bei Multimediaanwendungen, in: GRUR 96, 830

Löffler, *Martin (Hrsg., fortgeführt von Wenzel, K. und Sedelmeier, K.)*, Presse-recht, Kommentar, 4.Auflage 1997, Verlag C.H. Beck, München (zit.: *Bearbeiter*, in Löffer, Presserecht)

Mackeprang, *Rudolf*, Ehrenschutz im Verfassungsstaat, Schriften zum öffentli-chen Recht Band 577, Berlin 1995, Verlag Duncker & Humblot (zit.: Mackeprang)

Mayer, *Franz C.*, Recht und Cyberspace, in: NJW 96, 1782 (zit.: Mayer)

Maunz, *Theodor*; *Dürig*, *Günter*; *Herzog*, *Roman*; *Scholz*, *Rupert (Hrsg.)*, Grundgesetz Kommentar, Loseblatt, Stand 31. Lfg. März 1994 (zit.: Be-arbeiter, in Maunz-Dürig, GG)

Mecklenburg, *Wilhelm*, Internetfreiheit, in: ZUM 97, 525 (zit.: Mecklenburg)

Minelli, *Ludwig A.*, Zur Ausgleichung widerrechtlicher Medieneingriffe in die Privatsphäre, in: ZUM 96, 73 (zit.: Minelli)

Moritz, *Hans-Werner*; *Winkler*, *Michael*, Datenschutz und Online-Dienste, in: NJW-CoR 97, 43 (zit.: Moritz/Winkler)

Müller, *Ulrich*, Die Verletzung des Persönlichkeitsrechts durch Bildnisveröffent-lichungen, Frankfurt 1985, Verlag Peter Lang

Müller-Hengstenberg, *Claus D.*, Nationale und internationale Rechtsprobleme im Internet, in: NJW 96, 1777 (zit.: Müller-Hengstenberg)

Müller-Römer, *Frank*, Digitales Fernsehen - Auswirkungen auf die Medienland-schaft, Teil 1 und 2, in: Infosat, Heft 7 und 8, Nr. 76/77, Juli/Aug. 1994 (zit.: Müller-Römer)

Neske, *Fritz*, Quo vadis Computer ?, in: NJW-CoR 96, 364

Neumann-Duesberg, *Horst*, Bildberichterstattung über absolute und relative Personen der Zeitgeschichte, in JZ 60, 114

Nitsch, *Peter*, Datenschutz und Informationsgesellschaft, in: ZRP 95, 361

n.n., Reklametafeln an der Infobahn - Werbung in Interaktiv-Systemen, in: Kabel & Satellit Nr. 14 v. 5.4.94, S. 12 ff.

n.n., Klick in die Zukunft, Spiegel 11/96, S. 66 ff.

Ory, *Stephan*, http://www.medienpolizei.de ?, in: AfP 96, 105 (zit.: Ory AfP)

Paech, *Joachim;* **Ziemer,***Albrecht (Hrsg.),* Digitales Fernsehen - eine neue Medienwelt ?, ZDF-Schriftenreihe Heft 50, 1994 (zit.: ZDF-Schriftenreihe Heft 50)

Palm, *Franz;* **Roy,** *Rudolf,* Mailboxen: Staatliche Eingriffe und andere rechtliche Aspekte, in: NJW 1996, 1791

Peters, *Butz,* Die publizistische Sorgfalt, in: NJW 97, 1334 (zit.: Peters NJW)

Peters, *Wolfgang,* Die Tagesschau im Telefon, in: FAZ v. 27.8.96, Verlagsbeilage Kommunikation & Medien, S. B 8 (zit.: Peters)

Pieper, *Antje Karin,* Medienrecht im Spannungsfeld von "Broacasting und Multimedia", in: ZUM 95, 552

Pordesch, *Ulrich,* Multi-Media, in: DuD 96, 224

Prinz, *Matthias,* Der Schutz der Persönlichkeitsrechte vor Verletzungen durch die Medien, in: NJW 95, 817 (zit.: Prinz NJW 95)

Prinz, *Matthias,* Geldentschädigung bei Persönlichkeitsverletzungen durch Medien, in : NJW 96, 953 (zit.: Prinz NJW 96)

Prinz, *Matthias;* **Peters,** *Butz (Hrsg.),* Medienrecht im Wandel, Festschrift für Manfred Engelschall, Nomos-Verlag, Baden-Baden, 1996 (zit.: *Verf.,* in: FS Engelschall)

Reinwald, *Gerhard,* Jugendschutz und neue Medien - Anwendbarkeit des Gesetzes über die Verbreitung jugendgefährdender Schriften (GjS) auf Internetangebote und Rundfunk, in: ZUM 97, 450 (zit.: Reinwald)

Rexrodt, *Günter,* Rede des Bundeswirtschaftsministers anläßlich der Eröffnung des "Forums Info 2000" am 24.10.96 in Bonn, abrufbar im Internet unter http://www.bmwi-info2000.de/gip/infos/reden/rex241096.html

Rieß, *Joachim,* Der Telekommunikationsdatenschutz bleibt eine Baustelle, in: DuD 96, 328

Rieß, *Joachim,* Neuregelung des Telekommunikationsdatenschutzes, in: RDV 96, 109

Rihaczek, *Karl,* ISDN-Datenschutzrichtlinie, DuD 9/94, S. 489 ff. (zit.: Rihaczek)

Röger, *Ralf,* Internet und Verfassungsrecht, in: ZRP 97, 203

Rohlf, *Dietwalt,* Der grundrechtliche Schutz der Privatsphäre, Schriften zum öffentlichen Recht Band 378, 1980, Verlag Duncker & Humblot, Berlin

Roßnagel; *Alexander,* Neues Recht für Multimediadienste, in: NVwZ 98, 1 (zit.: Roßnagel, NVwZ)

Roßnagel, *Alexander;* **Wedde,** *Peter;* **Hammer,** *Volker;* **Pordesch,** *Ulrich,* Die Verletzlichkeit der 'Informationsgesellschaft', 2. Auflage, 1990, Westdeutscher Verlag, Opladen (zit.: Roßnagel u.a., Verletzlichkeit)

Roßnagel, *Alexander;* **Wedde,** *Peter;* **Hammer,** *Volker;* **Pordesch,** *Ulrich,* Digitalisierung der Grundrechte ? 1990, Westdeutscher Verlag, Opladen (zit.: Roßnagel u.a., Digitalisierung)

Roßnagel, *Alexander (Hrsg.),* Freiheit im Griff, Informationsgesellschaft und Grundgesetz, 1989, S. Hirzel Verlagsgesellschaft, Stuttgart (zit.: Roßnagel, Freiheit im Griff)

Roßnagel, Alexander; Bizer, Johann, Multimediadienste und Datenschutz, in: DuD 96, 209 (zit.: Roßnagel/Bizer)

Roßnagel, Alexander, Digitale Signaturen im Rechtsverkehr, in: NJW-CoR 94, 96 (zit.: Roßnagel NJW-CoR)

Roßnagel, Alexander, Ohnmacht des Staates - Selbstschutz der Bürger Thesen zur Änderung der Staatsaufgaben in einer "civil information society", in ZRP 97, 26 (zit.: Roßnagel ZRP)

Sachs, Michael, Grundgesetz Kommentar, 1. Aufl. 1996 (zit.: *Bearbeiter,* in: Sachs, GG)

Saller, Rudolf, Telearbeit, in: NJW-CoR 96, 300 (zit.: Saller NJW-CoR)

Schaar, Peter, Datenschutzfreier Raum Internet ?, in: CR 96, 170 (zit.: Schaar CR)

Schaar, Peter, Datenschutzregelungen für die Telekommunikation, in: Datenschutz bei Multimedia und Telekommunikation, Hamburger Datenschutzhefte, Hrsg. vom Hamburgischen Datenschutzbeauftragten, August 1997, S. 22 ff. (zit.: Schaar, TK-Datenschutz)

Schardt, Andreas, Multimedia - Fakten und Rechtsfragen, in: GRUR 96, 827

Scharpe, Klaus u.a., Künftige Entwicklung des Mediensektors, Gutachten im Auftrage des Bundesministeriums für Wirtschaft, Basel und Berlin, hrsg. v. Deutschen Institut für Wirtschaftsforschung (DIW) / Europäischen Zentrum für Wirtschaftsforschung und Strategieberatung / Prognos Dezember 1995, hinterlegt im Internet-Angebot des BMWi unter "Studien" und "Aktuelles", Internet - Adresse http://www.bmwi-info2000.de (zit.: Scharpe u.a. DIW/Prognos-Gutachten)

Scherer, Joachim, Persönlichkeitsschutz und Medienrecht, in AfP 96, 213

Schertz, Christian, Merchandising, 1997, München, Verlag Beck

Schlink, Bernhard, Das Recht der informationellen Selbstbestimmung, in: Der Staat 25 (1986), S.233

Schmidt-Bleibtreu, Bruno; Klein, Franz, Kommentar zum Grundgesetz, 8. Aufl. 1995 (zit.: *Bearbeiter,* in : Schmidt-Bleibtreu/Klein)

Schmitt Glaeser, Walter, Schutz der Privatsphäre, in: Handbuch des Staatsrechts, Band IV, § 129, hrsg. v. Josef Isensee, Paul Kirchhof, Heidelberg 1989, C.F.Müller Verlag (zit.: Schmitt Glaeser, HbdSt)

Schmittmann, Michael; de Vries, Inge, Die europäische audiovisuelle Politik, in: AfP 96, 36; AfP 96, 360; AfP 97, 879

Schopen, Klaus; Gumpp, Werner; Schopen, Marcus, Präsenz einer deutschen Anwaltskanzlei im Internet, in: NJW - CoR 96, 112 (zit.: Schopen/Gumpp/Schopen)

Schrader, Hans-Hermann, Die Datenschutzregelungen im Teledienstedatenschutzgesetz und im Mediendienste-Staatsvertrag, in: Datenschutz bei Multimedia und Telekommunikation, Hamburger Datenschutzhefte, hrsg. vom Hamburgischen Datenschutzbeauftragten, August 1997, S. 1 ff. (zit.: Schrader, Datenschutzregelungen)

Schricker, Gerhard (Hrsg.), Urheberrecht Kommentar, München 1987, Verlag Beck (zit.: *Bearbeiter*, in Schricker, Urheberrecht)

Schwarz, Matthias, Merkmale, Entwicklungstendenzen und Problemstellungen des Internet, in: Medienrecht im Wandel, Festschrift für Manfred Engelschall, hrsg. v. Matthias Prinz, Butz Peters, Baden-Baden 1996, Nomos-Verlag (zit.: Schwarz FS Engelschall)

Schwerdtner, Peter, Kommentierung zu § 12 BGB, Anhang: Allgemeines Persönlichkeitsrecht, in: Münchner Kommentar Bürgerliches Gesetzbuch, Band 1, Allgemeiner Teil, hrsg. v. Säcker, Franz Jürgen, 3.Aufl. 1993, München, Verlag Beck (zit.: MüKo-Schwerdtner)

Seemann, Bruno, Prominenz als Eigentum, Baden-Baden 1996, Nomos-Verlag

Sieber, Ulrich, Informationsrecht und Recht der Informationstechnik, in: NJW 89, 2569 (zit.: Sieber NJW)

Sieber, Ulrich, Strafrechtliche Verantwortlichkeit für den Datenverkehr in internationalen Computernetzen, Teil 1 und 2, in: JZ 96, 429 und 96, 494 (zit.: Sieber JZ)

Sieber, Ulrich, Kontrollmöglichkeiten zur Verhinderung rechtswidriger Inhalte in Computernetzen, in: CR 97, 581 (zit. Sieber CR)

Simitis, Spiros, Die informationelle Selbstbestimmung - Grundbedingung einer verfassungskonformen Informationsordnung, in: NJW 84, 398 ff.

Simitis, Spiros, Die EU-Richtlinie - Stillstand oder Anreiz ?, in: NJW 97, 281

Simitis, Spiros; Dammann, Ulrich; Geiger, Hans-Jörg; Mallmann, Otto; Walz, Stefan, Kommentar zum Datenschutzgesetz, 4. Auflage, Baden-Baden 1992, Loseblatt, Stand 24. Lfg. Dez. 1995, Nomos Verlag (zit.: *Bearbeiter*, in: Simitis/Dammann/Geiger/Mallmann)

Soehring, Jörg, Presserecht, 2.Aufl. 1995, Stuttgart, Schäffer-Poeschel Verlag (zit.: Soehring)

Soehring, Jörg, Die Entwicklung des Presse- und Äußerungsrechts 1994-1996, in: NJW 97, 360 (zit.: Soehring NJW 97)

Spindler, Gerald, Deliktsrechtliche Haftung im Internet - nationale und internationale Rechtsprobleme, in: ZUM 96, 533 (zit.: Spindler ZUM)

Spindler, Gerald, Haftungsrechtliche Grundprobleme der neuen Medien, in: NJW 97, 3193 (zit.: Spindler NJW)

Steffen, Erich, Persönlichkeitsschutz und Pressefreiheit sind keine Gegensätze, ZRP-Rechtsgespräch, in: ZRP 94, 196 ff. (zit.: Steffen ZRP)

Steffen, Erich, Schmerzensgeld bei Persönlichkeitsverletzungen durch Medien, in: NJW 97, 10 (zit.: Steffen NJW)

Steinmüller, Wilhelm, Das Volkszählungsurteil des Bundesverfassungsgerichts, in: DuD 84, 91 (zit.: Steinmüller DuD)

Stolte, Dieter (Hrsg.), Das ZDF vor den Herausforderungen des digitalen Fernsehens, ZDF-Schriftenreihe Heft 48, 1994, (zit.: Stolte, ZDF-Schriftenreihe Heft 48)

Tillmanns, Lutz, Wieviel Datenschutz verkraftet die Medienarbeit ?, in: Medienrecht im Wandel, Festschrift für Manfred Engelschall, hrsg. v. Matthias Prinz, Butz Peters, Baden-Baden 1996, Nomos-Verlag (zit.: Tillmanns FS Engelschall)

Timm, Birte, Signaturgesetz und Haftungsrecht, in: DuD 97, 525

Tinnefeld, Marie-Theres; Ehmann, Eugen, Einführung in das Datenschutzrecht, 2. Auflage 1994, R.Oldenbourg Verlag (zit.: Tinnefeld/Ehmann)

Tettenborn, Alexander, Europäische Union: Rechtsrahmen für die Informationsgesellschaft, in: MMR 98, 18

Twickel, Felicitas, Die neue deutsche Telekommunikationsordnung, in: NJW - CoR 96, 226

Vetter, Reinhard, Aktuelle Aspekte des Datenschutzes, Broschüre München Mai 1996, zu beziehen über den Bayerischen Datenschutzbeauftragten

Vogelgesang, Klaus, Grundrecht auf informationelle Selbstbestimmung, Baden-Baden 1987, Nomos-Verlag (zit.: Vogelgesang)

Vogelgesang, Klaus, Verfassungsregelungen zum Datenschutz, in: CR 95, 554 (zit.: Vogelgesang CR)

Vogelgesang, Klaus, Verfassungsrechtliche Aspekte der Informationsgesellschaft, in: Heymann (Hrsg.), Informationsmarkt und Informationsschutz in Europa, Schriftenreihe der Deutschen Gesellschaft für Recht und Informatik Band 4, Verlag Otto Schmidt Köln, 1995 (zit.: Vogelgesang, Verfassungsrechtliche Aspekte)

von Mangoldt, Hermann; Klein, Friedrich; Starck, Christian, Das Bonner Grundgesetz, Band 1, 3. Aufl. 1985 (zit.: v.Mangoldt/Klein/Starck, GG)

von Münch, Ingo; Kunig, Phillip, Grundgesetz - Kommentar, Band 1, 4. Aufl. 1992 (zit.: Kunig, Rn. ... zu Art. ..., in : von Münch/Kunig, GGK)

Wachter, Thomas, Multimedia und Recht, in: GRUR Int. 95, 860

Wassermann, Rudolf (Hrsg.), Reihe Alternativkommentare, Kommentar zum GG für die Bundesrepublik Deutschland, Band 1, Art. 1-37, 2. Aufl. Neuwied 1989 Luchterhand-Verlag (zit.: Wassermann (Hrsg.), AK-GG- Bearbeiter)

Wedde, Peter, Digitalisierung der Arbeitswelt und Telearbeit, in: RDV 96, 5

Wegel, Wolfgang, Presse und Rundfunk im Datenschutzrecht, Frankfurt, 1994

Wellbrock, Rita, Persönlichkeitsschutz und Kommunikationsfreiheit, Baden-Baden 1982, Nomos-Verlag, (zit.: Wellbrock)

Wemmer, Benedikt, Das elektronische Medienrecht der USA unter besonderer Berücksichtigung des Telecommunications Act von 1996, in: AfP 96, 241 (zit.: Wemmer AfP)

Wenzel, Karl Egbert, Das Recht der Wort- und Bildberichterstattung, 4. Auflage, 1994, Verlag Otto Schmidt, Köln (zit.: Wenzel, Recht der Wort- und Bildberichterstattung)

Wiedemann, Verena, Die 10 Todsünden der freiwilligen Presse-Selbstkontrolle, in: RuF 94, 82

Wuermeling, Ulrich, Datenschutz für die Europäische Informationsgesellschaft, in: NJW-CoR 95, 111

Wuermeling, Ulrich, Online-Dienste im rechtsfreien Raum ?, in: DSB 12/96, S. 1

Anhang: Fundstellenverzeichnis der zitierten Entscheidungen zum Persönlichkeitsrecht

I. Bundesverfassungsgericht

Urteil vom 10.5.1957 - 1 BvR 550/52 - Homosexuelle / § 175 StGB
BVerfGE 6, 389
NJW 57, 865; DÖV 57, 790; FamRZ 57, 416; JZ 57, 484; MDR 57, 403

Urteil vom 15.1.1958 - 1 BvR 400/51 - Lüth / Veit Harlan
BVerfGE 7, 198
NJW 58, 257; BB 58, 168; DÖV 58, 153; GRUR 58, 254; JZ 58, 119; MDR 58, 146

Beschluß vom 25.1.1961 - 1 BvR 9/57 - Schmid
BVerfGE 12, 113
NJW 61, 819; JZ 61, 535; MDR 61, 475

Beschluß vom 16.7.1969 - 1 BvL 19/63 - Mikrozensus
BVerfGE 27, 1
NJW 69, 1707; DB 69, 1601 & 1837; DÖV 69, 749

Beschluß vom 15.1.1970 - 1 BvR 13/68 - Scheidungsakten
BVerfGE 27, 344
NJW 70, 555; DÖV 70, 204; DRiZ 70, 128; FamRZ 70, 245; JZ 70, 250; MDR 70, 484

Beschluß vom 24.2.1971 - 1 BvR 435/68 - Mephisto
BVerfGE 30, 173
NJW 71, 1645; AfP 71, 119; DÖV 71, 554; DRiZ 71, 278; DVBl. 71, 684; GRUR 71, 461; JZ 71, 544; MDR 71, 821

Beschluß vom 8.3.1972 - 2 BvR 28/71 - Patientenkartei
BVerfGE 32, 373
NJW 72, 1123; DÖV 72, 563; DRiZ 72, 208; DVBl. 72, 383; MDR 72, 758

Beschluß vom 31.1.1973 - 2 BvR 454/71 - Tonbandaufnahme
BVerfGE 34, 238
NJW 73, 891; AfP 73, 473; DÖV 73, 274; DVBl. 73, 359; JZ 73, 504; MDR 73, 477

Beschluß vom 14.2.1973 - 1 BvR 112/65 - Soraya
BVerfGE 34, 269
NJW 73, 1221; AfP 73, 435; DÖV 73, 456; DRiZ 73, 243; DVBl. 73, 784; GRUR
74, 44; JZ 73, 662; MDR 73, 737; VersR 73, 1132

Urteil vom 5.6.1973 - 1 BvR 536/72 - Lebach
BVerfGE 35, 202
NJW 73, 1226; AfP 73, 423; DÖV 73, 451; DVBl. 74, 31; GRUR 73, 541; JZ
73, 509

Beschluß vom 3.6.1980 - 1 BvR 185/77 - Eppler
BVerfGE 54, 148
NJW 80, 2070; AfP 80, 149; DÖV 80, 760; DVBl. 80, 839; JZ 80, 719; VersR
80, 1154

Beschluß vom 3.6.1980 - 1 BvR 797/78 - Böll / Walden
BVerfGE 54, 208
NJW 80, 2072; AfP 80, 151; DÖV 80, 762; DVBl. 80, 841; GRUR 80, 1087; JZ
80, 721; VersR 80, 1131

Beschluß vom 8.2.1983 - 1 BvL 20/81 - Gegendarstellung
BVerfGE 63, 131
NJW 83, 1179; AfP 83, 334; DVBl. 83, 544; GRUR 83, 316; JZ 83, 492; MDR
83, 551

Urteil vom 15.12.1983 - 1 BvR 209/83 u.a. - Volkszählung / Volkszählungsgesetz
1983
BVerfGE 65, 1
NJW 84, 419; DB 84, 36; DÖV 84, 156; DVBl. 84, 128; FuR/ZUM 84, 151;
NVwZ 84, 167

Beschluß vom 20.6.1984 - 1 BvR 1494/78 - Brief- und Telefonüberwachung
BVerfGE 67, 157
NJW 85, 121; DÖV 85, 104; JZ 85, 32; ZUM 85, 42

Beschluß vom 13.5.1986 - 1 BvR 1542/84 - Minderjährige
BVerfGE 72, 155
NJW 86, 1859; BB 86, 1248; FamRZ 86, 769; JZ 86, 632; MDR 86, 728; WPM
86, 828; ZIP 86, 975

Urteil vom 4.11.1986 - 1 BvF 1/84 - 4. Rundfunkurteil
BVerfGE 73, 118
NJW 87, 239; AfP 86, 314; DÖV 87, 66; DVBl. 87, 30; JZ 87, 293; NVwZ 87,
125; ZUM 86, 602

Beschluß vom 9.3.1988 - 1 BvL 49/86 - Entmündigung (I)
BVerfGE 78, 77
NJW 88, 2031; FamRZ 88, 695; JZ 88, 555; MDR 88, 749; WPM 88, 1126

Beschluß vom 15.8.1989 - 1 BvR 881/89 - Transzendentale Meditation (TM)
NJW 89, 3269; NVwZ 90, 54

Beschluß vom 14.9.1989 - 2 BvR 1062/87 - Tagebuch
BVerfGE 80, 367
NJW 90, 563; CR 90, 142; JZ 90, 431; MDR 90, 307; NStZ 90, 89

Beschluß vom 26.6.1990 - 1 BvR 776/84 - Startbahn West / Schubart
BVerfGE 82, 236
NJW 91,91; MDR 90, 977; NStZ 90, 487; NVwZ 91, 156

Beschluß vom 11.6.1991 - 1 BvR 239/90 - Entmündigung (II) / Mietvertrag
BVerfGE 84, 192
NJW 91, 2411; CR 92, 368; FamRZ 91, 1037; MDR 91, 865; WPM 91, 1589

Urteil vom 27.6.1991 - 2 BvR 1493/89 - Quellensteuer
BVerfGE 84, 239
NJW 91, 2129; BB Beilage 16 zu Heft 21/1991, 1; CR 91, 688; DB 91, 1421;
DVBl. 91, 872; DZWiR 91, 152; JZ 91, 1133; MDR 91, 802; Wistra 91, 257;
WPM 91, 1199; ZIP 91, 1123

Beschluß vom 25.3.1992 - 1 BvR 1430/88 - Fangschaltung
BVerfGE 85, 386
NJW 92, 1875; CR 92, 431; DÖV 92, 704; DVBl. 92, 823; JZ 92, 1015; NVwZ
92, 765; ZUM 93, 179

Beschluß vom 26.1.1993 - 1 BvL 38/92 u.a. - Transsexuelle / Vornamenänderung
BVerfGE 88, 87
NJW 93, 1517; FamRZ 93, 657; NVwZ 93, 663

Beschluß vom 19.2.1993 - 1 BvR 1424/92 - Gegendarstellung (II)
AfP 93, 474

Beschluß vom 7.3.1995 - 1 BvR 1564/92 - Personalienangabe
BVerfGE 92, 191
NJW 95, 3110; DVBl. 95, 791; NVwZ 96, 157

Beschluß vom 5.7.1995 - 1 BvR 2226/94 - verdachtlose Fahndung
BVerfGE 93, 181
NJW 96, 114; CR 95, 750; NStZ 95, 503; NVwZ 96, 157; WPM 95, 1602

Beschluß vom 14.1.1998 - 1 BvR 1861/93 u.a. - Gegendarstellung Titelseite
NJW 98, 1381; AfP 98, 184; VersR 98, 774; ZUM 98, 315

II. Bundesgerichtshof

Urteil vom 25.5.1954 - I ZR 211/53 - Leserbrief / Hjalmar Schacht
BGHZ 13, 334
NJW 54, 1404; BB 54, 727; GRUR 55, 197; JZ 54, 698

Urteil vom 26.11.1954 - I ZR 266/52 - Cosima Wagner
BGHZ 15, 249
NJW 55, 260; BB 55, 48; GRUR 55, 201; JZ 55, 211

Urteil vom 8.5.1956 - I ZR 62/54 - Paul Dahlke
BGHZ 20, 345
NJW 56, 1554; BB 56, 609; DB 56, 663; GRUR 56, 427; JZ 56, 657; Ufita 22
(1956), 361; VersR 56, 500

Urteil vom 2.4.1957 - VI ZR 9/56 - Krankenpapiere
BGHZ 24, 72
NJW 57, 1146; BB 57, 591; DB 57, 579; DÖV 57, 454; JZ 57, 473; MDR 57,
600; VersR 57, 409

Urteil vom 10.5.1957 - I ZR 234/55 - Spätheimkehrer
BGHZ 24, 200
NJW 57, 1315; BB 57, 726; DB 57, 714; GRUR 57, 494; JZ 57, 751; VersR
57, 611

Urteil vom 14.2.1958 - I ZR 151/56 - Herrenreiter
BGHZ 26, 349
NJW 58, 827; BB 58, 351; DB 58, 423; GRUR 58, 408; JR 58, 420; JZ 58, 571;
MDR 58, 305; VersR 58, 301

Urteil vom 20.5.1958 - VI ZR 104/57 - Tonbandaufnahme I
BGHZ 27, 284
NJW 58, 1344; BB 58, 748; DB 58, 833 & 867; DÖV 58, 701; GRUR 58, 615; JZ
59, 60; MDR 58, 679; Ufita 26 (1958), 230

Urteil vom 18.3.1959 - VI ZR 182/58 - Caterina Valente
BGHZ 30, 7
NJW 59, 1269; BB 59, 576; DB 59, 649; DRiZ 59, 218; GRUR 59, 430; JR 59,
379; JZ 60, 570; MDR 59, 559; Ufita 29 (1959), 98; VersR 59, 789; WRP 59, 234

Urteil vom 28.10.1960 - I ZR 87/59 - Familie Schölermann
NJW 61, 558; GRUR 61, 138

Urteil vom 19.9.1961 - VI ZR 259/60 - Ginseng
BGHZ 35, 363
NJW 61, 2059; BB 61, 1102; DB 61, 1388; DRiZ 62, 57; GRUR 62, 105; JZ 62,
102; MDR 61, 1008; VersR 61, 951

Urteil vom 5.3.1963 - VI ZR 55/62 - Fernsehansagerin
BGHZ 39, 124
NJW 63, 902; BB 63, 410; GRUR 63, 490; JZ 64, 291; MDR 63, 491; VersR
63, 465

Urteil vom 16.9.1966 - VI ZR 268/64 - Vor unserer eigenen Tür
NJW 66, 2353; BB 66, 1251; DB 66, 1724; GRUR 67, 205; JZ 67, 317; MDR 67,
121; Ufita 50 (1967), 255

Urteil vom 20.2.1968 - VI ZR 200/66 - Sammelbilder / Ligaspieler
BGHZ 49, 288
NJW 68, 1091; BB 68, 397; DB 68, 2167; GRUR 68, 652; JZ 68, 335; MDR 68,
484; VersR 68, 490

Urteil vom 20.3.1968 - I ZR 44/66 - Mephisto
BGHZ 50, 133
NJW 68, 1773; DÖV 68, 803; GRUR 68, 552; JZ 68, 697; MDR 68, 737

Urteil vom 27.4.1971 - VI ZR 171/69 - Haus auf Teneriffa
NJW 71, 1359; BB 71, 1258; GRUR 71, 417; MDR 72, 38

Urteil vom 7.11.1973 - VIII ZR 228/72 - Patientenkartei I
NJW 74, 602; BB 73, 1607; JZ 74, 28; MDR 74, 221

Urteil vom 6.2.1979 - VI ZR 46/77 - Fußballkalender / Wandkalender
NJW 79, 2203; AfP 80, 101; GRUR 79, 425; MDR 79, 568; WRP 79, 536

Urteil vom 26.6.1979 - VI ZR 108/78 - Fußballspieler / Torwart
NJW 79, 2205; AfP 79, 345; GRUR 79, 732; MDR 79, 924; WPM 79, 1004

Urteil vom 20.12.1988 - VI ZR 182/88 - Briefkastenwerbung
BGHZ 106, 229
NJW 89, 902; AfP 89, 458; BB 89, 447; CR 89, 485; DB 89, 922; GRUR 89, 225;
JR 89, 243; MDR 89, 439; VersR 89, 373; WPM 89, 236; ZIP 89, 185; ZUM
89, 244

Urteil vom 9.3.1989 - I ZR 54/87 - Friesenhaus
NJW 89, 2251; NJW-RR 89, 1244; AfP 89, 660; GRUR 90, 390; JZ 89, 649;
MDR 89, 966; ZUM 89, 516

Urteil vom 8.6.89 - I ZR 135/87 - Emil Nolde
BGHZ 107, 384
NJW 90, 1986; AfP 89, 728; DB 89, 2220; GRUR 95, 668; JZ 90, 37; MDR 89,
1076; WRP 90, 231; ZIP 89, 1217; ZUM 90, 180

Urteil vom 13.11.1990 - VI ZR 104/90 - Notfalldienst
NJW 91, 1532; AfP 91, 416; GRUR 91, 629; MDR 91, 519; MedR 91, 86; VersR
91, 433; ZUM 92, 38

Urteil vom 5.11.1991 - X ZR 91/90 - Chiffre-Dienst
NJW 92, 1450; AfP 92, 137; MDR 92, 555; WPM 92, 439; WRP 92, 371

Urteil vom 11.12.1991 - VIII ZR 4/91 - Patientenkartei II
BGHZ 116, 268
NJW 92, 737; CR 92, 266; JR 92, 199; MDR 92, 226; VersR 92, 448; WPM 92,
350

Urteil vom 14.4.1992 - VI ZR 285/91 - Joachim Fuchsberger / Brillenwerbung
NJW 92, 2084; AfP 92, 149; CR 93, 621; GRUR 92, 557; JZ 92, 1133; MDR 92,
647; VersR 93, 66; WPM 92, 1157; WRP 92, 632; ZIP 92, 857; ZUM 93, 140

Urteil vom 17.2.1993 - XII ZR 238/91 - Vaterschaftsklage
BGHZ 121, 299
NJW 93, 1195; FamRZ 93, 696; FuR 93, 99; MDR 93, 450

Urteil vom 25.3.1993 - IX ZR 192/92 - Honorarabtretung
BGHZ 122, 115
NJW 93, 1638; CR 94, 143; JR 94, 26; JZ 94, 46; MDR 93, 581; VersR 93, 855;
WPM 93, 1009; ZIP 93, 923

Urteil vom 17.3.1994 - III ZR 15/93 - staatsanwaltschaftliche Pressemitteilung
NJW 94, 1950; AfP 94, 142; MDR 94, 773; VersR 94, 979; WPM 94, 992

Urteil vom 12.7.1994 - VI ZR 1/94 - IM-Liste
AfP 94, 306; DtZ 94, 343; GRUR 94, 913; JR 95, 376; JZ 95, 252; MDR 95, 266;
VersR 94, 1116; WPM 94, 2026; ZIP 94, 1537

Urteil vom 15.11.1994 - VI ZR 56/94 - Caroline von Monaco I
BGHZ 128, 1
NJW 95, 861; AfP 95, 411; DZWiR 95, 196; GRUR 95, 224; JZ 95, 360; MDR
95, 804; VersR 95, 305; WPM 95, 542

Urteil vom 14.3.1995 - VI ZR 52/94 - Kundenzeitschrift / Chris-Revue
NJW-RR 95, 789; AfP 95, 495; DB 95, 2473; MDR 95, 909; VersR 95, 667;
WRP 95, 613; ZUM 95, 618

Urteil vom 14.11.1995 - VI ZR 410/94 - Willy-Brandt-Gedächtnismedaille
NJW 96, 593; AfP 96, 66; GRUR 96, 195; MDR 96, 163; VersR 96, 204; ZUM
96, 240

Urteil vom 5.12.1995 - VI ZR 332/94 - Caroline von Monaco II
NJW 96, 984; AfP 96, 137; DB 96, 567; GRUR 96, 373; JR 96, 419; MDR 96,
366; VersR 96, 339; ZUM 96, 308

Urteil vom 12.12.1995 - VI ZR 223/94 - Casiraghi
NJW 96, 985; AfP 96, 138; GRUR 96, 227; MDR 96, 365; VersR 96, 341; ZUM
96, 243

Urteil vom 19.12.1995 - VI ZR 15/95 - Caroline von Monaco III / Paparazzi-Fotos
BGHZ 131, 332
NJW 96, 1128; AfP 96, 140; GRUR 96, 923; JZ 97, 39; MDR 96, 913; NVwZ 96,
622; VersR 96, 593; WPM 96, 689; WRP 96, 412; ZUM 96, 405

Urteil vom 1.10.1996 - VI ZR 206/95 - Bob Dylan
NJW 97, 1152; AfP 97, 475; GRUR 97, 125; MDR 97, 147; ZUM 97, 133

III. Bundesarbeitsgericht

Urteil vom 29.10.1997 - 5 AZR 508/96 - Mithören von Telefongespräch
NJW 98, 1331; AfP 98, 125; BB 98, 431; CR 98, 219; DB 98, 371; MDR 98, 421;
NZA 98, 307

IV. Oberlandesgerichte

Berlin (Kammergericht)

Urteil vom 25.3.1997 - 5 U 659/97 - Concert Concept / „c.c.com", „c.c.de"
NJW 97, 3321; NJW-CoR 97, 495; AfP 97, 969; CR 97, 685; KuR 98, 36

Bremen

Beschluß vom 17.12.1985 - 1 U 128/85 - unbefugter Namensgebrauch
AfP 87, 514; GRUR 86, 838

Hamburg

Beschluß vom 8.5.1989 - 3 W 45/89 - Heinz Erhardt
NJW 90, 1995; NJW-RR 90, 1180; AfP 89, 760; GRUR 89, 666; ZUM 89, 582

Urteil vom 8.10.1992 - 3 U 72/92 - Huschke von Busch
AfP 93, 582; GRUR 93, 930; WRP 93, 251

Urteil vom 26.5.1994 - 3 U 13/94 - Casiraghi
NJW-RR 94, 990; AfP 95, 504

Urteil vom 8.12.1994 - 3 U 64/94 - Caroline von Monaco (Paparazzi-Fotos)
NJW-RR 95, 790; AfP 96, 69; ZUM 95, 878

Urteil vom 25.7.1996 - 3 U 60/93 - Caroline von Monaco (Geldentschädigung)
NJW 96, 2870; AfP 97, 538; NVwZ 96, 1245; ZUM 97, 46

Karlsruhe

Urteil vom 4.11.1994 - 14 U 125/93 - Ivan Rebroff
AfP 96, 282; VersR 96, 600